高职高专给水排水工程专业规划教材

水质检验技术

王　荣　主编

中国建筑工业出版社

图书在版编目（CIP）数据

水质检验技术/王荣主编. —北京：中国建筑工业出版社，2018.6
高职高专给水排水工程专业规划教材
ISBN 978-7-112-21987-2

Ⅰ.①水… Ⅱ.①王… Ⅲ.①水质监测—高等职业教育—教材
②水质分析—高等职业教育—教材 Ⅳ.①X832②TU991.21

中国版本图书馆CIP数据核字(2018)第053373号

本书根据高职高专教育的特点，并针对水质检验初学者的特点和循序渐进的学习规律，对基本原理、基本知识和基本技能进行了介绍。本书共分为12章，主要内容包括：绪论，水质分析质量保证，化学试剂与试液，常用仪器、设备及基本操作技术，滴定分析，酸碱滴定法，沉淀滴定法，氧化还原滴定法，配位滴定法，比色分析与分光光度法，其他分析方法，实训模块。书后附有拓展知识、习题及附录。

本书注重工学结合，强调对学生实际应用能力的培养。各部分内容完整、精炼，图文并茂，便于学习。既可作教学用书，也可做职工培训或工程技术人员参考用书。

责任编辑：朱首明 李 慧
责任设计：李志立
责任校对：王雪竹

高职高专给水排水工程专业规划教材
水质检验技术
王 荣 主编
*
中国建筑工业出版社出版、发行(北京海淀三里河路9号)
各地新华书店、建筑书店经销
北京建筑工业印刷厂制版
北京同文印刷有限责任公司印刷
*
开本：787×1092毫米 1/16 印张：19 字数：468千字
2018年6月第一版 2018年6月第一次印刷
定价：46.00元
ISBN 978-7-112-21987-2
(31885)

前　言

“水质检验技术”课程是高职高专教育土建类专业的一门主要专业基础课程，本书按照全国高职高专教育土建类专业教学指导委员会审定通过的给水排水工程技术专业人才培养要求、课程教学大纲及教学基本要求编写而成。

本书在理念设计上，为了更好地体现高职特色，构建理论课程和实践课程两个教学体系，共同服务于能力培养，支撑人才培养目标，并立足于职业岗位群的需要和毕业生可持续发展的要求，构建专业教学内容体系。

本教材编写努力做到浅显易懂，重点突出。合理选取水质检验的核心内容——四大滴定检验法为主干、以水质检验基础知识为铺垫、各类检测项目实训为提高。为帮助学生更好地学习，针对各章的难点、重点内容，提出学习要点及目标，并指明核心概念，具有较强的实用性。

本书为高职高专给排水工程技术专业教材，也可用作环境类及相关专业的教材；还可作为本专业职业教育培训教材，及相关工程技术人员的参考用书。

本书由甘肃建筑职业技术学院王荣、何娴联合编写，王荣统稿任主编。

王荣编写第 4、5、6、7、8、9、12 章，何娴编写第 1、2、3、10、11 章和附录。

由于编者水平有限，书中难免有不足之处，恳请读者批评指正。

目　录

第12章 实训模块

附　　录

第1章　绪　　论

【学习要点及目标】

◆了解水质污染的主要类型、水质检验的意义及任务。

◆掌握水质检验分析方法、水质指标及水质标准内容，并能参照水质标准，初步判断水质状况。

◆熟悉各类水源水质检验项目。

◆了解我国生活饮用水卫生标准的修订、生活饮用水水质检测项目及生活饮用水常规检测指标卫生意义的背景知识。

【核心概念】

水质指标、水质标准、水质检验分析方法、水质检验项目。

1.1　水质检验的意义与任务

1.1.1　水的特性及水污染

水与地球上的许多物质一样，都有气态、液态、固态三种物质存在形式，但与其他物质不同，水是自然界中唯一一种三态并存的物质。自然界中，高山顶部的积雪和极地的冰层，都是固体状态的水，海洋、河湖以及沼泽等都由液体状态的水组成，而水分蒸发进入大气则通过气态水的形式进行。正因为如此，地球上不同状态的水才可能互相转换，形成循环。同时，这一转换过程也造就了地球表面各种纷繁复杂的天气和气候现象。

水分布于由海洋、江、河、湖和地下水共同构成的地球水圈中。据估计，地球上水的总量约有 $13.6\times10^8km^3$，其中 97.2%在海洋中、2.15%是冰川和冰山，而人们可以利用的淡水只有 0.65%左右。

在通常情况下，纯净的水是无色、无味、无嗅的液体。在 1 个标准大气压下，水的凝固点是0℃，沸点为100℃；4℃时密度最大，为 $1000kg/m^3$，水结冰时体积膨胀，漂浮于水面上。在所有液体中，水的蒸发量最大，水在地球水圈中循环，有利于气温及生物体温的调节；水的比热较大，使气温不会急剧变化，从而保护了生命机体免受气温突变的危害；水的沸点较高，这样常温下才有海洋、江河、湖泊；水的易流动性使水能用管渠输送到指定的地点，从而满足人类生产、生活及环境保护的需要；水是一种很好的溶剂，能溶解许多无机物和部分有机物，也因而容易引起水体污染；很多物质不仅能溶于水，而且在水溶液中能进行多种化学反应。水的这些性质使水广泛应用于工农业生产，如化工、医药、卫生、食品加工及农作物灌溉等。

当大量的工业废水、生活污水、农业回流水及其他废弃物未经处理直接排入水体后，首先被大量水稀释，随后发生一系列复杂的物理、化学和生物净化，使污染物浓度降低，受污染的水体部分或完全地恢复原来状态，该过程称为水体自净。但是，当污染物不断地排入，超过水体的自净能力时，就会造成污染物积累，导致水质日趋恶化。

水质污染的主要类型有化学型污染、物理型污染和生物型污染三种。化学污染是指随废水及其他废弃物排入水体的酸、碱、有机和无机污染物造成的水体污染。物理型污染包括引起色度和浊度的物质与悬浮固体污染、热污染和放射性污染。色度和浊度污染来源于植物的叶、根、腐殖质、可溶性矿物质、泥沙及有色废水等；悬浮固体污染是由于生活污水、垃圾和一些工农业生产排放的废弃物泄入水体或农业水土流失引起的；热污染是由于将高温的废水、冷却水排入水体造成的；放射性污染是由于开采、使用放射性物质、进行核试验等过程中产生的废水、沉降物泄入水体造成的。生物型污染是由于将生活污水、医院废水等排入水体，随之引入某些病原微生物造成的。

1.1.2 水质检验的意义及任务

水资源是国家的宝贵财富，是人们日常生活中、各种工业生产中以及农作物生长过程中不可缺少的一种物质。保护水资源、提供足够的水量和合格的水质，对正常生产、保证产品质量和人民健康具有非常重要的意义。

水质检验的对象可分为环境水体和水污染源。环境水体包括地表水（江、河、湖、水库、海水）和地下水；水污染源包括生活污水、各种工业废水。

水质检验、监测的任务和目的：

1. 检测环境水体中杂质的种类和数量，即鉴定水质是否满足各类用水的要求。

2. 按照给水排水的需要，对水质进行分析，以指导水处理的研究、设计及运行过程，同时为污染源管理及排污收费提供依据；并对生产和生活过程进行监视性监测，评价是否符合排放标准。

3. 为保护生态环境，防止水体污染，而对环境水体、水污染源进行经常性的水质监测，以掌握水质现状及发展趋势。

4. 对水环境污染事故进行应急检测，为分析判断事故原因、危害及采取对策提供依据。

5. 为国家环保部门制定环境保护法规、标准和规划，全面开展水环境保护管理工作提供有关数据和资料。

6. 为开展水环境质量评价、预测预报及进行环境科学研究提供基础数据和手段。

7. 为环境污染纠纷进行仲裁监测，判断纠纷原因。

1.2 水质检验技术的分类

1.2.1 化学分析和仪器分析

分析化学是研究物质化学组成的一门重要学科，包括定性分析和定量分析两部分。定性分析是确定物质由哪些元素、离子、原子团和有机官能团等组成。定量分析是测定物质中有关各组分的含量。在进行分析工作时，首先必须了解物质的成分，然后根据对欲测组分含量的要求选择适当的定量分析方法。

水质检验技术是研究造成水资源污染的物质的分析方法和有关理论。因为工业废水中所含污染物的种类与工厂的生产有关，对生活污水和水体要检测哪些项目也是事先已知的，所以通常不用作定性分析而只需要进行定量分析。

定量分析若按方法可分为两大类，即化学分析法和仪器分析法。前者是以化学反应为基础的分析方法，主要有重量分析法和滴定分析法，通常用于常量组分的测定。仪器分析法是借助光电仪器测量试样溶液的光学性质（如吸光度或谱线强度）、电化学性质（如电流、电位、电导）等物理化学性质而求出待测组分含量的方法，通常用于微量组分的测定。

1. 化学分析法

化学分析法是以物质的化学反应为基础的分析方法。由于反应类型、操作方法不同，化学分析法又分为重量分析法和滴定分析法。

（1）重量分析法

根据化学反应生成物的质量求出被测组分含量的方法。

重量分析法通常是用适当的方法将被测组分与试液中的其他组分分离，然后转化为一定的形式，用称重的方法测定该组分的含量。根据分离方法的不同，重量分析法又分为沉淀法和气化法。

重量分析的特点是较准确，相对误差0.1%～0.2%，但分析过程繁琐，费时间，在水质分析中，由于被测物质含量甚微，加之沉淀分离不易完全，用天平称量不易准确，故这种方法很少使用，仅在水的某些物理性质的测定上用到，如水中悬浮固体与溶解固体的测定等。

（2）滴定分析法

滴定分析法是用一种已知准确浓度的试剂溶液（标准溶液），滴加到被测物质的溶液中（或将被测物的溶液滴加到标准溶液中），直到所加的试剂与被测物质按化学计量关系定量反应完全为止，然后根据试剂溶液的浓度和用量，计算被测物质的含量。

滴定分析法是被广泛采用的一种常量分析法，它可用于测定含量在1%以上的常量成分，有时也可用于测定微量成分，滴定分析法简便、快速，测定结果的准确度较高（一般情况下相对误差为0.2%左右），适宜在野外及现场短时间的测定，因此，水质分析中广泛采用此法。

2. 仪器分析法

仪器分析法是以物质的物理和物理化学性质为基础，并借用特殊仪器设备的分析方法。它包括光学分析法、电化学分析法、色谱分析法和质谱分析法等。

（1）光学分析法

这是根据物质的光学性质建立的分析方法。主要有分光光度法，在可见光区称比色法，在紫外和红外光区分别称为紫外和红外分光光度法。此外，还有原子吸收法、发射光谱法及荧光分析法等。

（2）电化学分析法

这是根据物质的电化学性质所建立的分析方法，如电导分析法、电流滴定法、库仑分析法、电位分析法、伏安法和极谱法等。

（3）色谱分析法

这是一种重要的分离富集方法，主要有气相色谱法、液相色谱法，以及离子色谱法。

（4）其他分析法

其他分析法包括质谱法、核磁共振分析法和X射线分析法、放射分析法等。

仪器分析的优点是操作简单、快速，灵敏度高，有一定的准确度，适用于生产过程中的控制分析及微量组分的测定。缺点是仪器价格较高，平时的维修要求较高，越是复杂、精密的仪器，维护要求就越高。此外，在进行仪器分析时，分析的预处理及分析的结果必须与标准物质作比较，而所用的标准物质往往需用化学分析方法进行测定。因此，化学分析法与仪器分析法是互为补充的。正确选择检验方法是获得准确的水质分析结果的关键因素之一。目前在国内外常规水质检测中普遍被采用的是滴定法和分光光度法。常见的水质检验方法及测定项目，见表 1-1。

常用水质检验方法及测定项目 **表 1-1**

分析方法			检出组分
化学分析法	重量分析法		SS、可滤残渣、矿化度、油类、SO_4^{2-}、Cl^-、Ca^{2+}等
	滴定分析法		Ag、Al、As、Be、Ba、Cd、Co、Cr、Cu、Hg、Mn、Ni、Pb、Sb、Se、Th、U、Zn、氨氮、NO_2-N、NO_3^--N、凯氏氮、PO_4^{3-}、F^-、Cl^-、C、S^{2-}、SO_4^{2-}、BO_3^{2-}、SiO_3^{2-}、Cl_2、挥发酚、甲醛、三氯乙醛、苯胺类、硝基苯类、阴离子洗涤剂等
仪器分析法	比色法		pH、溶解氧、As、Cr^{3+}、Ca^{2+}、Hg^{2+}、As^{3+}、S^{2-}、CN^-、F^-、酚
	光学分析法	分光光度法	酸度、碱度、CO_2、溶解氧、总硬度、Ca^{2+}、Mg^{2+}、氨氮、Cl^-、F^-、CN^-、SO_4^{2-}、S^{2-}、COD、BOD_5、挥发酚等
		原子吸收法	Ag、Al、As、Be、Ba、Cd、Co、Cr、Cu、Fe、Hg、K、Na、Mg、Mn、Ni、Pb、Sb、Se、Sn、Te、Tl、Zn 等
		发射光谱法	铬、铅、镉、硒、汞、砷等
		荧光分析法	Se、Be、U、油类、Ba、P 等
	电化学分析法	电位分析法	pH、F^-、CN^-、CH_3、阴离子洗涤剂等
		电导分析法	电导率、溶解氧等
		库伦分析法	COD、BOD 等
		阳极溶出法	Cu、Zn、Cd、Pb 等
	色谱分析法	气相色谱法	Be、Se、苯系物、挥发性卤代烃、氯苯类、六六六、DDT、有机磷农药、三氯乙醛、硝基苯类、PCP 等
		液相色谱法	多环芳烃类
		离子色谱法	F^-、Cl^-、Br^-、NO_3^-、NO_2^-、SO_3^{2-}、SO_4^{2-}、$H_2PO_4^-$、K^+、Na^+、NH_4^+ 等

1.2.2 无机分析和有机分析

此种分类是根据测定对象的不同而分的。

无机分析的对象是无机物。它们大多数是电解质，因此一般都是测定其离子或原子团来表示各组分的含量。

有机分析的对象是有机物。它们大都是非电解质，因此一般是分析其元素或官能团来确定有机物的组成和含量。但也经常通过测定物质的某些物理常数如沸点、冰点及沸程等来确定其组成及含量。

1.2.3 常量、半微量、微量及超微量分析

化学分析方法根据试样用量不同，分为常量分析、半微量分析、微量分析和超微量分

析。根据分析过程中试样的用量多少，可分类见表1-2。

通常应用常量分析和半微量分析法。

这种分类方法不是绝对的，一般定性分析采用半微量分析法。在化学分析中，采用常量分析法。

常量、半微量、微量及超微量分析所需试样的量 **表1-2**

分析方法	试样质量/mg	试液体积/mg	分析方法	试样质量/mg	试液体积/mg
常量分析	>100	>10	微量分析	0.1～10	0.01～1
半微量分析	10～100	1～10	超微量分析	<0.1	<0.01

1.2.4 常量组分分析、微量组分分析和痕量组分分析

根据待测组分在试样中的相对含量分类，见表1-3。

三种分析分类及分析时组分在试样中相对含量 **表1-3**

分析方法	待测成分相对含量/%
常量组分分析	>1
微量组分分析	0.01～1
痕量组分分析	<0.01

以上方法都有其特点，也有其局限性，通常要根据被测物的性质、含量、试样的成分和对分析结果准确度的要求，选用最合适的分析方法。

1.3 水质的指标和标准

由于水强大的溶解能力和流动性，使其在自然循环移社会循环中，混入了大量杂质，其中包括了自然界各种地球化学和生物过程的产物，也包括人类生活和生产的各种废弃物。

天然水中的杂质通常按杂质颗粒大小分为：颗粒直径大于几个微米的悬浮物（如泥砂、微生物等）、颗粒直径介于几个纳米到几个微米之间的胶体（如黏土、腐殖质等）以及颗粒直径小于几个纳米的溶解物质（如碱金属、碱土金属及一些重金属盐类，还含有一些溶解气体，如氧气、二氧化碳等）。悬浮物和胶体的存在主要使水呈现不同的物理或感官性状，水中溶解物质的种类和数量是影响水质的关键因素之一。

1.3.1 水质指标

所谓水质是指水和其中杂质共同表现出来的综合特征。水质指标是指水体中除水分子以外所含其他物质的种类和数量，是描述或表征水质质量优劣的参数。日常所说的水（天然水）实质上是含有多种物质的水溶液，因而水质指标数量繁多，且因用途不同而异。一般来说，天然水、生活饮用水以及工业污水的常用水质指标也有十几项到几十项不等。根据水中杂质的性质不同，可将水质指标分为物理性水质指标、化学性水质指标和微生物性水质指标三类，见表1-4。有些水质指标是直接由某一种物质的含量来表示的，如铅、六价铬、挥发酚等；有些水质指标是根据某一种类杂质的共同特性用间接的方式来表示其含

量的，例如，水中有机物的类型繁多，不可能也没必要对它们逐个进行定性、定量的测定，而是用高锰酸盐指数、化学需氧量（COD）和生物化学需氧量（BOD）等水质指标来表示有机物的污染状况；还有些水质指标则是用配制的标准溶液作为标度来表示其含量的，如浑浊度、色度等。

水质指标的主要分类 表 1-4

指标分类	指标名称
物理指标	水温、嗅、味、色度、浊度、残渣、电导率、氧化还原电位等
化学指标	pH 值、酸度、碱度、硬度、溶解氧、高锰酸盐指数、化学需氧量、生化需氧量等
微生物指标	余氯、细菌总数、总大肠细菌群数等

1. 物理指标

（1）水温

水的物理化学性质与水温有密切关系。水中溶解性气体（如氧、二氧化碳等）的溶解度，水中生物和微生物活动，非离子氨、盐度、pH 值以及碳酸钙饱和度等都受水温变化的影响。温度为现场监测项目之一，常用的测量仪器有水温计和颠倒温度计，前者用于地表水、污水等浅层水温的测量，后者用于湖库等深层水温的测量。此外，还有热敏电阻温度计等。

天然水的水温因水源而不同，地表水随外界气温的变化而变化，变化范围一般为 1～30℃；地下水的水温则较稳定，一般为 8～12℃。饮用水的温度 10℃左右较合适，低于 5℃的水处理投加的药量较水温高时多，对胃黏膜也不利，而大量温热工业废水直接排入水体时会造成水体的热污染。

（2）臭

臭是检验原水和饮用水水质的必需项目。检验臭对不同水处理方法的效果的评价有意义，并可作为追查污染源的方法之一。水中产生臭的一些有机物和无机物，主要是由于生活污水和工业废水的污染、天然物质的分解或细菌活动的结果。某些物质的浓度只要达到每升十分之几微克时即可察觉。然而，很难鉴定产生臭物质的组成。

臭的强度尚无标准单位，一般是检查人员依靠自己的嗅觉，在 20℃和煮沸后稍冷闻其臭，用适当的文字描述臭特征，若从强度上鉴别，可按表 1-5 中 6 个等级报告臭强度。

臭强度等级 表 1-5

等　级	程　度	说　明
0	无	无任何气味
1	微弱	一般饮用者难以察觉，嗅味灵敏者可以察觉
2	弱	一般饮用者刚能察觉
3	明显	已明显察觉，不加处理不能饮用
4	强	有很明显的臭味
5	很强	有强烈的恶臭

臭味的强度也可用“臭阈值”表示。所谓“臭阈值”系指水样经无臭水稀释到刚能闻到臭气时的稀释倍数。此法适用于近无臭的天然水至臭阈值高达数千的工业废水。

$$臭阈值=\frac{A+B}{A} \tag{1-1}$$

式中 A——水样体积（mL）；

B——无臭水体积（mL）。

例如，20mL 水样稀释至 200mL 时闻到臭气，则臭阈值为 10。

通常情况下，至少 5 人，最好 10 人或更多，可取得精度较高的结果。可用邻甲酚或正丁醇测试嗅辨员的嗅觉敏感度。水样的臭阈值用几何均值表示，几何均值等于几个检验人员测得的臭阈值数字积的 n 次方根。例如，5 位检验人员测量水样的臭阈值分别为 4、8、2、2、8，则

$$臭阈值=\sqrt[5]{4\times8\times2\times2\times8}=4 \tag{1-2}$$

（3）色度

纯水为无色透明。清洁水在水层浅时应为无色，深层为浅蓝绿色。天然水中存在腐殖酸、泥土、浮游生物、铁和锰等金属离子均可使水体着色。纺织、印染、造纸、食品、有机合成工业的废水中，常含有大量的染料、生物色素和有色悬浮微粒等，因此，常常是使环境水体着色的主要污染源。有色废水常给人以不愉快感，排入环境后又使天然水着色，减弱水体的透光性，影响水生生物的生长。

水的颜色定义为“改变透射可见光谱组成的光学性质”，有颜色的水可用表色和真色来描述。

1）表色：悬浮物质、胶体或溶解性物质共同构成的水色，可定性描述。

2）真色：除去悬浮杂质后由胶体和溶解性物质所造成的水色，定量测量并用色度表示。测定真色时，如水样混浊，应放置澄清后，取上清液或用孔径为 0.45μm 滤膜过滤，也可经离心后再测定。

色度的测定方法为标准比色法。

测定清洁的天然水和饮用水的色度，通常采用铂钴比色法。用氯铂酸钾（K_2PtCl_6）与氯化钴（$CoCl_2\cdot6H_2O$）混合液作为比色标准，称为铂钴标准。规定每升溶液中含有 2mg 六水合氯化钴（Ⅱ）（相当于 0.5mg 钴）和 1mg 铂［以六氯铂（Ⅳ）酸的形式］时产生的颜色为 1 度。测定时，水样与铂钴色度标准比较颜色，水样颜色与多少度的标准相当，这时铂钴标准的度数就是所测水样的度数。

铂钴比色法为测定色度的标准方法，该法操作简便，色度稳定，标准色如保存适宜，可长期使用。但其中所用的氯铂酸钾太贵，大量使用时很不经济。铬钴比色法是用重铬酸钾（$K_2Cr_2O_7$）和硫酸钴（$CoSO_4\cdot7H_2O$）配制标准比色系列，原料宜得，精密度与准确度和铂钴比色法相同，只是标准色列的保存时间较短。

（4）浊度

天然水和废水由于含有各种颗粒大小不等的不溶解物质，如泥土、细砂、有机物和微生物等而会产生浑浊现象。水样浑浊的程度可用浊度的大小来表示。所谓浊度是指水中的不溶解物质对光线透过时所产生的阻碍程度。也就是说，由于水中有不溶解物质的存在，使通过水样的部分光线被吸收或被散射而不是直线穿透。因此，浑浊现象是水样的一种光学性质。

浊度是天然水和饮用水的一项重要水质指标，也是混凝工艺重要的控制指标。

浊度的单位用“度”表示，就是相当于 1L 的水中含有 1mg 的 SiO_2（或是白陶土、硅

藻土）时，所产生的浑浊程度为1度，浊度单位为JTU，1JTU＝1mg/L的白陶土悬浮体。现代仪器显示的浊度是散射浊度单位NTU，也称TU。1TU＝1JTU。国际上认为，以乌洛托品一硫酸肼配制浊度标准重现性较好，选作各国统一标准FTU。1FTU＝1JTU。标准浊度单位：采用福尔马肼（硫酸肼$NH_2NH_2 \cdot H_2SO_4$与六次甲基四胺$(CH_2)_6N_4$形成的白色高分子聚合物）标准混悬液，并规定1.25mg硫酸肼/L和12.5mg六次甲基四胺/L水中形成的福尔马肼混悬液所产生的浊度为1NTU，称为散射浊度单位（Nephelometric Turbidity Units，NTU）或福尔马肼浊度单位。测定浊度的方法有分光光度法、目视比浊法、浊度计法。

（5）残渣

残渣分为总残渣、可滤残渣和不可滤残渣三种。总残渣是水或污水在一定温度下蒸发。烘干后剩余在器皿中的物质，包括“不可滤残渣”（即截留在滤器上的全部残渣，也称为悬浮物）和“可滤残渣”（即通过滤器的全部残渣，也称为溶解性固体）。悬浮固体由不溶于水的淤泥、黏土、有机物、微生物等悬浮物质所组成；溶解固体是由溶解于水的各种无机盐类、有机物等所组成。

1）总残渣。取一定量均匀的水样，在已称至恒重的蒸发皿中于蒸汽浴或水浴上蒸干，放入103～105℃烘箱中烘至恒重，增加的质量为总残渣。它表示水中溶解性物质与悬浮物质（包括胶体）的总量。

$$总残渣（mg/L）=\frac{(A-B)\times1000\times1000}{V} \tag{1-3}$$

式中 A——水样总残渣及蒸发皿重，g；

B——蒸发皿净重，g；

V——水样体积，mL。

2）总可滤残渣。将过滤后的水样放在称至恒重的蒸发皿内蒸干，在105～110℃或180℃烘干至恒重，增加的质量为总可滤残渣。在180℃烘干的总可滤残渣所得结果与化学分析结果所计算的含盐量比较接近。

3）总不可滤残渣。又称悬浮物（SS），指不能通过孔径为0.45μm滤膜的固体物。用0.45μm滤膜过滤水样，经103～105℃烘干后得到不可滤残渣含量。如果悬浮物堵塞滤膜并难于过滤，总不可滤残渣可由总残渣与总可滤残渣之差计算。

地表水中存在悬浮物使水体浑浊，降低透明度，影响水生生物的呼吸和代谢，甚至造成鱼类窒息死亡。悬浮物多时，还可能造成河道阻塞。造纸、皮革、冲渣、选矿、湿法粉碎和喷淋除尘等工业操作中产生大量含无机、有机的悬浮废水。因此，在水和废水处理中，测定悬浮物具有特定意义。

水中残渣还可以根据挥发性分为挥发性残渣和固定性残渣。水样测定总残渣后，于600℃下灼烧30min，冷却后用2mL蒸馏水湿润残渣，在103～105℃烘干至恒重，所减少的重量即为挥发性残渣。该指标可粗略代表有机物含量，因为在600℃下有机物将会全部分解而挥发（由于碳酸盐、硝酸盐、铵盐也会分解，故只是粗略地代表有机物）。固定性残渣则是灼烧后残留物质的重量，可以代表无机物质的多少。

（6）电导率

电导率是指长为1m、截面积为$1m^2$的溶液的电导，它与水中溶解性固体有密切的关系。可用于监测天然水和纯水中溶解性物质浓度的变化，估计水中离子化物质的数量，因此是估算水体被无机盐污染的指标之一。测定水的电导率还可以检查实验室用水的纯度及校核水分析结果的误差。

电导率的标准单位是 S/m（西门子/米），一般实际使用单位为 μS/cm。单位间的换算为：

$$1mS/m=0.01mS/cm=10\mu S/cm$$

新蒸馏水电导率为 0.5～2μS/cm，饮用水电导率为 5～1500μS/cm，海水电导率大约为 30000μS/cm，清洁河水电导率为 100μS/cm。电导率随温度变化而变化，温度每升高 1℃，电导率增加约 2%，通常规定 25℃为测定电导率的标准温度。

电导率的测定方法是电导率仪法，电导率仪有实验室内使用的仪器和现场测试仪器两种。

（7）氧化—还原电位（ORP）

水体中氧化还原作用通常用氧化—还原电位来表示。但是对于一个水体来说，不仅溶有无机物，还存在有机质和溶解氧，因此其氧化—还原电位并非代表一待定物质的电位，而是多个氧化物质与还原物质发生氧化还原的综合结果（可能已达到平衡，也可能尚未达到平衡），是水体综合性指标之一。

水体的氧化—还原电位必须现场测定。方法是用贵金属（如铂）作指示电极，饱和甘汞电极作参比电极，测定相对于甘汞电极的氧化还原电位值，然后再换算成相对于标准氢电极的氧化还原电位值作为测量结果。其单位用毫伏（mV）表示，是水处理尤其废水生物处理过程的重要控制参数。

2. 化学指标

天然水中主要的离子成分有：Ca^{+}、Mg^{+}、Na^{+}、K^{+}、HCO_3^-、SO_4^{2-}、Cl^-、SiO_3^{2-}八种基本离子，再加上起重要作用的 H^+、OH^-、NO_3^-、CO_3^{2-}、F^-、Fe^{2+}等，可以反映出水中离子的基本情况。污染严重的天然水、工业废水及生活污水除这些基本离子外，还有其他杂质成分。

主要化学指标有：pH 值、碱度、酸度、硬度、矿化度、DO、COD、BOD、TOC、TOD 等。

（1）pH 值

pH 值是水中氢离子活度或浓度的负对数，$pH=-\lg a_{H^+}$。pH 值表示水中酸、碱的强度，是常用的和最重要的检测项目之一。pH=7，水呈中性；pH<7，水呈酸性；pH>7，水呈碱性。在水的化学混凝、消毒、软化、除盐及生物化学处理、污泥脱水等过程中 pH 值是一重要因素和指标，pH 值对水中有毒物质的毒性和一些重金属络合物结构等都有重要影响。

天然水的 pH 值多在 6～9 范围内，这也是我国污水排放标准中的 pH 值控制范围。由于 pH 值受水温影响而变化，测定时应在规定的温度下进行，或者校正温度。通常采用玻璃电极法和比色法测定 pH 值。

（2）酸度和碱度

水的酸度是水中给出质子物质的总量，水的碱度是水中接受质子物质的总量。酸度和碱度都是水的一种综合特性的度量，只有当水样中的化学成分已知时，它才被解释为具体的物质。酸度和碱度均采用酸碱指示剂滴定法或电位滴定法测定。

地表水中，由于溶入 CO_2 或由于机械、选矿、电镀、农药、印染、化工等行业排放的含酸废水的进入，致使水体的 pH 降低。由于酸的腐蚀性，破坏了鱼类及其他水生生物和农作物的正常生存条件，造成鱼类及农作物等死亡。含酸废水可腐蚀管道，破坏建筑物。因此，酸度是衡量水体变化的一项重要指标。

水中碱度的来源较多，地表水的碱度基本上是碳酸盐、重碳酸盐及氢氧化物。当水中含有硼酸盐、磷酸盐或硅酸盐等时。则总碱度的测定值也包含它们所起的作用。废水及其他复杂体系的水体中，还含有有机碱类、金属水解性盐等，均为碱度组成部分。在这些情况下，碱度就成为一种水的综合性指标，代表能被强酸滴定物质的总和。

（3）硬度

总硬度指 Ca^{+}、Mg^{+} 离子的总量。Ca^{+} 和 Mg^{+} 广泛存在于各种类型的天然水中，Ca^{+} 主要来源于含钙岩石（如石灰岩）的风化溶解；Mg^{2+} 主要是含碳酸镁的白云岩及其他岩石的风化溶解产物。硬度过高的水不适宜工业使用，特别是锅炉作业。由于长期加热的结果，会使锅炉内壁造成水垢，这不仅影响热的传导，而且还隐藏着爆炸的危险，所以应进行软化处理。此外，硬度过高的水也不利于人们生活中的洗涤及烹饪，含有硬度的水可与肥皂作用生成沉淀，造成肥皂浪费，饮用水硬度规定≤450mg/L，（以 $CaCO_3$ 计）。

（4）矿化度

矿化度是水中所含无机矿物成分的含量，用于评价水中总含盐量。是农田灌溉用水适用性评价的主要指标之一。常用主要被测离子总和的质量表示，对于严重污染的水样，由于其组成复杂，从本项测定中不易明确其含义，因此矿化度一般只用于天然水的测定。对无污染的水样，测得的矿化度值与该水样在 103～105℃时烘干的可滤残渣量值相近。

矿化度的测定方法有质量法，电导法，阴、阳离子加和法，离子交换法，密度计法等。质量法含意明确，是较简单、通用的方法。

质量法的测定原理是取适量经过滤除去悬浮物及沉降物的水样于已称至恒重的蒸发皿上，在水浴上蒸干，加过氧化氢除去有机物并蒸干，移至 105～110℃烘箱中烘干至恒重，计算出矿化度（mg/L）。

（5）有机污染物综合指标

有机污染物综合指标主要有溶解氧（DO）、高锰酸盐指数、化学需氧量（COD）、生物化学需氧量（BOD）、总有机碳（TOC）、总需氧量（TOD）等。这些综合指标可作为水中有机物总量的水质指标，将在后续章节中详细介绍。

（6）放射性指标（Radioactivity Index）

水中放射性物质主要来源于天然放射性核素和人工放射性核素。放射性物质在核衰变过程中会放射出 α、β 和 γ 射线，而这些放射线对人体都是有害的。放射性物质除引起外照射外，还可以通过呼吸道吸入、消化道摄入、皮肤或黏膜侵入等不同途径进入人体并在体内蓄积，导致放射性损伤、病变甚至死亡。我国饮用水规定总放射性强度不得大于 0.5Bq/L，总放射性强度不得大于 1Bq/L。

3. 微生物指标

水中微生物指标主要有细菌总数、总大肠菌群、游离性余氯和二氧化氯。

（1）细菌总数

细菌总数是指 1mL 水样在营养琼脂培养基中，于 37℃培养 24h 后，所生长细菌菌落的总数。水中细菌总数用来判断饮用水、水源水、地面水等污染程度的标志。我国饮用水规定细菌总数应≤100CFU/mL。

（2）总大肠菌群

总大肠菌群是指那些能在37℃、48h之内发酵乳糖产酸产气的、需氧及兼性厌氧的革兰氏阴性的无芽孢杆菌，主要包括有埃希氏菌属、柠檬酸杆菌属、肠杆菌属、克雷伯氏菌属等菌属的细菌。我国饮用水规定总大肠菌群不得检出。

总大肠菌群的检验方法中，多管发酵法可适用于各种水样（包括底泥），但操作较繁，需要时间较长；滤膜法主要适用于杂质较少的水样，其操作简单快捷。

如果是使用滤膜法，则总大肠菌群可重新定义为：所有能在含乳糖的远腾氏培养基上，于37℃、24h之内生长出带有金属光泽暗色菌落的、需氧的和兼性厌氧的革兰氏阴性无芽孢杆菌。

（3）游离性余氯

当氯溶解在水中时，离解成HCl和HOCl：

$$Cl_2 + H_2O \rightleftharpoons HOCl + HCl$$

次氯酸HOCl部分离解为氢离子和次氯酸根：

$$HOCl \rightleftharpoons H^+ + OCl^-$$

HOCl和OCl^-被称为游离氯。加入到水中的氯大部分用于灭活水中微生物、氧化有机物和还原性物质，为了抑制水中残余病原微生物的复活，出厂水和管网中尚需维持少量剩余氯，称为余氯量。测定方法有：碘量滴定法、DPD（N，N-二乙基-1，4-苯二胺）光度法、N，N-二乙基-1，4-苯二胺-硫酸亚铁铵滴定法。我国饮用水标准规定：出厂水游离性余氯与水接触30min后不应低于0.3mg/L，管网末梢不应低于0.05 mg/L。

（4）二氧化氯

二氧化氯具有很强的反应活性和氧化能力，在水处理中表现出优良的消毒效果和氧化作用。ClO_2不仅能杀死细菌，而且能分解残留的细胞结构，并具有杀死隐孢子虫和病毒的作用。水中ClO_2可采用连续碘量法和吸收光谱法测定，出厂水ClO_2余量与水接触30min后不应低于0.1 mg/L，管网末梢不应低于0.02 mg/L。

1.3.2 水质标准

水质标准是由国家或地方政府对水中污染物或其他物质的最大容许浓度或最小容许浓度所作的规定，是对各种水质指标做出的定量规范。水质标准分为水环境质量标准、污水排放标准和用水水质标准。

1. 水环境质量标准

目前，我国颁布并正在执行的水环境质量标准有《地表水环境质量标准》GB 3838—2002、《海水水质标准》GB 3097—1997、《地下水质量标准》GB/T 14848—93等。

《地表水环境质量标准》GB 3838—2002是国家环境法规的重要组成部分。它体现了国家环境保护法和水体污染防治法与国家环境政策对地表水环境质量的原则要求。它是地表水环境政策的目标，是各地进行水环境质量评价和进行环境分级管理的准绳，也是制定各类排放标准的执法依据。

《地表水环境质量标准》依据地表水水域使用目的和保护目标将水域功能分为5类，

对水质要求、标准的实施和水质监测作了具体的要求。本标准项目共计109项，其中地表水环境质量标准基本项目24项，集中式生活饮用水地表水源地补充项目5项，集中式生活饮用水地表水源地特定项目80项。

《地表水环境质量标准》GB 3838—2002依据地表水水域环境功能和保护目标，按功能高低依次划分为5类。

Ⅰ类：主要适用于源头水、国家自然保护区。

Ⅱ类：主要适用于集中式生活饮用水地表水源地一级保护区、珍稀水生生物栖息地、鱼虾类产场、仔稚幼鱼的索饵场等。

Ⅲ类：主要适用于集中式生活饮用水地表水源地二级保护区、鱼虾类越冬场、洄游通道、水产养殖区等渔业水域及游泳区。

Ⅳ类：主要适用于一般工业用水区及人体非直接接触的娱乐用水区。

Ⅴ类：主要适用于农业用水区及一般景观要求水域。

对应地表水上述5类水域功能，将地表水环境质量标准基本项目标准值分为5类，不同功能类别分别执行相应类别的标准值。水域功能类别高的标准值严于水域功能类别低的标准值。同一水域兼有多类使用功能的，执行最高功能类别对应的标准值。实现水域功能与功能类别标准为同一含义。

2. 污水排放标准

随着工农业生产的发展和人口的迅速增加，排放的工业废水和生活污水逐年上升。出于防治措施落后于废水增加速度，绝大多数废水均未处理就直接排入水域，使江、河、湖、海以及地下水都受到不同程度的污染。为了控制水污染，保护地面水水体及地下水体水质的良好状态，保障人体健康，维持生态平衡，国家制定了《污水综合排放标准》GB 8978—1996、《城镇污水处理厂污染物排放标准》GB 18918—2002。

《污水综合排放标准》GB 8978—1996规定了69种污染物的最高允许排放浓度和部分行业的最高允许排水量。

本标准共分为3级。排入《地表水环境质量标准》中Ⅲ类水域（划定的保护区和游泳区除外）和排入《海水水质标准》中的Ⅱ类海域执行二级标准；排入《地表水环境质量标准》Ⅳ、Ⅴ类水域和排入《海水水质标准》中的Ⅲ类海域执行二级标准；排入设置二级污水处理厂的城镇排水系统的污水执行三级标准。

同时将污染物按其性质及控制方式分为两类，第一类污染物不分行业和污水排放方式，也不分受纳水体的功能类别，一律在车间或车间处理设施排放口采样，其最高允许浓度必须达到该标准要求；第二类污染物在排污单位排放口采样，其最高允许排放浓度必须达到本标准要求。

对各种工业生产用水，也有相应的水质标准。一些地方和行业根据自身实际情况制定的专用的排放标准，如《制浆造纸工业水污染物排放标准》GB 3544—2008，《海洋石油工业含油污水排放标准》GB 4914—2008、《磷肥工业水污染物排放标准》GB 15580—2011；《钢铁工业水污染物排放标准》GB 13456—2012；《纺织染整工业水污染物排放标准》GB 4287—2012等。

此外，污水回用有《城市污水再生利用城市杂用水水质标准》GB/T 18920—2002，农田灌溉水有《农田灌溉水质标准》GB 5084—2005，地下水的开发利用有《地下水质量标准》GB/T 14848—1993 等。

3. 用水水质标准

我国已制定的用水水质标准有《生活饮用水卫生标准》GB 5749—2006、《农田灌溉水质标准》GB 5084—2005，《渔业水质标准》GB 11607—1989 等。

根据《生活饮用水卫生标准》GB 5749—2006，生活饮用水的水质是否符合标准是人们身体健康的最基本的保障，它的制定考虑了以下几个方面的基本要求：饮用水中不得含有病原微生物；饮用水中化学物质不得危害人体健康；饮用水中放射性物质不得危害人体健康；饮用水的感官性状良好；饮用水应经消毒处理；水质应符合相关要求。该标准项目共计 106 项，其中感官性状指标和一般化学指标 20 项，饮用水消毒剂 4 项，毒理学指标 74 项，细菌学指标 6 项，放射性指标 2 项。

1.4 各类水源水质检验项目

1.4.1 各类水源水质检测项目（表 1-6）

各类水源水质检测项目一览表　　表 1-6

类别		必测项目	选测项目
地下水常规检测项目		pH 值、总硬度、溶解性总固体、氨氮、硝酸盐氮、亚硝酸盐氮、挥发性酚、总氰化物、高锰酸盐指数、氟化物、砷、汞、镉、六价铬、铁、锰、大肠菌群	色、嗅和味、浑浊度、氯化物、硫酸盐、碳酸氢盐、石油类、细菌总数、硒、铍、钡、镍、六六六、滴滴涕、总 α 放射性、总 β 放射性、铅、铜、锌、阴离子表面活性剂
地表水检测项目	河流	水温、pH 值、悬浮物、总硬度、电导率、溶解氧、化学需氧量、氨氮、亚硝酸盐氮、硝酸盐氮、挥发性酚、氰化物、砷、汞、六价铬、铅、镉、石油类等	硫化物、氰化物、氯化物、有机氯农药、总铬、铜、锌、大肠菌落、放射性铀、镭等
	集中式饮用水源地	水温、pH 值、DO、SS、高锰酸盐指数、COD、BOD、氨氮、总磷、总氮、铜、锌、氟化物、铁、锰、硒、砷、汞、镉、六价铬、铅、氰化物、挥发酚、石油类、阴离子表面活性剂、硫化物、硫酸盐、氯化物、硝酸盐和类大肠菌群	三氯甲烷、四氯化碳、三溴甲烷、苯乙烯、甲醛、乙醛、苯、甲苯、乙苯、二甲苯、硝基苯、四乙基铅、滴滴涕、对硫磷、乐果、敌敌畏、美曲膦酯、甲基汞、多氯联苯等
	湖泊水库	水温、pH 值、DO、高锰酸盐指数 COD、BOD、氨氮、总磷、总氮、铜、锌、氟化物、硒、砷、汞、镉、六价铬、铅、氰化物、挥发酚、石油类、阴离子表面活性剂、硫化物	总有机碳、甲基汞、硝酸盐、亚硝酸盐、藻类
	底质	砷、汞、烷基汞、六价铬、铅、镉、铜、锌、硫化物、有机质	有机氯农药、有机磷农药、除草剂、烷基汞、苯系物、多环芳烃、邻苯二甲酸酯
海水检测项目		漂浮物质、色、臭、味、悬浮物质、大肠菌落、粪大肠菌落、病原体、水温、pH 值、COD、BOD、DO	汞、镉、铅、六价铬、总铬、氰化物、挥发性酚等

1.4.2 不同生产工艺用水监测项目（表1-7）

不同生产工艺用水监测项目　　表1-7

类　别	主要监测项目
原料用水（酿造、食品等用水）	水温、pH值、浊度、硬度、铁、锰、氨氮、亚硝酸盐、细菌指标
锅炉用水	水温、pH值、硬度、碱度、二氧化硅、DO、油
冷却水	水温、pH值、硬度、悬浮物、溶解气体（氧气、二氧化碳、硫化氢等）、碱度、石油类、藻类、微生物、游离氯
工业用水	pH值、浊度、色度、硬度、碱度、二氧化硅、含盐量、铁、锰、氯化物

◆背景知识点1

我国生活饮用水卫生标准的修订

《生活饮用水卫生标准》的修订时保证饮用水安全的重要措施之一。恶性水污染事故频发，饮水安全和卫生问题引起了全球的关注，饮用水安全已成为全球性的重大战略问题。我国1985年发布的《生活饮用水卫生标准》GB 5749—85已不能满足保障人民群众健康的需要。为此，卫生部和国家标准化管理委员会对原有标准进行了修订，联合发布新的强制性国家《生活饮用水卫生标准》GB 5749—2006。该标准是1985年首次发布后的第一次修订，自2007年7月1日期实施。新标准的水质项目和指标值的选择，充分考虑了我国实际情况，并参考了世界卫生组织的《饮用水水质标准》，参考了欧盟、美国、俄罗斯和日本等国的饮用水标准。规定指标由原标准的35项增至106项。其中，微生物指标由2项增至6项；饮用水消毒剂指标由1项增至4项；感官性状和一般理化指标由15项增至20项；毒理指标由15项增至74项；放射性指标仍为2项。标准中的106项指标包括42项常规指标和64项非常规指标，常规指标是各地统一要求必须检定的项目。而水质非常规指标及限制所规定的指标的实施项目和日期由各省级人民政府根据实际情况确定，但必须报国家标准委、建设部和卫生部备案。各地具体情况不同，新标准中水质非常规指标及限值的实施项目和日期将由省级人民政府根据当地实际情况确定，全部指标最迟于2012年7月1日实施。

◆背景知识点2

生活饮用水水质检测项目

《生活饮用水水质卫生标准》GB 5749—2006中将反映生活饮用水水质的检测指标分为常规检测项目和非常规检测项目。

1. 常规检测项目

水质常规检测项目包括总大肠菌群数、耐热大肠菌群数、大肠埃希氏菌数和菌落总数等4项微生物指标；砷、镉、铬（六价）、铅、汞、硒、氰化物、氟化物、硝酸盐、三氯甲烷（氯仿）、四氯化碳、溴酸盐、甲醛、亚氯酸盐、氯酸盐等15项毒理指标；色度、浑浊度、臭和味、肉眼可见物、pH、铝、铁、锰、铜、锌、氯化物、硫酸盐、溶解性总固体、总硬度、耗氧量、挥发酚类、阴离子合成洗涤剂等17项感官性状和一般化学指标；总α放射性比活度、总β放射性比活度等2项放射性指标。

此外，对于市政自来水，其常规水质指标还包括游离氯（氯气及游离氯制剂）、总氯（氯胺）、臭氧、二氧化氯等3项消毒剂指标。

2. 非常规检验测项目

水质非常规检测项目包括贾第鞭毛虫、隐孢子虫等2项微生物指标；锑、钡、铍、硼、钼、镍、银、铊、氰化氰、一氯二溴甲烷、二氯一溴甲烷、二氯甲烷、二氯乙酸、1，2-二氯乙烷、三氯甲烷、1，1，1-三氯乙烷、三氯乙酸、三氯乙醛、2，4，6-三氯酚、三溴甲烷、七氯、马拉硫磷、五氯酚、六六六、六氯苯、乐果、对硫磷、灭草松、甲基对硫磷、百菌清、呋喃丹、林丹、毒死蜱、草甘膦、敌敌畏、莠去津、溴氰菊酯、2，4-滴、滴滴涕、乙苯、二甲苯、1，1-二氯乙烯、1，2-二氯乙烯、1，2-二氯苯、1，4-二氯苯、三氯乙烯、三氯苯、六氯丁二烯、丙烯酰胺、四氯乙烯、甲苯、邻苯二甲酸二（2-乙基己基）酯、环氧氯丙烷、苯、苯乙烯、苯并（a）芘、氯乙烯、氯苯、微囊藻毒素—LR等59项毒理指标；氨氮、硫化物、钠等3项感官性状和一般化学指标。

◆背景知识点3

生活饮用水常规检测指标卫生意义

1. 铁（Fe）

铁在天然水中普遍存在，是人类必需营养元素，然而，饮用水并不是铁的主要来源。人体代谢每天需要1～2mg的铁，由于机体对铁的吸收率低，人每天需从食物中摄取60～110mg的铁才能满足需要。水中含铁量在0.3～0.5mg/L时无任何异味，达1mg/L时便有明显的金属味，在0.5mg/L时色度可大于30度。

2. 锰（Mn）

水中锰可来自自然环境或工业废水污染。锰在水中比铁难氧化，在净水处理过程中比铁难以去除。水中含有微量锰时，呈现黄褐色。锰的氧化物能在水管内壁上逐步沉积，在水压波动时可造成“黑水”现象。锰和铁对水感官性状的影响类似，二者常共存于天然水中。当水中锰浓度超过0.15mg/L时，能使衣服和固定设备染色，在较高浓度时使水产生不良味道，锰的毒性较小。

3. 铜（Cu）

天然水中铜的含量甚少。但水体流经铜矿床或被含铜废水污染，或使用铜盐抑制水体藻类繁殖时，水中的铜含量增加。铜是人体必需的元素，在新陈代谢中参与细胞的生长、繁殖和某些酶系统的活化过程。成年人每天需铜约2mg，学龄前儿童约1mg，婴幼儿缺乏铜可发生营养性贫血。铜的毒性小，但过多则对人体有害，长期摄入可引起肝硬化。根据现有资料，水中含铜量达1.5mg/L时即有明显的金属味，含铜量超过1.0mg/L时可使衣服及白瓷器染成绿色。

4. 锌（Zn）

天然水中锌的含量很少。主要来源于工矿废水和镀锌金属管道。锌是人体必需的元素，是酶的组成部分，参与新陈代谢。锌的毒性很低，但摄入过多则能刺激胃肠道和产生恶心，口服1g的硫酸锌可引起严重中毒。水中含锌10mg/L时呈现浑浊，5mg/L有金属涩味。我国各地水中含锌量一般都很低。

5. 挥发酚类（以苯酚计）

天然水中酚含量极微，水中含酚主要是来自工业废水的污染，特别炼焦、煤气制造、石油等工业废水。挥发酚类是指除了对硝基酚外，沸点在230℃以下可随水蒸气一起挥发的一元酚（苯酚、甲酚、二甲酚、氯酚、硝基酚等），其中苯酚为主要成分。酚类化合物毒性低，酚具有恶臭，对饮水进行加氯消毒时，能形成臭味更强烈的氯酚，往往引起饮用者的反感。

6. 阴离子合成洗涤剂（ABS）

目前国产合成洗涤剂以阴离子型的烷基苯磺酸盐为主，其化学性质一般较稳定，不易降解和消除。毒性实验表明，阴离子合成洗涤剂的毒性极低，一般不表现毒作用。人体摄入少量未见有害影响。但是，当水中浓度超过0.5mg/L时，能使水起泡沫和具有异味。

7. 硫酸盐（SO_4^{2-}）

硫酸盐在自然界中广泛存在，一般地下水和地面水中均含有硫酸盐。水中硫酸盐浓度过高，易使锅炉和热水器具内结垢。饮用时有不良味道和轻度腹泻反应，特别是初次和偶然饮用，易出现轻度腹泻情况，但经短时间后可逐步适应。一般而言，当水中硫酸盐浓度大于750mg/L时有轻泻作用；而低于600mg/L，则无此反应。对多数饮用者而言，当饮水中硫酸盐浓度为300～400mg/L时，开始察觉水有味，200～300mg/L无明显味作用。

8. 氯化物（Cl^-）

饮用水和天然水中均含有氯化物，它以钾、钠、钙、镁盐的形式存在于水体中，水源流经含氯化物的地层或受生活污水、工业废水、海水、海风的污染均会使其氯化物含量增高。一般水源水中的氯化物含量都在一定的范围内波动，一旦水体中氯化物含量突然升高时，表示水体受到了污染。饮用水中氯化物浓度过高，可使水产生令人嫌恶的咸味，并对配水系统有腐蚀作用。人摄入氯化物的主要来源是含食盐食品，每天平均摄入量为6g（Cl^-）。

9. 溶解性总固体

水经过滤后，在一定温度烘干所得到的不易挥发物质的总和，称之为溶解性总固体。其主要成分为溶解性盐类和以胶体形态存在于水中的有机物质。当其浓度高时可使水产生不良的味道，并能损坏配水管道和设备，它是评价水质矿化程度的重要依据。

10. 氟化物（F^-）

氟化物广泛存在于自然界中。天然水中氟化物的含量一般为0.2～0.5mg/L。一些流经含氟矿层的地下水可达2.5mg/L或更高。氟是人体必需的元素之一，人体摄入氟量不足，易发生龋齿病，特别是对发育中的儿童影响甚大。而人体摄入过多的氟也会导致急性或慢性氟中毒，主要表现为牙斑釉和氟骨症。

11. 氰化物（CN^-）

地面水中一般不含氰化物，水中的氰化物的主要来源是工业废水污染，在电镀、焦化、煤气制造等工业的废水中含有无机氰化物，在一些有机化工合成工业的废水中含有机氰化物。无机氰化物中的简单氰化物（HCN，KCN等）毒性很强，金属络合氰化物较简单氰化物的毒性小得多，但是在水温、pH值、阳光照射等的影响下也能分解为简单氰化物。氰化物在水中呈杏仁气味，其嗅觉阈浓度为0.1mg/L，口服0.06g即可致死。氰化物进入人胃内解离成氰氢酸。它与细胞色素氧化酶结合，人体因缺氧而迅速死亡，鱼类对氰化物更敏感。

12. 砷（As）

天然水中含有微量的砷。水中含砷量高，除地质因素外，主要来自工业废水和农药的污染。砷的化合物有3价和5价，3价砷（砒霜即是As_2O_3）毒性大，有机砷的毒性大，砷的硫化物毒性较小。一些国家报道，长期用含砷过高的水将引起皮肤癌发病率增多。

13. 硒（Se）

硒是人体所必需的微量元素之一，硒缺乏时人可患克山病、大骨节病，使人体的免疫力降低，癌症的患病率升高；过量的硒又能引起人体的硒中毒，患脱发、脱甲、偏瘫等病症。水中含硒除地质因素外，主要是来自于工业废水的污染。

14. 汞（Hg）

汞为剧毒物，可致急、慢性中毒，汞及其化合物为原浆毒，脂溶性。主要作用于神经系统、心脏、肾脏和胃肠道，汞可在体内蓄积，长期摄入可引起慢性中毒。无机汞中以氯化汞和硝酸汞的毒性较高，有机汞的毒性比无机汞大。水中汞主要来自工业废水和废渣的污染。地面水中的无机汞，在一定条件下可转化为有机汞，并可通过食物链在水生生物（如鱼、贝类等）体内富集。人食用这些鱼、贝类后，可引起慢性中毒。据报道，长期每天摄入约0.25mg甲基汞可导致神经损伤。但是，饮用水中的汞主要为难以吸收的无机汞形式，即使在重污染的水中，汞浓度一般也不超过0.03mg/L。据国内的调查表明，饮用水中汞浓度几乎均低于0.001 mg/L。

15. 镉（Cd）

镉是有毒元素，是积累性毒物，使人生病的潜伏期可达10～40年，病程也长，食用被镉污染的食物可能造成慢性中毒。天然水中的镉主要是受采矿、冶炼、电镀及化学工业的含镉废水污染所致。

16. 铬（Cr^{6+}）

铬是人体必需的微量元素。6价铬化合物比3价铬化合物的毒性大100倍，3价铬和金属铬毒性最小，在氯化或曝气的水体中铬主要以6价铬形式存在。天然水中铬含量极少，主要是工业废水的污染使天然水中的铬合量增高。

17. 铅（Pb）

铅并非肌体所必需的元素。常随饮水和食物进入人体，摄入量过高可引起积蓄性中毒，主要为贫血、神经机能失调和肾损伤。

18. 银（Ag）

天然水体中银浓度极微，除自然来源外，主要是工业废水污染造成的。银一旦被人体吸收，就能长期保存在组织中，产生银质沉淀，使人的皮肤、眼及粘膜呈蓝灰色的永久性着色。

19. 硝酸盐（以N计）

硝酸盐氮在饮用水中常被检出，含量过高时对人身健康有影响，婴儿长期饮用高浓度的硝酸盐水，可致患变性血红蛋白症。所以对饮用水硝酸盐含量应加以限定。

20. 氯仿（$CHCl_3$）

氯仿又称三氯甲烷，有麻醉作用，对皮肤有刺激性，麻痹呼吸系统，损害肝肾，并对人身具有潜在的致癌危险性。受有机物污染的原水在净化处理时，加氯后便可产生三氯甲烷，饮用水中三氯甲烷的形成，很大程度是由于原水中有机物质（腐殖质等）与氯相互作用的结果。降低饮用水中三氯甲烷含量的办法，一是在净化处理时，将加氯点后移，即先将受污染的原水通过混凝沉淀及活性炭吸附，去除水中大部分有机物，而后再加氯消毒。二是改变消毒剂的品种，用二氧化氯或臭氧对饮用水进行消毒。

21. 四氯化碳（CCl_4）

四氯化碳为透明油状液体，广泛用作工业溶剂，也是常用的灭火剂，与人慢性接触一般会使肠胃道不适，呕吐。神经系统会觉得头痛、嗜睡。研究表明，四氯化碳具有多种毒理学效应，危险性中毒可发生肝癌。

22. 苯并［a］芘

苯并［a］芘是一种在环境中广泛存在的多环芳烃，主要是煤、石油等燃料不完全燃烧时的产物。由于炼焦、石油工业和冶炼厂排放的废水废气对环境的污染，地面水和地下水均可检出，是一种致癌物。从测定结果来分析，人体摄入多环芳烃（特别是苯并［a］芘）主要是来自于食物和空气，饮用水不是人体摄入苯并［a］芘的主要来源。

23. 滴滴涕

滴滴涕是一种持久性的有机氯杀虫剂，不溶于水，在水中稳定。人体摄入的滴滴涕大部分来源于动物性食品，在不同的国家人体血液中总滴滴涕的浓度一般在 10～70 μm/L，在人乳中为 10～100μm/L。滴滴涕主要作用于中枢和外周神经及肝脏，滴滴涕有很强的蓄积性。

24. 六六六

六六六化学名称为 1，2，3，4，5，6-六氯环己烷或六氯苯，是一种有机氯杀虫剂，有强烈的异臭，在水中稳定，有蓄积性，对人体健康有害。

思 考 题

1. 水质检验、监测的任务和目的是什么？
2. 水质检验技术的分类方法有哪些？
3. 什么叫水质指标和水质标准？试以实例说明。
4. 现行的《生活饮用水卫生标准》分哪几类共多少项指标？
5. 什么是浑浊度？测定浑浊度的意义是什么？
6. 检验饮用水中大肠菌群的意义是什么？
7. 现行的《生活饮用水卫生标准》中浊度、余氯、细菌、总大肠菌群、铁、氟的指标值是多少？

第2章　水质分析质量保证

【学习要点及目标】

◆了解地面水监测断面的设置原则。

◆掌握采样断面的类型及水样的运输、保存方法。

◆掌握水分析结果误差的分析及能进行试验数据的处理。

◆了解质量控制的目的及方法。

【核心概念】

地表水监测断面、水样采集、误差分析、数据处理、质量控制。

2.1　水样的采集与保存

2.1.1　水样的采集

从试验对象的水中采取试验用的水样或与之接近的泥质（如活性污泥法处理城市污水时其中的活性污泥）称为水样的采集。它包括水样的固定、保存、运输和在实验室内用适当方法将采取的水样或泥质进行缩分，制备完全能够代表试验对象的水或泥质的试样等内容。制备试样后，用该试样进行检验分析操作而求得水样中待测组分的含量，这就是水质检验一般方法的全过程。当然对于将测定仪器直接插入水中，并使之自动工作而求得结果的仪器分析，不一定都需经上述水质测定的全过程，如水温就是现场直接测得。

由于对绝大多数的污染物而言还不能实现原位检测，而通常是在现场采样后将样品送回实验室再进行分析测定。为了能够真实地反映水体的质量，除了采用精密的仪器和准确的分析技术之外，特别要注意水样的采集与保存。采集的样品要代表水体的质量。采样后可能发生变化的成分，需要在现场测定。带回实验室的样品，在测试之前要妥善保存，确保样品在保存期间不发生明显的变化。采样的地点、时间和频数同试验目的、水质的均一性、水质的变化、采样的难易程度、所采用的分析方法，以及有关的环保条例密切相关。

1. 地面水采样

流过或汇集在地表上的水，如海洋、河流、湖泊、水库、沟渠中的水，称之为地面水。

水质监测点位的布设关系到监测数据是否具有代表性，是否真实地反映水环境质量状况及污染发展趋势的关键问题。

（1）地表水监测断面的设置原则

断面在总体和宏观上应能反映水系或区域的水环境质量状况；各断面的具体位置应能反映在区域环境的污染特性；尽可能以最少的断面获得有足够代表性的环境信息；应考虑实际采样时的可行性和方便性。

对水系可设背景断面、控制断面（若干）和入海断面。

对行政区域可设背景断面（对水系源头）或入境断面（对过境河流）、控制断面（若干）和入海河口断面或出境断面。

在各控制断面下游，如果河段有足够长度（至少 10km），还应设置消减断面。

（2）监测断面的分类

1）采样断面

指在河流采样中，实施水样采集的整个断面。采样断面又包括背景断面、对照断面、控制断面、消减断面和管理断面。

2）背景断面

指为评价一完整水系的污染程度，而提供的不受人类生活和生产活动的影响，为水环境背景值的断面。

原则上应设在水系源头或未受污染的上游河道，远离城市居民区、工业区、农药化肥施用区及注意交通路线。

3）对照断面（入境断面）

为了解流入监测河段前的水体水质状况而设置。指具体判断某一区域水环境污染程度时，位于该区域所有污染源上游处，提供这一水系区域本底值的断面。

它布设在进入城市、工业排污区的上游，避开各种废水、污水流入或回流处。一个河段只设一个对照断面，有主要支流时可酌情增加。

4）控制断面

指为了解水环境受污染程度及其变化情况的断面。即受纳某城市或区域的全部工业和生活污水后的断面。

布设在排放区的下游，能反映本污染区域污染状况的地点。根据河段被污染的具体情况，可布设一个或数个控制断面。一般布设在排污口下游 500～1000m 处。因为在排污口下游 500～1000m 断面上的宽度 1/2 处重金属浓度往往出现高峰。

5）消减断面（自净断面）

指工业污水或生活污水在水体内流经一定的距离而达到最大程度混合，污染物被稀释、降解，其主要污染物浓度有明显降低的断面。

布设在控制断面下游，污染物达到充分稀释的地方。通常设在城市或工业区最后一个排污口下游 1500m 以外的河段上。水量小的河流应视具体情况而定。

6）管理断面

为特定的环境管理需要而设置的断面。如较常见的有：定量化考核管理断面、为了解各污染源排放设置的管理断面、监视应用水水源管理断面、流域污染源限期达标排放管理断面、河道整治管理断面等。

（3）设置原则

1）断面位置避开死水区、回水区、排污口处，尽量选择顺直河段，河床稳定，水流平稳，水面宽阔，无急流、无浅滩处。

2）监测断面力求与水文测流断面一致，以便利用其水文参数实现水质监测与水流监测的结合。

3）监测断面的布设应考虑社会经济发展，监测工作的实际状况和需要，要有相对的长远性。

4）布设采集断面时，还要考虑采样点的地理位置、地形、地貌和水文地质情况以及交通是否便利、有无桥梁、采集难易等情况。潮汐河流采集断面的布设，原则上与上述河流一致。对照断面一般应设在潮汐区界以上，其削减断面布设在进入海口处。湖泊、水库采样断面布设在湖水的主要入口处、中心区、沿湖泊（水库）水流方向、滞流区及湖边城市水源区。

如图 2-1 针对污染源对水体水质影响较大的河段，设置采样断面的情况。

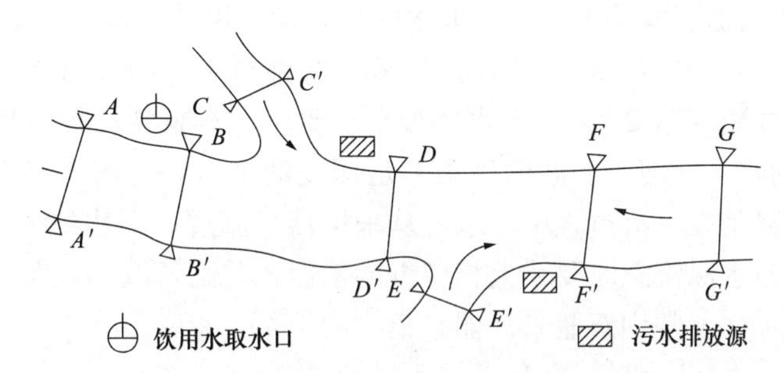

图 2-1　在有支流和污染源的河段上采样断面的设置

$A—A'$对照断面；$G—G'$消减断面；$B—B'$、$C—C'$、$D—D'$、$E—E'$、$F—F'$控制断面

（4）断面垂线的布设

断面垂线的布设，通常遵照下列情况：

1）在河流上游，河床较窄、流速很大时，应选择能充分混合、易于采样的地点。

2）河宽＜50m 的河流，应在河流的中心部位采集。在实际很难找出河流的中心部位时，应采集流速最快的那部分水。

3）当河宽＞100m 时，水流不能充分混合，除在河流中心部位布设垂线外，应在河流的左右部位增设垂线。

4）湖泊、水库断面垂线的布设：湖库区的不同水域，如进水域、出水域、深水区、浅水区、湖心区、岸边区，按水体功能布设检测垂线。湖、库若无明显功能区分，可用网络法均匀布设断面垂线。

（5）采样点的布设

河流断面采样点的布设，表层水一般要求采集距水面 10～15cm 以下的水样。采不同深度河流水的部位，可参考表 2-1。

湖泊、水库断面垂线采样点的布设和河流的情况基本相同。但是，因湖泊、水库有分层现象，水质可能出现明显的不均匀性。为了调查成分的垂直分布，往往要在不同深度进行采样。通过现场条件下水温、pH、氧化还原电位、溶解氧等易测定的项目，达到对分层状况的了解，并按调查结果确定采样点的深度。

河流断面采样点的布设　　**表 2-1**

水　深	采样点数	说　明
≤5m	1点（距水面0.5m）	水深不足1m时，在1/2水深处
5～10m	2点（距水面0.5m，河底以上0.5m）	河流封冻时，在冰下0.5m处
>10m	3点（水面下0.5m，1/2水深，河底以上0.5m）	若有充分数据证明垂线上的水质均匀，可酌情减少采样点数

（6）采样方法

采样前，应先用水样洗涤取样瓶及塞子2～3次。

1）自来水或抽水设备中的水。采集这些水样时，应先放水数分钟，使积留在水管中的杂质及陈旧水排出，然后再取样。

2）表层水。在河流、湖泊可以直接汲水的场合，可用如水桶、瓶等适当的容器采样。一般将其沉到水面下0.3～0.5m处采样。从桥上等地方采样时，可将系着绳子的聚乙烯桶或带有坠子的采样瓶（图2-2）投入水中汲水。要注意不能混入飘浮于水面上的物质。

3）一定深度的水。在河流、湖泊采集一定深度的水时，可用带有重锤的采水器沉入水中采样。这类装置是在下沉过程中，水就从采样器中流过。当达到预定的深度，容器能闭合而汲取水样；当水深流急时要系上相应重的铅锤，并配备绞车（图2-3）。测定溶解气体（如溶解氧）的水样，常用双瓶采样器采集（图2-4）。

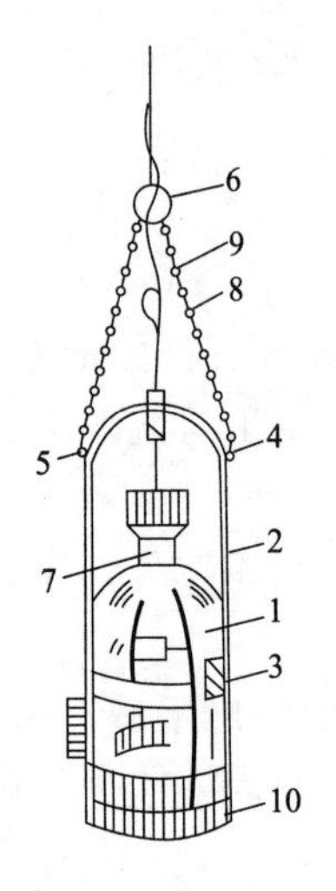

图2-2　单层采水器

1—水样瓶；2、3—采水瓶架；4、5—平衡控制挂钩；6—固定采水瓶挂钩；7—瓶架；8—采水瓶；9—开瓶塞的软绳；10—铅锤

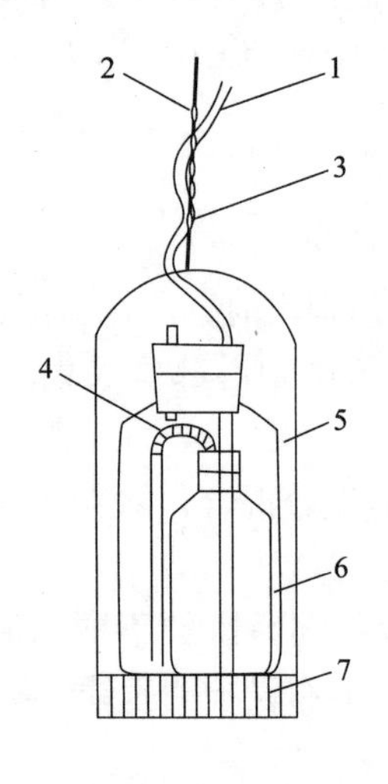

图2-3　急流采水器

1—夹子；2—橡皮管；3—钢管；4—玻璃管；5—橡皮管；6—玻璃取样瓶；7—铁框

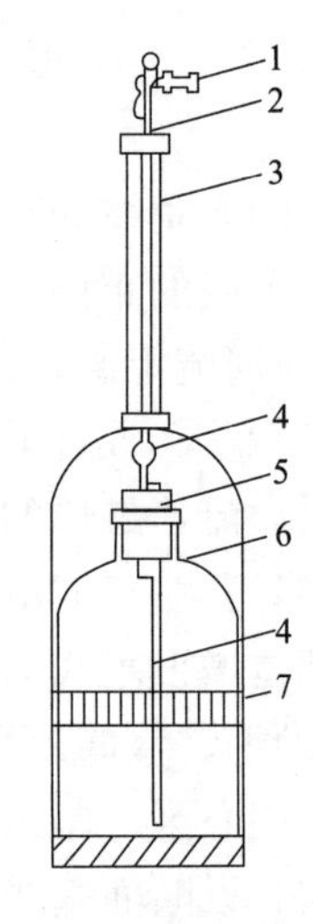

图2-4　双瓶溶解气体采集器

1—夹子；2—绳子；3—橡皮管；4—塑料管；5—大瓶；6—小瓶；7—带重锤的铁框

4）泉水、井水。对于自喷的泉水，可在涌口处直接采样。采集不自喷的泉水时，将停滞在抽水管的水吸出，新水更替之后再进行采样。从井水采集水样，必须在充分抽吸后进行，以保证水样能代表地下水水源。

（7）采集水样的类型

1）瞬时水样。对于组成较稳定的水体，或水体的组成在相当长的时间或相当大的空间范围变化不大，采瞬时样品具有很好的代表性。当水体的组成随时间发生变化，则要在适当的时间间隔内，进行瞬时采样，分别进行分析，测出水质的变化程度、频率和周期。当水体的组成发生空间变化时，就要在各相应的部位采样。地下水的水质比较稳定，一般采集瞬时水样，即能有较好的代表性。

2）混合水样。在大多数情况下，所谓混合水样是指在同一采样点上，于不同时间所采集的瞬时水样的混合样，有时用“时间混合样”的名称与其他混合样相区别。时间混合样在观察平均浓度时非常有用。当不需要测定每个水样而只需要平均值时，混合水样能节省化验工作量和试剂的消耗。混合水样不适用于测试成分在水样储存过程中发生明显变化的水样。

3）综合水样。把不同采样点同时采集的各个瞬时水样混合起来所得到的样品称作“综合水样”。综合水样在各点的采集时间虽然不能同步进行，但越接近越好，以便得到可以对比的资料。

综合水样是获得平均浓度的重要方式，有时需要把代表断面上的各点，或几个废水排污口的废水按相对比例流量混合，取其平均浓度。

采什么样的样品，视水体的具体情况及采集目的而定。如：为几条废水河道的废水建设综合处理厂，从各河道取单水样就不如取综合样更为合理，因为各股废水的相互反应可能对处理性能及成分产生显著影响。相反，有些情况取单样就合理，如湖水和水库在深度和水平方向常出现组成成分上的变化，而此时，大多数的平均值或总值的变化不显著，局部变化则比较突出，在这种情况下综合水样就失去意义。

分析时所取的水样的体积视所用分析方法，待测成分浓度及测定指标多少而定。

（8）采样容器

1）无色具塞硬质玻璃瓶。这是一种优点较多的试样容器，因为无色透明便于观察试样及其变化，还可以加热灭菌。但易破裂，不适于运输试样。另外，容器成分中含有的氧化硅、钠、钾、硼及铝等易被溶出，因产品种类的不同有时还有砷、锑及锌等溶出。

2）具塞聚乙烯瓶。这是一种使用最多的试样容器，它既耐冲击又轻便，对许多试剂都很稳定。但聚乙烯瓶有吸附磷酸根离子及有机物的倾向，且容易受有机溶剂的侵蚀，有时还引起藻类的繁殖，不如玻璃瓶容易清洗、检查和校验体积。

3）特殊成分的试样容器。对于特殊成分的试验，要求使用专用容器。例如，溶解氧、正乙烷萃取物、亚硫酸盐、肼、细菌试验及生物试验等。它们均不宜用自动采样器。测定溶解氧的水样要杜绝气泡，测油水样应定容采样。

此外还有多种结构较复杂的采样器，如深层采水器、电动采水器、自动采水器、连续定时采水器等。

（9）试样容器的洗涤

试样容器在采集试样前必须充分清洗。对于具塞玻璃瓶，特别是在磨口部位常有溶出、吸附、和吸着的情况，要特别加以注意。使用聚乙烯瓶时，易吸附油分、沉淀物及有机物等，难以除掉，也应十分注意，并应设法防止瓶口受到沾污。

2. 废水样品的采集

污染源的采样取决于调查的目的和分析工作要求。采样涉及采样的时间、地点和频率数三个方面。为了采集到有代表性的废水，采样前应该了解污染源的排放规律和废水中污染物浓度的时空变化。在采集的同时还应该测量废水的流量，以获得排污量数据。

（1）采集部位的布设

工业废水采样点布设的基本原则可参考一般水样的布设原则，一般采取以下几种方式：

1）从排放口采样。当废水从排放口直接排放到公共水域时，采样点布设在厂、矿的总排污口、车间或工段排污口。在评价污水处理设施时，要在设施前后都布设采样点。

2）从水路中采样。当废水以水路形式排到公共水域时，为了不使公共水域的水倒流进排放口，应设适当的堰，从堰的溢流中采样。对于用暗渠排放污水的地方，也要在排放口内，公共水域的水不能倒流的地点采样。

在排污管道或渠道中采样时，应在具有湍流状况的部位采集，并防止异物进入水样。

3）利用自动采水器采样。当利用自动采水器采样时，应把自动采水器的采水用配管沉到采样点的适当深度（一般在中心部分），配管的尖端附近装上2mm的筛孔的耐腐蚀的筛网，以防止杂质进入配管及泵内。由于筛孔容易堵塞以及泵容易黏附油脂类物质和悬浮物，所以要定期进行清洗。

（2）废水样采集的时间和频率

各种工业废水都含有特殊的污染物质，其排放量、浓度等因工艺、操作时间及开工率不同而有很大差异。采样的时间和采样周期的选择是一个复杂的问题，主要取决于排污的情况（均匀性）和分析的要求。对于排污情况复杂、浓度变化很大的废水，采样的时间间隔要短，最好采用连续自动采样方式。若废水厂有处理设备时，由于水质和水量的变化比较稳定，频次可以大为减少。一般情况下，工业污水按生产周期确定采样频率，生产周期在8h以内的，每2h采样一次；生产周期大于8h的，每4h采样一次。其他污水采样：24h不小于2次。

废水样品采集的基本类型可以分为：

1）瞬时废水样。一些工厂的生产工艺过程连续、恒定，废水中组分及浓度随时间变化不大，瞬时样品具有很好的代表性，则可采用瞬时取样的方法。瞬时采样也适用于采集有特定要求的废水样。例如，某些平均浓度合格，在高峰排放浓度超标的废水，可隔一定时间瞬时采样。分别分析，将测定数据绘制时间一浓度关系曲线，并计算其高峰浓度和平均浓度。

2）平均废水样。由于工业废水的排污量和污染组分的浓度往往随时间起伏较大，为使检测结果具有代表性，需要增大采样和测定频率，但势必会增加工作量。为了得到有代表性的废水样（往往要求得到平均浓度），此时比较好的办法是采集平均混合水样或平均比例混合水样。一般地说，应在一个或几个生产或排放周期内，按一定时间间隔分别采集等量的水样混合而成为平均混合水样。但在废水排放量不恒定的情况下，可将一个排污口不同时间的废水样，依照流量的大小，按比例混合，可得到称之为平均比例混合的废水样。这是获得平均浓度最常采用的方法，有时需将几个排污口的水样按比例混合，用以代表瞬时综合排污浓度。混合水样也存在缺点。如果水质监测结果出现异常（如超标），无法确定异常情况发生的具体时间。换言之，混合水样只能反映采样期间的平均水平，但不能反映此期间水质随时间的变化情况。另外，对某些不稳定的样品或因混合发生化学反应会引起组分变化的样品，如测定BOD、COD、细菌等的样品，不宜采用混合水样。

3. 底质（沉积物）的采集

底质能记录特定水环境的污染历史，反映难降解物质的积累情况，以及水体污染潜在的危险。底质的性质对水质、水生生物有着明显的影响，是天然水是否被污染及污染程度的重要标志。

底质检测断面的设置原则与水质检测断面的设置原则相同但底质受水文、气象条件的影响较小，故采样频率远低于水样，一般每年枯水期采样一次，必要时可在丰水期采集一次。

底质采样量一般为1～2kg，如样品不易采集或测定项目较少时，可予酌减。采集表层底质样品一般用挖式（或抓式）采样器或锥式采样器。前者适用于采样量较大的情况，后者适用于采样量较少的情况。管式泥芯采样器用于采集柱状样品，以分析底质中污染物质的垂直分布情况。如果水域水深小于3m，可将竹竿粗的一端削成尖头斜面，插入床底采样。当水深小于0.6m时，可用长柄塑料勺直接采集表层底质。

2.1.2 水样的运输和保存

1. 水样的运输

对采集的每一个水样都必须作好记录，并在采样瓶上贴好标签。在运输过程中应注意：

（1）要塞紧采样容器口塞子，必要时用封口胶、石蜡封口（测油类的水样不能用石蜡封口）。

（2）为避免水样在运输过程中因振动、碰撞导致损失或沾污，最好用泡沫塑料或纸条挤紧。

（3）需冷藏的样品，应配备专门的隔热容器放入制冷剂，将样品瓶置于其中。

（4）冬季应采取保温措施，以免冻裂样品瓶。

2. 水样的保存

适当的保护措施虽然能够降低变化的程度或减缓变化的速度，但并不能完全抑制这种变化。水样采集后放置过久，会发生物理、化学和生物化学的变化，改变水样的组成，影响检验分析结果。因此，从样品采集到分析测定的时间愈短愈好。水样允许保存的时间，与水样的性质、分析的项目、溶液的酸度、贮存容器、存放温度等多种因素有关。

一般清洁水样保存时间应不超过72h，轻度污染水样保存时间应不超过48h，严重污染水样保存时间以不超过12h为宜。为此，水样在运输途中或不能立即进行分析测定的情况下，必须采取适当的措施对水样予以妥善保存，从而确保检验分析结果的可靠性。

（1）保存水样的基本要求

1）减缓生物作用。

2）减缓化合物或络合物的水解及氧化—还原作用。

3）减少组分的挥发和吸附损失。

（2）常采用的保存措施

1）选择适当材料的容器。

2）控制溶液的 pH 值。

3）加入化学试剂抑制氧化还原反应和生化作用。

4）冷藏或冷冻以降低细菌的活动性和化学反应速度。

（3）水样保存的方法有以下几种：

1）冷藏或冷冻

利用冷冻剂或放在冰箱里将水样保存在 4℃左右。冷藏可减少组分的挥发，可减缓化学和生物化学反应的速度，从而使样品保持相对稳定。这种保存方法对以后的分析测定没有妨碍。

2）化学保存法

① 加入生物抑制剂。在水样中加入一定量的化学试剂，作抑制剂、杀菌剂或防腐剂，抑制微生物的作用。

② 调节 pH 值。加酸调节 $pH<2$ 以防止金属离子水解析出和被器壁吸附；对某些不适合加酸的水样，如测定氰化物、溶解氧的水样加碱保存。

③ 加入氧化剂或还原剂。如测定汞的水样需加入 HNO_3（至 $pH<1$）和 $K_2Cr_2O_7$（0.05%）血酸，可以防止被氧化；测定溶解氧的水样需加入少量硫酸锰和碘化钾来固定溶解氧（还原）等。

总之，在水样中加入一定的化学试剂，使水样的成分、状态和其中离子的价态保持相对稳定。加入的保存剂应该是高纯试剂，必要时甚至要对保存剂进行空白试验。且加入的保存剂不能干扰以后的测定。

针对不同的测定项目，需采取不同的保存方法，详见表 2-2。

（4）样品的管理

对采集的每一个水样都要做好记录，并在每一个瓶子上做上相应的标记。要记录足够的资料为日后提供肯定的水样鉴别，同时记述水样采集者的姓名、气候条件等。

在现场观测时，现场测量值及备注等资料可直接记录在预先准备的记录表格上。

不在现场进行测定的样品也可用其他形式做好标记。

装有样品的容器必须妥善保护和密封。在输送中除应防振、避免日光照射和低温运输外，还要防止新的污染进入容器和沾污瓶口。在转交样品时，转交人和接受人必须清点和检查并注明时间，要在记录卡上签字。样品送至实验室时，首先要核对样品，验明标志，确切无误时方能签字验收。

样品验收后，如果不能立即进行分析，则应妥当保存，防止样品组分的挥发或发生变化，及被污染的可能性。

常用的水样保存技术 **表 2-2**

序号	测定项目	容器材质	保存方法	最长保存时间	备注
1	温度	P、G			现场测定
2	悬浮物	P、G	2～5℃冷藏		尽快测定

续表

序号	测定项目	容器材质	保存方法	最长保存时间	备注
3	色度	P、G	2～5℃冷藏	24h	现场测定
4	嗅	G		6h	最好现场测定
5	浊度	P、G			最好现场测定
6	pH	P、G	低于水体温度（2～5℃冷藏）	6h	最好现场测定
7	电导率	P、G	2～5℃冷藏	24h	最好现场测定
8	Ag	P、G	加 HNO_3 酸化至 pH<2 将水样调成或用浓氨水碱性，然后每 100mL 水样中加入 1mL 碘化氰（CNI），混匀，静置 1h 后分析	数月	尽快测定碘化氰（CNI），将 6.5g 氰化钾，5.0mL1mol/L 碘溶液和 4.0mol/L 浓氨水加到 50mL 水中，匀混后稀释至 100mL 可稳定两周
9	As	P、G	加 H_2SO_4 酸化至 pH<2	7d	
10	Al　可溶态	P、G	现场过滤加 HNO_3 酸化至 pH<2	6 个月	
	总量	P、G	加 HNO_3 酸化至 pH<2		
11	Ba、Be、Ca、Cd、Co、Cu、Fe、Mg、Ni、Pb、Sb、Se、Sn、Zn、Mn	P、G	同 Al	6 个月	
12	Th、U	P	加 HNO_3 至 HNO_3 的浓度为 1mol/L	6 个月	
13	Cr　六价	P	加 NaOH 至 pH 为 8～9		当天测定
	总量	P、G	加 HNO_3 酸化至 pH<2		
14	Hg	G	加 HNO_3 酸化至 pH<2，并加入 $K_2Cr_2O_7$ 使其浓度为 0.05%	半个月 数月	
15	硬度	P、G	2～5℃冷藏	7d	
16	酸度及碱度	P、G	2～5℃冷藏	24h	最好现场测定
17	二氧化碳	P、G			现场测定
18	溶解氧　电极法	G	加硫酸锰和碱性碘化钾试剂	4～8h	现场测定
	碘量法	G			
19	氨氮、凯氏氮、硝酸盐氮	P、G	加 H_2SO_4 酸化至 pH<2，2～5℃冷藏	24h	
20	亚硝酸盐氮	P、G	2～5℃冷藏		立即分析
21	总氮	P、G	加 H_2SO_4 酸化至 pH<2	24h	
22	可溶性磷酸盐	G	采样后立即过滤，2～5℃冷藏	48h	
23	总磷	P、G	加 H_2SO_4 酸化至 pH<2，2～5℃冷藏	数月	
24	氟化物、氯化物	P	2～5℃冷藏	28d	
25	总氰化物	P、G	加 NaOHpH>12	24h	
26	游离氰化物	P、G	保存方法取决于分析测定方法		
27	溴化物	P、G		28d	

续表

序号	测定项目	容器材质	保存方法	最长保存时间	备注
28	碘化物	P、G	2～5℃冷藏	24h	
29	余氯	P、G		6h	最好现场测定
30	硫酸盐	P、G	2～5℃冷藏	28d	
31	硼	P		28d	
32	硫化物	P、G	用 NaOH 调至中性，每升水样加 2mL1mol/L 乙酸锌和 1mL 1mol/LNaOH	7d	
33	COD	P、G	加 H_2SO_4 酸化至 pH<2，2～5℃冷藏	7d 24h	最好尽早测定
34	BOD_5	P、G	冷冻，pH<2	1个月 4d	
35	总有机碳（TOC）	G	加 H_2SO_4 酸化至 pH<2，冷冻	7d	
36	油、脂	G	加 H_2SO_4 酸化至 pH<2，2～5℃冷藏	24h	
37	有机磷农药	G	2～5℃冷藏		现场萃取
38	有机氯农药	G	2～5℃冷藏	24h	
39	挥发酚	P、G	每升加 1g $CuSO_4$ 抑制生化作用，用 H_3PO_4 酸化至 pH<2	24h	
40	离子型表面活化剂	G	加入氯仿，2～5℃冷藏	7d	
41	非离子型表面活化剂	G	加入 40%（V/V）的甲醛，使样品含 1%（V/V）的甲醛，并使采样容器完全充满，2～5℃冷藏	1个月	
42	细菌总数		冷藏	6h	
43	大肠菌群		冷藏	6h	

注：G—硼硅玻璃；P—塑料。

2.1.3 水样的预处理

采集的环境水样，其组成可能是相当复杂的。在对水样进行正式的分析测定前，常根据分析目的、水质状况和有无干扰等不同情况进行预处理。

（1）过滤。如水样浊度较高或带有明显的颜色，就会影响分析结果，可采用澄清、离心、过滤等措施来分离不可滤残渣，尤其用适当孔径的过滤器可有效地除去细菌和藻类。一般采用 0.45μm 滤膜过滤，通过 0.45μm 滤膜部分为可过滤态水样，通不过的称为不可过滤态水样。用滤膜、离心、滤纸和砂芯漏斗等方式处理样品，它们阻留不可过滤残渣的能力大小顺序是：滤膜>离心>滤纸>砂芯漏斗。

（2）浓缩。如水样中被分析组分含量较低，可通过蒸发、溶剂萃取或离子交换等措施浓缩后再进行分析。例如：饮用水中氯仿的测定，采用己烷/乙醚溶剂萃取浓缩后用气相色谱法测定。

（3）蒸馏排除干扰杂质。例如：测定水中酚类化物、氟化物、氰在物时，在适当条件下可通过蒸馏将酚类化物、氟化物、氰化物蒸出后测定，共存干扰物质残留在蒸馏液中，而消除干扰。

（4）消解。分酸性消解、干式消解和改变价态消解。

酸性消解：如水样中同时存在无机结合态和有机结合态金属，可加酸（如 H_2SO_4—HNO_3、HCl 或 HNO_3—$HClO_4$ 等），经过强烈的化学消解作用，破坏有机物，使金属离子释放出来，再进行测定。

改变价态消解：如测定水样总汞时，加强酸（H_2SO_4—HNO_3）和加热条件下，用 $KMnO_4$ 和过硫酸钾（$K_2S_2O_8$）将水消解，使所含汞全部转化为二价汞后，进行测定。

干式消解：通过高温灼烧去除有机物后，将灼烧后残渣（灰分）用适量 2% HNO_3（或 HCl）溶解，并过滤于容器瓶中，进行金属离子或无机物的测定。在高温下易挥发损失的 As、Hg、Cd、Se、Sn 等元素，不易用此法消解。

水样采集之后，进行定量分析的有关方法将在各章中讲授。

总之，水样采集后，最好立即分析，不能立即分析的项目将采取一些保存措施和预处理措施，以确保分析结果的可靠性。但是分析结果的可靠性在很大程度上取决于分析工作者或水处理工程技术人员的丰富实践经验和良好的判断力。

2.2 水质检验结果的误差及表示方法

水质分析的目的是准确测定水样中有关组分的含量，这就要求分析结果有一定的准确度，因为不准确的分析结果会导致错误的结论，造成难以估量的损失。但是，在分析过程中，即使采用最可靠的分析方法和使用最精密的仪器，并由技术上十分熟练地检验人员对同一水样进行多次重复测定，也难以得到完全一致的测定结果。所以，在水质检验中误差是客观存在的，我们的任务就是认识误差产生的原因，知道减免误差的具体方法，还要学会用科学的方法来表述和评价分析结果的可靠程度。

2.2.1 误差的分类

误差按其性质和产生的原因，可以分成系统误差、偶然误差和过失误差。

1. 系统误差

（1）系统误差的定义和特点

系统误差又称可测误差，指测量值的总体平均值与真值之间的差别，是由测量过程中某些恒定因素造成的。在一定的测量条件下系统误差会重复地表现出来，即误差的大小和方向在多次重复测量中几乎相同。因此增加测量次数不能减小系统误差。

（2）系统误差产生的原因

1）方法误差

是由分析方法不够完善所致。如在滴定分析中，由于指示剂反应终点的影响，使得滴定终点与化学计量点不能完全重合。

2）仪器误差

是由使用未经校准的仪器或仪器本身不够精确所致，如量瓶的示值与真实容量的不一致、砝码长期使用后重量有改变，容量器皿刻度和仪表的刻度不准确等。

3）试剂误差

是由所用试剂（包括用水）中含有杂质所致，如基准试剂纯度不够。

4）恒定的个人误差

是由测量者感觉器官的差异、反应的敏捷程度和固有习惯所致，如对仪器标尺取读数时的始终偏右或偏左。

5）恒定的环境误差

是由测量时环境因素的显著改变所致，如室温的明显变化、溶液中某组分挥发造成溶液浓度的改变等。

（3）减免系统误差的办法

1）校正仪器

检测前预先对仪器进行校准，并用校正值修正测量结果，可减免仪器误差。

2）空白试验

用空白试验值修正测量结果，以消除由于试剂不纯等原因所产生的试剂误差。

3）对照试验

水样与标准物质采用同一分析方法在同样条件下测定，求出校正系数：

$$\text{校正系数}=\frac{\text{标准试样含量}}{\text{标准试样分析结果}} \tag{2-1}$$

用校正系数乘以水样的分析结果，即为校正后的水样杂质含量。或对同一水样进行不同人员、不同单位、不同的分析方法之间的分析对照，以校正现使用分析方法的误差。

4）回收试验

在水样中加入已知量的标准物质，在相同条件下进行检测，观察加标量能否定量回收，并以回收率做校正系数。

$$\text{加标回收率}=\frac{\text{加标水样测定值}-\text{水样测定值}}{\text{加标量}}\times 100\% \tag{2-2}$$

2. 偶然误差

（1）偶然误差的定义和特点

偶然误差又称随机误差或不可测误差，是由测量过程中各种随机因素的共同作用造成的。随机误差遵从正态分布，它有如下特点：

1）在一定条件下的有限测量值中，其误差的绝对值不会超过一定界限。

2）绝对值小的误差出现的次数比绝对值大的误差出现的次数多。

3）在测量次数足够多时，绝对值相等的正误差与负误差出现的次数大致相等。

4）在一定条件下对同一水样进行检测，偶然误差的算术平均值随着测量次数的无限增加而趋于零，即误差平均值极限为零。

（2）偶然误差产生的原因

偶然误差是由能够影响测量结果的许多不可控制或未加控制的因素的微小波动引起的，入检测过程中环境温度的波动、电源电压的小幅度起伏、仪器的噪声、分析人员判断能力和操作技术的微小差异和前后不一致等。因此，偶然误差可以看作是大量随机因素造成的误差。

（3）减小偶然误差的办法

除必须严格控制实验条件、按照分析操作规程正确进行各项操作外，还可以用增加平行测定次数的办法减小偶然误差，提高精密度。通常要求平行测定 2～4 次，要求严格的水质检验工作中，平行测定 10 次就已足够。

3. 过失误差

过失误差亦称粗差。这类误差明显地歪曲检测结果，是由测量过程中犯了不应有的错误造成的，如器皿不清洁、加错试剂、错用样品、操作过程中水样大量损失、仪器出现异常而未被发现、读数错误、记录错误及计算错误等。过失误差无一定规律可循。

过失误差一经发现，必须及时改正。过失误差的消除，关键在于分析人员必须养成专心、认真、细致的良好工作习惯，不断提高理论和操作技术水平。含有过失误差的测量数据经常表现为离群数据，可以用离群数据的统计检测方法将其剔除。

2.2.2　误差的表示方法

1. 绝对误差和相对误差

误差以测定结果与真实值之间的差值来表示，包括绝对误差和相对误差。在滴定分析中，一般要求相对误差低于0.1%。

绝对误差：是测量值（单一测量值或多次测量的均值）与真实值之差。当测定值大于真实值时，误差为正，反之为负。

$$\text{绝对误差 } E = \text{测量值}(x) - \text{真实值}(x_T) \tag{2-3}$$

相对误差：指绝对误差与真实值之比（常以百分数表示），即：

$$\text{相对误差 } RE(\%) = \frac{\text{测量值}(x) - \text{真实值}(x_T)}{\text{真实值}(x_T)} \times 100\% \tag{2-4}$$

分析方法准确度由系统误差和偶然误差决定。误差的大小，反映了分析方法准确度的高低，误差越小，分析结果的准确度越高。在实际工作中，由于真实值是未知的，通常以“加标回收率”确定方法的准确度，回收率越大，准确度越高。

2. 绝对偏差和相对偏差

在定量分析中，待测组分的真实值一般是不知道的，所以衡量测定结果是否准确就有困难。而在消除系统误差的情况下，多次平行测定的平均值，就认为它接近真实值，因此可以用多次测定值的精密度来表示分析结果的可靠程度。通常把测定值 x_i 与平均值 $\overline{x}$ 之差称为偏差，是指多次平行测定结果互相接近的程度。偏差小，表示测定结果的重现性好，即各次测定值之间比较接近，精密度高。滴定分析中，一般要相对偏差不超过0.2%。

绝对偏差：即某一测量值 x_i 与多次测量均值 $\overline{x}$ 之差，以 d_i 表示：

$$\text{绝对偏差}(d_i) = \text{个别测定值}(x_i) - \text{测定平均值}\overline{x}$$

相对偏差：为绝对偏差与平均值之比（常以百分数表示）。

$$\text{相对偏差 } d(\%) = \frac{\text{绝对偏差}(d_i)}{\text{平均值}\overline{x}} \times 100\% \tag{2-5}$$

3. 平均偏差和相对平均偏差

如果对同一水样进行 n 次平行测定，一般用平均偏差来表示测定的精密度。

平均偏差：为绝对偏差的绝对值之和的平均值，表示：

$$\overline{d} = \frac{1}{n}\sum_{i=1}^{n}|d_i| = \frac{1}{n}(|d_1| + |d_2| + \cdots + |d_n|) \tag{2-6}$$

相对平均偏差：为平均偏差和平均值之比（常以百分数表示）。

$$\text{相对平均偏差}\overline{d}(\%) = \frac{\text{平均偏差}\overline{d}}{\text{平均值}\overline{x}} \times 100\% \tag{2-7}$$

4. 标准偏差和相对标准偏差（变异系数）

分析方法的精密度由偶然误差决定。但实际上，即使条件完全相同，同一水样的多次平行测定结果也不完全相同。而各测定值的偏差彼此独立，互不相关，但全部测定值有明显集中的趋势，并呈正态分布。用数理统计方法处理数据时，常用相对标准偏差来反映一组平行测定数据的精密度。

标准偏差：
$$S=\sqrt{\frac{\sum_{i=1}^{n}(x_i-\bar{x})^2}{n-1}}=\sqrt{\frac{\sum_{i=1}^{n}d_i^{\ 2}}{n-1}} \tag{2-8}$$

相对标准偏差（变异系数）：
$$CV(\%)=\frac{\text{标准偏差}(S)}{\text{平均值}(\bar{x})}\times 100\% \tag{2-9}$$

5. 极差

极差为一组测量值中最大值与最小值之差，表示误差的范围，以 R 表示：

$$R=x_{\max}-x_{\min}$$

式中 $x_{\max}$——测量值 x_1，x_2，…，x_n 中最大值；

$x_{\min}$——测量值 x_1，x_2，…，x_n 中最小值。

6. 误差计算实例

例题 2-1 某标准水样中氯化物含量为 110mg/L，以银量法测定 5 次。其结果分别为 112、115、114、115、113mg/L。计算其平均值。①求其中测定值 112mg/L 的绝对误差、相对误差、绝对偏差和相对偏差。②计算平均偏差、相对平均偏差、变异系数和极差。

解：① 平均值 $\bar{x}=\frac{1}{n}\sum_{i=1}^{n}x_i=\frac{1}{5}(112+115+114+115+113)=113.8\text{mg/L}$

绝对误差：$E=112-110=+2\text{mg/L}$

相对误差：$RE(\%)=\frac{2}{110}\times 100\%=2\%$

绝对偏差：$d_i=x_i-\bar{x}=112-113.8=-1.8\text{mg/L}$

相对偏差：$d(\%)=\frac{-1.8}{113.8}\times 100\%=-1.6\%$

② 平均偏差 $\bar{d}=\frac{1}{n}\sum_{i=1}^{n}|d_i|=\frac{1}{5}\times(|112-113.8|+|115-113.8|+\cdots+|113-113.8|)$

$$=\frac{1}{5}\times(1.8+1.2+0.2+1.2+0.8)=1.04\text{mg/L}$$

相对平均偏差：$\bar{d}(\%)=\frac{1.04}{113.8}\times 100\%=0.19\%$

极差：$R=x_{\max}-x_{\min}=115-112=3\text{mg/L}$

标准偏差：

$$S=\sqrt{\frac{\sum_{i=1}^{n}d_i^{\ 2}}{n-1}}=\sqrt{\frac{[(112-113.8)^2+(115-113.8)^2+\cdots+(113-113.8)^2]}{5-1}}$$

$$=\sqrt{\frac{1.8^2+1.2^2+0.2^2+1.2^2+0.8^2}{4}}=1.3038$$

变异系数：$CV(\%)=\frac{S}{\bar{x}}\times100\%=\frac{1.3038}{113.8}\times100\%=1.14\%$

2.3　数据处理

数据处理的最基本的内容是数据的整理，包括有效数字的计数、修约、计算和可疑值的判断、处理。初步整理后的数据，可以进一步利用数理统计的方法进行数据检验、分析数据中各因素间的数量关系（如绘制校准曲线等），最终正确报告水质检验结果。

2.3.1　有效数字

为了得到准确的分析结果，不仅要按分析程序正确操作测量，还要如实地记录和正确地表示测量结果。即记录的数据不仅表示数量的大小，而且要正确反映测量的精确程度。因此记录和整理分析结果时必须用有效数字表示。有效数字是准确数字和可疑数字的总称。用有效数字表示的测量结果，除最后一位数字是不确定的以外，其余各位数字必须是确实无疑的。

1. 有效数字的修约规则

记录和整理分析结果时，为避免报告结果混乱，要确定采用几位“有效数字”。报告的各位数字，除末位外，均为准确测出，仅末位是可疑数字。可疑数字以后是无意义数。报告结果时只能报告到可疑的位数，不能列入无意义的数。报告的位数，只能在方法的灵敏限度以内，不应任意增加位数。例如 75.6mg/L，表示化验人员对 75 是肯定的，0.6 是不确定的，可能是 0.5 或 0.7。

下面是几组数据的有效数字位数：

1.0008，20331　　五位

0.5180，12.36，10.13%　　四位

0.0382，20.8，4.20×10^{-4}　　三位

0.0056，15，pH=11.50，pH=7.00，4.2×10^{4}，0.40%　　二位

0.005，0.2%，2×10^{-5}　　一位

数字“0”，当它用于指示小数点的位置，而与测量的准确程度无关，不是有效数字；当它用于与测量准确度有关的数值大小时，即为有效数字。这与“0”在数值中的位置无关。

（1）第一个非零数字前的“0”不是有效数字，例如：

0.458　　三位有效数字

0.008　　一位有效数字

（2）非零数字中的“0”是有效数字，例如：

4.0058　　五位有效数字

2103　　四位有效数字

（3）小数中最后一个非零数字后的“0”是有效数字，例如：

4.5800　　五位有效数字

0.458%　　三位有效数字

（4）以“0”结尾的整数，有效数字的位数难以判断，例如：45800 可能是三位、四

位甚至五位有效数字。在此情况下，应根据测定值的准确程度改写为指数形式，例如：

4.58×10^4　　三位有效数字

4.5800×10^4　　五位有效数字

分析计算中还常遇到 pH，pKa，log 等数值，有效数字的位数取决于小数部分数字位数。如 pH=11.20，则$[H^+]=6.3\times10^{-12}$mol/L，有效数字位数是二位。

在分析化学中，常会遇到倍数或分数关系，如：

$$E_{K_2CrO_7}=\frac{K_2CrO_7\text{ 的式量}}{6}=\frac{294.18}{6}=49.03$$

分母上的“6”并不意味着只有一位数字。它是自然数，非测量所得，可看成无限多个有效数字。

当确定了保留的有效数字位数后，末尾可疑数以后的数字应按照规定进行修约。修约原则为：

（1）“四舍六入五留双”

1）当可疑数以后的数字为 1，2，3，4 者舍去，为 6，7，8，9 者进入。例如，某数要求保留三位有效数字：2.243→2.24，2.246→2.25。

2）当可疑数以后的数字若为 5 时，又需根据 5 右边的数字而定。

① 若 5 右边无数字或数字全部为零，舍或入需根据 5 左边的数字为奇数或偶数而定。5 左边为奇数时入，5 左边为偶数时则舍去；例如，某数要求保留三位有效数字：2.2450→2.24，2.235→2.24。

② 若 5 右边的数字并非全部为零，则不论 5 左边的数字为奇数或偶数，一律进入。例如，某数要求保留三位有效数字：21.0501→21.1，14.752→14.8。

（2）“0”为有效数字时不可略去不写，如滴定管读数为 23.60mL 时，即应记录为 23.60mL，而不得记录为 23.6mL。如用量筒取 25mL 水样，就只能写成 25mL，而不能写成 25.0mL。

（3）在说明标准溶液浓度时，常写作“1.00mL 含 0.500mg 某离子”，此数字表示体积准确到 0.1mL，重量准确到 0.01mg；而“1mL 含 0.5mg 某离子”，则只是一种粗略的含量表示。

（4）数字修约时，只允许对原数字进行一次修约，不允许连续多次进行修约。例如将 15.4546 修成二位数时：

正确的修约应是 15.4546→15；

不正确的修约是 15.4546→15.455→15.46→15.5→16。

2. 有效数字的近似计算规则

（1）加减法。当几个数相加或相减时，它们的和或差的有效数字位数（或小数点后数字的保留位数），应以各数中小数点后位数最少者为准，例如：2.03+1.1+1.034. 小数点位数最少的是 1.1，所以 2.03+1.1+1.034=4.2。

（2）乘除法。当几个数值相乘除时，应以有效数字位数最少的那个数值，即相对误差最大的数据为准，弃去其余各数值中的过多位数，然后进行乘、除。有时也可以暂时多保留一位数，得到最后结果后，再弃去多余的数字。例如将 0.0121，25.64，1.05782 三个数值相乘，因第一个数值 0.0121 仅三位有效数字，故应以此数为准，确定其余两个数值的位数，然后相乘，即 0.0121×25.6×1.06＝0.328。

当进行乘方或开方时，原近似值有几位有效数字，计算结果就可以保留几位有效数字，如 $6.54^2=42.7716$ 其结果保留三位有效数字则为 42.8；如 $\sqrt{7.39}\approx 2.71845544\cdots$ 其结果保留三位有效数字则为 2.72。

2.3.2　可疑数据的取舍

1. 可疑数据的产生和剔除

偏离其他几个测量值较远的数据称为可疑数据。可疑数据产生的原因是试验条件发生了变化，或在实验中出现了过失误差，那么由此产生的测量数据就脱离了正常数据分布群体。剔除可疑数据，会使测量结果更符合客观实际。然而，正常数据因为偶然误差也会具有一定的分散性，如果为了能够得到精密度好的结果而人为地删去一些误差较大但并非可疑的测量数据，而由此得到的精密度很高的测量结果并不符合客观实际。因此，可疑数据的取舍必须遵循一定的原则。试验中一经发现了明显的系统误差和近失误差，就应随时剔除由此而产生的数据。但有时即使试验做完仍不能确知哪些数所是可疑的。这时，对这些可疑数据的取舍应采取统计方法判别。对可疑数据的处理要慎重，只有能找到原因的可疑数据才可作为离群数据来处理，否则应按正常数据处理。

2. Q 检验法

从统计学的观点考虑，确定数据取舍比较严格而使用又方便的是 Q 检验法。当测定次数 $n=3\sim10$ 时，Q 检验法是将 n 次测定的数据从小到大排列为 x_1，x_2，…，x_i，…，x_{n-1}，x_n。x_1 为最小可疑数，x_n 为最大可疑数，根据统计量进行判断，确定可疑值的取舍。统计量 Q 为：

$$Q=\frac{x_n-x_{n-1}}{x_n-x_1} \quad 或 \quad Q=\frac{x_2-x_1}{x_n-x_1}$$

Q 值越大，说明可疑值离群越远。将 $Q_{计算}$ 值与表 2-3 中列出的 $Q_{0.90}$ 比较，若 $Q_{计算}\geqslant Q_{0.90}$，则应舍弃可疑值，否则应予以保留。

不同测定次数的 Q 值表　　表 2-3

测定次数	3	4	5	6	7	8	9	10
$Q_{0.90}$	0.94	0.76	0.64	0.56	0.51	0.47	0.44	0.41

例题 2-2　测定水样中钙的含量（mg/L），平行测定 5 次的数据分别为 22.36，22.38，22.35，22.40，22.44。试用 Q 检验法确定 22.44 是否舍去。

解：$Q=\frac{x_n-x_{n-1}}{x_n-x_1}=\frac{22.44-22.40}{22.44-22.35}-0.44$，查表 2-3，$n-5$ 时，$Q_{0.90}=0.64$

$\because Q_{计算}=0.44<Q_{0.90}=0.64$　　$\therefore$ 数据 22.44 应予以保留

2.3.3　校准曲线

1. 校准曲线的定义

绘制校准曲线的仪器分析常用的定量方法之一，在一定的操作条件下，首先用基准物质配制一定浓度的储备溶液，然后再用储备溶液配制一系列标准溶液，用相应的测量仪器（如分光光度计、气相色谱仪等）测定每一标准溶液的浓度所对应的、表示待测物质物理性质的指示量值（如吸光度、色谱峰等）；以吸光速（或其他指示量值）为纵坐标、标准溶液浓度为横坐标绘制校准曲线；最后，水样按校准曲线绘制程序测得吸光度，在校准曲线上查出水样中对应待测物质的含量或浓度。因此，校准曲线是指用于描述待测物质的量与相应测量仪器的响应量或其他指示量之间的定量关系的曲线。包括工作曲线和标准曲线。

（1）作曲线：绘制校准曲线的标准溶液的分析步骤与样品分析步骤完全相同。

（2）标准曲线：绘制校准曲线的标准溶液的分析步骤与样品分析步骤相比有所省略，一般不做前处理。

2. 校准曲线的绘制

（1）配制在测量范围内的一系列浓度的标准溶液。这一系列标准溶液成为标准系列。

（2）按照与水样相同的测定步骤，测定各浓度标准溶液的响应值。

（3）选择适当的坐标纸，以响应值为纵坐标，以浓度（或量）为横坐标，将测量数据标在坐标纸上作图。

（4）将各点连接为一条适当的曲线。在水质检验中，通常选用校准曲线的直线部分。

（5）校准曲线亦可由最小二乘法的原理计算求出，然后绘制在坐标纸上。

3. 线性范围

某一仪器分析方法校准曲线的直线部分所对应的待测物质的浓度（或量）的变化范围，称为该方法的线性范围。在应用校准曲线法进行水质检验时，应注意的以下问题：

（1）配制的标准系列应在方法的线性范围以内。

（2）严格地说，绘制校准曲线时应对标准溶液进行与样品完全相同的分析处理，包括样品的前处理操作。只有经过充分的验证，确认省略某些操作对校准曲线无显著影响时，方可免除这些操作。

（3）应同时作空白试验，并扣除空白试验值。空白用水的质量规格要负荷分析方法的要求。

（4）校准曲线的使用时间取决于各种因素，诸如试验条件的改变、试剂的重新配制以及测量仪器的稳定性等。因此，应在每次分析水样的同时绘制校准曲线，或在每次分析水样时选择两份适当浓度的标准物质进行测定，以核校原有的校准曲线。

（5）绘制校准曲线时通常没有考虑水样中其他杂质的影响效应。然而，这对某些分析方法却至关重要。在这种情况下，可使用含有与水样类似杂质的工作标准系列进行校准曲线的绘制。

（6）对经过验证的标准方法绘制线性范围内的校准曲线时，如出现各点分散较大或不在一条直线上的现象，则应检查试剂、量器及操作步骤是否有误，并作必要的纠正。此后如果仍不能得到满意的结果，方可根据专业知识和实际经验，对校准曲线做必要的回归计算，再重新绘图。

（7）利用校准曲线的响应值推测样品的浓度值时，其浓度应在所作校准曲线的浓度范围内，不得将校准曲线任意外延。

4. 回归分析

校准曲线或工作曲线应是一条通过原点的直线。如果坐标上的各点基本在一条直线上可不进行回归处理。但实验中不可避免地存在测定误差，误差较大时各实验点就相当分散，这时凭直觉很难判断误差最小的曲线，这就需要用最小二乘法进行回归分析，然后绘制曲线。这样，可以得到一条对实验点误差最小的直线，通常称为回归直线，而代表回归直线的方程叫回归方程，计算公式为：

$$y=bx+a \tag{2-10}$$

式中　y——标准溶液的吸光度（一般为多次测定的平均值）；

b——回归直线的斜率，称为回归系数；

x——标准溶液的浓度；

a——回归直线在 y 轴上的截距。

$$b=\frac{\sum(x-\overline{x})(y-\overline{y})}{\sum(x-\overline{x})^2}=\frac{\sum xy-(\sum x)(\sum y)/n}{\sum x^2-(\sum x)^2/n}$$

$$a=\overline{y}-b\overline{x}$$

现以二氮杂菲——分光光度法测低铁为例，将表 2-4 中数据代入回归方程，得

$$b=\frac{\sum xy-(\sum x)(\sum y)/n}{\sum x^2-\sum(x)^2/n}=\frac{11.525-(67.5\times0.54)/5}{1431.25-(67.5)^2/5}=11.525-\frac{7.29}{520}=0.008144$$

$$a=0.108-0.008144\times13.5=-0.001944$$

以 a，b 代入回归方程，可求出回归后的 y 值，绘制回归直线。

直线回归方程，可用相关系数 r 进行检验，以衡量自变量 x 与响应值 y 之间线性相关的密切程度，其计算公式为：

$$r=\frac{\sum(x-\overline{x})(y-\overline{y})}{\sqrt{\sum(x-\overline{x})^2\cdot\sum(y-\overline{y})^2}}=\frac{\sum xy-(\sum x)(\sum y)/n}{\sqrt{\sum(x-\overline{x})^2\cdot\sum(y-\overline{y})^2}}$$

$$=\frac{11.525-(67.5\times0.54)/5}{\sqrt{5.20\times0.03473}}=0.9966$$

如果 $r=1$，则所有点都落在一条直线上，y 与 x 完全呈线性关系，但分析中总存在有随机误差，所以一般希望达 0.999 以上。一般的工作曲线 r 值要稍低一些，当相关系数太差时则应查找原因。

二氮杂菲测低铁数据　　**表 2-4**

浓　度				吸　光　度				
x（μg）	x^2	$(x-\overline{x})$	$(x-\overline{x})^2$	y	y^2	$(x-\overline{y})$	$(x-\overline{y})^2$	xy
2.5	6.25	−11.0	121	0.02	0.0004	−0.088	0.007744	0.05
5.0	25	−8.5	72.25	0.045	0.002025	−0.063	0.003969	0.225
10.0	100	3.5	12.25	0.075	0.005625	−0.033	0.001089	0.75
20.0	400	+6.5	42.25	0.15	0.0225	+0.042	0.001764	3
30.0	900	+16.5	272.25	0.25	0.0625	+0.142	0.020164	7.5
$\sum x=$	$\sum x^2=$	$\sum(x-\overline{x})=$	$\sum(x-\overline{x})^2=$	$\sum y=$	$\sum y^2=$	$\sum(y-\overline{y})=$	$\sum(y-\overline{y})^2=$	$\sum xy$
67.5	1431.25	0	520	0.54	0.09305	0	0.03473	11.525
$\overline{x}=13.5$				$\overline{y}=0.108$				

为了使回归方程具有比较好的线性关系，在制作校准曲线的实验中应细心操作，最好在每个浓度点特别是高、低浓度作重复测定，取平均值来计算回归方程。

实际工作中，制作标准曲线的目的，是要借助它来查出水样中被测物质的浓度，而不是由 x 值通过回归方程去求得最可靠的 y 值。为了便于将观察到的仪器响应信号值代入回归方程中直接计算试样的浓度或含量，无需去绘制标准曲线（或工作曲线）再从曲线上查出被测物的浓度，改用式（2-11）计算：

$$x=by+a \tag{2-11}$$

$$b=\frac{n\sum xy-(\sum x)(\sum y)}{n\sum y^2-(\sum y)^2};\quad a=\frac{\sum y^2\sum x-\sum y\sum xy}{n\sum y^2-(\sum y)^2}$$

式中 a——x 轴上的截距；

x——被测物质的浓度；

n——不同浓度标准溶液的个数。

今以表 2-4 数据计算，则

$$b=\frac{5\times11.525\times67.5\times0.54}{5\times0.093-0.54^2}=122;\qquad a=\frac{0.093\times67.5-0.54\times11.525}{5\times0.093-0.54^2}=0.3$$

∴ $$x=122y+0.3$$

令 $$y_n=0，则\ x_n=0.3$$

$$y_1=0.05，x_1=6.4$$

$$y_2=0.25，x_2=30.8$$

将以上三点相连，即可求得回归后的标准曲线。

2.4 质量控制

2.4.1 质量控制概述

水质检验的质量保证关键在于实验室的质量控制，其中水样的采集与保存、量器的容量检定、分析用纯水的制备与质检、分析仪器的性能检定与维护管理，是控制水质检验质量的前提。

实验室质量控制包括实验室内质量控制和实验室间质量控制，其目的是要把检验分析误差控制在容许限度内，保证测量结果有一定的精密度和准确度，使分析数据在给定的置信水平内，有把握达到所要求的质量。

1. 实验室内质量控制

又称内部质量控制，它是实验室分析人员对分析质量进行自我控制的过程。例如依靠自己配制的质量控制样品，通过分析并应用某种质量控制图或其他方法来控制分析质量。它主要反映的是分析质量的稳定性如何，以便及时发现某些偶然的异常现象，随时采取相应的校正措施。实验室内质量控制是保证各实验室提供准确可靠分析结果的必要基础，也是保证实验室间质量控制顺利进行的关键。

2. 实验室间质量控制

又称外部质量控制，是指由外部的第三者如上级监测机构，对实验室及其分析人员的分析质量，定期或不定期实行考查的过程。它一般是采用密码标准样品来进行考查，以确定实验室报出可接受的分析结果的能力，并协助判断是否存在系统误差，和检查实验室间数据的可比性。

我国城市供水协会于 1991 年起，开始实施水质检测实验室质量控制工作。这项工作的开展对我国供水行业的水质检测水平是一个检验和提高的过程，由于质量控制工作的实践，推动了供水行业水质检测工作的迅速发展。

2.4.2 实验室内质量控制

实施实验室内质量控制的目的在于控制实验人员的实验误差，使之达到容许检测范围。这就要求在测试水样时，提供满足质量要求的基础数据，对分析过程进行自我控制，并接受相关部门规定的质量控制程序。实验室内质量控制主要从空白试验值的测定与检测限的确定、校准曲线的绘制与线性检验、精密度和回收率控制以及质量控制图等几个方面着手。

1. 全程序空白试验值控制

(1) 意义

水质分析中的全程序空白试验值是指水代替实际样品，并完全按照实际试样的分析程序同样操作后所测得的浓度值。全程序空白试验值的大小及其分散程度，对分析结果的精密度和分析方法的检出限都有很大影响。并在一定程度上反映了一个水质监测实验室及其分析人员的水平。

(2) 测定方法

1) 每天测定两个空白试样平行样，共测 5 天。根据所选用公式计算标准偏差。在常规分析中，每次测定每份空白试验平行样，其相对偏差一般不大于 50%。取其平均值作为同批试样测量结果的空白校正值。用于标准系列的空白试验，应按照标准系列分析程序相同操作，以获得标准系列的空白试验值。

2) 绘制和使用空白试验值控制图。

2. 标准曲线的绘制与线性检验

凡应标准曲线的分析方法，都是在样品测得信号值后，从标准曲线上查得其含量（或浓度）。因此，能否准确绘制标准曲线，将直接影响到样品分析结果的准确与否。此外，校准曲线亦确定了方法的测定范围。

(1) 标准曲线的绘制

1) 对标准系列，溶液以纯溶剂为参比进行测量后，应先用空白校正，然后绘制标准曲线。

2) 标准溶液一般可直接测定。但如试样的前处理较复杂致使污染或损失不可忽略时，应和试样同样处理后再测定。

绘制标准曲线应注意：

① 标准曲线一般可根据 4～6 个浓度及其测量信号值绘制。

② 测量信号值的最小分度应与纵坐标的最小分格相适应。如在光度分析中，前者的

0.005吸光度相当于后者的一小格，以使二者的读数精度相当。

③ 浓度的整数值应落在横坐标的中格或大格的粗线上，以便于分小格查阅。并尽量使标准曲线的几何斜率接近于1（与横轴约成45°角），以便在两个轴上的读数误差相近。

④ 标准曲线的斜率常因温度、试剂批号等条件的变化而改变，在测定未知样品的同时测绘标准曲线是最理想的。否则，应在测定未知样品的同时，平行测定线性范围内中等浓度标准溶液和空白溶液各两份，取均值相减后，与以前绘制的标准曲线上相同点进行核对，二者的相对差值根据方法精度要求＜5%～10%，否则应重新绘制标准曲线。

（2）标准曲线的相关系数

绘制标准曲线所依据的两个变量的线性关系，决定着标准曲线的质量和样品测定结果的准确度。影响标准曲线线性关系的因素有下列几点：

1）分析方法本身的精密度。

2）分析仪器的精密度。包括与分析仪器联用的电源稳压器，记录仪或积分仪以及仪器附件如比色皿等的质量。

3）量取标准溶液所用量器的准确度，如10mL分度吸管的每毫升分度是否都经过检定。

4）易挥发溶剂的挥发所造成的比色液体积的变动幅度。

5）分析人员的操作水平等。

（3）标准曲线的检验

1）线性检验。为了定量判断标准曲线的线性关系，可用“相关系数”进行考查。如对于用4～6个浓度的标准溶液及其测量信号值绘制的标准曲线，根据实践经验，应力求其相关系数的绝对值$|r|\geqslant 0.999$，否则，可参照上述影响线性关系的诸因素，找出原因并尽可能加以纠正，重新测定和绘制新的标准曲线。

2）截距检验。即检验标准曲线的准确度。在线性检验合格的基础上对其进行线性回归，得出回归方程$y=bx+a$，然后将所得截距a与0作t检验，当取95%置信水平、经检验无显著性差异时，a可作0处理，方程简化为$y=bx$。移项得$x=\frac{x}{b}$；在线性范围内，可代替查询标准曲线，直接将样品测量信号值经各自校正后，计算出试样浓度。

当a与0有显著性差异时，即表示代表标准曲线的回归方程的计算结果准确度不高，应找出原因并予以纠正后、重新绘制标准曲线并经线性检验合格，再计算回归方程，经截距检验合格后投入使用。

回归方程如不经上述检验和处理，即直接投入使用，必将给测定结果引入差值相当于截距a的系统误差。

3）斜率检验。即检验分析方法的灵敏度。方法灵敏度是随实验条件的变化而改变的。在完全相同的分析条件下，仅由于操作中的随机误差所导致的斜率变化不应超出一定的允许范围。此范围因分析方法的精度不同而异，例如，一般而言，分子吸收分光光度法要求其相对差值小于5%，而原子吸收分光光度法则要求其相对差值小于

10%等。

3. 平行双样

（1）意义。进行平行双样测定，有助于减小随机误差。根据试样单次分析结果、无法判断其离散程度，“精密度”是“准确度”的前提，对试样作平行双样测定，是对测定进行最低限度的精密度检查。一批试样中部分平行双样的测定结果，有助于估计同批测定的精密度。

（2）测定率。原则上试样都应作平行双样测定，当一批试样数量较多时，可随机抽取10%～20%的试样进行平行双样测定，当同批试样数较小时，应适当增大测定率。每批（5 个以上）中平行双样以不少于 5 个为宜。控制方法可使用质控图。

4. 加标回收

（1）意义。用加标回收率在一定程度上能反映测定结果的准确度，但有局限性。这是因为样品中某些干扰因素对测定结果具有恒定的正负偏差、并均已在样品测定中得到反映。而对加标结果就不再显示其偏差，亦就是说，加标回收可能是良好的。此外，加入的标准物质与样品中待测物在价态或形态上的差异，加标量的多少和样品中原有浓度的大小等等，均影响加标回收结果。因此，当加标回收率令人满意时，不能肯定测定准确度无问题，但当其超出所要求的范围时，则可肯定测定准确度有问题。

（2）测定率。在一批试样中，随机抽取 10%～20%的试样进行加标回收测定，当同批试样较少时，应适当加大测定率。每批同类型试样中，加标试样不应少于 2 个。分析人员在分取样品的同时，另分取一份，并加入适量的标样。应注意加标量不能过大，一般为试样含量的 0.5～2 倍，且加标后的总含量不应超过测定上限。加标物的浓度宜较高而使体积较小。一般以不超过原始试样体积的 1%为好，用以简化计算方法。如测平行加标样，则加标样与原始样应预先随机配对编号。

5. 标准参考物的使用

由于存在于实验室内的系统误差常难以被自身所发现，故需借助于标准参考物，通过量值传递、仪器标定、对照分析、质量考核等方式，以发现和尽量减小可能存在的系统误差。

6. 方法对照

方法对照可用于以标准方法来检验统一方法或新建方法的准确度。此外，在分析质量控制中，由于加标回收试验中的系统误差可能在计算时正好互相抵消，而标准参考物的基质又常与试样基质悬殊很大，因此在一些重要的分析中，方法对照常被采用。由于是用不同方法对同一试样进行分析，如有系统误差就无从抵消。同一基质必然不存在差异，以至用方法对照某核查分析结果的准确度，就比使用加标回收试验或应用标准参考物进行对照分析更为优越。目前主要应用于对实验室内可疑结果数据的复查判断，实验室间不同分析结果的仲裁，多家参与协作的标准定值以及分析方法的改进和新分析方法的确立等项工作中。

7. 质量控制图的绘制及应用

质量控制图是控制分析质量的有效工具。能连续观察分析质量的变化情况，从而及早发现分析质量的变化情况，从而及早发现分析质量的变化趋势，以便及时采取必要的校正措施，尽量避免分析质量出现恶化甚至失控状态。质量控制图的基本组成，如图 2-5

所示。

(1) 预期值：即图中的中心线(CL)。

(2) 目标值：即图中的上、下警告限（UWL 和 LWL）之间的区域。

(3) 实测值的可接受范围：即图中的上、下控制限（UCL 和 LCL）之间的区域。

(4) 辅助线：上、下（UAL 和 LAL）各一线，在中心线两侧与上下警告限之间各一半处。

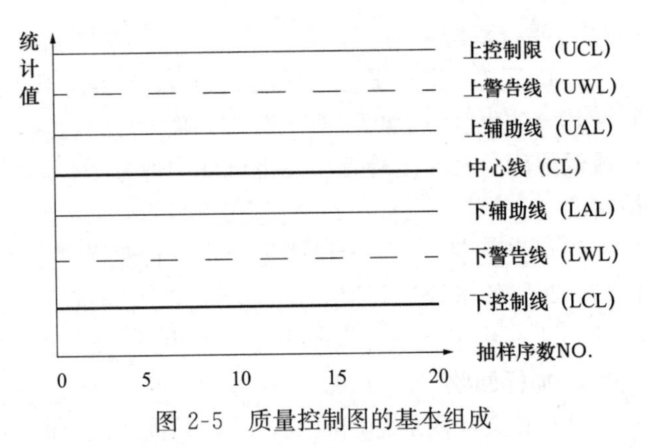

图 2-5 质量控制图的基本组成

2.4.3 检验机构的计量认证

检验机构的职能是对样品进行检测，并根据结果判断被检样品是否符合国家标准或有关标准的规定。我国现行的计量认证是政府计量行政部门对检测机构的检定测试能力和可靠性的全面考核和承认，其内容与国外推行的实验室认证是相同的。

1. 计量认证的必要性

卫生检测机构对检品进行监督检验，其检测数据的准确性和可靠性直接关系到人民身体健康和企业的利益，在检测工作中对标准方法的执行和使用，检测仪器的计量检定，设备的合理配备，法定计量单位的正确使用，检测报告的规范化以及检测人员的岗位考核等存在着出具数据公正性的问题。为此，计量法规定了要对质检机构进行计量认证，以促进和完善保证检测数据准确一致的质量保证措施。只有通过计量认证的质检机构，它提供的计量检测数据才能作为具法律效力的公证数据。

2. 计量认证的内容

计量法指出计量认证的目标是：计量检定测试设备的性能；计量检定测试设备的工作环境和人员的操作技能；评估保证量值统一、准确的措施以及检测数据公正可靠的管理制度。

根据中华人民共和国计量法和计量法实施细则的要求，产品质量检验机构的检定、测试能力和可靠性必须经国务院计量行政部门考核合格，并取得合格证书，才能从事检测工作。计量认证的主要内容如下：

(1) 组织机构：要有一个功能健全、能满足所开展的检测工作要求的组织机构；要求有一个质量保证体系和要有保证检测工作公正性的措施。

(2) 检测仪器设备：所需的检测仪器设备必须达到应有的配备。检测仪器设备的量程和准确度要适合检测参数的需要；所有的仪器设备必须处于正常工作状态；仪器设备必须溯源到国家基准；检测仪器应档案齐全，定期按规定检定，并实行标志管理。

(3) 检测工作：检测工作是计量认证中一个重要的环节，它直接影响质检机构的工作质量。为确保提供数据的可靠性和在相同条件下的可重复性以及检测结构间的可再现性，对与检测工作有关的因素，都必须有规范化的原始记录。并有完善的核对、核查等制度。检测方法必须严格按照国家标准或相应的标准方法进行。检测报告是检测工作的最后成果，应该明确报告的效力范围，严格遵守数字修约规则，正确使用法定计量单位，具有确切的结论用语和审校签发制度，同时应有归档、复查和保存期限的制度。

(4) 检测人员：检测机构的人员组成，主管检验师以上人员应大于20%。要有较高水平的技术负责人和有较强管理能力的质量保证人。各级人员岗位职责明确，检测人员和仪器操作人员均须考核持证上岗并有培训计划。

(5) 环境条件：试验室布局合理，符合检测工作要求。

(6) 检测工作制度：健全的工作制度反映了检测机构的管理水平，应包括检验工作管理、事故分析报告、档案管理，样品保管、实验室管理：仪器设备检定及使用保管报废、用户对报告的申诉、管理手册的制订及手册执行和修改的制度等。

思 考 题

1. 地表水监测断面的设置原则是什么？监测断面的分类有哪些？

2. 河流断面采样点的布设要求是什么？

3. 水样为何要保存？其保存技术的要点是什么？

4. 分析误差可分为哪几种？分别是由哪些因素引起的？如何表示？

5. 简述分析方法的准确度、精密度及其它们之间的关系，实际分析中分析方法的准确度和精密度如何表示？

6. 简述在有效数字运算中几个数相加、减的规则是什么？几个数的乘除规则是什么？计算1.0023、10.354、25.65三数相加的结果；计算0.0325、5.103、60.06三个数的乘积是多少？

7. 校准曲线的定义是什么？

8. 测定一质控水样中的氯化物含量得到如下一组数据：88.6、89.0、89.1、89.5、89.6、89.5mg/L

(1) 请用Q检验法检验此组数据。

(2) 当此样的配制值（真值）为90.0mg/L时，请计算上述结果的准确度。

9. 测定一质量控制水样的6次结果为：50.02、50.12、50.16、50.18、50.18、50.20mg/L：

(1) 用Q检验法检验此组数据；

(2) 计算该组数据的精密度；

(3) 如果水样的配制值（真值）为49.95mg/L，请计算上述测定结果的准确度。

第3章　化学试剂与试液

【学习要点及目标】

◆了解实验室用水的质量要求，制备方法。

◆熟悉化学试剂的分类、规格、储存、使用及保管要求。

◆掌握普通试液、标准溶液、缓冲溶液的配置方法。

【核心概念】

实验室用水、化学试剂、普通试液、标准溶液、缓冲溶液。

3.1　实验室分析用水

在水质分析工作中，洗涤仪器、溶解样品、配制溶液等均需用水。一般天然水和自来水中常含有氯化物、碳酸盐、硫酸盐、泥砂及少量有机物等杂质，影响水质分析结果的准确度。作为分析用水，必须先用一定的方法净化，达到国家规定实验室用水规格后才能使用。

3.1.1　实验室用水的质量要求

1. 外观与等级。实验室用水应为无色透明的液体，其中不得有肉眼可辨的颜色和纤絮杂质。

实验室用水应在独立的制水间制备，一般分为三个等级，其用途及处理方法、贮存条件见表3-1。

各等级实验室用水的用途、处理方法及贮存　　表3-1

等　级	用　　途	处理方法	贮　　存	备　　注
一级水	一级水用于有严格要求的分析实验。制备标准水样或超痕量物质分析。如液相色谱分析用水等	二级水经再蒸馏、离子交换混合床和0.2μm滤膜过滤等方法处理，或用石英蒸馏装置将二级水作进一步处理	不可贮存	它不含溶解杂质或胶态有机物
二级水	用于精确分析和研究工作。如原子吸收光谱分析用水	将蒸馏、电渗析或离子交换法制得的水再进行蒸馏处理	用专用、密封的聚乙烯容器适时贮存	常含有微量的无机物、有机或胶态杂质
三级水	用于一般化学分析实验	用蒸馏、电渗析或离子交换等方法制备	用专用、密封聚乙烯容器或玻璃容器贮存	—

2. 质量指标。实验室用水的质量应符合表 3-2 规定。

实验室用水质量标准　　表 3-2

名　称	一　级	二　级	三　级
pH 值范围（25℃）	—	—	5.0～7.5
电导率（25℃）/（μs/cm）	≤0.1	≤1.0	≤5.0
可氧化物质（以 O 计）/（mg/L）	—	0.08	0.4
吸光度（254nm，1 cm 光程）	≤0.001	≤0.01	—
蒸发残渣（105℃±2℃）/（mg/L）	—	≤1.0	≤2.0
可溶性硅（以 SiO_2 计）/（mg/L）	≤0.01	≤0.02	—

3.1.2　实验室用水的制备

制备实验室用水，应选取饮用水或比较纯净的水，如有污染，必须进行预处理。

1. 一般纯水的制备

实验室各种用水的制备，见表 3-3。

实验室各种用水的制备　　表 3-3

水的名称	制备方法	适用范围
普通蒸馏水	将天然水或自来水用蒸馏器蒸馏、冷凝制得	普通化学分析
高纯蒸馏水	将普通蒸馏水用石英玻璃蒸馏器重新进行蒸馏（可进行多次）所得的蒸馏水	分析高纯物质
电渗析水	将自来水通过电渗析器除去水中大部分阴、阳离子后所得到的水	供制备去离子水
去离子水（离子交换水）	将电渗析水（也可用自来水）经过阴、阳离子交换树脂（单柱或混柱）后所得到的水	分析普通和高纯物质
膜过滤高纯水	将普通蒸馏水或去离子水通过膜过滤后所得到的水	分析高纯物质

2. 特殊要求的实验室用水

在某些项目分析时，要求分析过程中所用纯水中的某些指标含量应越低越好，这就要求制备某些特殊的纯水，以满足分析需要。

(1) 无氯水。利用亚硫酸钠等还原剂将水中余氯还原成氯离子，用联邻甲苯胺检查不显黄色。然后用附有缓冲球的全玻璃蒸馏器（以下各项的蒸馏同此）进行蒸馏制得。

(2) 无氨水。加入硫酸至 pH<2，使水中各种形态的氨或胺均转变成不挥发的盐类，然后用全玻璃蒸馏器进行蒸馏制得。但应注意避免实验室空气中存在的氨重新污染。还可利用强酸性阳离子树脂进行离子交换，得到较大量的无氨水。

(3) 无二氧化碳水

1）煮沸法。将蒸馏水或去离子水煮沸至少 10min（水多时），或使水量蒸发 10%以上（水少时），加盖放冷即得。

2）曝气法。用惰性气体或纯氮通入蒸馏水或去离子水至饱和即得。

制得的无二氧化碳水应储于具有碱石灰管的、用橡皮塞盖严的瓶中。

(4) 无铅（重金属）水。用氢型强酸性阳离子交换树脂处理原水即得。所用储水器事先应用 6mol/L 硝酸溶液浸泡过夜再用无铅水洗净。

(5) 无砷水。一般蒸馏水和去离子水均能达到基本无砷的要求。制备痕量砷分析用水时，必须使用石英蒸馏器、石英储水瓶等器皿。

(6) 无酚水

1) 加碱蒸馏法。加氢氧化钠至水的 pH 值大于 11，使水中的酚生成不挥发的酚钠后蒸馏即得；也可同时加入少量高锰酸钾溶液至水呈红色（氧化酚类化合物）后进行蒸馏。

2) 活性炭吸附法。每升水加 0.2g 活性炭，置于分液漏斗中，充分振摇，放置过夜，中速滤纸过滤即得。

(7) 不含有机物的蒸馏水。加入少量碱性高锰酸钾（氧化水中有机物）溶液，使水呈紫红色，进行蒸馏即得。若蒸馏过程中红色退去应补加高锰酸钾。

1) 无菌水。自来水经高温蒸汽灭菌即得。

2) 无浊度水。用 0.2μm 的滤膜过滤蒸馏水。

3.2 化学试剂分类与保管

3.2.1 化学试剂

水质分析中要用到各种化学试剂，了解化学试剂的分类、规格、性质及使用知识是很有必要的。

1. 试剂的分类与规格

化学试剂根据用途可分为一般化学试剂和特殊化学试剂。

(1) 一般化学试剂

根据国家标准，一般化学试剂按其纯度可分为四级，其规格及适用范围见表 3-4。另外，指示剂也属于一般化学试剂。

化学试剂的规格及适用范围 **表 3-4**

试剂级别	纯度分类	符号	瓶签颜色	适用范围
一级品	优级纯	G. R.	绿色	纯度很高，适用于精密分析及科学研究工作
二级品	分析纯	A. R.	红色	纯度较高，适用于一般分析测试及科学研究工作
三级品	化学纯	C. P.	蓝色	纯度较差，适用于工业分析和化学试验
四级品	实验试剂	L. R.	棕色	纯度较低，适用于一般的化学实验或研究

(2) 特殊化学试剂

1) 基准试剂。其纯度相当于（或高于）一级品，主成分含量一般在 99.95%～100.05%，可用作滴定分析中的基准物质，也可直接配制成已知浓度的标准溶液。

2) 高纯试剂。这一类试剂的主要成分含量可达到四个九（99.99%）以上，主要用于极精密分析中的标准物或配制标样的基体。其中“光谱纯”试剂杂质含量用光谱分析法已测不出或低于某一限度；“分光光度纯”试剂要求在一定波长范围内没有干扰物质或有很少干扰物质；“色谱纯”试剂或“色谱标准物质”其杂质含量用色谱分析法检测不出或低于某一限度。

3) 生化试剂。用于各种生物化学检验。

2. 化学试剂的选择

化学试剂的纯度对分析结果的准确性有较大的影响，但是试剂纯度越高，其价格也越贵。所以应该根据分析任务、分析方法以及对分析结果准确度的要求选用不同规格的试剂。

化学试剂选用的原则是在满足分析要求的前提下，选择试剂的级别应尽可能低，既不要超级别而造成浪费，也不能随意降低试剂级别而降低分析结果的准确度。试剂的选择通常考虑以下几点：

（1）对痕量分析应选高纯度规格的试剂，以降低空白值；对于仲裁分析一般选用优级纯和分析纯试剂。

（2）滴定分析中用间接法配制的标准溶液，应选择分析纯试剂配制，再用基准物质标定。如对分析测定结果要求不是很高的实验，也可用优级纯或分析纯代替基准试剂作标定。滴定分析中所用的其他试剂一般为分析纯试剂。

（3）仪器分析中一般选择优级纯或专用试剂，测定微量成分时应选用高纯试剂。

（4）配制定量或定性分析中的普通试液和清洁液时应选用化学纯试剂。

需要注意的是，试剂的级别要求高，分析实验用水的纯度及容器、仪器洁净程度也有特殊要求，必须配合使用，方能满足要求。

此外，由于进口化学试剂的规格、标志与我国化学试剂现行等级标准不甚相同，使用时可参照有关化学手册加以区别。

3.2.2 化学试剂的贮存、管理和使用

实验室都需贮存一定量的化学药品（包括原装化学试剂和自己制备的各类试剂），这些化学药品应该由专人妥善管理，尤其是大部分药品都具有一定的毒性或易燃易爆性，若管理不当，易发生危险事故。同时，化学试剂如保管不善则会发生变质，变质试剂不仅是导致分析测定结果误差的主要原因，而且还会使分析工作失败，甚至引起事故。因此，必须了解化学药品的性质，避开引起试剂变质的各种因素，妥善保管。

1. 引起化学试剂变质的因素

（1）空气的影响。空气中的氧易使还原性试剂氧化而变质；强碱性试剂易吸收二氧化碳而变成碳酸盐；水分可以使某些试剂潮解、结块，纤维、灰尘能使某些试剂还原、变色等。

（2）温度的影响。高温会加速不稳定试剂的分解速度；低温对有些试剂也有影响，如温度过低会析出沉淀、发生冻结等。

（3）光的影响。日光中的紫外线能加速某些试剂的化学反应而使其变质（例如银盐、汞盐、溴和碘的钾、钠、铵盐和某些酚类试剂）。

（4）湿度的影响。空气中相对湿度在40%～70%为正常，湿度过高或过低都易使试剂发生物理或化学变化，使不同的试剂发生潮解、风化、稀释、分解等变化。

（5）杂质。试剂纯净与否，会影响其变质情况。所以在取用试剂时要特别防止带入杂质。

（6）贮存期的影响。不稳定试剂在长期贮存后会发生歧化、聚合、分解或沉淀等变化。

2. 化学试剂的贮存

一般化学试剂应贮存在通风良好、干燥洁净、避免阳光照射的房间里。室内温度不能过高，一般应保持15～20℃，最高不要高于25℃。室内保持一定的湿度，相对湿度最好在40%～70%。室内应通风良好，严禁明火！危险化学药品应按国家公安部门的规定管理。通常化学药品的存放可分类如下：

（1）无机物。盐类及氧化物（按周期表分类存放），如钠、钾、铵、镁、钙、锌等的盐及CaO、MgO、ZnO等；

碱类，如KOH、NaOH、$NH_3 \cdot H_2O$等；

酸类，如H_2SO_4、HNO_3、HCl、$HClO_4$等。

（2）有机物。按官能团分类存放，如烃类、醇类、酚类、酮类、酯类、羧酸类、胺类、卤代烷类、苯系物等。

（3）指示剂。酸类指示剂、氧化还原指示剂、配位滴定指示剂、荧光指示剂等。剧毒试剂（如NaCN、As_2O_3、$HgCl_2$）必须安全使用和妥善保管。

3. 化学试剂的使用与保管

（1）取用前先检查试剂的外观、生产日期，不能使用失效的试剂，如怀疑变质，应检验合格后再用。若瓶上的标签脱落，应及时贴好，防止试剂混淆。取用时不可将瓶盖随意乱放，应将瓶盖反放在干净的地方，取完试剂后随手将瓶盖盖好。

（2）取用固体试剂时应遵循"只出不回，量用为出"的原则，取出的多余试剂不得倒回原瓶。要用洁净干燥的药匙，不允许一匙多用，取完试剂要立即盖上瓶盖。一般的固体试剂可以放在干净的硫酸纸或表面皿上称量，具有腐蚀性、强氧化性或易潮解的试剂不能在纸上称量。

（3）取用液体试剂时，必须倾倒在洁净的容器中再吸取使用，不得在试剂瓶中直接吸取，倒出的试剂不得再倒回原瓶。倾倒试剂时应使瓶签朝向手心，防止流下的液体沾污、腐蚀瓶签。

（4）有毒性的试剂，不管浓度大小，必须使用多少配制多少，剩余少量也应送危险品毒物贮藏室保管，或报请主管部门适当处理掉。

（5）见光易分解的试剂装入棕色瓶中。其他试剂溶液也要根据其性质装入带塞的试剂瓶中，碱类及盐类试剂溶液不能装在磨口试剂瓶中，应使用胶塞或木塞。需滴加的试剂及指示剂应装入滴瓶中，整齐地排列在试剂架上。

（6）配好的试剂应立即贴上标签，标明名称、浓度、配制日期，贴在试剂瓶的中上部。废旧试剂不要直接倒入下水道中，特别是容易挥发、有毒的有机化学试剂更不能直接倒入下水道中，应倒在专用的废液缸中，定期妥善处理。

（7）装在自动滴定管中的试剂，如滴定管是敞口的，用小烧杯或纸套盖上，防止灰尘落入。

3.3 溶液的配制

3.3.1 普通试液的配制

普通试液也称为一般溶液或辅助试剂溶液，是指未规定精确浓度只用于一般实验的试液，常用于控制化学反应条件，在样品处理、分离、掩蔽、调节溶液的酸碱性等操作中使用。配制普通试液的实验用水须符合三级水的质量要求；试剂纯度应满足实验准确度要求（凡未作特殊说明，则表示试剂纯度为分析纯），固体试剂的质量由托盘天平称量，液体试剂的体积用量筒或量杯量取。配制这类溶液的关键是正确地计算应该称量溶质的质量以及应该量取液体溶质的体积。

1. 比例浓度溶液

（1）体积比浓度（$V+V$）

液体试剂相互混合或用溶剂稀释时的浓度表示方法，由 A 体积试剂与 B 体积稀释剂混合而成，以 $A+B$ 的形式表示。如（1+3）的 H_2SO_4，是指1单位体积的 H_2SO_4 与3单位体积的水相混合。

配制的计算公式：
$$\begin{cases} V_1=\dfrac{V}{A+B}\times A \\ V_2=V-V_1 \end{cases} \tag{3-1}$$

式中　V——欲配溶液的总体积，mL；

V_1——应取浓溶液的体积，mL；

V_2——应加溶剂的体积，mL；

A——浓溶液的体积分数；

B——溶剂的体积分数。

例题3-1　欲配制（1+3）H_2SO_4 溶液400mL，问应取浓 H_2SO_4 和水各多少mL？如何配制？

解：已知 $A=1$，$B=3$，$V=400$　由式（3-1）得：

$$V_1=\frac{V}{A+B}\times A=\frac{400}{1+3}=100\text{mL}$$

$$V_2=V-V_1=400-100=300\text{mL}$$

配制：用量筒量取300mL水，放置于500mL烧杯中，以100mL量筒量取100mL浓 H_2SO_4（$\rho=1.84$g/mL），在用玻璃棒搅拌下徐徐加入水中，混合均匀，冷却后贮于试剂瓶中。

（2）质量比浓度（$m+m$）

固体试剂相互混合时的表示方法，在配位滴定中配制固体指示剂时经常用到。例如欲配制（1+100）的铬黑T指示剂50.5g，即称取0.5g铬黑T于研钵中，再称取经100℃干燥过的NaCl50g，充分研细、混匀即可。

2. 质量分数浓度（$m/m\%$）溶液

定义：100g溶液中含有溶质的质量（g），即：质量分数浓度$=\dfrac{溶质克数}{溶液克数}\times100\%$

（1）用固体溶质配制质量分数浓度溶液

设：所配制溶液的总质量为 m，质量分数浓度为 $X\%$，m_1 为所需溶质的质量。

则溶质的质量：$m_1=m\times X\%$

$$溶剂的质量=m-m_1 \tag{3-2}$$

例题 3-2 配制20%的NaCl溶液200g，应称取NaCl多少克？加水多少？如何配制？

解：已知 $m=200g$，$X\%=20\%$ 由式（3-2）得：

$$m_1=m\times X\%=200\times 20\%=40g$$

$$溶剂（水）的质量=m-m_1=200-40=160g$$

配制：用托盘天平称取NaCl 40g，用量筒量取160mL水（水的密度近似为1g/mL）放置于烧杯中溶解，即得20%的NaCl溶液。

（2）以液体试剂为溶质配制质量分数浓度溶液

以液体试剂为溶质配制质量分数浓度溶液，是把浓溶液（如浓 H_2SO_4）配制成稀溶液，主要计算需量取的浓溶液的体积。

设：所取浓溶液中含溶质 m_1，液体体积为 V_1，密度为 ρ_1，质量分数浓度为 X_1，则：

$$m_1=\rho_1 V_1 X_1$$

设：所配稀溶液中含溶质 m_2，液体体积为 V_2，密度为 ρ_2，质量分数浓度为 X_2，则：

$$m_2=\rho_2 V_2 X_2$$

$$Qm_2=m_2$$

$$\therefore \rho_1 V_1 X_1=\rho_2 V_2 X_2$$

$$V_1=\frac{\rho_2 V_2 X_2}{\rho_1 X_1} \tag{3-3}$$

例题 3-3 配制20%（$m/m\%$）的 H_2SO_4（$\rho=1.07g/mL$）溶液1000mL，需96%的 H_2SO_4（$\rho_1=1.84\ g/mL$）多少mL？如何配制？

解：已知：$\rho_1=1.84$，$X_1=96\%$，$\rho_2=1.07$，$X_2=20\%$，$V_2=1000mL$，由式（3-3）得：

$$V_1=\frac{\rho_2 V_2 X_2}{\rho_1 X_1}=\frac{1.07\times 1000\times 20\%}{1.84\times 96\%}\approx 121mL$$

$$V_n=1000-121=879mL$$

配制：量取879mL水于烧杯中，另取 H_2SO_4（$\rho=1.84\ g/mL$）121mL在搅拌中缓缓将浓硫酸倒入水中，混合均匀，冷却后即可。

（3）两种不同质量分数浓度的溶液混合配制成第三种浓度溶液的计算（忽略混合后体积变化）

原理是两种已知浓度的溶液中所含溶质质量之和，必等于新配溶液中所含溶质的总量。

设：应量取两种已知浓度溶液的体积分别为 V_1 和 V_2，质量分数浓度为 X_1 和 X_2，密度为 ρ_1 和 ρ_2；配制溶液体积为 V_3，质量分数浓度为 X_3，密度为 ρ_3。

则：$m_1=\rho_1 V_1 X_1$，$m_2=\rho_2 V_2 X_2$，$m_3=\rho_3 V_3 X_3$

$$\because m_1+m_2=m_3$$

$$\therefore \rho_1 V_1 X_1+\rho_2 V_2 X_2=\rho_3 V_3 X_3 \tag{3-4}$$

$$V_3=V_1+V_2$$

例题 3-4 今有80%（$\rho_1=1.73g/mL$）和40%（$\rho_2=1.30g/mL$）的 H_2SO_4 溶液，用这两种溶液配制1000mL 60%（$\rho_3=1.30g/mL$）的 H_2SO_4 溶液，问各取多少毫升？

解：已知 $X_1=80\%$，$X_2=40\%$，$X_3=60\%$，$\rho_1=1.73g/mL$，$\rho_2=1.30g/mL$，

$$\rho_3=1.50\text{g/mL}$$

$$V_2=V_3-V_1=1000-V_1$$

由式3-4得：$1.73\times80\%\times V_1+1.30\times40\%(1000-V_1)=1.5\times60\%\times1000$

$$V_1=439.8\approx440\text{mL}\quad V_2=1000-440=560\text{mL}$$

配制：用量筒量取80%的$H_2SO_4$440mL和40%的$H_2SO_4$560mL，混匀即可。

3. 体积分数浓度（V/V%）溶液

定义：以100mL溶液中含有液体溶质的体积（mL）表示的浓度，即：

$$\varphi\%=\frac{V_B}{V}\times100 \tag{3-5}$$

式中　φ——体积分数浓度，$V/V\%$；

V_B——液体溶质的体积mL；

V——溶液的体积，mL。

将原装液体试剂（多为有机试剂）稀释时，一般采用这种表示法。

例题3-5　用无水乙醇配制70%（$V/V\%$）的乙醇溶液500mL，应如何配制？

解：已知$\varphi=70\%$，$V=500$ mL由式（3-5）得：

$$V_B=V\times\varphi=500\times70\%=350\text{mL}$$

配制：量取350mL无水乙醇于500mL量瓶中，加水至刻度，摇匀。

不要把体积分数浓度（$V/V\%$）与体积比（$V+V$）浓度等同起来，特别注意“50%”和“1+1”的区别，因为液体体积有非加和性，后者溶液的体积并不等于溶质体积的两倍，而前者溶液体积正好是溶质体积的二倍。

3.3.2　标准溶液和物质的量浓度

1. 标准溶液和基准物质

已知准确浓度的溶液为标准溶液。能用于直接配置或标定标准溶液的物质为基准物质或标准物质。基准物质必须满足下列条件：

（1）纯度高。其中杂志含量小于0.01%～0.02%。

（2）稳定。不吸水、不分解、不挥发、不吸收CO_2、不易被空气氧化。

（3）易溶解。

（4）有较大的摩尔质量。称量时用量大，可减少误差。

（5）定量参加反应，无副反应。

（6）试剂的组成与它的化学式完全相符。

常用的基准物质有：

酸碱滴定：无水碳酸钠、硼砂、邻苯二甲酸氢钾、氨基磺酸等。

络合滴定：锌、氧化锌、碳酸钙等。

沉淀滴定：氯化钠、氯化钾、氟化钠等。

氧化还原滴定：重铬酸钾、草酸钠、溴酸钾、碘酸钾、铜、三氧化二砷、草酸等。

2. 标准溶液的配置和标定

标准溶液的配置有直接法和标定法。

（1）直接法

准确称取一定量基准物质，用少量水（或其他溶剂）溶解后，稀释成一定体积的溶液。根据所用物质质量和溶液体积来计算其准确浓度。例如：欲配置重铬酸钾标准溶液（$\frac{1}{6}K_2Cr_2O_7$ 0.1000mol/L），准确称取预先在120℃烘干2h的重铬酸钾4.903g，用水溶解后，稀释至1L。

（2）标定法

标定法又叫间接配制法。不能做基准物质的氢氧化钠、盐酸、硫酸、硫酸亚铁铵、硫代硫酸钠等，不能直接配制标准溶液，首先按需要配制成近似浓度的操作溶液，再用基准物质或其他标准溶液测定其准确浓度。这种用基准物质或标准溶液测定操作溶液准确浓度的过程称为标定。

例如：欲配制0.1mol/L HCl标准溶液。先用浓HCl稀释配成浓度为0.1mol/L的稀溶液，然后用一定量的硼砂或已知准确浓度的NaOH标准溶液进行标定。

3. 标准溶液浓度的表示方法

（1）物质的量浓度

1）物质的量浓度的定义

物质的量浓度指1m^3溶液中所含某溶质的量，叫做该物质的量浓度，简称为浓度。其单位是摩尔每立方米。符号mol/m^3，常用单位有摩尔每升mol/L，毫摩尔每升mmol/L，微摩尔每升μmol/L。

物质的量浓度用公式表示为

$$C_B=\frac{n_B}{V} \tag{3-6}$$

式中 C_B——B物质的浓度，mol/L、mol/m^3；

n_B——物质B的量，mol；

V——溶液的体积，L、m^3

C_B是物质的量浓度的规定符号，其下标B意指基本单元，基本单元确定后，应标出B的化学式。例如C_{NaCl}、$C_{H_2SO_4}$、$C_{\frac{1}{2}K_2SO_4}$、$C_{\frac{1}{6}K_2Cr_2O_7}$等。

应该特别指出，在滴定分析中，标准溶液配制、标定、滴定剂与待测物质之间的计量关系以及分析结果的计算等，都要涉及物质的量，且物质的量的数值与基本单元的选择有关，因此在表示物质的量浓度时，必须指明基本单元，一般采用分子、原子、离子、电子及其他粒子或这些粒子的特定组合作为基本单元。而基本单元的选择，一般以化学反应的计量关系为依据。

例如：在酸性溶液中，用草酸做基准物质标定高锰酸钾溶液浓度时，其滴定化学反应式为：

$$2MnO_4^- + 5H_2C_2O_4^{2-} + 16H^+ \rightleftharpoons 2Mn^{2-} + 10CO_2 + 8H_2O$$

由化学反应的化学计量数可得出：

$$\frac{n_{KMnO_4}}{n_{H_2C_2O_4}}=\frac{2}{5}$$

因此，确定$KMnO_4$基本单元为1/5 $KMnO_4$，而$C_2H_2O_4$为1/2$C_2H_2O_4$。

2）物质的量浓度溶液的配制计算

① 用固体溶质配制

计算公式：
$$m_B = C_B \times \frac{V}{1000} \times M_B \tag{3-7}$$

式中　m_B——应称取物质 B 的质量，g；
　C_B——物质 B 的浓度，mol/L；
　V——欲配溶液体积，mL；
　M_B——物质 B 的摩尔质量，g/mol。

例题 3-6　欲配制 $C_{\frac{1}{6}K_2Cr_2O_7}$ 为 0.2mol/L 的溶液 500mL，应如何配制？

解： 已知 $C_{\frac{1}{6}K_2Cr_2O_7}=0.2$mol/L，$V=500$mL，$M_{\frac{1}{6}K_2Cr_2O_7}=\frac{294.18}{6}=49.03$g/mol

代入公式（3-7）：$m = C_{\frac{1}{6}K_2Cr_2O_7} \times \frac{V}{1000} \times M_{\frac{1}{6}K_2Cr_2O_7}$

$$= 0.2 \times \frac{500}{1000} \times 49.03$$

$$= 4.9\text{g}$$

配制：如果准确度要求不太高，则在托盘天平上称取 4.9g$K_2Cr_2O_7$，溶于 500mL 水中即可。

② 用液体溶质配制

由下式计算出应量取液体溶质的体积。
$$V_B = \frac{C_B V M_B}{\rho \cdot X\% \times 1000} \tag{3-8}$$

式中　V_B——应量取液体溶质 B 的体积，mL；
　ρ——液体溶质的密度，g/mL；
　$X\%$——液体溶质的质量分数浓度，%；

例题 3-7　用 $\rho=1.84$mL 的 H_2SO_4，配制 $C_{\frac{1}{2}K_2SO_4}=2$mol/L 的溶液 500mL，应如何配制？

解： 已知 $\rho=1.84$g/mL 的 H_2SO_4的质量分数浓度 $X\%=96\%=1.84$g/mL

$$M_{\frac{1}{2}H_2SO_4}=\frac{98.08}{2}=49.04\text{g/mol}，V=500\text{mL}，C_{\frac{1}{2}K_2SO_4}=2\text{mol/L}$$

代入式（3-8）$V_{H_2SO_4}=\frac{2\times500\times49.04}{1.84\times96\%\times1000}=27.76\approx28$mL

配制：量取浓 H_2SO_4 28mL，缓慢注入约 200mL 水中，冷却后移入 500mL 的量瓶，加水至刻度，摇匀。

(2) 滴定度

滴定度（T）是指 1mL 标准溶液相当于被测物质的质量（g）。用 $T_{\frac{待测物}{滴定剂}}$ 表示，表示为：

$$T_{\frac{A}{B}}=\frac{m_A}{V}=\frac{m_B M_A}{V M_B} \tag{3-9}$$

式中　m_B——需称取基准物质的质量，g；
　$T_{\frac{A}{B}}$——标准溶液的滴定度，g/mL；
　M_B——所用基准物质的相对分子质量，g/mL；

M_A——表示被测物质的相对分子质量或相对原子质量，g/mL。

例如：用 $K_2Cr_2O_7$ 标准溶液测定 Fe，$T_{\frac{Fe}{K_2Cr_2O_7}}=0.00500$g/mL，表示 1mL$K_2Cr_2O_7$ 标准溶液相当于 0.00500gFe。如果一次滴定中消耗 $K_2Cr_2O_7$ 标准溶液 21.50mL，则 Fe 为：0.00500×21.50=0.1075g。使用滴定度来表示标准溶液所相当的被测物质的质量，则计算待测组分的含量时就比较方便。

3.3.3 缓冲溶液的配置

缓冲溶液是一种能对溶液的酸碱度起稳定作用的溶液。能够耐受进入其溶液中的少量强酸或强碱性物质以及水的稀释作用而保持溶液 pH 值基本不变。

缓冲溶液可分为普通缓冲溶液和标准缓冲溶液两类。普通缓冲溶液主要是用来控制溶液酸度（pH）的。标准缓冲溶液其 pH 值是一定的（与温度有关），主要用来校正 pH 值计。

配制缓冲溶液必须使用符合要求的新鲜蒸馏水（三级水），试剂纯度应在分析纯以上。配制 pH 值在 6.0 以上的缓冲溶液时，必须除去水中的二氧化碳并避免其侵入。所有缓冲溶液都应避开酸性或碱性物质的蒸气，保存期不得超过三个月。凡出现浑浊、沉淀或发霉等现象时，应弃去重新配制。常用缓冲溶液及配制方法，见表 3-5。

常用缓冲溶液及配制方法 **表 3-5**

缓冲溶液组成	pK_a	缓冲溶液 pH	缓冲溶液配制方法
氨基乙酸－HCl	2.35（pK_{a1}）	2.3	取氨基乙酸 150g 溶于 500mL 水中后，加浓盐酸 80mL，再用水稀释至 1L
H_3PO_4—柠檬酸	—	2.5	取$Na_2HPO_4\cdot12H_2O$113g 溶于 200mL 水中后，加柠檬酸 387g 溶解，过滤后稀释至 IL
一氯乙酸－NaOH	2.86	2.8	取 200g 一氯乙酸溶于 200mL 水中，加 NaOH40g，溶解后，稀释至 1L
邻苯二甲酸氢钾－HCl	2.95（pK_{a1}）	2.9	取 500g 邻苯二甲酸氢钾溶于 500mL 水中后，加浓盐酸 80mL，稀释至 1L
甲酸－NaOH	3.76	3.7	取 95g 甲酸和 NaOH 40g 于 500mL 水中溶解，稀释至 11L
NH_4Ac－HAc	—	4.5	取NH_4Ac77g 溶于 00mL 水中后，加冰醋酸 59mL，稀释至 1L
NaAc－HAc	4.74	4.7	取无水 NaAc 83g 溶于水中，加冰醋酸 60mL，稀释至 1L
NH_4Ac－HAc	—	5.0	取NH_4Ac250g 溶于水中，加冰醋酸 25mL，稀释至 1L
六亚甲基四胺－HCl	5.15	5.4	取六亚甲基四胺 40g 溶于 200mL 水中，加浓盐酸 10mL，稀释至 1L
NH_4Ac－HAc	—	6.0	取 NH_4Ac 600g 溶于水中，加冰醋酸 20mL，稀释至 1L
NaAc－Na_2HPO_4	—	8.0	取无水 NaAc50g 和$Na_2HPO_4\cdot12H_2O$50g 溶于水中，稀释至 1L
NH_3－NH_4Cl	9.26	9.2	取NH_4Cl54g 溶于水中，加浓氨水 63mL，稀释至 1L

续表

缓冲溶液组成	pK_a	缓冲溶液 pH	缓冲溶液配制方法
NH_3-NH_4Cl	9.26	9.5	取NH_4Cl 54g 溶于水中，加浓氨水 126mL，稀释至 1L
NH_3-NH_4Cl	9.29	10.0	取NH_4Cl 54g 溶于水中，加浓氨水 350mL，稀释至 1L

注：标准缓冲溶液的配制要求所用试剂必须是“pH 基准缓冲物质”，一般有专门出售的试剂，也可以购置市售的固体 pH 标准缓冲溶液。

思 考 题

1. 简述各等级实验室用水的用途、处理方法及贮存要求。
2. 实验室中各种特殊用水如何制备?
3. 我国化学试剂的等级分几级? 各级代表的意义是什么? 各级别符号和标签颜色如何确认?
4. (1) 预配制 $C_{\frac{1}{2}Na_2CO_3}=0.10$mol/L 的溶液 1000mL 应称取 Na_2CO_3 多少克? $M_{Na_2CO_3}=105.99$g/mol

(2) 预配制 $C_{\frac{1}{6}K_2Cr_2O_7}=1.0$mol/L 的溶液 500mL 应称取 $K_2Cr_2O_7$ 多少克? $M_{K_2Cr_2O_7}=294.19$g/mol

(3) 预配制 $C_{\frac{1}{3}KMnO_4}=0.10$mol/L 的溶液 2000mL 应称取 $KMnO_4$ 多少克? $M_{KMnO_4}=158.44$g/mol

(4) 预配制 $C_{\frac{1}{2}H_2SO_4}=0.1$mol/L 的硫酸溶液 2000mL 应取 H_2SO_4 ($\rho=1.84/cm^3$，96%) 多少 mL?

5. 现有准确称取的 0.6212g 锌粒，将它用 (1+1) 盐酸溶液溶解后，定容至 1000mL，其浓度是多少?

第4章　常用仪器、设备及基本操作技术

【学习要点及目标】

◆了解各类实验常用玻璃仪器及器具的用途、规格。

◆掌握各类仪器及器具的洗涤与保管方法，了解各类洗液的配制方法及适用条件。

◆了解实验室常用仪器设备的原理，掌握仪器设备的简单操作。

◆掌握滴定分析基本操作。

◆了解实验室的环境要求及管理制度。

【核心概念】

玻璃仪器、洗液、天平、滴定分析基本操作。

4.1　一般仪器

4.1.1　常用玻璃仪器

玻璃仪器是水质分析实验室中最常用的仪器。它透明性好，具有较好的化学稳定性和热稳定性；同时具有一定的机械强度和良好的绝缘性能。

普通玻璃（又称软质玻璃）的主要化学成分是SiO_2、CaO、NaO_2、K_2O、B_2O_3等。其耐温、耐腐蚀性及硬度较差，但透明性好。所以多制成不需加热的仪器。如试剂瓶、漏斗、干燥器、表面皿、培养皿、量筒、吸管、滴定管及容量瓶等。当加入B_2O_3、Al_3O_2、ZnO及Ba等成分后，就改变了普通玻璃的性质，如硬质玻璃中含有较高的SiO_2和B_2O_3，属于高硼硅酸盐玻璃。这种玻璃具有较强的热稳定性、耐酸、耐水性能好，适合于制成各种直接加热的玻璃仪器，如烧杯、烧瓶、全玻璃蒸馏器等。

常用玻璃仪器的规格、用途及使用注意事项，见表4-1。

常用玻璃仪器　　　　**表4-1**

名　　称	样　　图	规　　格	主要用途	注意事项
烧杯	200 150 250mL 100 BJ 50	容量/mL 25、50、100、250、400、500、800、1000、2000	配制溶液、溶解处理样品	①加热时需在底部垫石棉网，防止因局部加热而破裂。 ②杯内待加热液体的体积不要超过总容积的2/3。 ③加热腐蚀性液体时，杯口要盖表面皿
锥形瓶及碘量瓶		容量/mL 50、100、250、500、1000	用于容量滴定分析；加热处理试样；碘量法及其他生成易挥发性物质的定量分析	①加热时应置于石棉网上，以使之受热均匀，瓶内液体应为容积的1/3左右。 ②磨口锥形瓶加热时要打开瓶塞

续表

名　称	样　图	规　格	主要用途	注意事项
平（圆）底烧瓶		容量/ mL 250、500、1000	加热及蒸馏液体	① 加热时应置于石棉网上。 ② 可加热至高温，注意不要使温度变化过于剧烈
蒸馏烧瓶		容量/ mL 50、100、250、500、1000	蒸馏	① 加热时应置于石棉网上。 ② 可加热至高温，注意不要使温度变化过于剧烈
量筒		容量/ mL 5、10、25，50、100、250、500、1000、2000	粗略量取一定体积的液体	① 不能用量筒加热溶液。 ② 不可作溶液配制的容器使用。 ③ 操作时要沿壁加入或倒出液体
容量瓶		容量/ mL 5、10、25，50、100、200、250、500、1000、2000	用于配制体积要求准确的溶液；定容分无色和棕色两种，棕色用于盛放避光溶液	① 磨塞要保持原配，漏水的容量瓶不能用。 ② 不能用火加热也不能在烤箱内烘烤。 ③ 不能在其中溶解固体试剂。 ④ 不能盛放碱性溶液
滴定管		容量/ mL 25、50、100	滴定分析中的精密量器，用于准确测量滴加到试液中的标准溶液的体积	① 活塞要原配。 ② 漏水不能使用。 ③ 不能加热。 ④ 碱式滴定管不能用来装与胶管作用的溶液
微量滴定管		容量/ mL 1、2、3、4、5、10	用于微量或半微量分析滴定使用	① 活塞要原配。 ② 漏水不能使用。非碱式滴定管不能用来装碱性溶液
移液管、吸量管		容量/ mL 无分度移液管：1、2、5、10、25、50、100；直管式吸量管：0.1、0.5、1、2、5、10；上小直管式吸量管：1、2、5、10	滴定分析中的精密量器，用于准确量取一定体积的溶液	① 使用前洗涤干净，用待吸液润洗。 ② 移液时，移液管尖与受液容器壁接触，待溶液流尽后，停留15s，再将移液管拿走。 ③ 除吹出式移液管外，不能将留在管尖内的液体吹出。 ④ 不能加热，管尖不能磕坏

续表

名　称	样　图	规　格	主要用途	注意事项
比色管	50mL	容量/ mL 10、25、50、100（具塞、不具塞）	比色分析	① 比色时必须选用质量、口径、厚薄、形状完全相同的成套使用。 ② 不能用毛刷擦洗，不可加热
滴瓶		容量/ mL 30、60、125、250；有无色、棕色	常用盛装逐滴加入的试剂溶液	① 磨口滴头要保持原配。 ② 放碱性试剂的滴瓶应该用橡皮塞，以防长时间不用而打不开。 ③ 滴管不能倒置，不要将溶液吸入胶头
细口瓶、广口瓶		容量/ mL 30、60、125、500、1000、2000；有无色和棕色两种，棕色盛放避光试剂	也称试剂瓶，细口瓶盛放液体试剂，广口瓶盛放固体试剂或糊状试剂溶液	① 不能用火直接加热。 ② 盛放碱溶液要用胶塞或软木塞。 ③ 取用试剂时，瓶盖应倒放。 ④ 长期不用时应在瓶口与磨塞口衬纸条，以便在需要时顺利打开
玻璃、塑料洗瓶		容量/ mL 250、500、1000	洗涤仪器和沉淀	① 不能装自来水。 ② 可以自己装配
直形、球形、蛇形、空气冷凝管	直形　球形　蛇形　空气冷凝管	长度/mm 320，370，490	用于冷却蒸馏出的液体	① 装配仪器时，先装冷却水胶管，再装仪器。 ② 装配时从下口进冷却水，从上口出冷凝液。开始进水需缓慢，水流不能太大。 ③ 使用时不应骤冷骤热
普通干燥器、真空干燥器		直径/ mm 160、210、240、300	用于冷却和保存已经烘干的试剂、样器或已恒重的称量瓶，坩埚	① 盖子与器体的磨口处涂适量的凡士林，以保证密封。 ② 放入干燥器的物品温度不能过高。 ③ 开启顶盖时不要向上拉，而应向旁边水平错开，顶盖取下后要翻过来放稳。经常更换干燥剂

续表

名称	样图	规格	主要用途	注意事项
漏斗		直径/ mm 45、55、60、80、100、120	用于过滤或倾注液体	① 不可直接用火加热，过滤的液体也不能太热。 ② 过滤时，漏斗颈尖端要紧贴承接容器的内壁。 ③ 滤纸铺好后应低于漏斗上边缘 5mm
分液漏斗	滴液漏斗 球形 梨形 筒形	容积/mL 50、100、125、150、250、500、1000	分开两种密度不同又互不混溶的液体；作反应器的加液装置	① 活塞上要涂凡士林，使之转动灵活，密合不漏。 ② 活塞、旋塞必须保持原配。 ③ 长期不用时，在磨口处垫一纸条。 ④ 不能用火加热
研钵		直径/mm 60、80、100、150、190	研磨固体试剂	不能撞击，不能加热
表面皿		直径/mm 45、60、75、90、100、120、150、200	用于盖烧杯及漏斗等，防止灰尘落入或液体沸腾液体飞溅产生损失，做点滴板	不能用火直接加热
高、低型称量瓶		容量/ mL 10、20、25、40、60；5、10、15、30、45	称量或烘干样品，基准试剂，测定固体样品中水分	① 洗净，烘干（但不能盖紧瓶盖烘烤），置于干燥器中备用。 ② 磨口塞要原配。 ③ 称量时不要用手直接拿取，应用洁净的纸带或用棉纱手套。 ④ 烘干样品时不能盖紧磨塞

4.1.2 石英玻璃仪器

石英玻璃的化学成分是二氧化硅。由于原料不同，石英玻璃可分为“透明石英玻璃”和半透明、不透明的“熔融石英”。透明石英玻璃理化性能优于半透明石英，主要用于制造实验室玻璃仪器及光学仪器等。由于石英玻璃能透过紫外线，在分析仪器中常用来制作紫外范围应用的光学零件。

石英玻璃的线膨胀系数很小（5.5×10^{-7}），仅为特硬玻璃五分之一，因为它耐急冷急热，将透明石英烧至红热，放到冷水里也不会炸裂。石英玻璃的软化温度是1650℃，由于它具有耐高温性能，能在1100℃下使用，短时间可用到1400℃。

石英玻璃的纯度很高，二氧化硅含量在99.95%以上，具有相当好的透明度。它的耐酸性能非常好，除氢氟酸和磷酸外任何浓度的有机酸和无机酸甚至在高温下都极少和石英玻璃作用。因此，石英是痕量分析用的好材料。在高纯水和高纯试剂的制备中，也常采用石英器皿。

石英玻璃不能耐氢氟酸的腐蚀，磷酸在150℃以上也能与其作用，强碱溶液包括碱金属碳酸盐也能腐蚀石英，在常温时腐蚀较慢，温度升高腐蚀加快。因此，石英制品应避免用于上述场合。

在实验室中常用的石英玻璃仪器有石英烧杯、坩埚、蒸发皿、石英舟、石英管、石英蒸馏水器等。因其价格昂贵，应与玻璃仪器分别存放与保管。

4.1.3 常用瓷器皿

由于瓷质器皿与玻璃仪器相比，有耐高温（可达1200℃），机械强度大，耐骤冷骤热的温度变化等优点，在实验室中经常用到。表4-2列举了实验室常用瓷器皿。

水质分析常用瓷器皿 表4-2

名称	图样	常用规格	主要用途	注意事项
蒸发皿		容量/mL 无柄：35、60、100、150、200、300、500、1000；有柄：30、50、80、100、150、200、300、500、1000	蒸发浓缩液体，用于700℃以下物料灼烧	①能耐高温，但不宜骤冷。 ②一般在铁环上直接用火加热，但须在预热后再提高加热强度
坩埚		容量/mL 高型：15、20、30、50；中型：2、5、10、15、20、50、100；低型：15、25、30、45、50	灼烧沉淀，处理样品	①能耐高温，但不宜骤冷。 ②根据灼烧物质的性质选用不同材料的坩埚
研钵		直径/mm 普通型：60、80、100、150、190；深型：100、120、150、180、205	混合、研磨固体物料绝对不允许研磨强氧化剂（如$KClO_4$）研磨时不得敲击	①不能作反应容器，放入物质量不超过容积的1/3。 ②绝对不允许研磨强氧化剂（如$KClO_4$）。 ③研磨时不得敲击
点滴板		孔数：6，12上釉瓷板，分黑、白两种	定性点滴试验，观察沉淀生成或颜色	①白色点滴板用于有色沉淀，显色实验。 ②黑色点滴板用于白色、浅色沉淀，显色实验
布氏漏斗		外径/mm 51、67、85、106、127、142、171、213、269	用于抽滤物料	①漏斗和吸滤瓶大小要配套，滤纸直径略小于漏斗内径。 ②过滤前，先抽气。结束时，先断开抽气管与滤瓶连接处再停抽气，以防止液体倒吸

续表

名　称	图　样	常用规格	主要用途	注意事项
白瓷板		长×宽×高/mm 152×152×5	滴定分析时垫于滴定板上，便于观测滴定时的颜色变化	

4.1.4　常用器具

水质分析中为配合玻璃仪器的使用，还必须配备一些器具。这些常用器具见表4-3。

常用器具　　表4-3

名　称	图　样	用　途	名　称	图　样	用　途
水浴锅		用于加热反应器皿，电热恒温水浴使用更为方便	滴定台、滴定夹		夹持滴定管
铁架台、铁三角架	铁夹 铁圈	固定放置反应容器。如要加热，在铁环或铁三角架上要垫石棉网或泥三角	移液管（吸管架）		放置各种规格的移液管（吸量管）
石棉网		加热容器时，垫在容器和热源之间，使受热均匀	漏斗架		放置漏斗进行过滤
泥三角		架放直接加热的小蒸发皿	试管架		放置试管
万能夹、烧瓶夹		夹持冷凝管、烧瓶等	比色管架		放置比色管

4.1.5　玻璃仪器的洗涤及保管

在进行水质分析前，必须将所用玻璃仪器洗净，玻璃仪器是否洁净，对实验结果的准确度和精密度都有直接的影响。因此，玻璃仪器的洗涤是实验工作中非常重要的环节。洗涤后的仪器必须达到倾去水后器壁不挂水珠的程度。

1. 一般玻璃仪器的洗涤

洗涤任何玻璃仪器之前，一定要先将仪器内原有的试液倒掉，然后再按下述步骤进行洗涤。

(1) 用水洗。根据仪器的种类和规格，选择合适的刷子蘸水刷洗，或用水摇动（必要时可加入滤纸碎片），洗去灰尘和可溶性物质。

(2) 用洗涤剂洗。用于对一般玻璃仪器如烧杯、锥形瓶、试剂瓶、量筒、量杯等的洗涤。其方法是用毛刷蘸取低泡沫的洗涤剂，用刷子反复刷洗，然后边刷边用水冲洗，当倾去水后，如果被刷洗容器壁上不挂水珠，即可用少量蒸馏水或去离子水分多次（至少三次）淋洗，洗去所沾的自来水后，即可（或干燥后）使用或保存。

(3) 用洗液洗。对于有些难以洗净的污垢，或不宜用刷子刷洗的容量仪器，如移液管、滴定管、容量瓶等，以及无法用刷子刷洗的异形仪器，如冷凝管，还有上述方法不能洗净的玻璃仪器。若用上述方法已洗至不挂水珠，此步骤可省略。其方法是将洗液倒入仪器内进行淌洗或浸泡一段时间，回收洗液后用自来水冲洗干净。可根据污垢的性质选用相应的洗液洗涤。常用的洗液种类及用途见表 4-4。

用洗液洗涤时要注意两点：一是在使用一种洗液时，则一定要洗尽前一种洗液，以免两种洗液互相作用，降低洗涤效果，或者生成更难洗涤的物质；二是在用洗液洗涤后，仍需先用自来水冲洗，洗尽洗液后，再用蒸馏水淋洗，除尽自来水，控干备用。

(4) 用专用有机溶剂洗。用上述方法不能洗净的油或油类物质，可用适当的用有机溶剂溶解去除。

总结洗涤玻璃仪器的一般步骤为：

1) 用自来水冲洗；2) 用洗液（剂）洗涤；3) 用自来水冲洗；4) 用少量蒸馏水淋洗至少 3 次，直到仪器器壁不挂水珠，无干痕。

常用洗液 表 4-4

洗液名称	配制方法	适用洗涤的仪器	注意事项
合成洗涤剂	选用合适的洗涤剂或洗衣粉，溶于温水中，配成浓溶液	洗涤玻璃器皿安全方便，不腐蚀衣物	该洗液用后，最好再用 6mol/L 硝酸浸泡片刻
铬酸洗液	称 20g 研细的重铬酸钾（工业纯）加 40mL 水，加热溶解。冷却后，沿玻璃棒慢慢加入 360mL 浓硫酸，边加边搅拌，放冷后装人试剂瓶中盖紧瓶塞备用	用于去除器壁残留油污，用少量洗液刷洗或浸泡	① 具有强腐蚀性，防止烧伤皮肤和衣物；② 新配的洗液呈暗红色，用毕回收，可反复使用，贮存时瓶塞要盖紧，以防吸水失效；③ 如该液体转变成绿色，则失效；④ 废液应集中回收处理
碱性高锰酸钾洗液	4g $KMnO_4$ 溶于少量水中，加 10%的 NaOH 溶液至 100mL	此洗液作用缓慢温和，用于洗涤油污或某些有机物	① 玻璃器皿上沾有褐色氧化锰可用盐酸羟胺或草酸洗液洗除之；② 洗液不应在所洗的玻璃器皿中长期存留

续表

洗液名称	配制方法	适用洗涤的仪器	注意事项
草酸洗液	5～10g草酸溶于100mL水中，加入少量浓盐酸	用于洗涤使用高锰酸钾洗液后，器皿产生的二氧化锰	必要时加热使用
纯酸洗液	①（1+1）HCl②（1+1）$H_2SO_4$③（1+1）$HNO_3$④H_2SO_4+HNO_3等体积混合液	浸泡或浸煮器皿，洗去碱性物质及大多数无机物残渣	使用需加热时，温度不宜太高，以免浓酸挥发或分解
碱性乙醇洗液	25gKOH溶于少量水中，再用工业纯乙醇稀释至1L	适于洗涤玻璃器皿上的油污	①应贮于胶塞瓶中，久贮易失效；②防止挥发，防火
碘—碘化钾洗液	1g碘和2gKI混合研磨，溶于少量水中，再加水稀释至100mL	洗涤硝酸银的褐色残留物	洗液应避光保存
有机溶剂	汽油、甲苯、二甲苯、丙酮、酒精、氯仿等有机溶剂	用于洗涤粘较多油脂性污物、小件和形状复杂的玻璃仪器。如活塞内孔，吸管和滴定管尖头等	①使用时要注意其毒性及可燃性，注意通风；②用过的废液回收，蒸馏后仍可继续使用

玻璃砂（滤）坩埚、玻璃砂（滤）漏斗及其他玻璃砂芯滤器，由于滤片上空隙很小，极易被灰尘、沉淀物等堵塞，又不能用毛刷清洗，需选用适宜的洗液浸泡冲洗，最后用自来水、蒸馏水冲洗干净。

适用于洗涤砂芯滤器的洗液见表4-5。

砂芯滤器洗液　表4-5

沉淀物	洗液配方	用法
新滤器	热HCl、铬酸洗液	浸泡、冲洗
氯化银	1∶1氨水、10%亚硫酸钠	浸泡后冲洗
硫酸钡	浓硫酸、3%EDTA500mL+浓氨水100mL混合液	浸泡、蒸煮、冲洗
汞	热浓硝酸	浸泡、冲洗
氧化铜	热氯酸钾、盐酸混合液	浸泡、冲洗
有机物	热铬酸洗液	冲洗
脂肪	四氯化碳	浸泡、冲洗、再换洁净的四氯化碳冲洗

2. 玻璃仪器的干燥

不同的分析操作，对仪器的干燥程度要求不同，有的可以带水，有的则要求干燥，所以应根据实验的要求来选择合适的干燥方式。表4-6为常见的干燥方式。

玻璃仪器的干燥方式　表4-6

干燥方式	操作要领	注意事项
晾干	不急于使用的、要求一般干燥的仪器，洗净后倒置，控去水分，使其自然干燥	在纯水涮洗后在无尘处倒置控去水分，然后自然干燥

续表

干燥方式	操作要领	注意事项
烘干	要求无水的仪器在110～120℃清洁的烘箱内烘1h左右	① 干燥实心玻璃塞、厚壁仪器时，要缓慢升温，以免炸裂。 ② 烘干后的仪器一般应在干燥器中保存。 ③ 任何量器均不得用烘干法干燥
吹干	急于干燥的仪器或不适合烘干的仪器如量器，可控净水后依次用乙醇、乙醚淌洗几次，然后用吹风机，热、冷风顺序吹干	① 溶剂要回收。 ② 注意室内通风、防火、防毒
烤干	对急用的试管，试管口向下倾斜，用火焰从管底依次向管口烘烤	① 只适于试管。 ② 注意放火、防炸裂

3. 玻璃仪器的保管

洗净、干燥的玻璃仪器要按实验要求妥善保管，如称量瓶要保存在干燥器中，滴定管倒置于滴定管架上；比色皿和比色管要放入专用盒内或倒置在专用架上；磨口仪器，如容量瓶、碘量瓶、分液漏斗等要用小绳将塞子拴好，以免打破塞子或互相弄混；暂时不用的磨口仪器，磨口处要垫一纸条，用橡皮筋拴好塞子保存。

4.2 实验室常用仪器设备

4.2.1 天平

天平是水质分析实验室常用的称量仪器，天平的种类很多，根据称量的准确度可分为托盘天平、分析天平和电子天平。

1. 天平的称量原理

天平是根据杠杆原理设计而成的一种衡量用的精密仪器。天平主要应用“杠杆加刀口”式的衡量原理。如图4-1中，Q为被称物的重量，P为已知物体（砝码）的重量，BC（a）为力臂，AB（b）为重臂，B为支点。当达到平衡时，支点两边力矩相等。

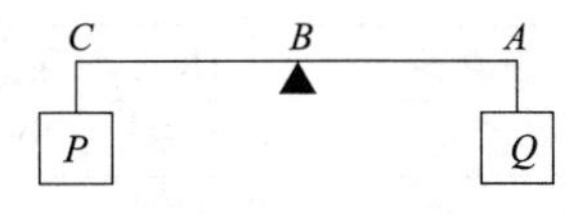

图4-1 杠杆原理

即：

$$P\times a=Q\times b \tag{4-1}$$

当力臂等于重臂时，即$a=b$时，在地球的某一同定位置，重力加速度相同，即：

$$P=Q \tag{4-2}$$

砝码的总重量等于被称物体的重量。

各种天平从结构上讲是等臂双盘天平。在天平的规格中，用天平标牌的分度值（又称感量）表示天平的灵敏度。分度值（用S表示）是指天平平衡位置在标牌上产生一个分度变化所需要的质量值。分度值与灵敏度（用E表示）互为倒数关系：

$$S=\frac{1}{E} \tag{4-3}$$

2. 托盘天平（普通药用天平）

托盘天平又称台秤。如图 4-2 所示。其操作简便快速，但称量精度不高，分度值一般在 0.1～2g，最大载荷可达 5000g，一般能称准到 0.1g 或 0.01g，可用于精度要求不高的称量，如配制各种百分比浓度、比例浓度的溶液，以及有效数字要求在整数以内的物质的量浓度溶液或者用于称取较大量的样品、原料等工作中。

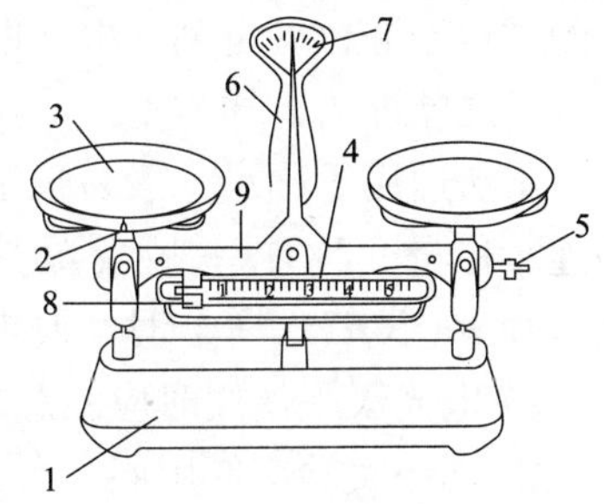

图 4-2　托盘天平

1—底座；2—托盘架；3—托盘；4—标尺；5—平衡螺母；6—指针；7—分度盘；8—游码；9—横梁

称量时，取两张质量相当的纸，放在两边天平盘上，调节好零点。左边天平盘上放置上欲称量样品，在右边天平盘上加砝码。加砝码的顺序一般是从大的开始加起，如果偏重再换小的砝码。大砝码放在托盘中间，小砝码放在大砝码周围。称量完毕后，将砝码放入砝码盒内，两个天平盘放在一边，以免天平经常处于摆动状态。称量时不许用手拿取砝码，应用镊子夹取。化学试剂不允许直接放在天平盘上。

3. 分析天平

分析天平的种类很多，根据其结构可分为等臂天平和不等臂天平。根据称盘的多少，又可分为等臂单盘天平、等臂双盘天平和不等臂单盘天平。等臂双盘天平是最常见的一种，不等臂天平几乎都是单盘天平。可根据实验的要求合理选用。下面重点介绍常用的电光天平和电子天平。

(1) 电光天平

最常用的电光天平是半自动电光天平和全自动电光天平，两者都是等臂双盘天平。一般能称准至 0.1mg，所以又称万分之一天平，最大载荷为 100g 或 200g，适用于精确度要求较高的称量。

1) 电光天平的使用

① 称量前的准备。使用前检查天平是否水平、天平称盘是否清洁、砝码是否齐全、机械加码指数盘是否在“000”的位置。

② 零点的测定。接通电源，旋开升降旋钮，投影屏上可以看到移动的标尺投影。待稳定后，标尺的“0”应与屏幕上的刻线重合，使图 4-3 半自动光电天平零点为“0.0”，如果两者不重合，可用调节杆调节光屏左右位置，使两线重合，如果偏差较大，不易调整，可用天平梁上的平衡砣调节。

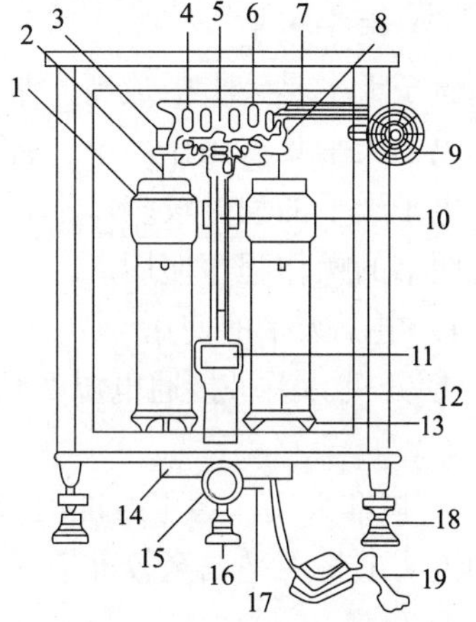

图 4-3　半自动光电天平

1—阻尼器；2—挂钩；3—吊耳；4、6—平衡螺丝；5—横梁；7—加码杆；8—环码；9—加码指数盘；10—指针；11—投影屏；12—天平盘；13—托盘器；14—光源；15—升降枢；16—脚垫；17—调零微调器（调零杆）；18—脚轴螺丝水平调节钮；19—变压器

③ 称量。

直接法：先准确称量表面皿、坩埚或小烧杯等容器的质量，再把试样放入容器中称量，两次称量之差即为试样的质量。该称量方法只适用于在空气中性质比较稳定的试样。

减量法：在干燥洁净的称量瓶中，装入一定量的样品，盖好瓶盖，放在天平盘上称其质量，记下准确读数。然后取下称量瓶，打开瓶盖，使瓶倾斜，用瓶盖轻轻敲击瓶的上沿，使样品慢慢倾出至洗净的烧杯中。估计已够时，慢慢竖起称量瓶再轻轻敲几次，使瓶口不留一点试样，放回天平盘上再称其质量。如一次倒出的试样不够，可再倒一次，但次数不能太多。如称出的试样超出要求值，只能弃去。两次称量之差即为试样质量。

本法适用于称量一般易吸湿、易氧化、易与CO_2反应的试样，也适用于几份同一试样的连续称量。称取一些吸湿性很强（无水$CaCl_2$、P_2O_5等）及极易吸收CO_2的样品［CaO、$Ba(OH)_2$等］时，要求动作迅速，必要时还应采取其他保护措施。

2）电光天平使用时应注意的问题

① 同一实验应使用同一台天平和砝码。

② 使用砝码时，只能用镊子夹取，严禁用手拿取。

③ 称量前后检查天平是否完好并保持天平清洁，如在天平内洒落药品应立即清理干净，以免腐蚀天平。

④ 天平载重不得超过最大载荷，被称物应放在干燥清洁的器皿中称量。挥发性、腐蚀性物体必须放在密封加盖的容器中称量。

⑤ 不要把热的或过冷的物体放到天平上称量，应待物体和天平室温度一致后进行称量。

⑥ 被称物和砝码应放在天平盘中央。开门取放物体和砝码时，必须关闭天平。开启或关闭天平时，转动启开手柄要缓慢均匀。

⑦ 称量完毕应及时取出所称样品，将砝码放回盒中，读数盘转到零位，关好天平门，检查天平零点，拔下电源插头，罩上防尘罩，进行登记。

⑧ 天平有故障时应请专业人员检查、修理，不得随意拆卸乱动。

（2）电子天平

电子天平是天平中最新发展的一种。目前大多数水质分析实验室均有电子天平的使用。电子天平具有操作简单、智能化等优点。

电子天平的型号较多，不同型号的电子天平操作步骤有很大差异，因此，要按仪器使用说明书的操作程序使用。

1）电子天平的使用

① 开机。天平接通电源，预热至指示时间。按动“ON”键，显示器亮，并显示仪器状态。

② 校准天平。天平校准前应把所有的物品从称盘中取走，关闭所有挡风窗，按仪器使用说明书将天平调至校准模式，按“CAL”天平校准键，校准天平，使天平准确无误。

③ 称量。

直接称量：按“TAR”键，显示器显示零后，置被称物于盘中，待数字稳定后，该数字即为被称物的质量。

去皮重：置被称容器于称盘中，天平显示容器质量，按“TAR”键，显示零，即去皮重，再置被称物于容器中，这时显示的是被称物的净重。

④ 关天平。轻按“OFF”键，显示器熄灭。

2）电子天平的维护

① 天平应置于稳定的工作台上，避免振动、阳光照射、气流和腐蚀性气体侵蚀。

② 工作环境温度：(20±5)℃，相对湿度 50%～70%。其余维护工作可参考说明书要求。

③ 天平箱内应保持清洁、干燥。被称量的物品一定要放在适当的容器内（称量瓶、烧杯等)，一般不得直接放在天平盘上进行称量；不可称量热的物品；称量潮湿或有腐蚀性的物品时，应放在密闭的容器中进行。

④ 不可使天平的称量超过其最大称量限度，以免损坏天平。

⑤ 天平有故障时应请专业人员检查维修，不准随意拆卸。

4.2.2　电热设备

1. 电热干燥箱

电热恒温干燥箱又称干燥箱或烘箱，主要用于干燥试样、玻璃器皿及其他物品，常用温度在 100～150℃，最高温度可达 300℃。

使用干燥箱时必须按设备使用说明书操作，并注意以下事项：

(1) 干燥箱应安装在室内通风、干燥、水平处，防止振动和腐蚀；

(2) 使用前应检查电源，并有良好的地线；

(3) 使用干燥箱前，必须首先打开干燥箱上部的排气孔，然后接通电源，注意烘箱顶部小孔内插入温度计与表盘显示的温度是否一致；

(4) 干燥箱无防爆装置，切勿将易燃、易爆及挥发性物品放入箱内加热，箱体附近不要放置易燃、易爆物品；

(5) 待烘干的试剂、样品必须放在称量瓶、玻璃器皿或瓷皿中不得直接放置在隔板上，或用纸衬垫或包裹；

(6) 带鼓风的干燥箱，在加热和恒温过程中必须开动鼓风机，否则影响烘箱内温度的均匀性和损坏加热元件；

(7) 保持箱内清洁，避免所干燥物品交叉污染。

2. 高温炉

常用的高温炉是马弗炉，用于重量分析中灼烧沉淀、测定灰分、有机物的灰化处理以及样品的熔融分解等工作。

用电阻丝加热的高温炉，最高使用温度为 950℃，常用温度为 800℃；用硅碳棒加热的高温炉，最高使用温度为 1350℃。

使高温炉时必须按设备使用说明书操作，并注意以下事项：

(1) 要有专用电闸控制电源；

(2) 周围禁止存放易燃、易爆物品；

(3) 灼烧样品时应严格控制升温速度和最高炉温，避免样品飞溅腐蚀炉膛；

(4) 新炉应在低温下烘烤数小时，以免炸膛；

(5) 不宜在高温下长期使用，以保护炉膛；

(6) 使用完毕，要待温度降至 200℃以下方可打开炉门。要及时切断电源，关好炉门，防止耐火材料受潮气侵蚀。

3. 培养箱

电热恒温培养箱简称培养箱，是培养微生物必备的设备。其结构与普通干燥箱大致相同，使用温度在60℃以下，一般常用温度为37℃。使用时的注意事项与干燥箱相同。在水质分析中生化培养箱主要用于BOD_5的培养，是一种专用恒温设备。

4. 电热恒温水浴锅

电热恒温水浴锅是实验室常用的恒温加热和蒸发设备，常用的有两孔、四孔、六孔、八孔，单列式或双列式等规格。加热器位于水浴锅的底部，正面板上装有自动温度控制器，水阀位于水浴槽的左下部或后部。

使用时应按设备使用说明书操作，并注意以下几点：

(1) 水槽内水位不得低于电热管，否则电热管会被烧坏；

(2) 不要将水溅到电器控制箱部分，防止受潮，以防漏电伤人或损坏仪器；

(3) 使用时随时注意水浴槽是否有渗漏现象，槽内水位不足2/3时，应随时补加；

(4) 较长时间不用时，应将水排净，擦干箱内，以免生锈。

4.2.3 其他设备

实验室除了常用电热设备外，还要用到一些其他设备。

1. 电动离心机

电动离心机是利用离心沉降原理将液体中的沉淀物或悬浮物分离或将两种以上液体形成的乳化溶液分离。常用的低速离心机，其转速一般为0～5000r/min，高转速的可达10000 r/min以上，使用时应注意以下几点：

(1) 每次实验使用的离心管其规格要符合要求，直径、长短及每支管的质量要统一，并保持其清洁、干燥；

(2) 加入离心管的液体的密度及体积应一致，且不允许超过离心管的标称容量，离心管应对称安放；

(3) 离心机的转速和离心时间依实验需要来调整，启动时应先低速开始，运转平稳后再逐渐过渡到高速，切不可直接在高速运转；

(4) 离心机的套管（放离心管的位置）应保持清洁干燥。

2. 搅拌器

一般用于搅拌液体反应物，搅拌器分为电动搅拌器和电磁搅拌器。水质分析中常用的是电磁搅拌器。

电磁搅拌器由电机带动磁体旋转，磁体又带动反应器中的磁子旋转，从而达到搅拌的目的。电磁搅拌器一般都带有温度和速度控制旋转钮，使用后应将旋钮回零。使用过程中注意防潮防腐。

3. 空气压缩机

实验室中常用的为小型空气压缩机，选用时应考虑工作压力和排气量两项指标。

空气压缩机的使用应注意以下几点：

(1) 使用220V电源，接通电源即开始工作；

(2) 曲柄箱内装20号机油，根据使用时间及污染程度不定期更换；

(3) 运转时不应有明显的振动、噪声和发热，发现异常立即停机检修；

(4) 定期检查滤油器的羊毛毡，除去过多的油；

(5) 油盒处应定期加油。

4. 真空泵

“真空”是指压力小于101.3Pa（一个标准大气压）的气态空间。真空泵是利用机械、物理、化学或物理化学方法对容器进行抽气，以获得真空的设备。真空泵的种类很多，一般实验室最常用的是定片式或旋片式转动泵。

在实验室中，真空泵主要用于真空干燥、真空蒸馏、真空过滤。

使用真空泵必须注意以下几点：

(1) 开泵前先检查泵内油的液面是否在油孔的标线处。油过多，在运转时会随气体由排气孔向外飞溅；油不足，泵体不能完全浸没，达不到密封和润滑作用，对泵体有损坏。

(2) 真空泵使用时应使电源电压与电动机要求的电压相符。对于三相（380V）电动机，送电前要先取下皮带，检查电动机转动方向是否相符，勿使电动机倒转，造成泵油喷出。

(3) 真空泵与被抽系统（干燥箱、抽滤瓶等）之间，必须连接安全瓶、干燥过滤塔（内装无水$CaCl_2$、固体NaOH、石蜡、变色硅胶）用以吸收酸性气体、水分、有机蒸气等，以免进入泵内污染润滑油。

(4) 真空泵运转时要注意电动机的温度不可超过规定温度（一般为65℃），且不应有摩擦和金属撞击声。

(5) 停泵前，应使泵的进气口先通入大气后再切断电源，以防泵油返压进入抽气系统。

(6) 真空泵应定期清洗进气口处的细纱网，以免固体小颗粒落入泵内，损坏泵体，使用半年或一年后，必须换油。

5. 气体钢瓶与高压气

各种高压气的气瓶在装气前必须经过试压并定期进行技术检验，充装一般气体的有效期为三年，充装腐蚀性气体的有效期为两年。不符合国家安全规定的气瓶不得使用。在气体钢瓶及高压气使用时需注意：

(1) 各种高压气体钢瓶的外表必须按规定漆上颜色、标志并标明气体名称，见表4-7。

高压气气瓶标志 **表4-7**

气体名称	瓶外表颜色	气体颜色	气体名称	瓶外表颜色	气体颜色
氧	天蓝	黑	压缩空气	黑	白
氢	深绿	红	乙炔	白	红
氮	黑	黄	二氧化碳	黑	黄
氩	灰	绿			

(2) 瓶身上附有两个防振用的橡胶圈，移动气瓶时，瓶上的安全帽要旋紧。气瓶不应放在高温附近。

(3) 未装减压阀时绝不允许打开气瓶阀门，否则易造成事故。

(4) 不得把气瓶中的气体用完。若气瓶的剩余压力达到或低于剩余残压时，就不能再使用，应立即将气瓶阀门关紧，不让余气漏掉。建议剩余残压不少于0.3～0.5MPa。

(5) 气瓶与用气室分开，直立并固定，室内放置气瓶不宜过多。

4.3 滴定分析基本操作

在滴定分析中，常用到三种准确测量溶液体积的仪器，即滴定管、移液管和容量瓶。这三种仪器的使用是滴定分析中最重要的基本操作。正确、熟练地使用这三种仪器，是减小溶液体积测量误差，获得准确分析结果的先决条件。

本节分别介绍这几种仪器的性能、使用、校准和洗涤方法。

4.3.1 滴定管的使用

滴定管是滴定时用来准确测量流出操作溶液体积的量器（量出式仪器），根据其容积、盛放溶液的性质和颜色可分为常量滴定管、半微量滴定管或微量滴定管，酸式滴定管和碱式滴定管，无色滴定管和棕色滴定管。用聚四氟乙烯制成的滴定管，则无酸碱式之分。

1. 滴定管的选择

应根据滴定剂的性质以及滴定时消耗标准滴定剂体积选择相应规格的滴定管。酸性溶液、氧化性溶液和盐类稀溶液应选择酸式滴定管；碱性溶液应选择碱式滴定管；高锰酸钾、碘和硝酸银等溶液因能与橡皮管起反应而不能装入碱式滴定管；消耗较少滴定剂时，应选用微量滴定管；见光易分解的滴定剂应选择棕色滴定管。

2. 滴定管的使用

（1）酸式滴定管的准备

1）涂凡士林。在使用一支新的或较长时间不使用的和使用了较长时间的酸式滴定管，会因玻璃旋塞闭合不好或转动不灵活，而导致漏液和操作困难，这时需涂抹凡士林。其方法是将滴定管放在平台上，取下活（旋）塞，用滤纸片擦干活塞和活塞套。用手指均匀地涂一薄层凡士林于活塞两头。注意不要将油涂在活塞孔上、下两侧，以免旋转时堵塞旋塞孔。将旋塞径直插入活塞套中，向同一方向转动活塞，直至活塞和活塞套内的凡士林全部透明为止。用一小橡皮圈套在活塞尾部的凹槽内，以防活塞掉落损坏。如图 4-4 所示。

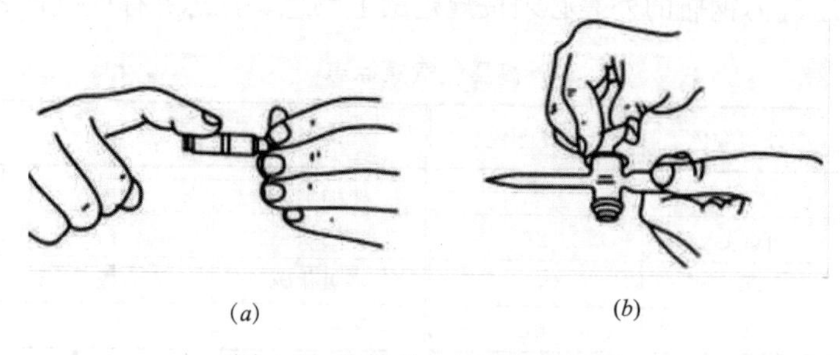

(*a*)　　　　(*b*)

图 4-4　涂抹凡士林和转动活塞

（*a*）涂凡士林；（*b*）转动活塞

2）试漏。检查活塞处是否漏水。其方法是将活塞关闭，用自来水充满至一定刻度，擦干滴定管外壁，将其直立夹在滴定管架上静置约 10min，观察液面是否下降，滴定管下管口是否有液珠，活塞两端缝隙间是否渗水（用干的滤纸在活塞套两端贴紧活塞擦拭，若滤纸潮湿，说明渗水）。若不漏水，将活塞旋转 180°，静置 2min，按前述方法查看是否漏水。若不漏水且活塞旋转灵活，则涂凡士林成功。否则重新操作。若凡士林堵塞出口尖端，可将它插入热水中温热片刻，然后打开活塞，使管内的水突然流下（最好借助洗耳球挤压），将软化的凡士林冲出，并重新涂油、试漏。

3）洗涤。滴定管的外侧可用洗洁精或肥皂水刷洗，管内无明显油污的滴定管可直接用自来水冲洗，或用洗涤剂泡洗，但不可刷洗，以免划伤内壁，影响体积的准确测量。若有油污不易清洗，可根据沾污的程度，采用不同的洗液（如铬酸洗液、草酸加硫酸溶液等）洗涤。洗涤时，将酸式滴定管内的水尽量除去，关闭活塞，倒入10～15mL洗液，两手横持滴定管，边转动边将管口倾斜，直至洗液布满全管内壁，立起后打开活塞，将洗液放回原瓶中。若滴定管油污较多，可用温热洗液加满滴定管浸泡一段时间。将洗液从滴定管彻底放净后，用自来水冲洗（注意最初的刷洗液应倒入废酸缸中，以免腐蚀下水管道），再用蒸馏水淋洗3次，洗净的滴定管其内壁应完全被水润湿而不挂水珠，否则需重新洗涤。洗净的滴定管倒夹（防止落入灰尘）在滴定台上备用。

长期不用的滴定管应将活塞和活塞套擦拭干净，并夹上薄纸后再保存，以防活塞和活塞套之间粘住而打不开。

（2）碱式滴定管的准备

1）检查。使用前应检查乳胶管和玻璃珠是否完好。若胶管已老化，玻璃珠过大（不易操作）或过小和不圆滑（漏水），应予更换。

2）试漏。装入自来水至一定刻度线，擦干滴定管外壁，处理掉管尖处的液滴。将滴定管直立夹在滴定架上静置5 min，观察液面是否下降，滴定管下管口是否有液珠。若漏水，则应调换胶管中的玻璃珠，选择一个大小使用合适且比较圆滑的配上再试。

3）洗涤。碱式滴定管的洗涤方法与酸式滴定管相同，但要注意用铬酸洗液洗涤时，不能直接接触橡胶管，可将胶管连同尖嘴部分一起拔下，套上旧滴瓶胶帽，然后装入洗液洗涤。

（3）装溶液、赶气泡

装入操作溶液前，应将试剂瓶中的溶液摇匀，并将操作溶液直接倒入滴定管中，不得借助其他容器（如烧杯、漏斗等）转移。关闭滴定管活塞，用左手前三指持滴定管上部无刻度处（不要整个手握住滴定管），并可稍微倾斜；右手拿住细口试剂瓶向滴定管中倒入溶液，让溶液慢慢沿滴定管内壁流下，如图4-5所示。先用摇匀的操作溶液（每次约10mL）将滴定管刷洗三次。应注意，刷洗时，两手横持滴定管，边转动边将管口倾斜，一定要使操作溶液洗遍滴定管全部内壁，并使溶液接触管壁1～2min，以便刷洗掉原来残留液，然后立起打开活塞，将废液放入废液缸中。对于碱式滴定管，仍应注意玻璃珠下方的洗涤。最后，将操作溶液倒入滴定管，直至0刻度以上，打开活塞（或用手指捏玻璃珠周围的乳胶管），使溶液充满滴定管的出口管，并检查出口管中是否有气泡。若有气泡，必须排除。酸式滴定管排除气泡的方法是，右手拿滴定管上部无刻度处，并使滴定管稍微倾斜，左手迅速打开活塞使溶液冲出（放入烧杯）。若气泡未能排出，可用手握住滴定管，用力上下抖动滴定管。如仍不能排出气泡，可能是出口没洗干净，必须重洗。碱式滴定管赶气泡的方法为左手拇指和食指拿住玻璃珠所在部位并使乳胶管向上弯曲，出口管倾斜向上，然后轻轻捏玻璃珠部位的乳胶管，使溶液从管口喷出（下面用烧杯承接溶液），再一边捏乳胶管一边把乳胶管放直，注意应在乳胶管放直后，再松开拇指和食指，否则出口管仍会有气泡，如图4-6所示。

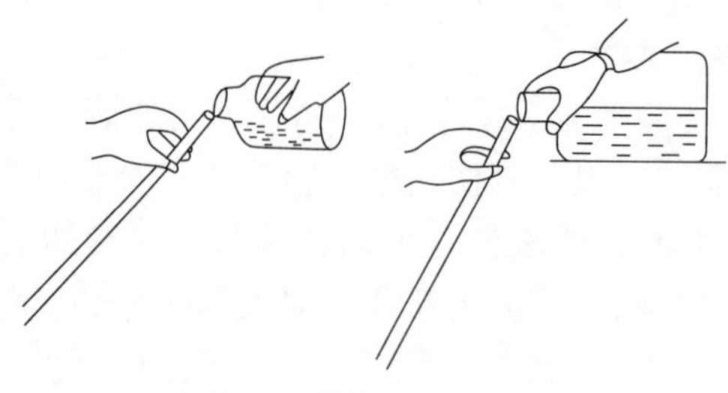

图 4-5 装溶液

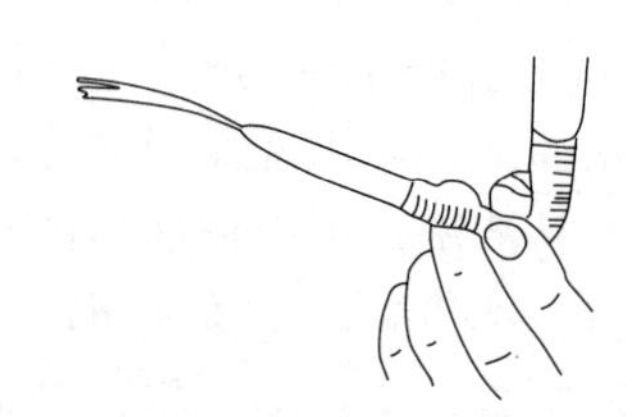

图 4-6 碱式滴定管赶气泡

（4）滴定管的读数

1）装入或放出溶液后，必须等 1～2min，使附着在滴定管内壁上的溶液流下来，再进行读数。如果放出溶液的速度较慢（例如，滴定到最后阶段，每次只加半滴溶液时），等 0.5～1 min 方可读数。每次读数前要检查一下管内壁是否挂有液珠，出口管内是否有气泡，管尖是否有液滴。

2）读数时用手拿住滴定管上部无刻度处，使滴定管保持自由下垂。对于无色或浅色溶液，读数时，视线与弯月面下缘最低点相切，读取弯月面下缘的最低点读数；溶液颜色太深时，视线与液面两侧的最高点相切，读取液面两侧的最高点读数。若为白底蓝线衬背滴定管，应当取蓝线上下两尖端相对点的位置读数。无论哪种读数方法，都应注意读数与最终读数采用同一标准。

3）读取初读数前，应将滴定管尖悬挂着的液滴除去。滴定至终点时应立即关闭活塞，并注意不要使滴定管中溶液有稍微流出，否则终读数便包括流出的半滴溶液。因此，在读取终读数前，应注意检查出口管尖端是否悬有溶液。如图 4-7 所示。

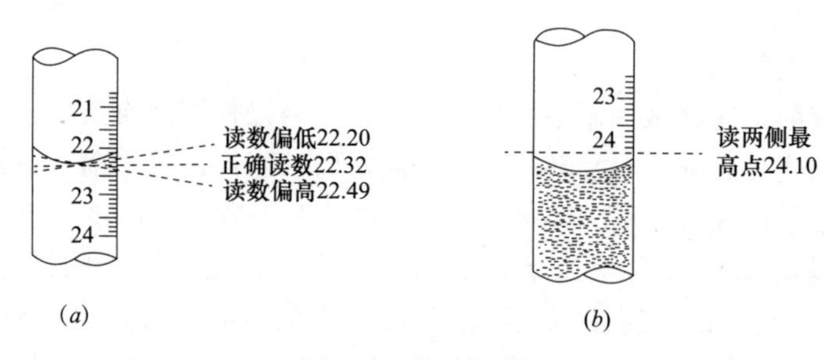

图 4-7 滴定管读数

（a）普通滴定管读取数据示意；（b）有色溶液读取数据示意

（5）滴定操作

进行滴定时，应将滴定管垂直地夹在滴定管架上。滴定姿势一般应采取站姿，要求操作者身体要站立。有时为操作方便也可坐着滴定。

滴定反应可在锥形瓶或烧杯中进行。使用酸式滴定管并在锥形瓶中进行滴定时，用右手拿住锥形瓶上部，使瓶底离滴定台 2～3cm，滴定管下端伸入瓶口内约 1 cm。用左手控制活塞，拇指在前、中指和食指在后，轻轻捏住活塞柄，无名指和小指向手心弯曲，手心内凹，不要让手心顶着活塞，以防顶出活塞，造成漏液。转动活塞时应稍向手心用力，不要向外用力，以免造成漏液。但也不要往里用力太大，以免造成活塞转动不灵活。边滴加溶液，边用右手摇动锥形瓶，使溶液沿一个方向旋转，要边摇边滴，使滴下去的溶液尽快混匀。

在烧杯中进行滴定时，把烧杯放在滴定台上，滴定管的高度应以其下端伸入烧杯内约1cm为宜。滴定管的下端应在烧杯中心的左后方处，如放在中央，会影响搅拌；如离杯壁过近，滴下的溶液不宜搅拌均匀。左手控制滴定管滴加溶液，右手持玻璃棒搅拌溶液。玻璃棒应作圆周搅动，不要碰到烧杯壁和底部。使用碱式滴定管时，左手无名指及小手指夹住出口管，拇指与食指在玻璃珠所在部位往一旁（左右均可）捏乳胶管，使溶液从玻璃珠旁空隙处流出。注意：不要用力捏玻璃珠，也不能使玻璃珠上下移动；不要捏到玻璃珠下部的乳胶管，以免在管口处带入空气。右手和用酸式滴定管时的操作相同。无论使用哪种滴定管，都要用左手操作，右手用来摇动锥形瓶，如图4-8所示。

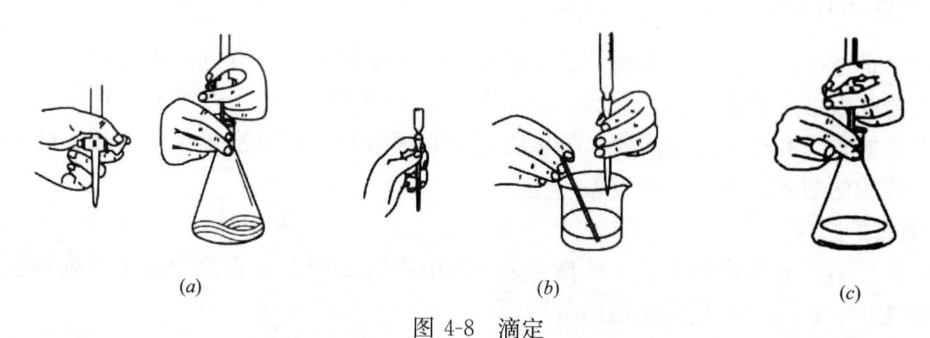

图4-8　滴定

（a）酸式滴定管滴定；（b）碱式滴定管滴定；（c）碘量瓶滴定

进行滴定操作时应注意：

1）每次滴定前都应将液面调至零刻度或接近零刻度处，这样可使每次滴定前后的读数基本上都在滴定管的同一部位，从而消除由于滴定管刻度不准确而引起的误差；还可以保证滴定过程中操作溶液足够量，避免由于操作溶液量不够，需重新装一次操作溶液再滴定而引起的读数误差。

2）滴定时，左手不能离开旋塞，任溶液自流。

3）摇锥形瓶时，应微动腕关节，使锥形瓶做圆周运动，瓶中的溶液则向同一方向旋转，左、右旋转均可，但不可前后晃动，以免溶液溅出。

4）滴定时，应认真观察锥形瓶中的溶液颜色的变化。不要去看滴定管上的刻度变化，而不顾滴定反应的进行。

5）要正确控制滴定速度。开始滴定时，速度可稍快些，但溶液不能成流水状地从滴定管放出。应呈“见滴成线”状，这时为3～4滴/s。接近终点时，应一滴一滴地加入。快到终点时，应半滴半滴地加入，直到溶液出现颜色变化为止。

6）半滴溶液的控制与加入。用酸式滴定管时，可慢慢转动旋塞，旋塞稍打开一点，让溶液慢慢流出悬挂在出口管尖上，形成半滴，立即关闭活塞。用碱式滴定管时，拇指和食指捏住玻璃珠所在部位，稍用力向右挤压乳胶管，使溶液慢慢流出，形成半滴，立即松开拇指与食指，溶液即悬挂在出口管尖上。然后将滴定管嘴尽量伸入瓶中较低处，用瓶壁将半滴溶液靠下，再从洗瓶中吹出蒸馏水将瓶壁上的溶液冲下去。注意只能用很少量蒸馏水冲洗1～2次，否则使溶液过分稀释，导致终点颜色变化不敏锐。在烧杯中进行滴定时，可用玻璃棒下端轻轻沾下滴定管尖的半滴溶液，再浸入烧杯中搅匀。但应注意，玻璃棒只能接触溶液不能接触管尖。用碱式滴定管滴定时，一定先松开拇指和食指，再将半滴溶液靠下，否则尖嘴玻璃管内会产生气泡。

7）读数必须读到小数点后第二位，而且要求准确到0.01mL。

8）滴定结束后滴定管的处理

滴定结束后，滴定管内剩余的溶液应弃去，不可倒回原瓶，以防沾污操作溶液。随即依次用自来水和蒸馏水将滴定管洗净，然后装满蒸馏水，夹在滴定管架上，上口用一器皿罩上，下口套一段洁净的乳胶管或橡皮管，或倒夹在滴定管架上备用。长期不用，应倒尽水，酸式滴定管的活塞和塞套之间应垫上一张小纸片，再用橡皮圈套上，然后收到仪器柜中。

4.3.2 吸管的使用

吸管也是量出式仪器，一般用于准确量取一定体积的液体。有分度吸管和无分度吸管两类。无分度吸管通称移液管，它的中腰膨大，上下两端细长，上端刻有环形标线，膨大部分标有它的容积和标定时的温度；分度吸管又叫吸量管，可以准确量取所需要的刻度范围内某一体积的溶液，但其准确度差一些。

1. 吸管的选择

根据所移溶液的体积和要求，选择合适规格的吸管使用。在滴定分析中准确移取溶液一般用移液管，移取一般试液时使用吸量管。

2. 吸管的使用

在用洗净的吸管移取溶液前，为避免吸管尖端上残留的水滴进入所要移取的溶液中，使溶液的浓度改变，应先用滤纸将吸管尖端内外的水吸尽。然后用待取溶液润洗三次，以保证转移的溶液浓度不变。其方法如下：

吸取溶液时用左手拿洗耳球，将食指或拇指放在洗耳球的上方，其余手指自然握住洗耳球，用右手的拇指和中指拿住吸管标线以上的部分，无名指和小手指辅助拿住吸管，将吸管管尖插入溶液，将洗耳球中的空气排出后，用其尖端紧按在吸管口上，慢慢松开捏紧的洗耳球，溶液借吸力慢慢上升（图4-9）。等溶液吸至吸管的四分之一处（这时切勿使溶液流口原瓶中，以免稀释溶液）时，立即用右手食指按住管口，离开溶液，将吸管横过来。用两手的拇指和食指分别拿住吸管的两端，转动吸管并使溶液布满全管内壁，当溶液流至距上口2～3cm时，将吸管直立，使溶液由流液口（尖嘴）放出，弃去。用同样的方法将吸管润洗3次后，即可移取溶液。

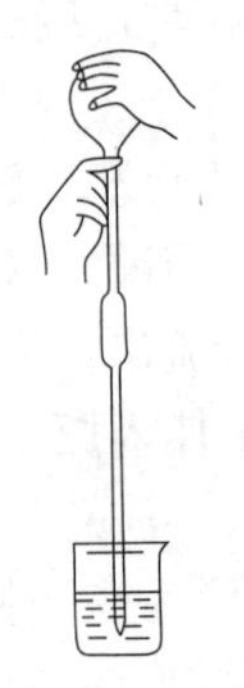

图4-9 吸取溶液

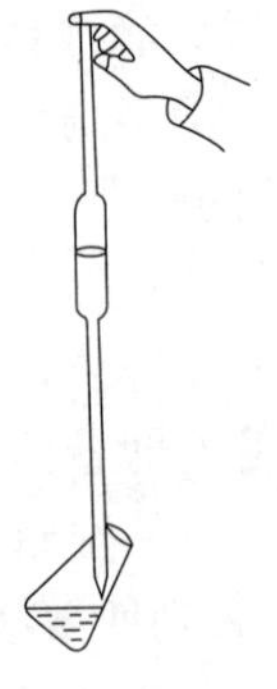

图4-10 从移液管中放出溶液

将吸管插入待吸溶液液面下1～2 cm深度。如插得太浅，液面下降后会造成吸空；如插得太深，吸管外壁沾带溶液过多。吸液过程中，应注意液面与管尖的位置，管尖应随液面下降而下降。当液面吸至标线以上1～2 cm时，迅速移开洗耳球，同时立即用右手食指堵住管口。左手放下洗耳球，拿起滤纸擦干吸管下端黏附的少量溶液，并另取一干燥洁净的小烧杯，将吸管管尖紧靠小烧杯内壁，小烧杯保持倾斜，使吸管垂直，视线与刻度线保持水平，然后微微松动右手食指，使液面缓慢下降，直到溶液弯月面的最低点与标线相切，立即按紧食指（图4-10）。左手放下小烧杯，拿起接收溶液的容器，将其倾斜约45°，将吸管垂直，管尖紧贴接收容器的内壁，松开食指，使溶液自然顺壁流下。待溶液下降到管尖后，应等15s左右，然后移开吸管放在吸管架上。不可乱放，以免沾污。注意吸管放出溶液后，其管尖仍残留一滴溶液，对此，除特别注明“吹”字的吸管外，此残留液切不可吹入接收容器中，因为在吸管生产检定时，并未把这部分体积计算进去。实验完毕后要清洗吸管，放置在吸管架上。

4.3.3　容量瓶的使用

容量瓶是细颈梨形有精确体积刻度线的具塞玻璃容器，由无色或棕色玻璃制成，容量瓶均为量入式。在滴定分析中用于配制准确浓度的溶液或定量地稀释溶液。

1. 容量瓶的选择

根据配制溶液的体积选择合适规格的容量瓶，对见光易分解的物质应选择棕色容量瓶，一般性物质则选择无色容量瓶。

2. 容量瓶的使用

（1）试漏

检查容量瓶的瓶塞是否漏水。其方法是：加自来水至标线附近，盖好瓶塞，用左手食指按住瓶塞，其余手指拿住瓶颈标线以上部分（图4-11），用右手指尖托住瓶底边缘，将瓶倒立2min，看其是否漏水，可用滤纸片检查。将瓶直立，瓶塞转动180°，再倒立2min检查，若不漏水，则可使用。容量瓶的瓶塞不应取下随意乱放，以免沾污、搞错或打碎。可用橡皮筋或细绳将瓶塞系在瓶颈上。如为平顶的塑料塞子，也可将塞子倒置在桌面上放置。

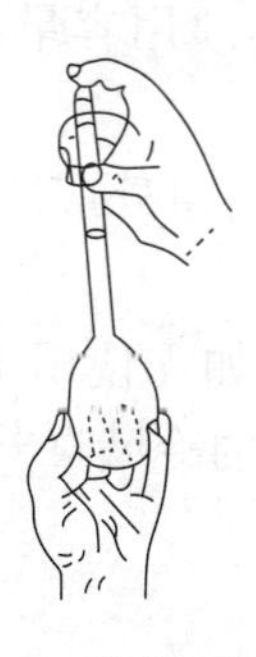

图4-11　拿容量瓶手法

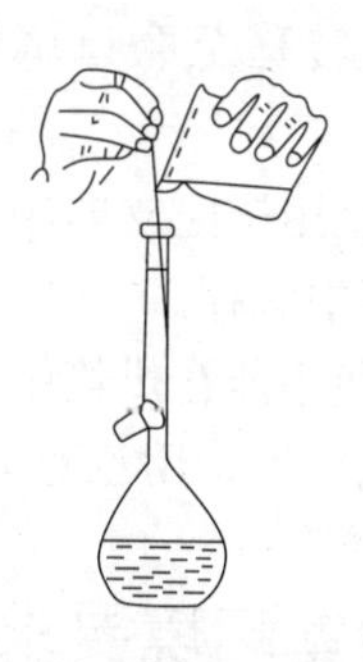

图4-12　溶液转入容量瓶中

（2）洗涤

容量瓶使用前首先用自来水洗涤，然后用铬酸洗液或其他专用洗液洗涤，然后用自来水充分洗涤，最后用蒸馏水淋洗3次。

（3）用固体物质配制溶液

准确称取基准试剂或被测样品，置于小烧杯中，用少量蒸馏水（或其他溶剂）将固体溶解。如需加热溶解，则加热后应冷却至室温。然后将溶液定量转移到容量瓶中。定量转移溶液时，右手持玻璃棒，将玻璃棒伸入容量瓶口中，玻璃棒的下端就靠在瓶颈内壁上（注意：玻璃棒不能和瓶口接触）。左手拿烧杯，使烧杯嘴紧贴玻璃棒，让溶液沿玻璃棒和内壁流入容量瓶中（图4-12）。

烧杯中溶液倾完后，将烧杯慢慢扶正同时使杯嘴沿玻璃棒上提1～2 cm，然后再离开玻璃棒，避免杯嘴与玻璃棒之间的一滴溶液流到烧杯外面，并把玻璃棒放回烧杯中，但不要靠杯嘴，然后用洗瓶吹洗玻璃棒和烧杯内壁，再将溶液按上述方法转移到容量瓶中。如此吹洗、转移操作应重复数次，以保证转移完全。然后再加少量蒸馏水至容量瓶2/3容量处，将容量瓶沿水平方向轻轻转动几周，使溶液初步混均匀。再继续加水至标线以下约1cm处，等待1～2min，使附在瓶颈内壁的水流下后，再用小滴管滴加蒸馏水至弯月面的最低点与标线相切，视线应在同一水平线上。无论溶液有无颜色，加水位置都应使弯月面的最低点与标线相切。随即盖紧瓶塞，左手食指按住瓶塞，其余手指拿住瓶颈标线以上部分，右手指尖托住瓶底边缘将容量瓶倒转，使气泡上升到顶部，水平振荡混匀溶液。这样重复操作15～20次，使瓶内溶液充分混匀。

右手托瓶时，应尽量减少与瓶身的接触面积，以避免体温对溶液温度的影响。100mL以下的容量瓶，可不用右手托瓶，只用一只手抓住瓶颈，同时用手心顶住瓶塞倒转摇动即可。

（4）稀释溶液

如用容量瓶将已知准确浓度的浓溶液稀释成一定浓度的稀溶液，则用移液管移取一定体积的浓溶液于容量瓶中，加蒸馏水至标线，按前述方法混匀溶液。

（5）使用注意事项

1）热溶液必须冷至室温后，才能稀释到标线，否则会造成体积误差。

2）容量瓶不宜长期保存试剂溶液，不可将容量瓶当作试剂瓶使用。如配好的溶液需长期保应将其转移至磨口试剂瓶中，磨口瓶洗涤干净后还必须用容量瓶中的溶液淋洗3次。

3）容量瓶用毕应立即用自来水冲洗干净。如长期不用，磨口处应洗净擦干，垫上小纸放入仪器柜中保存。

4）容量瓶不能在烘箱中烘烤，也不能用任何方法加热。如需使用干燥的容量瓶时。可将容量瓶洗净后，用乙醇等有机溶剂荡洗后晾干或用电吹风的冷风吹干。

4.4 实验室环境要求

实验室空气中如含有固体、液体的气溶胶和污染气体，对痕量分析和超痕量分析会导致较大误差。例如，在一般通风柜中蒸发200g溶剂，可得6mg残留物，若在清洁空气中蒸发可降至 0.08mg。因此，痕量和超痕量分析及某些高灵敏度的仪器应在超净实验室中进行或使用。超净实验室中空气清洁度常采用 100 号。这种清洁度是根据悬浮固体颗粒的大小和数量多少分类的（表 4-8）。

实验室室内空气清洁度分类　　**表 4-8**

清洁度分类/号	工作面上最大污染颗粒数/（粒/m^2）	颗粒直径/μm
100	100	≥0.5
	0	≥5.0
10000	10000	≥0.5
	65	≥5.0
100000	100000	≥0.5
	700	≥5.0

要达到清洁度为 100 号标准，空气进口必须用高效过滤器过滤。高效过滤器效率为 85%～95%。对直径为 0.5～5.0μm 颗粒的过滤效率为 85%，对直径大于 5.0μm 颗粒的过滤效率为 95%。超净实验室一般较小，约 12 m^2，并有缓冲室，四壁涂环氧树脂油漆，桌面用聚四氟乙烯或聚乙烯膜，地板用整块塑料地板，门窗密闭，采用空调，室内略带正压，通风柜用层流。

没有超净实验室条件的，可采用相应措施，例如，样品的预处理、蒸干、消化等操作最好在专门的毒气柜内进行，并与一般实验室、仪器室分开；几种分析同时进行时应注意防止相互交叉污染；实验的环境清洁也可采用一些简易装置来达到目的。

4.5　实验室管理制度

4.5.1　实验室安全制度

（1）实验室内需设置通风橱、防尘罩、排气管道及消防灭火器材等各种必备的安全设施，并应定期检查，保证随时可供使用。

（2）使用电、气、水、火时，应按有关使用规则进行操作，保证安全。

（3）实验室内各种仪器、器皿应有规定的放置处所，不得任意堆放，以免错拿错用，造成事故。

（4）进入实验室应严格遵守实验室规章制度，尤其是使用易燃、易爆和剧毒试剂时，必须遵照有关规定进行操作。

（5）实验室内不得吸烟、会客、喧哗、吃零食或私用电器等。

（6）下班时要有专人负责检查实验室的门、窗、水、电、煤气等，切实关好，不得疏忽大意。

（7）实验室的消防器材应定期检查，妥善保管，不得随意挪用。

（8）一旦实验室发生意外事故时，应迅速切断电源、火源，立即采取有效措施，随时处理，并上报有关领导。

4.5.2 药品使用管理制度

（1）实验用化学试剂应有专人负责发管。

（2）易燃、易爆和危险物品要随用随领，阴凉通风的地方，并有相应安全保障措施。分类存放，定期检查使用和管理情况。不得在实验室内大量积存，少量存放应在阴凉通风的地方，并有相应安全保障措施。

（3）剧毒试剂应有专人负责管理，加双锁存放。批准使用后，应两人共同称量，登记用量。

（4）取用不同化学试剂的器皿（如药匙、量杯等）必须分开，每种试剂用一件器皿，至少洗净后再用，不得混用。

（5）使用氰化物时，切实注意安全，不在酸性条件下使用，并严防溅洒沾污。

（6）氰化物等剧毒试液的废液必须经适当处理后再倒入下水道，并用大量流水冲稀。

（7）使用有机溶剂和挥发性强的试剂的操作应在通风良好的地方或在通风橱内进行。

（8）任何情况下，都不允许用明火直接加热有机溶剂。

（9）稀释浓酸试剂时，应按规定要求操作和贮存。

4.5.3 仪器使用管理制度

（1）各种精密贵重仪器以及贵重器皿（如铂器皿和玛瑙研钵等）要有专人管理，分别登记入册、建卡立档。

（2）仪器档案应包括仪器说明书、验收和调试记录、仪器的各种初始参数，定期保养维修、检定、校准以及使用情况的登记记录等。

（3）精密仪器的安装、调试、使用和保养维修均应严格遵照仪器说明书的要求，上机人员应该考核，考核合格后方可上机操作。

（4）仪器使用前应先检查仪器是否正常，仪器发生故障时，应立即查清原因，排除故障后方可继续使用，严禁仪器带病运转。

（5）仪器用完之后，应将各部件恢复到所要求的位置，及时做好清理工作，盖好防尘罩。

（6）仪器的附属设备应妥善安放，并经常进行安全检查。

4.5.4 样品管理制度

1. 按规程进行样品的采集、运输和保存

由于样品的特殊性，要求样品的采集、运送和保存等各环节都必须严格遵守有关规定，以保证其真实性和代表性。

2. 检测人员与采样人员共同制订采样计划

客户技术负责人应和采样人员、测试人员共同议定详细的工作计划，周密地安排采样和实验室测试间的衔接、协调，以保证自采样开始至结果报出的全过程中，样品都具有合格的（客户要求）代表性。

3. 特殊样品采集

采集特殊样品所需容器、试剂和仪器应由实验室测试人员准备好，提供给采样人员。

需在现场进行处理的样品，应注明处理方法和注意事项。对采样有特殊要求时，应对采样人员进行培训。

4. 样品容器

样品容器的材质要符合水质检验分析的要求，容器应密塞、不渗不漏。样品容器的特殊处理，应由实验室测试人员负责进行。

5. 样品登记、验收和保存应遵守的规定

（1）样品采集后应及时贴好样品标签、填写好采样记录，将样品连同样品登记表、送样单在规定的时间内送交指定的实验室；填写样品标签和采样记录需使用防水墨汁，严寒季节圆珠笔不宜使用时，可用铅笔填写。

（2）如需对样品进行分装，则要求分样的容器应和样品容器材质相同，并填写同样的样品标签，注明“分样”字样，“空白”和“副样”都要分别注明。

（3）实验室应有专人负责样品的登记、验收，其内容包括样品名称和编号，样品采集点的详细地址和现场特征，样品的采集方式（是定时样、不定时样还是混合样），监测分析项目，样品保存所用的保存剂的名称、浓度和用量，样品的包装、保管状况，采样日期和时间，采样人、送样人及登记验收人签名等。

（4）样品验收过程中，如发现编号错乱、标签缺损、字迹不清、监测项目不明、规格不符、数量不足以及采样不合要求者，可拒收并建议补采样品。如无法补采或重采，应经有关领导批准方可收样，完成测试后，应在报告中注明。

（5）样品应按规定方法妥善保存，并在规定时间内安排测试，不得无故拖延。

（6）采样记录、样品登记表、送样单和现场测试的原始记录应完整、齐全、清晰，并与实验室测试记录汇总保存。

思 考 题

1. 玻璃仪器是如何分类的？
2. 实验室的洗液有哪几种？如何进行铬酸洗液的配制和使用？
3. 请分别说出滴定管、锥形瓶、容量瓶及移液管的洗涤和干燥方法。
4. 天平的称量原理是什么？
5. 天平分哪几类？它们各自的特点是什么？
6. 分析天平在使用前应进行哪些检查？
7. 如果正确使用实验室中的电热设备？

第5章　滴定分析

【学习要点及目标】

◆熟悉滴定分析法中的名词术语。

◆掌握滴定分析法中的必须具备的条件。

◆熟悉滴定曲线研究的四个阶段。

◆了解常用的四种滴定方式及计算方法。

【核心概念】

标准溶液、滴定、化学计量点、指示剂、滴定终点、终点误差、滴定曲线、直接滴定。

5.1　滴定分析法的要求和分类

滴定分析是常规化验中应用最广泛的一类化学分析方法的总称，可以测定很多有机物和无机物，所用仪器设备简单，操作方便，速度快，并具有足够的准确度。

滴定分析就是将一种已知准确浓度的标准溶液滴加到被测物质的溶液中，直到滴定剂与被测物质按化学计量关系定量反应完全为止。然后根据滴定剂的浓度和滴定操作所耗用的体积，按照化学反应的计量关系，计算出待测组分的含量。因为是以测量标准溶液体积为基础的，所以也叫容量分析。

5.1.1　滴定分析中的名词术语

(1) 标准溶液：已知准确浓度的溶液。

(2) 滴定：将标准溶液通过滴定管滴加到被测物质溶液中的操作。

(3) 化学计量点：在滴定过程中，滴定剂与被测组分按照滴定反应方程式所示计量关系定量地完全反应时称为化学计量点。

(4) 指示剂：指示化学计量点到达而能改变颜色的一种辅助试剂。

(5) 滴定终点：因指示剂颜色发生明显改变而停止滴定的点。

(6) 终点误差：滴定终点与化学计量点不完全吻合而引起的误差，也称滴定误差。

5.1.2　理论终点和滴定终点

滴定分析是以化学反应为基础的分析方法。在滴定中，当滴加的标准溶液与被滴定的组分按照化学反应式的计量关系定量的反应完全时，称化学反应达到了理论终点。为了准确地找到理论终点，最简便的方法是利用指示剂。理想的指示剂应当能恰好在理论终点到达时，发生颜色的突然变化，以便及时停止滴定。但在实际上，指示剂并不一定都能恰好在理论终点时变色，而是可能稍稍提前或滞后一点变色。因此，把指示剂的变色点叫做滴定终点。

滴定分析成功的关键，就是要准确地找到理论终点，并能在此时立即停止滴定。换句话说，就是要努力使滴定终点与理论终点相符合。否则，就会产生滴定误差。

因此，进行滴定分析时，首先要正确选择方法，即所选用的化学反应本身能够反应完全，并且不发生副反应；其次，要选择合适的指示剂，它应能在理论终点附近突然变色；最后，还要能够正确熟练地进行滴定操作，能够准确判断颜色变化，并能及时停止滴定。

5.1.3 滴定分析法的要求和分类

滴定分析法是以化学反应为基础的分析方法，但是并非所有的化学反应都能作为滴定分析方法的基础，直接用作滴定分析的化学反应必须符合下列要求：

(1) 应要有确切的定量关系，即按一定的反应方程式进行，并且反应进行得完全(≥99%)。

(2) 反应迅速完成，滴定反应要能瞬时定量完成。如反应速度不够快，就很难确定理论终点，甚至完全不能确定。对于速度慢的反应，可以采取适当措施提高其反应速度，如加热、加催化剂等，但必须简便易行。

(3) 主反应不受共存物质的干扰，标准溶液只与被滴组分发生反应，即滴定反应应当是专属的，或者可以通过控制滴定条件、利用掩蔽剂等手段消除共存离子的干扰。

(4) 有确定化学计量点的方法。滴定反应必须有适宜的指示剂或其他简便可靠的方法确定终点。

综上所述可知进行滴定分析，必须具备以下3个条件：

1) 有准确称量物质质量的分析天平和测量溶液体积的器皿；

2) 要有能进行滴定的标准溶液；

3) 要有准确确定化学计量点的指示剂。

根据滴定分析时所利用的反应的不同，滴定分析法一般分为四类：酸碱滴定法、配位滴定法、氧化还原滴定法、沉淀滴定法。

5.2 滴定曲线

滴定过程中，随着标准溶液的不断滴入，被滴定组分的浓度不断变化，这种变化可用滴定曲线表示，滴定曲线上横轴表示标准溶液的加入量，纵轴表示被滴定组分的变化。

滴定反应可以是各种类型的化学反应。在不同类型的滴定反应中，被滴定组分的浓度变化可用不同方式表示。例如在酸碱滴定中是 H^+ 浓度在变化，用 pH 值表示；在络合滴定中是金属离子浓度在变化，常用 pH 表示；在沉淀滴定中是沉淀剂离子的浓度；在氧化还原滴定中，由于被滴定组分浓度变化而引起体系中氧化还原电位的变化，因而用电位 E 表示。

滴定曲线可以通过实验绘制，也可以通过理论计算求得。开始滴定时，曲线变化缓慢，而在理论终点前后约0.1%处，加入少量的滴定剂，就可引起曲线的很大变化。这一明显的突变，叫做滴定突跃。滴定突跃的区间，总称突跃范围。

研究滴定曲线时，可将其分为4段：①滴定前；②理论终点前；③理论终点时；④理论终点后。

5.3 滴定方式

5.3.1 直接滴定法

凡是能满足滴定反应要求的化学反应，都可直接用来进行滴定分析，即用标准溶液直接滴定待测物质。

如果化学反应不能满足要求，则无法直接滴定，此时可采用返滴定法、置换滴定法或间接滴定法。

5.3.2 返滴定法

当反应较慢或反应物为固体时，滴入标准溶液后反应难于立即进行完全。此时，可先加入一定量过量的标准溶液，待反应完成后，再用另一种标准溶液滴定剩余的标准溶液。这种滴定方法称为返滴定法。

5.3.3 置换滴定法

有些物质由于与标准溶液的反应不是按确定的化学反应方程式进行，或是伴有副反应，此时需要通过其他化学反应进行滴定。即加入适当试剂与待测物质反应，使其定量地置换成另一种可直接滴定的物质，再用标准溶液滴定此生成物。

5.3.4 间接滴定法

不能与标准溶液直接起反应的物质，有时可以通过另外的化学反应间接进行滴定。

5.4 滴定分析中的计算

在直接滴定法中，设被测物的物质的量 n_A 与滴定剂的物质的量 n_B 之间关系为：

$$aA+bB \rightleftharpoons cC+dD$$

当滴定达到化学计量点时，a molA 恰好与 b molB 作用完全。

即：

$$n_A : n_B = a : b$$

$$n_A=\frac{a}{b}n_B;\ n_B=\frac{a}{b}n_A \tag{5-1}$$

例如：$C_2O_4^{2-}$ 与 MnO_4^- pH 是按 5∶2 的摩尔比互相反应的：

$$5C_2O_4^{2-}+2MnO_4^-+16H^+ \rightleftharpoons 2Mn^{2+}+10CO_2+8H_2O \tag{5-2}$$

故

$$n(H_2C_2O_4)=\frac{5}{2}n(KMnO_4)$$

若被测物为溶液，其体积为 V_A，浓度为 C_A，当达到化学计量点时，消耗浓度为 C_B 的滴定剂的体积为 V_B 则：

$$C_AV_A=\frac{a}{b}C_B \cdot V_B \tag{5-3}$$

在实际应用中为方便计算，常采用当量单元的物质的量（n）来表示参加反应物质A与B的物质的量，在这种情况下：

$$n_A=\frac{a}{b}n_B \quad \text{可以简化为} \; n_A=n_B \tag{5-4}$$

$$\text{而} \quad C_AV_A=\frac{a}{b}C_BV_B \; \text{可以简化为} \; C_AV_A=C_BV_B \tag{5-5}$$

这样做使氧化还原滴定及间接滴定中的计算简化了许多。例如草酸和高锰酸钾均为当量单元的物质的量时，

可以写成 $n\left(\frac{1}{2}H_2C_2O_4\right)=n\left(\frac{1}{5}KMnO_4\right)$。

同理，若草酸或高锰酸钾标准溶液的浓度分别为 $C\left(\frac{1}{2}H_2C_2O_4\right)=0.1000mol/L$ 和 $C\left(\frac{1}{5}KMnO_4\right)=0.1000mol/L$ 时，那么它们之间等体积的溶液中，所含有溶质的量用当量单元的物质的量表示亦相等。

在这里介绍的仅是滴定分析法定量关系的计算，详细的计算将在各种分析方法中讨论。

思考题

1. 什么是滴定分析法？常见的滴定分析法有哪些？
2. 何谓标准溶液、滴定、化学计量点、指示剂、滴定终点、终点误差？
3. 简述理论终点和滴定终点的概念及它们的特点？

第 6 章　酸碱滴定法

【学习要点及目标】

◆本章节的特点是理论性强、概念众多，要求在学习过程中重点掌握质子理论。

◆熟练掌握酸碱溶液中氢离子浓度的计算。

◆针对缓冲溶液，理解其缓冲作用原理、组成、pH 值计算及配置方法。

◆了解常用的酸碱指示剂特性，能够针对不同的酸碱滴定合理选用指示剂。

◆熟悉各类酸碱滴定过程，能够绘制滴定曲线。

◆能够计算溶液的酸度及碱度。

【核心概念】

电离理论、质子理论、共轭酸碱对、分析浓度、平衡浓度、pH 值、物料平衡、电荷平衡、质子条件、缓冲溶液、酸碱指示剂、理论变色点、酸度、碱度。

6.1　酸碱平衡

酸碱滴定法是以质子传递反应为基础的滴定方法。

我们知道酸、碱是许多化学反应最重要的参与者。水处理实践中酸度、碱度、pH 值的测定又是水质的重要指标。一般能与酸、碱直接或间接发生质子传递反应的物质，都可用酸碱滴定方法进行测定。本书采用布朗斯特德—劳莱（Bronsted-Lowry）的酸碱质子理论处理有关平衡问题，这样便于将水溶液和非水溶液中的酸碱平衡统一起来。酸碱平衡是酸碱滴定的理论基础，而且学好酸碱滴定法又是掌握滴定分析方法有关原理的关键。因此，要求在学习中除了要学会应用水溶液中酸碱平衡的方法外，还要能正确选用酸碱溶液氢离子平衡浓度的计算公式，掌握酸碱滴定的基本原理，解决水分析中的一些实际问题。

6.1.1　酸碱质子理论

1. 酸碱定义

1887 年阿累尼乌斯和奥斯瓦尔德提出了电离理论，指出在水溶液中凡是能产生 H^+ 的物质叫做酸，凡是能产生 OH^- 的物质叫做碱，酸碱反应的实质是 H^+ 与 OH^- 结合成水的过程。电离理论已应用很长时间，它对水溶液中化学平衡理论的发展起了重要作用，但它也有一定局限性，例如氨水（$NH_3 \cdot H_2O$）中不含 OH^- 为什么显碱性？另外电离理论不适用于非水溶液。

1923 年布朗斯特德和劳莱提出了质子理论，指出凡是能给出质子的物质叫做酸，凡是能接受质子的物质叫做碱，酸碱反应的实质是质子的转移。按照质子理论就很容易解释氨水为什么显碱性。因为 NH_3 接受水提供的质子，它是碱，所以氨水显碱性，其反应为：

$$NH_3 + H_2O \rightleftharpoons NH_4^+ + OH^- \tag{6-1}$$

质子理论把酸碱与溶剂联系起来考虑，强调溶剂的作用，是一个重要贡献。目前分析化学领域中，普遍采用质子理论，因为它能对酸碱平衡进行严格的计算，而且它能适用于非水溶液。

2. 共轭酸碱对

酸（HA）失去质子后变成碱（A^-），而碱（A^-）接受质子后变成酸（HA），它们相互的依存关系叫做共轭关系。HA 是 A^- 的共轭酸，A^- 是 HA 的共轭碱，$HA-A^-$ 称为共轭酸碱对。

例如：$HAc-Ac^-$；$H_3PO_4-H_2PO_4^-$；$H_2PO_4^--HPO_4^{2-}$；$NH_4^+-NH_3$；$HPO_4^{2-}-PO_4^{3-}$；$Fe(H_2O)_6^{3+}-Fe(H_2O)_5(OH)^{2+}$；$H_2CO_3-HCO_3^-$；$HCO_3^-$ CO_3^{2-} 等，都是共轭酸碱对。

由上例可以看出共轭酸碱对具有以下特点：

(1) 共轭酸碱对中酸与碱之间只差一个质子。

(2) 酸或碱可以是中性分子、正离子或负离子。

(3) 同一物质，如 $H_2PO_4^-$，在一个共轭酸对中为酸，而在另一共轭酸碱对中却为碱。这类物质称为两性物质，酸式阴离子都是两性物质。水也是两性物质，其共轭酸碱对分别为 H_2O-OH^- 和 $H_3O^+-H_2O$。

(4) NaAc、Na_2CO_3、Na_3PO_4 等盐，按质子理论，它们都是碱。这类盐的水解反应，如 $NaAc+H_2O \rightleftharpoons HAc+NaOH$，按质子理论都是酸碱反应，已没有“盐”和“水解”的概念。

3. 水溶液中的酸碱反应

酸碱反应的前提是给出质子的物质和接受质子的物质同时存在，实际是两个共轭酸碱对共同作用的结果，或者说由两个酸碱半反应相结合而完成的。当酸给出质子时，必须要有接受质子的碱存在才能实现。例如，HAc 的离解反应：HAc 在水中能给出质子变成 Ac^-，是靠溶剂水接受质子变成 H_3O^+ 才实现的。反应式为：

例 6-1

$HAc \rightleftharpoons H^+ + Ac^-$…………酸碱半反应

$H_2O + H^+ \rightleftharpoons H_3O^+$…………酸碱半反应

$HAc + H_2O \rightleftharpoons H_3O^+ + Ac^-$

酸$_1$ 碱$_2$ 酸$_2$ 碱$_1$

共轭酸碱对

在上述反应中，H_2O 起碱的作用。

例 6-2

$NH_3 + H^+ \rightleftharpoons NH_4^+$…………酸碱半反应

$H_2O + H^+ \rightleftharpoons H_3O^+$…………酸碱半反应

$NH_3 + H_2O \rightleftharpoons OH^- + NH_4^+$

碱$_2$ 酸$_1$ 碱$_1$ 酸$_2$

共轭酸碱对

在上述反应中，H_2O 起酸的作用。

由此我们得出结论，酸碱反应的实质就是质子的转移过程。酸或碱的解离，必须有H_2O参加，H_2O即可起酸的作用，又可起碱的作用；还应指出，H_3O^+称为水合质子（或水合氢离子），可简写成H^+。一般为简便起见，表示酸碱反应的反应式，都可不写出与溶剂的作用过程。如：

$$HAc \rightleftharpoons H^+ + Ac^- \quad \text{（HAc 的解离）}$$

$$NH_4^+ \rightleftharpoons H^+ + NH_3 \quad \text{（}NH_4{}^+\text{的解离）}$$

$$HAc + NH_3 \rightleftharpoons NH_4^+ + Ac^- \quad \text{（HAc 与 }NH_3\text{ 的反应）}$$

这些反应代表一完整反应，一方面不能看成酸碱半反应，另一方面不能忽视溶剂（H_2O）的作用。本书除为特意说明某些问题外，均采用简化写法。

4. 水的质子自递反应及平衡常数

水是两性物质，水分子之间可以发生质子的自递反应：

$$\underset{\text{酸}_1}{H_2O} + \underset{\text{碱}_2}{H_2O} \rightleftharpoons \underset{\text{酸}_2}{H_3O^+} + \underset{\text{碱}_1}{OH^-}$$

共轭酸碱对

反应的平衡常数称为水的质子自递常数，也称水的离子积，以K_w表示。

$$K_w = [H^+][OH^-] = 1.00 \times 10^{-14} \ (25℃)$$

两边各取负对数　$-\lg K_w = -(\lg[H^+] + \lg[OH^-]) = 14.00$

即　$pK_w = pH + pOH = 14.00\ (25℃)$

$$\underset{\text{酸}_1}{C_2H_5OH} + \underset{\text{碱}_2}{C_2H_5OH} \rightleftharpoons \underset{\text{酸}_2}{C_2H_5OH_2{}^+} + \underset{\text{碱}_1}{C_2H_5O^-}$$

共轭酸碱对

C_2H_5OH分子之间发生了质子（H^+）的传递作用，称为C_2H_5OH的质子自递反应。

因此，得出结论：这种即可作为酸，也可作为碱的一类溶剂称为质子溶剂。质子溶剂自身分子之间也能相互发生一定的质子转移，这类同种溶剂分子之间质子（H^+）的转移作用称为溶剂的质子自递反应，其平衡常数称为溶剂的质子自递常数。质子的自递常数是质子溶剂的重要特征，自递反应常数的大小，标志质子溶剂能产生区分效应范围的宽窄。

6.1.2　酸碱的强度

1. 水溶液中酸碱的强度

酸的强度，取决于它将质子给予溶剂分子的能力，和溶剂分子接受质子的能力，可用酸的离解常数K_a表示，K_a越大，酸越强。见表 6-1。

表 6-1

酸	HAc	H_2S	NH_4^+
K_a	1.8×10^{-5}	1.3×10^{-7}	5.6×10^{-10}

3 种酸的强弱顺序为：$HAc > H_2S > NH_4^+$

碱的强度，取决于它从溶剂分子中夺取质子的能力，和溶剂分子给出质子的能力。可用碱的离解常数 K_b 表示，K_b 越大，碱越强。例如，上述 3 种酸的共轭碱见表 6-2。

表 6-2

碱	NH_3	HS^-	Ac^-
K_b	1.8×10^{-5}	7.7×10^{-8}	5.6×10^{-10}

3 种碱的强弱顺序为：$NH_3 > HS^- > Ac^-$

2. 共轭酸碱对 K_a 与 K_b 的关系

(1) 一元弱酸碱的 K_a 与 K_b 的关系

以 HAc 为例

$$HAc + H_2O \rightleftharpoons H_3O^+ + Ac^-, \quad K_a = \frac{[H^+][Ac^-]}{[HAc]} \tag{6-2}$$

其共轭碱Ac^-

$$Ac^- + H_2O \rightleftharpoons HAc + OH^-, \quad K_b = \frac{[HAc][OH^-]}{[Ac^-]} \tag{6-3}$$

$$K_aK_b = \frac{[H^+][Ac^-]}{[HAc]} \times \frac{[HAc][OH^-]}{[Ac^-]} = [H^+][OH^-] = K_w \tag{6-4}$$

例如：HAc 的 $K_a = 1.8\times10^{-5}$，则Ac^-的 $K_b = \frac{K_w}{K_a} = \frac{10^{-14}}{1.8\times10^{-5}} = 5.6\times10^{-10}$

由上可见：

1) 酸的 K_a 越大，酸性越强，其共轭碱的 K_b 必然越小，碱性越弱，反之亦然。

2) 只要知道酸的 K_a 值，即可求的其共轭碱的 K_b 值。只要知道碱的 K_b 值，即可求得其共轭酸的 K_a 值。

(2) 多元酸碱的 K_a 与 K_b 的关系

1) 二元酸

以 H_2CO_3 为例，它分两步离解：

第一步：$$H_2CO_3 + H_2O \rightleftharpoons H_3O^+ + HCO_3^-, \quad K_{a_1} = \frac{[H^+][HCO_3^-]}{[H_2CO_3]} \tag{6-5}$$

第二步：$$HCO_3^- + H_2O \rightleftharpoons H_3O^+ + CO_3^{2-}, \quad K_{a_2} = \frac{[H^+][CO_3^{2-}]}{[HCO_3^-]} \tag{6-6}$$

其共轭碱也分两步离解：

第一步：$$CO_3^{2-} + H_2O \rightleftharpoons HCO_3^- + OH^-, \quad K_{b_1} = \frac{[HCO_3^-][OH^-]}{[CO_3^{2-}]} \tag{6-7}$$

第二步：$$HCO_3^- + H_2O \rightleftharpoons H_2CO_3 + OH^-, \quad K_{b_2} = \frac{[H_2CO_3][OH^-]}{[HCO_3^-]} \tag{6-8}$$

$$K_{a_1}K_{b_2} = \frac{[H^+][HCO_3^-]}{[H_2CO_3]} \times \frac{[H_2CO_3][OH^-]}{[HCO_3^-]} = [H^+][OH^-] = K_w \tag{6-9}$$

$$K_{a_2}K_{b_1} = \frac{[H^+][CO_3^{2-}]}{[HCO_3^-]} \times \frac{[HCO_3^-][OH^-]}{[CO_3^{2-}]} = [H^+][OH^-] = K_w \tag{6-10}$$

所以，CO_3^{2-} 的 $K_{b_1}=\dfrac{K_w}{K_{a_2}}=1.79\times10^{-4}$；$K_{b_2}=\dfrac{K_w}{K_{a_1}}=2.38\times10^{-8}$

2）三元酸

以为 H_3PO_4 例，它分三步离解，简单示意如下：

$$H_3PO_4 \xrightarrow{K_{a_1}} H_2PO_4^- \xrightarrow{K_{a_2}} HPO_4^{2-} \xrightarrow{K_{a_3}} PO_4^{3-} \tag{6-11}$$

$$K_{a_1}=7.6\times10^{-3}；K_{a_2}=6.3\times10^{-8}；K_{a_3}=4.4\times10^{-13}$$

其共轭碱也分三步离解，简单示意如下：

$$PO_4^{3-} \xrightarrow{K_{b_1}} HPO_4^{2-} \xrightarrow{K_{b_2}} H_2PO_4^- \xrightarrow{K_{b_3}} H_3PO_4 \tag{6-12}$$

所以 $K_{b_1}=\dfrac{K_w}{K_{a_3}}=2.27\times10^{-2}$；$K_{b_2}=\dfrac{K_w}{K_{a_2}}=1.59\times10^{-7}$；$K_{b_3}=\dfrac{K_w}{K_{a_1}}=1.32\times10^{-12}$

6.1.3 溶液中氢离子浓度的计算

1. 分析浓度、平衡浓度和酸碱度

（1）分析浓度是指溶液中溶质的各种型体的总浓度，用符号 C 表示，单位为 mol/L。例如：$C_{HAc}=0.1000$mol/L 的 HAc 溶液。

（2）平衡浓度是指溶液达到平衡时，溶液中各种形态的物质的浓度，用符号［ ］表示。例如：HAc 溶液，达到平衡时，溶液中存在 HAc 和 Ac^- 两种形态，［HAc］和［Ac^-］即为各自的平衡浓度，HAc 的分析浓度就等于这两种平衡浓度之和，数学表达式为 $C_{HAc}=[HAc]+[Ac^-]$。

（3）酸碱度溶液的酸（碱）度与溶液中酸（碱）的浓度是两个不同的概念。酸度是指溶液中 H^+ 的平衡浓度，常用 pH 表示。碱度是指溶液中 OH^- 的平衡浓度，常用 pOH 表示。

例如，HAc 的分析浓度 $C_{HAc}=0.10$mol/L，测得 $[H^+]=1.3\times10^{-3}$ mol/L，故其酸度为 pH=2.89。

2. 物料平衡、电荷平衡和质子条件

（1）物料平衡

是指溶液处于平衡状态时，某组分的分析浓度等于该组分各种形态的平衡浓度之和。例如：浓度为 C 的 HAc 溶液，其物料平衡式为：

$$C_{HAc}=[HAc]+[Ac^-] \tag{6-13}$$

（2）电荷平衡

电荷平衡是指溶液处于平衡状态时，溶液中带正电荷离子的总浓度必等于带负电荷离子的总浓度，整个溶液呈电中性。

例 6-3 HAc 水溶液，内含 HAc、Ac^-、H_2O、H^+ 和 OH^- 离子。电荷平衡式为：$[H^+]=[Ac^-]+[OH^-]$

例 6-4 Na_2HPO_4 水溶液，内含 Na^+、HPO_4^{2-}、$H_2PO_4^-$、H_3PO_4、PO_4^{3-}、H_2O、H^+、OH^- 离子。电荷平衡式为：

$$[Na^+]+[H^+]=2[HPO_4^{2-}]+[H_2PO_4^-]+3[PO_4^{3-}]+[OH^-] \tag{6-14}$$

书写电荷平衡式应注意：

1）带正电荷离子浓度写在等号一侧，带负电荷离子浓度写在等号的另一侧；

2）平衡浓度前面的系数是离子带的电荷数；

3）不要忘记水提供的 H^+ 和 OH^- 离子；

4）中性分子不计在内。

（3）质子条件

酸碱反应达到平衡状态时酸失去质子数与碱得到质子数必然相等，称为质子平衡或质子条件。表达质子条件的数学式称为质子条件式，它是处理酸碱平衡有关计算的基本关系式，具体列出质子条件式的方法有下面两种：

1）由物料平衡式和电荷平衡式列出质子条件式。例如，浓度为 C 的 NaAc 溶液：

物料平衡式

$$\left.\begin{aligned}&[Na^+]=C\\&[HAc]+[Ac^-]=C\end{aligned}\right\}\quad(1)$$

电荷平衡式：$[H^+]+[Na^+]=[Ac^-]+[OH^-]$　　(2)

将（1）式代入（2）式，整理后即得质子条件式：

$$[H^+]+[HAc]=[OH^-]\quad(6\text{-}15)$$

2）质子参考水准法 该法分三步进行：

第一步，选择质子参考水准，也称“零水准”，作为零水准的物质必须是溶液中大量存在并参与质子转移的物质。水是零水准中必定存在的一个组分。

第二步，以零水准为基准，写出得失质子的产物。

第三步，按照得失质子数相等的原则列出等式，即将得质子产物的平衡浓度之和写在等式的一侧，将失质子产物的平衡浓度之和写在等式的另一侧，亦即为质子条件式。质子条件式中不会出现零水准物质。

为了简便和直观，可采用图示法，先画两条平行线，将零水准物质写在两线中间，得质子产物写在其上，失质子产物写在其下，然后按得失质子数相等的原则列出质子条件式。

例 6-5　列出浓度为 C 的 NaAc 溶液的质子条件式。

HAc	H_3O^+
Ac^-	H_2O
	OH^-

质子条件式：$[HAc]+[H_3O^+]=[OH^-]$　　(6-16)

例 6-6　列出浓度为 C 的 H_3PO_4 溶液的质子条件式。

	H_3O^+
H_3PO_4	H_2O
$H_2PO_4^-$，HPO_4^{2-}，PO_4^{3-}	OH^-

$$[H_3O^+]=[OH^-]+[H_2PO_4^-]+2[HPO_4^{2-}]+3[PO_4^{3-}]\quad(6\text{-}17)$$

列出质子条件式时应注意浓度前的系数，HPO_4^{2-} 是失去 2 个质子的产物，所以 $[HPO_4^{2-}]$ 乘以 2，PO_4^{3-} 是失去 3 个质子的产物，所以 $[PO_4^{3-}]$ 乘以 3。

3. 强酸（碱）溶液 pH 值的计算

强酸（碱）在水中全部离解，当浓度 $C \geqslant 10^{-6}$ mol/L 时，可忽略水的离解，H^+（OH^-）浓度就等于酸（碱）的浓度。

例 6-7 计算 0.10 mol/LHCl 溶液的 pH 值。

$$[H^+]=C_{HCl}=0.10\text{mol/L}, \ pH=1.00$$

例 6-8 计算 0.10 mol/L NaOH 溶液的 pH 值。

$$[OH^-]=C_{NaOH}=0.10\text{mol/L}, \ pH=13.00$$

4. 一元弱酸（碱）溶液 pH 值的计算

对于浓度为 C 的一元弱酸（HA），质子条件式：

	H^+
HA	H_2O
A^-	OH^-

$$[H^+]=[A^-]+[OH^-], \ [H^+]=\frac{K_a[HA]}{[H^+]}+\frac{K_w}{[H^+]}, \ [H^+]=\sqrt{K_a[HA]+K_w}$$

展开后为：$[H^+]^3+K_a[H^+]^2-(CK_a+K_w)[H^+]-K_aK_w=0$，解高次方程很麻烦，也没有必要那么精确，可以简化处理：

(1) 若 $K_aC \geqslant 20K_w$，则可忽略 K_w；

(2) 若 $\frac{C}{K_a} \geqslant 500$，则可用 C_{HA} 代替 $[HA]$。

则 $[H^+]=\sqrt{K_aC}$ 为最简式。

例如，计算 0.10mol/L HAc 溶液的 pH 值（已知 $K_a=1.8\times10^{-5}$）。判断：

$$K_aC=1.8\times10^{-5}\times0.10>20K_w; \ \frac{C}{K_a}=\frac{0.10}{1.8\times10^{-5}}>500$$

可用最简式计算：$[H^+]=\sqrt{K_aC}=1.3\times10^{-3}$ mol/L，pH=2.89

同理，一元弱碱溶液 pH 计算的最简式：

$$[OH^-]=\sqrt{K_bC}=1.3\times10^{-3}$$

（应用条件是 $K_bC \geqslant 20K_w$，$\frac{C}{K_b} \geqslant 500$）

若 $\frac{C}{K_a}<500$，说明 HA 的离解度较大。

则 $[HA]=C-[H^+]$，$[H^+]=\sqrt{K_a(C-[H^+])}$，$[H^+]^2+K_a[H^+]-K_aC=0$，

$$[H^+]=\frac{-K_a+\sqrt{K_a^2+4K_aC}}{2} \tag{6-18}$$

这是计算一元弱酸溶液 $[H^+]$ 的较简式（或称近似式）。同理，$\frac{C}{K_b}<500$，计算一元弱碱溶液 $[OH^-]$ 的较简式为：

$$[OH^-]=\frac{-K_b+\sqrt{K_b^2+4K_bC}}{2} \tag{6-19}$$

5. 多元酸（碱）溶液 pH 值的计算

多元酸（碱）在水中是分步离解的，而且 $K_{a_1}(K_{b_1})$ 比 $K_{a_2}(K_{b_2})$ 和 $K_{a_3}(K_{b_3})$ 大得多，因此，溶液中的 H^+（OH^-）主要来源于多元酸（碱）的第一步离解。

（1）当 $K_{a_1}C \geqslant 20K_w$，$\frac{2K_{a_2}}{\sqrt{K_{a_1}C}}<0.05$，$\frac{C}{K_{a_1}}\geqslant 500$，可按一元弱酸处理，$[H^+]=\sqrt{K_{a_1}C}$（最简式）。

（2）当 $K_{b_1}C \geqslant 20K_w$，$\frac{2K_{b_2}}{\sqrt{K_{b_1}C}}<0.05$，$\frac{C}{K_{b_1}}\geqslant 500$ 时，可按一元弱碱处理，$[OH^-]=\sqrt{K_{b_1}C}$（最简式）。

（3）若不符合上述条件，$\frac{C}{K_{a_1}}<500$ 或 $\frac{C}{K_{b_1}}<500$，就按一元弱酸（碱）的较简式计算，即：

$$[H^+]=\frac{-K_{a_1}+\sqrt{K_{a_1}^2+4K_{a_1}C}}{2} \text{或} [OH^-]=\frac{-K_{b_1}+\sqrt{K_{b_1}^2+4K_{b_1}C}}{2}$$

例如：室温下 H_2CO_3 饱和溶液的浓度为 0.040mol/L，计算该溶液的 pH 值。

已知：H_2CO_3 的 $K_{a_1}=4.2\times10^{-7}$，$K_{a_2}=5.6\times10^{-11}$

判断：$K_{a_1}C>20K_w$，$\frac{2K_{a_2}}{\sqrt{K_{a_1}C}}=\frac{2\times5.6\times10^{-11}}{\sqrt{4.2\times10^{-7}\times0.040}}<0.05$，$\frac{C}{K_{a_1}}>500$

可用最简式计算：$[H^+]=\sqrt{K_{a_1}C}=1.3\times10^{-4}\text{mol/L}$，pH=3.89

6. 两性物质溶液 pH 值的计算

在溶液中既起酸的作用，又起碱的作用的物质称为两性物质，较重要的两性物质有多元酸的酸式盐，弱酸弱碱盐等，处理两性物质在溶液中的酸碱平衡比较复杂，必须进行简化处理。例如，二元弱酸的酸式盐 NaHA，其浓度为 C，质子条件式为：

$$[H^+]+[H_2A]=[A^{2-}]+[OH^-] \quad (6\text{-}20)$$

H_2A	H_3O^+
HA^-	H_2O
A^{2-}	OH^-

将 $[H_2A]=\frac{[H^+][HA^-]}{K_{a_1}}$，$[A^{2-}]=\frac{K_{a_2}[HA^-]}{[H^+]}$，$[OH^-]=\frac{K_w}{H^+}$

代入质子条件式并整理后得到：

$$[H^+]=\sqrt{\frac{K_{a_1}(K_{a_2}[HA^-]+K_w)}{K_{a_1}+[HA^-]}} \quad (6\text{-}21)$$

一般情况下，$[HA^-]\approx C$，若 $K_{a_2}C\geqslant 20K_w$，K_w 可忽略。则：

$$[H^+]=\sqrt{\frac{K_{a_1}K_{a_2}C}{K_{a_1}+C}} \quad (6\text{-}22)$$

当 $C>20K_{a_1}$ 时，$K_{a_1}+C\approx C$，则：

$$[H^+]=\sqrt{K_{a_1}+K_{a_2}} \quad (最简式) \tag{6-23}$$

$$pH=\frac{1}{2}(pK_{a_1}+pK_{a_2}) \tag{6-24}$$

例如：计算 0.100mol/L $NaHCO_3$ 溶液的 pH 值（已知 H_2CO_2 的 $K_{a_1}=4.2\times10^{-7}$，$K_{a_2}=5.6\times10^{-11}$）。

判断：$K_{a_2}C>K_w$，$C=0.100>20\times4.2\times10^{-7}$，可用最简式：

$$[H^+]=\sqrt{K_{a_1}+K_{a_2}}=4.85\times10^{-9}\text{mol/L}$$

$$pH=8.31$$

三元弱酸二氢盐，如 NaH_2PO_4

$$[H^+]=\sqrt{K_{a_1}K_{a_2}} \quad (最简式)$$

三元弱酸一氢盐，如 Na_2HPO_4

$$[H^+]=\sqrt{K_{a_2}K_{a_3}} \quad (最简式)$$

6.1.4 酸碱缓冲溶液

1. 缓冲作用与缓冲溶液

纯水在 25℃时 pH 值为 7.0，但只要与空气接触一段时间，因为吸收 CO_2 而使 pH 值降到 5.5 左右。1 滴浓盐酸（约 12.4mol/L）加入 1L 纯水中，可使 H^+ 增加 5000 倍左右（由 1.0×10^{-7}mol/L 增至 5×10^{-4}mol/L），若将 1 滴 NaOH 溶液（12.4mol/L）加到 1L 纯水中，pH 变化也有 3 个单位。可见纯水的 pH 因加入少量的强酸或强碱而发生很大变化。然而，1 滴浓盐酸加入到 1LHAc—NaAc 或 NaH_2PO_4—Na_2HPO_4 或 NH_3H_2O—NH^+ 或 Cl^- 混合溶液中，H^+ 的增加不到 1%（从 1.00×10^{-7} mol/L 增至 1.01×10^{-7} mol/L），pH 值没有明显变化。

这种能对抗外来少量强酸或强碱（或因化学反应溶液中产生了少量酸或碱），或将溶液稍加稀释，溶液的酸度基本保持不变，这种作用称为缓冲作用。具有缓冲作用的溶液称为缓冲溶液。

2. 缓冲溶液的作用原理

缓冲溶液之所以能起缓冲作用，是因为它既有质子的接受者又有质子的供给者，当溶液中 H^+ 增加时质子接受者与之结合；当溶液中 H^+ 减少时质子的供给者可以提供质子加以补充，所以溶液酸度基本保持不变。例如 HAc－NaAc 缓冲溶液，溶液中存在的反应为：

$$NaAc \rightleftharpoons Na^+ + Ac^-$$

$$HAc \rightleftharpoons H^+ + Ac^-$$

因 HAc 和 Ac^- 浓度都比较大，当加入少量 H^+，H^+ 与 Ac^- 结合。当加入少量 OH^- 时，OH^- 与 HAc 结合。当溶液稍加稀释，会增大 HAc 的离解，H^+ 得到补充。所以 H^+ 浓度基本保持不变。

3. 缓冲溶液的组成

常见的缓冲溶液有下列 4 种：

(1) 弱酸及其共轭碱，如 HAc—NaAc；

（2）弱碱及其共轭酸，如 NH_3—NH_4Cl；

（3）两性物质，如 KH_2PO_4—Na_2HPO_4；

（4）高浓度的强酸、强碱，如 HCl（pH<2），NaOH（pH>12）。

高浓度的强酸、强碱溶液中$[H^+]$或$[OH^-]$本来很大，故对外来少量酸、碱不会产生太大影响，但这种溶液不具有抗稀释的作用。

4. 缓冲溶液 pH 值的计算

一般用作控制溶液酸度的缓冲溶液，对计算 pH 值的准确度要求不高，常用最简式计算。

（1）酸性缓冲溶液　$[H^+]=K_a\dfrac{C_{HA}}{C_{A^-}}$，$pH=pK_a+\lg\dfrac{C_{A^-}}{C_{HA}}$

例如：量取冰 HAc（浓度为 17mol/L）80ml，加入 $160gNaAc\cdot 3H_2O$，用水稀释至 1 L，求此溶液的 pH 值（$M_{(NaAc\cdot 3H_2O)}=136.08g/mol$；$K_{HAc}=1.8\times10^{-5}$）。

解：　$C_{Ac^-}=\dfrac{160}{136.08}=1.18mol/L$；$C_{HAc}=\dfrac{17\times18}{1000}=1.36mol/L$

$$pH=pK_a+\lg\frac{C_{Ac^-}}{C_{HAc}}=4.74+\lg\frac{1.18}{1.36}=4.68$$

（2）碱性缓冲溶液　$[OH^-]=K_b\dfrac{C_B}{C_{BH^+}}$，$pH=pK_w-pK_b+\lg\dfrac{C_B}{C_{BH^+}}$

例 6-9　称取 NH_4Cl 50g 溶于水，加入浓氨水（浓度为 15mol/L）300 mL，用水稀释至 1L，求此溶液的 pH 值。（$M_{(NH_4Cl)}=53.49g/mol$；$K_b=1.8\times10^{-5}$）

解：　$C_{NH_4^+}=\dfrac{50}{53.49}=0.94mol/L$；$C_{NH_3}=\dfrac{15\times300}{1000}=4.50mol/L$

$$pH=pK_w-pK_b+\lg\frac{C_{NH_3}}{C_{NH_4^+}}=14.00-4.74+\lg\frac{4.50}{0.94}=9.94$$

5. 缓冲容量和缓冲范围

缓冲容量是衡量缓冲溶液缓冲能力大小的尺度，常用 β 表示，其定义是：使 1L 缓冲溶液 pH 值增加 1 个 pH 单位所需加入强碱的量，或者使 pH 值减少 1 个 pH 单位所需加入强酸的量。

缓冲容量的大小与下列两个因素有关：

（1）缓冲物质的总浓度越大，β 越大；

（2）缓冲物质总浓度相同时，组分浓度比$\left(\dfrac{C_{A^-}}{C_{HA}}\right)$或$\left(\dfrac{C_B}{C_{BH^+}}\right)$越接近 1，$\beta$ 越大。当组分浓度 1∶1 时，β 最大。

一般规定，缓冲溶液中两组分浓度比在 1∶10 和 10∶1 之间为缓冲溶液有效的缓冲范围。

对 $HA-A^-$ 体系，$pH=pK_a\pm1$（缓冲范围）。

对 $B-BH^+$ 体系，$pOH=pK_b\pm1$（缓冲范围）。

表 6-3 给出了几种常用的缓冲溶液的缓冲范围。

几种常用缓冲溶液 表 6-3

缓冲溶液	共轭酸	共轭碱	pK_a	pH 可控制的范围
邻苯二甲酸钾—HCl	$C_6H_4(COOH)_2$	$C_6H_4(COOH)_2$	2.95	1.9～3.9
HAc—NaAc	HAc	Ac	−4.74	3.7～5.7
KH_2PO_4—$NaHPO_4$	$H_2PO_4^-$	$H_2PO_4^{2-}$	7.2 (pK_{a_2})	6.2～8.2
$Na_2B_4O_7$－HCl	$H_3BO_3^-$	$H_3BO_3^-$	9.24	8.2～10.2
NH_3H_2O－NH_4Cl	NH_4^+	NH_3	9.26	8.3～10.3
$NaHCO_3$－Na_2CO_3	HCO_3^-	CO_3^{2-}	10.25 (pK_{a_2})	9.3～11.3

6. 缓冲溶液的选择和配制方法

当选择缓冲溶液时应考虑下列原则：

(1) 缓冲溶液对测定过程无干扰；

(2) 根据所需控制的 pH，选择相近 pK_a 或 pK_b 的缓冲溶液；

(3) 应有足够的缓冲容量，即缓冲组分的浓度要大一些，一般在 0.01～0.1mol/L 之间。

为查阅方便，将上述各种酸碱溶液中[H^+]的计算式汇总于表 6-4 中。

各种酸碱溶液中[H^+]的计算式 表 6-4

名称	计算式	适用条件
一元强酸	$[H^+]=C$ (A) $[H^+]=\frac{C+\sqrt{C^2+4K_w}}{2}$ (C)	$C\geqslant10^{-6}$ mol/L 或 $C^2\geqslant20K_w$； $C<10^{-6}$ mol/L 或 $C^2<20K_w$
一元弱酸	$[H^+]=\sqrt{K_aC}$ (A) $[H^+]=\frac{-K_a+\sqrt{K_a^2+4K_aC}}{2}$ (B) $[H^+]=\sqrt{K_aC+K_w}$ (B)	$K_aC\geqslant20K_w$，$\frac{C}{K_a}\geqslant500$； $K_aC\geqslant20K_w$，$\frac{C}{K_a}<500$； $K_aC<20K_w$，$\frac{C}{K_a}\geqslant500$
二元弱酸	$[H^+]=\sqrt{K_{a_1}C}$ (A) $[H^+]=\frac{-K_{a_1}+\sqrt{K_{a_1}^2+4K_{a_1}C}}{2}$ (B)	$K_{a_1}C\geqslant20K_w$，$\frac{2K_{a_2}}{\sqrt{K_{a_1}C}}<0.05$，$\frac{C}{K_{a_1}}\geqslant500$； $K_{a_1}C\geqslant20K_w$，$\frac{2K_{a_2}}{\sqrt{K_{a_1}C}}<0.05$，$\frac{C}{K_{a_1}}<500$
两性物质 NaHA NaH_2B	$[H^+]=\sqrt{K_{a_1}K_{a_2}}$ (A) $[H^+]=\sqrt{\frac{K_{a_1}K_{a_2}C}{K_{a_1}+C}}$ (B)	$K_{a_2}C\geqslant20K_w$，$C>20K_{a_1}$； $K_{a_2}C\geqslant20K_w$，$C<20K_{a_1}$

续表

名　称	计 算 式	适用条件
Na_2HB	$[H^+]=\sqrt{K_{a_2}K_{a_3}}$ (A) $[H^+]=\sqrt{\frac{K_{a_2}K_{a_3}C}{K_{a_2}+C}}$ (B)	$K_{a_3}C\geqslant 20K_w$，$C>20K_{a_2}$； $K_{a_3}C\geqslant 20K_w$，$C<20K_{a_2}$
缓冲溶液 （1）酸性 （2）碱性	$pH=pK_a+\lg\frac{C_{A^-}}{C_{HA}}$ (A) $pH=pK_w-pK_b+\lg\frac{C_B}{C_{BH^+}}$ (A)	当 $pH\leqslant 6$，$C_{HA}\geqslant 20[H^+]$ 和 $C_{A^-}\geqslant 20[H^+]$； 当 $pH\geqslant 8$，$C_{BH^+}\geqslant 20[OH^-]$ 和 $C_B\geqslant 20[OH^-]$

注：（1）碱的计算式，是将上述酸的计算式中$[H^+]$换成$[OH^-]$，K_a、K_{a_1}、K_{a_2}换成K_b、K_{b_1}、K_{b_2}，C代表碱的分析浓度。

（2）A—最简式；B—较简式或称近似式；C—精确式。

6.2　滴定方法

6.2.1　方法概述

酸碱滴定法是以酸碱反应为基础的滴定方法，滴定剂通常是强酸或强碱，被测物是酸碱及能与酸碱直接或间接起反应的物质，酸碱滴定法是滴定分析中非常重要的分析方法。

学习酸碱滴定法，主要要掌握下列三点：

（1）学会判断那些物质能用酸碱滴定法测定；

（2）了解测定过程中溶液 pH 值的变化，尤其是化学计量点附近溶液 pH 的变化；

（3）正确选择指示剂。

6.2.2　酸碱指示剂

酸碱滴定，一般没有外观变化，常需借助指示剂的颜色改变来确定滴定终点。酸碱指示剂一般指的是弱的有机酸或有机碱。

1. 变色原理

酸碱指示剂一般是结构复杂的有机弱酸或弱碱，少数是有机弱碱或两性物质，它们的共轭酸碱对有不同的结构，因而呈现不同的颜色。如 pH 值改变，则显示不同的颜色。酸碱指示剂之所以能够改变颜色，是由于它们在给出或得到质子的同时，其分子结构也发生了变化，而且这些结构变化和颜色反应都是可逆的。

$$\text{酸式色}\underset{+H^+}{\overset{-H^+}{\rightleftharpoons}}\text{碱式色}$$

（1）甲基橙：二种弱的有机碱，双色指示剂，用 NaR 表示。

$$(CH_3)_2N-C_6H_4-N=N-C_6H_4-SO_3^- \underset{OH^-}{\overset{H^+}{\rightleftharpoons}} (CH_3)_2\overset{+}{N}=C_6H_4=N-NH-C_6H_4-SO_3^-$$

偶氮式离子（碱式色）　　醌式离子（酸式色）

可写成简式：

$$R^- \underset{-H+}{\overset{+H^-}{\rightleftharpoons}} HR$$

(橙黄色) 碱式色　　(红色) 酸式色

共轭酸碱对

当 pH 值改变时，共轭酸碱对相互发生转变，引起颜色的变化。在酸性溶液中得到质子，平衡右移，溶液呈现红色；在碱性溶液中失去 H^+，平衡向左移，溶液呈现橙黄色。

(2) 酚酞：非常弱的有机酸，单色指示剂。在浓度很低的水溶液中，几乎完全以分子状态存在。

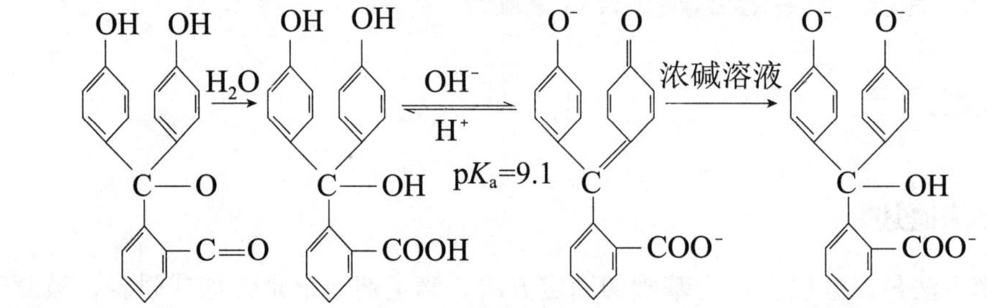

H_2O　$\underset{H^+}{\overset{OH^-}{\rightleftharpoons}}$　$pK_a=9.1$　浓碱溶液

内酯结构（酸式色）无色（中性或酸性溶液中）　羧酸结构　醌式盐结构（碱式色）红色（碱性溶液中）　羧酸盐式离子 无色（浓碱溶液中）

同样，pH 值变化，酚酞共轭酸碱对相互发生转变，引起颜色变化，在中性或酸性溶液中得到 H^+，平衡左移，呈无色；在碱性溶液中，失去质子 H^+，平衡向右移，呈现红色。应该指出，酚酞的碱式色不稳定，在浓碱溶液中，醌式盐结构变成羧酸盐式离子，由红色变无色。这是应用中应该注意的。酚酞溶液一般配制成 0.1%或 1%的 90%乙醇溶液。

通常以 HIn 代表指示剂的酸式，In^- 代表其共轭碱式，则存在：

$HIn \rightleftharpoons H^+ + In^-$，$K_{HIn}=\frac{[H^+][In^-]}{[HIn]}$，$K_{HIn}$ 被称为指示剂解离常数。

$\frac{[In^-]}{[HIn]}=\frac{K_{HIn}}{[H^+]}$ 说明指示剂颜色变化取决于 $\frac{[In^-]}{[HIn]}$ 的比值，而此比值的改变取决于溶液中 $[H^+]$。

当 $\frac{[In^-]}{[HIn]}=1$，即酸式色和碱式色各占一半时，$pH=pK_{HIn}$，称为理论变色点。

2. 变色范围

指示剂开始变色至变色终了时所对应的 pH 范围称为指示剂的变色范围。

一般地说，$\frac{[In^-]}{[HIn]}\leqslant\frac{1}{10}$ 时，看到的只是 HIn 的颜色，此时 $[H^+]\geqslant 10K_{HIn}$，$pH=pK_{HIn}-1$。

当$\frac{[In^-]}{[HIn]}\leqslant 10$时，看到的只是$In^-$的颜色，此时$[H^+]\leqslant\frac{K_{HIn}}{10}$，$pH\geqslant pK_{HIn}+1$。

所以指示剂的变色范围为$pH\geqslant pK_{HIn}\pm 1$。但由于人眼对各种颜色的敏感程度不同，加两种颜色的指示剂有互相掩盖的作用，影响观察，实测到的酸碱指示剂的变色范围会有所差异，见表6-5在变色范围内指示剂颜色变化最明显的那一点的pH值，称为滴定指数，以pT表示，这点就是实际滴定终点，当人眼对指示剂的两种颜色同样敏感时，则$pT=pK_{HIn}$。

常用的酸碱指示剂　　**表6-5**

指示剂	变色范围 pH	颜色		pK_{HIn}	pT	浓度
		酸色	碱色			
百里酚蓝（第一次变色）	1.2～2.8	红	黄	1.6	2.6	0.1%（20%乙醇溶液）
甲基黄	2.9～4.0	红	黄	3.3	3.9	0.1%（90%乙醇溶液）
甲基橙	3.1～4.4	红	黄	3.4	4	0.05%水溶液
溴酚蓝	3.1～4.6	黄	紫	4.1	4	0.1%（20%乙醇溶液），或指示剂钠盐的水溶液
溴甲酚绿	3.8～5.4	黄	蓝	4.9	4.4	0.1%水溶液，每100mg指示剂加0.05mol/L NaOH 2.9mL
甲基红	4.4～6.2	红	黄	5.0	5.0	0.1%（60%乙醇溶液），或指示剂钠盐的水溶液
溴百里酚蓝	6.0～7.6	黄	蓝	7.3	7	0.1%（20%乙醇溶液），或指示剂钠盐的水溶液
中性红	6.8～8.0	红	黄橙	7.4		0.1%（60%乙醇溶液）
酚红	6.7～8.4	黄	红	8.0	7	0.1%（60%乙醇溶液），或指示剂钠盐的水溶液
酚酞	8.0～9.6	无	红	9.1		0.1%（90%乙醇溶液）
百里酚蓝（第二次变色）	8.0～9.6	黄	蓝	8.9	9	0.1%（20%乙醇溶液）
百里酚酞	9.4～10.6	无	蓝	10.0	10	0.1%（90%乙醇溶液）

3. 混合指示剂

在酸碱滴定中，有时需要将滴定终点限制在很窄的pH值范围内，这时可采用混合指示剂。混合指示剂配制方法有两种：一种方法是用两种指示剂按一定比例混合而成；另一种方法是用一种指示剂与另一种不随H^+浓度变化而改变颜色的染料混合而成。这两种方法配成的混合指示剂，都是利用彼此颜色之间的互补作用，使颜色的变化更加敏锐。例如甲基红和溴甲酚绿所组成的混合指示剂，见表6-6。

甲基红和溴甲酚绿混合指示剂　　表 6-6

溶液酸度（pH）	甲　基　红	溴甲酚绿	甲基红＋溴甲酚绿混合指示剂
≤4.0	红色	黄色	橙色
＝5.0	橙红色	绿色	灰色
≥6.2	黄色	蓝色	绿色

当 pH＝5.1 时，甲基红的橙红色与溴甲酚绿的绿色互补呈灰色，色调变化极为敏锐。常用的混合酸碱指示剂见表 6-7。

常用的混合酸碱指示剂　　表 6-7

指示剂溶液的组成	变色点 pH	颜色		备　注
		酸色	碱色	
1 份 0.1%甲基黄乙醇溶液 1 份 0.1%亚甲基蓝乙醇溶液	3.25	蓝紫	绿	pH3.4 绿色 pH3.2 蓝紫色
1 份 0.1%甲基橙水溶液 1 份 0.25%靛蓝二磺酸钠水溶液	4.1	紫	黄绿	
3 份 0.1%溴甲酚绿乙醇溶液 1 份 0.2%甲基红乙醇溶液	5.1	酒红	绿	
1 份 0.1%溴甲酚绿钠盐水溶液 1 份 0.1%氯酚红钠盐水溶液	6.1	黄绿	蓝紫	pH5.4 蓝紫色，pH5.8 蓝色， pH6.0 蓝带紫，pH6.2 蓝紫
1 份 0.1%中性红乙醇溶液 1 份 0.1%亚甲基蓝乙醇溶液	7.0	蓝紫	绿	pH7.0 紫蓝
1 份 0.1%甲酚红钠盐水溶液 3 份百里酚蓝钠盐水溶液	8.3	黄	紫	pH8.2 玫瑰色， pH8.4 清晰的紫色
1 份 0.1%百里酚蓝 50%乙醇溶液 3 份 0.1%酚酞 50%乙醇溶液	9.0	黄	紫	从黄到绿再到紫
2 份百里酚酞乙醇溶液 1 份 0.1%茜素黄乙醇溶液	10.2	黄	紫	

广泛 pH 试纸是将甲基红、溴百里酚蓝、百里酚蓝和酚酞按一定比例混合，溶于乙醇，配成的混合指示剂，该混合指示剂随 pH 的不同而逐渐变色如下：

pH 值	≤4	5	6	7	8	9	≥10
颜色	红	橙	黄	绿	青（蓝绿）	蓝	紫

综上所述，可以得出如下 3 点结论：

（1）碱指示剂由于它们的 K_{HIn} 不同，其变色范围、理论变色点和 pT 都不同。

（2）各种指示剂的变色范围的幅度各不相同，但一般来说，不大于 2 个 pH 单位，也不小于 1 个 pH 单位，大多数指示剂的变色范围是 1.6～1.8 个 pH 单位。

（3）某些酸碱滴定中，化学计量点附近的 pH 值突跃范围较小，一般指示剂难以准确指示终点时，可采用混合指示剂。

6.2.3　酸碱滴定曲线和指示剂的选择

酸碱滴定中最重要的是了解滴定过程中溶液 pH 值的变化规律，再根据 pH 值的变化规律选择最适宜的指示剂确定终点。然后通过计算求出被测物的含量。

1. 强碱滴定强酸（或强酸滴定强碱）

强碱滴定强酸过程溶液中 H^+ 浓度的计算是根据：

$$C_1V_1=C_2V_2 \tag{6-25}$$

式中　C_1，V_1——标准溶液的浓度和体积；

　　C_2，V_2——被滴定的酸或碱的浓度和体积。

现以 $C_{NaOH}=0.1000$mol/LNaOH 溶液滴定 20.00mL$C_{HCl}=0.1000$mol/LHCl 溶液为例，说明滴定过程中溶液 pH 值的变化规律。将滴定全过程分为滴定前、化学计量点前、化学计量点时和化学计量点后 4 个阶段。

（1）滴定前

溶液的 pH 值由 HCl 溶液的初始浓度决定：

$$C_{HCl}=[H^+]=0.1000\text{mol/L};\ pH=1.00$$

（2）滴定开始到化学计量点前

1）当加入 18.00mLNaOH 溶液时，溶液中还有 2.00mLHCl 未被中和，这时溶液中的 HCl 浓度为：

$$[H^+]=\frac{0.1000\times2.00}{20.00+18.00}\text{mol/L}=5.26\times10^{-3}\text{mol/L};\ pH=2.28$$

2）当加入 19.98mLNaOH 溶液时，溶液中还有 0.02mLHCl 未被中和，这时溶液中的 HCl 浓度为：

$$[H^+]=\frac{0.1000\times0.02}{20.00+19.98}\text{mol/L}=5.00\times10^{-5}\text{mol/L};\ pH=4.30$$

（3）化学计量点时

当加入 20.00mLNaOH 溶液时，溶液中的 HCl 全部被中和，溶液呈中性。此时：

$$[H^+]=[OH^-]=10^{-7}\text{mol/L};\ pH=7.00$$

（4）化学计量点后

当加入 20.02mLNaOH 溶液时，溶液的 pH 值仅由过量的 NaOH 浓度来决定：

$$[OH^-]=\frac{0.1000\times0.02}{20.00+20.02}\text{mol/L}=5.00\times10^{-5}\text{mol/L};\ pH=9.70$$

用类似的方法可以计算滴定过程中各点的 pH 值，其数值列于表 6-8 中，如果以溶液的 pH 值为纵坐标，以 NaOH 加入的量为横坐标作图，即可得如图 6-1 所示曲线。这就是强碱滴定强酸的滴定曲线。

用 0.1000mol/L NaOH 溶液滴定 20.00mL 0.1000 mol/L HCl 溶液滴定过程中各点的 pH 值　　表 6-8

加入 NaOH 溶液的量		剩余 HCl	过量 NaOH	$[H^+]$/（mol/L）	pH 值
%	mL	V/mL	V/mL		
0	0.00	20.00		1.00×10^{-1}	1.00
90	18.00	2.00		5.26×10^{-3}	2.28
99	19.80	0.20		5.02×10^{-4}	3.30

续表

加入NaOH溶液的量		剩余HCl V/mL	过量NaOH V/mL	[H^+]/(mol/L)	pH值
%	mL				
99.9	19.98	0.02		5.00×10^{-5}	4.30 } 突跃范围
100.0	20.00	0.00		1.00×10^{-7}	7.00 } 突跃范围
100.1	20.02		0.02	2.00×10^{-10}	9.70 } 突跃范围
101	20.20		0.20	2.00×10^{-11}	10.70
110	22.00		2.00	2.00×10^{-12}	11.70
200	40.00		20.00	3.00×10^{-13}	12.50

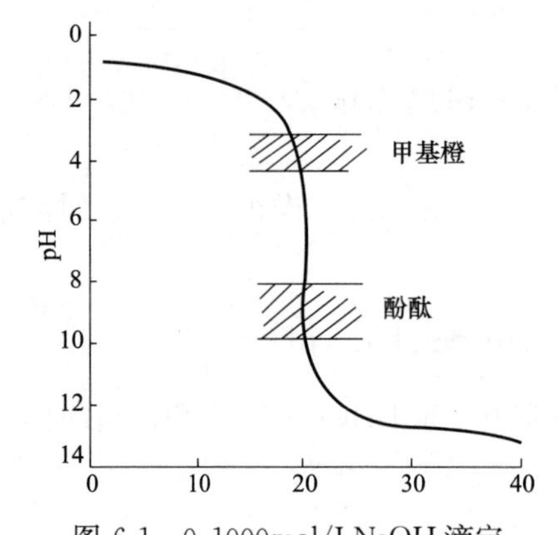

图 6-1 0.1000mol/LNaOH 滴定 20.00mL 0.1000mol/LHCl 的滴定曲线

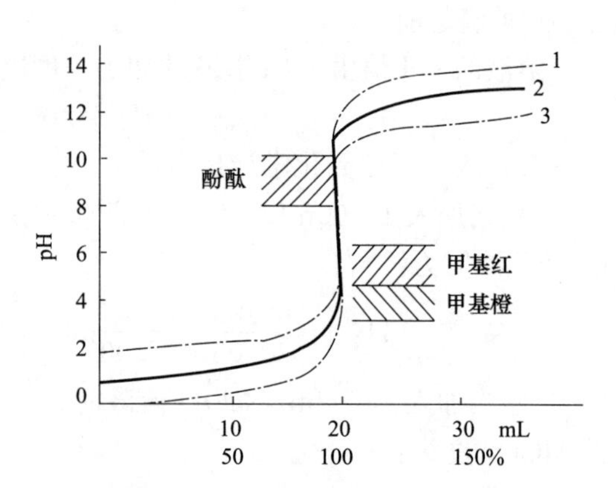

图 6-2 用不同浓度 NaOH 滴定 20.00mL 相应浓度的 HCl 的滴定曲线

滴定剂浓度：1：1 mol/L；2：0.1 mol/L；3：0.01mol/L

从表 6-8 的数据和图 6-1 的滴定曲线可看出：

（1）滴定开始到加入 19.98mLNaOH，pH 值从 1.00 增加到 4.30，即改变 3.30 个 pH 值单位。溶液的 pH 值仍在酸性范围内，发生不显著的渐变。

（2）在化学计量点附近，加入 0.04mLNaOH（从中和剩余 0.02mLHCl 到过量 0.02mLNaOH）pH 值从 4.30 增加到 9.70 改变 5.40 个 pH 值单位。

（3）化学计量点以后，由于溶液中有过量的 NaOH，溶液的 pH 值主要由过量的 NaOH 来决定。

根据上述分析，滴定到化学计量点附近溶液 pH 值所发生的突跃现象是具有重要的实际意义，它是选择指示剂的依据。变色范围全部或一部分在滴定突跃范围内的指示剂可选用来指示滴定终点。用 0.1mol/LNaOH 溶液滴定 0.1mol/LHCl 溶液时滴定突跃的 pH 值范围是从 4.30 到 9.70，可选用甲基红，甲基橙或酚酞为指示剂。

必须指出，强碱滴定强酸的滴定突跃范围有大小，不仅与体系的性质有关，而且还与酸碱溶液的浓度有关。按上述方法可以计算出在不同浓度的酸碱滴定中滴定的突跃范围。如图 6-2 所示。

从图 6-2 的滴定曲线可以看出酸碱浓度每增大 10 倍，滴定突跃范围就增加 2 个 pH 值单位。例如用 $C_{NaOH}=1$mol/L 的 NaOH 标准溶液，滴定 $C_{HCl}=1$mol/L 的 HCl 溶液 20.00mL，滴定突跃范围为 pH＝3.30～10.70。这时若选用甲基橙为指示剂，其 pH＝4

恰好处于突跃范围内，可使滴定误差小于0.1%。然而若酸碱浓度分别降低10倍，则滴定突跃范围减小2个pH值单位，即pH=5.30～8.70，如仍选用甲基橙为指示剂，则指示剂的变色范围pH=3.1～4.4就在突跃范围外，滴定误差将大于1%，因此不能选用甲基橙，可以选用酚酞或甲基红。由此可见酸碱浓度对滴定突跃范围是有直接影响的。

强酸滴定强碱的滴定曲线与强碱滴定强酸的滴定曲线相对称，pH值变化则相反。在进行分析时，可根据滴定曲线选择适用的指示剂。

2. 强碱滴定弱酸

有机原料乙酸总酸度的测定是属于强碱滴定弱酸的应用实例，乙酸为有机酸，能与碱发生中和反应，因此可用NaOH标准溶液滴定，反应式见式（6-26）：

$$NaOH + HAc \rightleftharpoons NaAc + H_2O \tag{6-26}$$

现以 $C_{NaOH}=0.1000$mol/L 的 NaOH 溶液滴定 20.00ml$C_{HAc}=0.1000$mol/L 的 HAc 溶液为例，整个滴定过程仍可按4个阶段进行计算。

（1）滴定前

HAc是弱酸，$[H^+]$可按一元弱酸最简式计算。

已知 $K_{HAc}=1.8\times10^{-5}$，$C_{HAc}=0.1000$mol/L。

$[H^+]=\sqrt{K_{HAc}C}=\sqrt{1.8\times10^{-5}\times0.1000}$ mol/L$=1.34\times10^{-3}$mol/L；

pH=2.87

（2）滴定开始至化学计量点前

溶液中有剩余的HAc及生成的NaAc，形成HAc—Ac^-缓冲溶液，可按 $pH=pK_a+\lg\frac{C_{Ac^-}}{C_{HAc}}$ 计算。

例如：当加入19.98 mLNaOH溶液时，剩余0.02 mLHAc时。

$$C_{HAc}=\frac{0.1000\times0.02}{20.00+19.98}\text{mol/L}=5.0\times10^{-5}\text{mol/L}$$

$$C_{Ac^-}=\frac{0.1000\times19.98}{20.00+19.98}\text{mol/L}=5.0\times10^{-2}\text{mol/L}$$

$$pH=pK_a+\lg\frac{5.0\times10^{-2}}{5.0\times10^{-5}}=4.74+3.00=7.74$$

（3）化学计量点时

溶液中HAc与NaOH全部反应生成NaAc，因为此时体积增大1倍，所以NaAc浓度为0.05000mol/L。NaAc是弱碱，可按一元弱碱的最简式计算$[H^+]$。

$$[OH^-]=\sqrt{K_bC}=\sqrt{\frac{K_w}{K_a}C}=\sqrt{\frac{10^{-14}}{1.8\times10^{-5}}\times0.050000}\text{mol/L}=5.3\times10^{-6}\text{mol/L};$$

$$pH=14.00-pOH=14.00-5.28=8.72$$

（4）化学计量点后

溶液的pH值决定于过量的NaOH，例如：加入20.02mLNaOH溶液时。

$$[OH^-]=\frac{0.1000\times0.02}{20.00+20.02}\text{mol/L}=5.0\times10^{-5}\text{mol/L};$$

$$pH=14.00-pOH=14.00-4.30=9.70$$

用类似的方法，可以计算出滴定过程中各点的 pH 值，其数据列于表 6-9 中。

用 C（NaOH）=0.1000mol/L 溶液滴定 20.00mL
C（HAc）=0.1000mol/L 溶液的 pH 值变化 **表 6-9**

加入的 NaOH 溶液的量 %	加入的 NaOH 溶液的量 V/mL	剩余的 HAc/mL	过量 NaOH/mL	计 算 式	pH 值
0	0.00	20.00		$[H^+]=\sqrt{K_aC_{HAc}}$	2.87
90	18.00	2.00		$[H^+]=K_a\frac{C_{HAc}}{C_{NaAc}}$	5.70
99	19.80	0.20			6.73
99.9	19.98	0.02			7.74 突跃范围
100.0	20.00	0.00		$[OH^-]=\sqrt{\frac{K_w}{K_a}C_{NaAc}}$	8.72 突跃范围
100.1	20.02		0.02	$[OH^-]=\frac{V_{NaOH}-V_{HAc}}{V_{NaOH}+V_{HAc}}\times C_{NaOH}$	9.70 突跃范围
101	20.20		0.20		10.70
110	22.00		2.00		11.70
200	40.00		20.00		12.50

如果以溶液的 pH 为纵坐标，以 NaOH 加入的量为横坐标作图，即可得如图 6-3 所示的曲线。

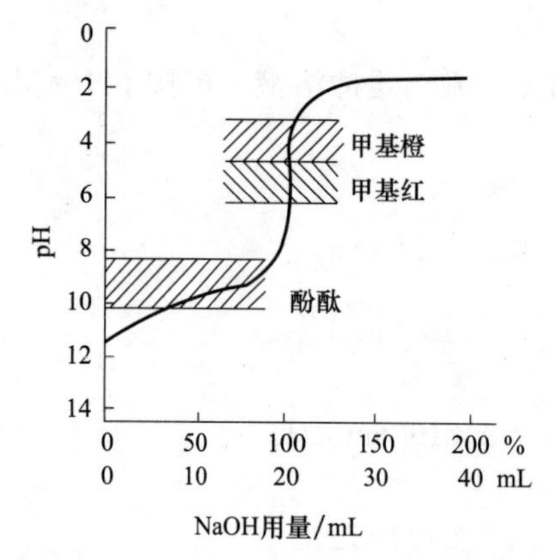

图 6-3 0.1000 mol/LNaOH 溶液滴定 20.00 mL0.1000mol/LHAc 滴定曲线

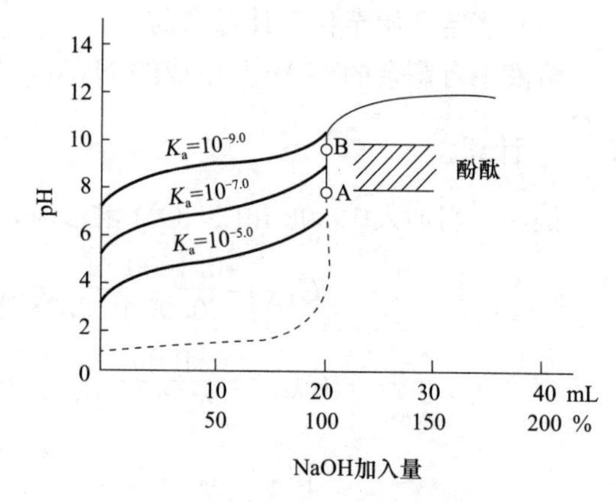

图 6-4 NaOH 溶液滴定不同弱酸溶液的滴定曲线

从表 6-9 的数据和图 6-3 的滴定曲线可以看出：

（1）于 HAc 是弱酸，所以溶液的 pH 值不等于弱酸的原始浓度，滴定曲线的起始点不在 pH=1 处。

（2）化学计量点前虽然只加入 19.98mLNaOH，但由于 NaAc 是碱，其水溶液已呈碱性。滴定突跃范围不是由酸性到碱性，而是在碱性范围内（pH=7.74～9.70），且其滴定突跃范围较窄。

（3）化学计量点前各点 pH 值均较强酸时大，滴定曲线形成一个由倾斜到平坦又到倾斜的坡度。原因是滴定一开始即有 NaAc 生成，它抑制 HAc 的离解，使溶液的 pH 值急剧增大，致使滴定曲线的斜度也相应地增大。当继续滴定时，HAc 浓度减小，NaAc 浓度相应增大，但由于形成了缓冲溶液，结果使溶液 pH 值增大速度减慢，因此滴定曲线又呈现平坦状。在接近化学计量点时，溶液中 HAc 已很少，缓冲作用减弱，溶液的 pH 值又急剧增大，致使滴定曲线又呈现倾斜状。在化学计量点附近有一个较小的滴定突跃，这个突跃处在碱性范围。

（4）化学计量点后，溶液的 pH 值主要由过量的 NaOH 来决定，与强碱滴定强酸相同。

根据这类滴定突跃范围（pH＝7.74～9.70）来选择指示剂，显然选用甲基橙是不行的，选用酚酞是合适的。它的变色范围恰在滴定突跃范围内。

在此必须指出除酸碱浓度对滴定突跃范围有影响外，弱酸的电离常数 K_a 的大小也是影响滴定突跃范围的因素。图 6-4 是 0.1000mol/L NaOH 溶液滴定 0.1000mol/L 不同强度弱酸溶液的滴定曲线。从图中可以看出，当酸的浓度一定时，K_a 值越大，滴定突跃范围越大，K_a 值越小，滴定突跃范围越小，当 $C_{酸}K_{酸}<10^{-8}$时，就看不出明显的突跃了，即应用一般酸碱指示剂无法确定滴定终点，必须采取其他措施，因此，$C_{酸}K_{酸}<10^{-8}$是弱酸能被准确滴定的判别式。

3. 强酸滴定弱碱

氨水中氨含量的测定是属于强酸滴定弱碱的应用实例。它与强碱滴定弱酸的情况基本相似，各阶段 pH 值的计算方法也相似。

现以 0.1000mol/LHCl 溶液滴定 20.00mL0.1000mol/L 氨水为例。反应式为：

$$NH_3 + H^+ \rightleftharpoons NH_4^+$$

将滴定过程中各主要点的 pH 值计算公式和所得数据列于表 6-10 中，据此数据绘制的滴定曲线如图 6-5 所示。

用 C_{HCl}＝0.1000mol/L 溶液滴定 20.00mL$C_{NH_3H_2O}$＝0.1000mol/L 溶液的 pH 值变化

表 6-10

加入的 HCl 溶液的量		剩余的 $NH_3 \cdot H_2O$	过量 HCl	计算式	pH 值
%	V/mL	V/mL	V/mL		
0	0.00	20.00		$[OH^-]=\sqrt{K_bC_{NH_3}}$	11.13
90	18.00	2.00			8.30
99	19.80	0.20		$[OH^-]=K_b\dfrac{C_{NH_3}}{C_{NH_4Cl}}$	7.27
99.9	19.98	0.02			
100.0	20.00	0.00		$[H^+]=\sqrt{\dfrac{K_w}{K_b}C_{NH_4Cl}}$	6.25 5.28 4.30
100.1	20.02		0.02		
101	20.20		0.20	$[H^+]=\dfrac{V_{HCl}-V_{NH_3H_2O}}{V_{HCl}+V_{NH_3H_2O}}\times C_{HCl}$	3.30
110	22.00		2.00		2.30
200	40.00		20.00		1.48

从表 6-10 的数据和图 6-5 的滴定曲线可以看出：

（1）此曲线与强碱滴定弱酸的滴定曲线相似，只是 pH 值的变化相反。

（2）学计量点时 pH＝5.28，滴定突跃范围是 pH＝6.25～4.30，因此只能选择酸性区域内变色的指示剂如甲基红，溴甲酚绿等。

滴定突跃范围受碱的浓度及强度影响。因此一般要求碱的离解常数与浓度的乘积$C_{酸}K_{酸} \geqslant 10^{-8}$，符合这个条件才有明显的滴定突跃范围，有可能选择指示剂。

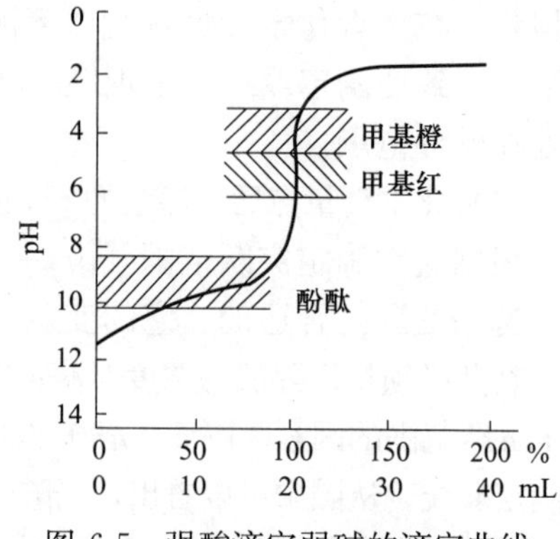

图 6-5 强酸滴定弱碱的滴定曲线

最后指出，弱酸滴定弱碱，得不到明显的突跃，一般不选择弱酸作滴定剂。

4. 多元酸的滴定

工业磷酸含量的测定是属于多元酸滴定的应用实例。在多元酸的滴定中要考虑两个问题：第一，多元酸能滴定的原则是什么？第二，如何选择指示剂？

通过大量实践证明，可按下述原则判断：

(1) 当$C_{酸}K_{酸1} \geqslant 10^{-8}$时，这一级离解的$H^+$可以被滴定。

(2) 当相邻的两个$K_{酸}$值的比值相差10^5时，较强的那一级离解的H^+先被滴定，出现第一个滴定突跃，较弱的那一级离解的H^+后被滴定。但能否出现第二个滴定突跃，则取决于酸的第二级离解常数值是否满足：

$$C_{酸}K_{酸2} \geqslant 10^{-8} \tag{6-27}$$

如果是大于或等于10^{-8}，则有第二个突跃。

(3) 当相邻的$K_{酸}$值相差，其比值小于10^5时，滴定时两个滴定突跃将混在一起，这时只有一个滴定突跃。

根据上述原则，现以工业磷酸测定为例，说明多元酸被滴定的可能性。H_3PO_4的三步离解常数分别为

$$K_{a_1}=7.6\times10^{-3}, K_{a_2}=6.3\times10^{-8}, K_{a_3}=4.4\times10^{-13}$$

当用$C_{NaOH}=0.1000mol/L$ NaOH 溶液滴定$C_{H_3PO_4}=0.1000mol/L$的H_3PO_4溶液时，从H_3PO_4，第一步离解常数可以看出：

$$CK_{a_1}>10^{-8}, \frac{K_{a_1}}{K_{a_2}}>10^5 \tag{6-28}$$

因此用碱中和第一步离解的H^+可以得到第一个滴定突跃。从H_3PO_4第二步离解常数可以看出：

$$CK_{a_2}\approx10^{-8}, \frac{K_{a_2}}{K_{a_3}}>10^5 \tag{6-29}$$

因此用碱中和第二步离解的H^+可以得到第二个滴定突跃。最后由于H_3PO_4的第三步离解，$CK_{a_3}<10^{-8}$，因此得不到第三个滴定突跃。说明不能用碱继续直接滴定。

多元酸滴定曲线的计算方法比较复杂，在实际工作中，为了选择指示剂，通常只需计算化学计量点时的pH值，然后在此值附近选择指示剂即可。也可用pH计记录滴定过程中pH值的变化得出滴定曲线，如图 6-6 所示。

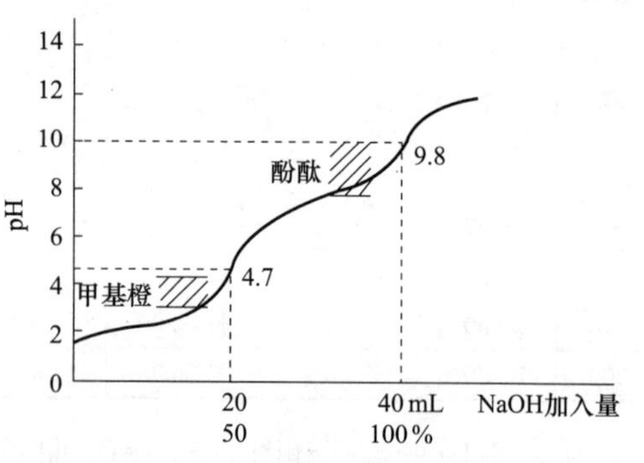

图 6-6 NaOH 溶液滴定H_3PO_4溶液的滴定曲线

下面计算第一和第二化学计量点时的 pH 值。

第一化学计量点：$H_3PO_4+OH^- \rightleftharpoons H_2PO_4^-+H_2O$，$H_2PO_4^-$ 为两性物质，一般不要求较高的准确度，可按最简式计算。

$$[H^+]=\sqrt{K_{a_1}K_{a_2}}=2.19\times10^{-5}mol/L,\ pH=4.66$$

可选溴甲酚绿或甲基红作指示剂。若选甲基橙，终点由红变黄，结果误差约为 -0.5%。

第二化学计量点：$H_2PO_4^-+OH^- \rightleftharpoons HPO_4^{2-}+H_2O$，$HPO_4^{2-}$ 为两性物质，一般可按最简式计算。

$$[H^+]=\sqrt{K_{a_1}K_{a_2}}=1.66\times10^{-10}mol/L,\ pH=9.78$$

可选百里酚酞为指示剂，终点由无色变浅蓝色，结果误差约为 $+0.3\%$。

第三化学计量点：由于 $CK_{a_3}<10^{-8}$，不能按常规方法滴定，但可以加入中性 $CaCl_2$ 溶液进行强化，使其形成 $Ca_3(PO_4)_2$ 沉淀，将 H^+ 释放出来，就可以准确滴定了。强化反应式为：

$$2HPO_4^{2-}+3Ca^{2+} \rightleftharpoons Ca_3(PO_4)_2\downarrow+2H^+$$

可选酚酞作指示剂。

5. 多元碱的滴定

现以 $C_{(HCl)}=0.1000mol/L$ HCl 溶液滴定 $C_{Na_2CO_3}=0.1000mol/L$ 溶液为例。滴定分两步进行：第一步 $CO_3^{2-}+H^+ \rightleftharpoons HCO_3^-$；第二步 $HCO_3^-+H^+ \rightleftharpoons CO_2\uparrow+H_2O$。

已知 H_2CO_3 的 $K_{a_1}=4.2\times10^{-7}$；$K_{a_2}=5.6\times10^{-11}$

则 Na_2CO_3 的 $K_{b_1}=\frac{K_w}{K_{a_2}}=1.8\times10^{-4}$；$K_{b_2}=\frac{K_w}{K_{a_2}}=2.4\times10^{-8}$

判断：(1) $CK_{b_1}=1.8\times10^{-5}>10^{-8}$；(2) $CK_{b_2}=0.05\times2.4\times10^{-8}=1.2\times10^{-9}$；

(3) $\frac{K_{b_1}}{K_{b_2}}\approx10^4$，又有 HCO_3^- 的缓冲作用，第一突跃不够明显，第二突跃也不很理想。HCl 滴定 Na_2CO_3 的滴定曲线，如图 6-7 所示。

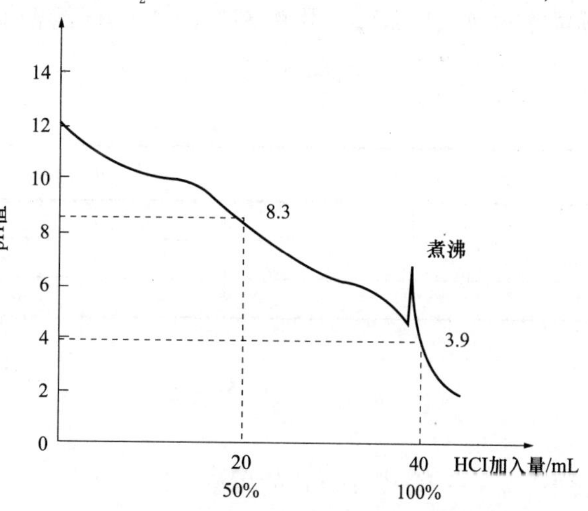

图 6-7　HCl 溶液滴定 Na_2CO_3 溶液的滴定曲线

第一化学计量点时形成 $NaHCO_3$ 溶液，$[H^+]=\sqrt{K_{a_1}K_{a_2}}$，pH=8.31，可选用酚酞作指示剂，终点误差约 1%，若选用甲酚红—百里酚蓝混合指示剂 (pT=8.3)，终点误差约 0.5%。第二化学计量点时，溶液被滴定形成的 CO_2 所饱和，H_2CO_3 的浓度约为 0.040mol/L，$[H^+]=\sqrt{K_aC}$，pH=3.89，可用甲基橙作指示剂，但由于 K_{b_2} 不够大，再加上 CO_2 饱和使溶液酸度增大，终点提前，为此在滴定近终点时应剧烈摇动，促使 H_2CO_3 分解，最好将溶液煮沸 2min 除去 CO_2，使突跃变大，冷却后继续滴定至终点。若第二化学计量点时使用甲基红—溴甲酚绿混合指示剂，颜色由黄绿色变暗红色，终点较敏锐。

6.2.4 酸碱标准溶液的配制和标定

酸碱滴定法中常用的碱标准溶液是 NaOH，酸标准溶液是 HCl 或 H_2SO_4（当需要加热或在温度较高情况下，使用 H_2SO_4 溶液）。

1. NaOH 标准溶液的配制和标定

（1）配制方法

氢氧化钠有很强的吸水性和吸收空气中的CO_2，因而市售 NaOH 常含有Na_2CO_3，由于Na_2CO_3 的存在，对指示剂的使用影响较大，应设法除去。除去Na_2CO_3 的最通常方法，是将 NaOH 先配成饱和溶液（约 50%），在此浓碱溶液中Na_2CO_3 几乎不溶解，慢慢沉淀出来，可吸取上层清液配制所需标准溶液。具体配制方法如下：

称取 100g 氢氧化钠，溶于 100mL 水中，摇匀，注入聚乙烯容器中，密闭放置至溶液清亮。用塑料管虹吸规定体积的上层清液见表 6-11，注入 1000mL 无CO_2 的水中，摇匀。

表 6-11

C_{NaOH}/（mol/L）	$V_{NaOH饱和溶液}$/mL
1	52
0.5	26
0.5	5

（2）标定方法

称取下述规定量的于 105～110℃ 烘至质量恒定的基准邻苯二甲酸氢钾（$KHC_8H_4O_4$），称准至 0.0001g，溶于下述规定体积的无 CO_2 的水中，见表 6-12。加 2 滴酚酞指示液（10g/L），用配制好的 NaOH 溶液滴定至溶液呈粉红色，同时作空白试验。计算 NaOH 溶液的浓度。

表 6-12

C_{NaOH}/（mol/L）	$m_{基准KHC_8H_4O_4}$/g	$V_{无CO_2的水}$/mL
1	6	80
0.5	3	80
0.1	0.6	50

$$C_{NaOH}=\frac{m}{(V-V_0)\times\frac{M_{KHC_8H_4O_4}}{1000}} \quad (6\text{-}30)$$

式中 m——$KHC_8H_4O_4$ 的质量，g；

V——NaOH 溶液的用量，mL；

V_0——空白试验 NaOH 溶液的用量，mL；

$M_{KHC_8H_4O_4}$——$KHC_8H_4O_4$ 的摩尔质量，204.22g/mol。

2. HCl 标准溶液的配制和标定

（1）配制方法

量取表 6-13 规定体积的浓 HCl，注入 1000 mL 水中，摇匀。

表 6-13

C_{HCl}/（mol/L）	$V_{浓HCl}$/mL
1	90
0.5	45
0.1	9

（2）标定方法

称取表 6-14 规定量的于 270～300℃灼烧至恒重的基准无水碳酸钠（Na_2CO_3），称准至 0.0001g。溶于 50mL 水中，加 10 滴溴甲酚绿　甲基红混合指示液。用配制好的盐酸溶液滴定至溶液由绿色变为暗红色，煮沸 2min，冷却后继续滴定至溶液再呈暗红色。同时作空白试验。计算 HCl 溶液的浓度。

表 6-14

C_{HCl}/（mol/L）	$m_{基准无水Na_2CO_3}$/g
1	1.6
0.5	0.8
0.1	0.2

$$C_{HCl}=\frac{m}{(V-V_0)\times\frac{M_{1/2Na_2CO_3}}{1000}} \tag{6-31}$$

式中　m——Na_2CO_3 的质量，g；

V——HCl 溶液的用量，mL；

V_0——空白试验 HCl 溶液的用量，mL；

$M_{1/2Na_2CO_3}$——以（$1/2Na_2CO_3$）为基本单元的摩尔质量（52.99g/mol）。

3. 比较

量取 30.00～35.00 mLHCl 标准溶液，加 50mL 无 CO_2 的水及 2 滴酚酞指示液（10 g/L），用浓度相当的 NaOH 标准溶液滴定，近终点时加热至 80℃，继续滴定至溶液呈粉红色。计算 NaOH 溶液浓度。

$$C_{NaOH}=\frac{C_{HCl}V_{HCl}}{V_{NaOH}} \tag{6-32}$$

与上述标定结果作一比较，要求两种方法测得的浓度的相对误差不得大于 0.2%，以标定所得数值为准。

6.3　酸度和碱度

6.3.1　碱度组成及测定意义

水的碱度是指水中所含能与强酸定量反应的物质总量。

水中的来源较多，天然水体中的碱度基本上是碳酸盐、重碳酸盐及氢氧化物含量的函数，所以碱度可分为氢氧化物（OH^-）碱度、碳酸盐（CO_3^{2-}）碱度和重碳酸盐

(HCO_3^-) 碱度分别进行测定，也可同时测定氢氧化物与碳酸盐碱度（$OH^- + CO_3^{2-}$）、碳酸盐与重碳酸盐碱度（$CO_3^{2-} + HCO_3^-$）。如天然水体中繁殖大量藻类，剧烈吸收水中 CO_2，使水有较高 pH，主要有碳一般 pH<8.3 的天然水中主要含有重碳酸盐碱度，pH 值略高于 8.3 的弱碱性天然水可同时含有重碳酸盐和碳酸盐碱度，pH>10 时主要是氢氧化物碱度。总碱度被当作这些成分浓度的总和。当水中含有硼酸盐、磷酸盐或硅酸盐等时，则总碱度的测定值也包含它们所起的作用。

某些工业废水如造纸、制革、化学纤维、制碱等企业排放的生产废水可能含有大量的强碱，其碱度主要是氢氧化物或碳酸盐。在排入水体之前必须进行中和处理。在给水处理如水的混凝澄清和水的软化处理以及废水好氧厌氧处理设备运行中，碱度的大小是个重要的影响因素。在其他复杂体系的水体中，还含有有机碱类如 $C_6H_5NH_2$、金属水解性盐类等。在这些情况下用普通的方法不易辨别各种成分，需要测定总碱度。碱度成为一种水质的综合性指标，代表能被强酸滴定物质的总和。

碱度对水质特性有多方面的影响，常用于评价水体的缓冲能力及金属在其中的溶解性和毒性，同时也是给水和废水处理过程、设备运行、管道腐蚀控制的判断性指标，所以碱度的测定在工程设计、运行和科学研究中有着重要的意义。

6.3.2 碱度的测定

碱度的测定采用酸碱滴定法。用 HCl 或 H_2SO_4 作为标准溶液，酚酞和甲基橙作为指示剂，根据不同指示剂变色所消耗的酸的体积，可分别测出水样中所含的各种碱度。在滴定中各种碱度的反应是：

$OH^- + H^+ \rightleftharpoons H_2O$　　化学计量点=7.0　　(6-33)

$CO_3^{2-} + H^+ \rightleftharpoons HCO_3^-$　　化学 pH 计量点 pH=8.3　　(6-34)

$HCO_3^- + H^+ \rightleftharpoons H_2CO_3$　　化学计量点 pH=3.9　　(6-35)

根据酸碱滴定原理，化学计量点为 pH=7.0 和 pH=8.3 时可以选择酚酞作为指示剂，化学计量点为 pH=3.9 时可以选择甲基橙作指示剂。因此，用酸滴定碱度时，先用酚酞作指示剂，水中的氢氧化物碱度完全被中和，而碳酸盐碱度只中和了一半。若继续用甲基橙作指示剂，滴至颜色由黄色变为橙红色，说明碳酸盐碱度又完成了一半，重碳酸盐碱度也全部被中和，此时测定的碱度为水中各种碱度成分的总和，因此将单独用甲基橙作为指示剂测定的碱度称为总碱度。

按操作方式和选择不同的指示剂测定碱度，可分为如下两种方法。

1. 连续滴定

取一定容积的水样，加入酚酞指示剂以强酸标准溶液进行滴定，到溶液由红色变为无色为止，标准酸溶液用量以 V_1 表示。再向水样中加入甲基橙指示剂，继续滴定溶液由黄色变为橙色为止，滴定用去标准溶液体积以 V_2 表示。根据 V_1 和 V_2 的相对大小，可以判断水中碱度组成并计算其含量。

(1) 单独的氢氧化物的碱度（OH^-）

水的 pH 值一般在 10 以上，滴定时加入酚酞后溶液呈红色，用标准酸溶液滴至无色，得到 V_1 值，见反应式 (6-33)。再加入甲基橙，溶液呈橙色，因此不用继续滴定。滴定结果为：

$$V_1>0;\ V_2=0$$

因此，判断只有 OH^- 碱度，而且：$OH^-=V_1$。

（2）氢氧化物与碳酸盐碱度（OH^-、CO_3^{2-}）

水的 pH 值一般也在 10 以上，首先以酚酞为指示剂，用标准酸溶液滴定，得到 V_1 值，其反应由式（6-33）进行到式（6-34），其中包括 OH^- 和一半的 CO_3^{2-} 碱度，加甲基橙指示剂继续滴定，得 V_2。反应由式（6-34）进行到式（6-35），测出另一半 CO_3^{2-} 碱度。滴定结果为：

$$V_1>V_2$$

因此，判断有 OH^- 与 CO_3^{2-} 碱度，而且有：

$$OH^-=V_1-V_2$$

$$CO_3^{2-}=2V_2$$

（3）单独的碳酸盐碱度（CO_3^{2-}）

水的 pH 值若在 9.5 以上，以酚酞作指示剂，用标准酸溶液滴定，测得 V_1 值，见反应式（6-34），其中包括一半 CO_3^{2-} 碱度，再加甲基橙指示剂，得 V_2 值，见反应式（6-35），测出另一半 CO_3^{2-} 碱度。测定结果为：

$$V_1=V_2$$

因此，判断只有 CO_3^{2-} 碱度，而且有：

$$CO_3^{2-}=2V_1$$

（4）碳酸盐和重碳酸盐碱度（CO_3^{2-}、HCO_3^-）

水中 pH 值一般低于 9.5 而高于 8.3，以酚酞为指示剂用标准溶液滴定到终点 V_1 值，见反应式（6-34），含一半 CO_3^{2-} 碱度，再加甲基橙指示剂，得 V_2 值，见反应式（6-35），测出另一半 CO_3^{2-} 碱度和 HCO_3^- 碱度。测定结果为：

$$V_1<V_2$$

因此，判断有 CO_3^{2-} 碱度和 HCO_3^- 碱度，而且有

$$CO_3^{2-}=2V_1$$

$$HCO_3^-=V_2-V_1$$

（5）单独的重碳酸盐碱度（HCO_3^-）

水中的 pH 值此时一般低于 8.3，滴定时首先加入酚酞指示剂，溶液并不呈红色而为无色，以甲基橙为指示剂，用标准溶液滴定到终点，得 V_2 值，见反应式（6-35），测出 HCO_3^- 碱度。测定结果为：

$$V_1=0 \quad V_2>0$$

因此，判断只有 HCO_3^- 碱度，而且有

$$HCO_3^-=V_2$$

若各种标准溶液浓度为已知，就可计算碱度含量。

各类碱度及酸碱滴定结果的关系见表 6-15。

水中碱度组成与计算表 **表 6-15**

类型	滴定结果	OH^-	CO_3^{2-}	HCO_3^-	总碱度
1	V_1，$V_2=0$	V_1	0	0	V_1
2	$V_1>V_2$	V_1-V_2	$2V_2$	0	V_1+V_2
3	$V_1=V_2$	0	$2V_1$	0	V_1+V_2
4	$V_1<V_2$	0	$2V_1$	V_2-V_1	V_1+V_2
5	V_2，$V_1=0$	0	0	V_2	V_2

2. 分别滴定

取两份同体积试样，第一份加入百里酚蓝—甲酚红指示剂，用标准酸溶液滴定至指示剂由紫色变为黄色，终点的 pH=8.3，消耗标准酸体积为 $V_{pH8.3}$；第二份水样用溴甲酚绿—甲基红指示，用标准酸溶液滴定至由绿色变为浅灰紫色，终点的 pH=4.8，消耗标准酸体积为 $V_{pH4.8}$，由此可判断水中碱度组成和含量。

各类碱度及酸碱滴定结果的关系见表 6-16。

判断碱度组成与表示 **表 6-16**

滴定体积			碱度组成与表示		
比较	表示		OH^-	CO_3^{2-}	HCO_3^-
	$V_{pH8.3}$	$V_{pH4.8}$			
$V_{pH8.3}=V_{pH4.8}$	OH^-		$V_{pH8.3}=V_{pH4.8}$		
$2V_{pH8.3}>V_{pH4.8}$	$OH^-+\frac{1}{2}CO_3^{2-}$	$OH^-+CO_3^{2-}$	$2V_{pH8.3}-V_{pH4.8}$	$2(V_{pH4.8}-V_{pH8.3})$	
$2V_{pH8.3}=V_{pH4.8}$	$\frac{1}{2}CO_3^{2-}$	CO_3^{2-}		$2V_{pH8.3}=V_{pH4.8}$	
$2V_{pH8.3}<V_{pH4.8}$	$\frac{1}{2}CO_3^{2-}$	$OH^-+HCO_3^-$		$2V_{pH8.3}$	$V_{pH8.3}-2V_{pH4.8}$
$V_{pH8.3}=0$，$V_{pH4.8}>0$		HCO_3^-			$V_{pH4.8}$

6.3.3 酸度及其测定

在水中，由于溶质的解离或水解（无机酸类，硫酸亚铁和硫酸铝）而产生的 H^+，与碱标准溶液作用至一定 pH 值所消耗的量，称为酸度。产生酸度的物质主要是 H^+、CO_2 以及其他各种弱无机酸和有机酸、$Fe(H_2O)_6^{3+}$ 等。大多数天然水、生活污水和污染较轻的各种工业废水只含有弱酸。地表水溶入CO_2 或由于机械、选矿、电镀、化工等行业排放的含酸废水污染后，致使 pH 值降低。由于酸的腐蚀性，破坏了鱼类及其他水生生物和农作物的正常生存条件，造成鱼类及农作物等死亡。含酸废水可腐蚀管道和水处理构筑物。因此，酸度也是衡量水体污染的一项重要指标。

酸度的测定是用 NaOH 标准溶液滴定，以 $CaCO_3$ mg/L 表示。根据所选择的指示剂不同，可分为两种酸度。酸度数值的大小，随所用指示剂指示终点 pH 值的不同而异。滴定终点的 pH 值有两种规定，即 3.7 和 8.3。

以甲基橙为指示剂，用 NaOH 溶液滴定到 pH 值为 3.7 的酸度，称为“甲基橙酸度”，代表一些较强的酸，消耗氢氧化钠溶液的体积设为 V_1；以酚酞作指示剂，用 NaOH 溶液滴定到 pH 值 8.3 的酸度，称为“酚酞酸度”，又称总酸度，它包括强酸和弱酸，消耗 NaOH 溶液的体积设为 V_2。则酸度的计算如下：

甲基橙酸度（$CaCO_3$，mg/L）$=C$（NaOH）$V_1/V_{水}\times50.05\times1000$

酚酞酸度　（$CaCO_3$，mg/L）$=C$（NaOH）$V_2/V_{水}\times50.05\times1000$

对酸度产生影响的溶解气体，如 CO_2、H_2S 和 NH_3，在取样、保存或滴定时，都可能增加或损失酸度。因此，在打开试样容器后，要迅速滴定到终点，防止干扰气体溶入试样。为了防止水样中 CO_2 等溶解气体损失，在采样后，要避免剧烈摇动，并要尽快分析，否则要在低温下保存。

含有三价铁和二价铁、锰、铝等可氧化或容易水解的离子，在常温滴定时的反应速率很慢，且生成沉淀，导致终点时指示剂退色。遇此情况，应在加热后进行滴定。

水样中的游离氯会使甲基橙指示剂退色，可在滴定前加入少量 0.1mol/L 硫代硫酸钠溶液去除。

对有色的或浑浊的水样，可用无二氧化碳水稀释后滴定，或选用电位滴定法（指示终点的 pH 值仍为 8.3 和 3.7），其操作步骤按所用仪器说明进行。

NaOH 标准溶液（0.1mol/L）的标定：

称取 60gNaOH 溶于 50mL 水中，转入 150mL 的聚乙烯瓶中，冷却后，用装有碱石灰管的橡皮管塞紧，静置 24h 以上。吸取上层清液约 7.5mL 置于 1000mL 容量瓶中，二氧化碳水稀释至标线，摇匀，移入聚乙烯瓶中保存。按下述方法进行标定。

称取在 105～110℃ 干燥过的基准试剂及邻苯二甲酸氢钾（$KHC_8H_4O_4$，简写为 KHP）约 0.5g（称准至 0.0001 g），置于 250mL 锥形瓶中，加无二氧化碳水 100mL 使之溶解，加入 4 滴酚酞指示剂，用待标定的氢氧化钠标准溶液滴定至浅红色为终点。同时用无二氧化碳水做空白滴定，按下式进行计算。

KHP 与 NaOH 的滴定反应为：

$$KHP+NaOH \rightleftharpoons KNaP+H_2O \tag{6-36}$$

$$\text{NaOH 标准溶液浓度（mol/L）}=\frac{m\times1000}{(V_0'-V_0\times204.2)}$$

式中　m——称取 $KHC_8H_4O_4$ 的质量，g；

V_0——滴定空白时所消耗 NaOH 标准溶液体积，mL；

V_0'——滴定 $KHC_8H_4O_4$ 时所消耗 NaOH 标准溶液的体积，mL；

204.2——$KHC_8H_4O_4$ 的换算系数。

思考题

1. 指出下列物质哪些是酸、哪些是碱、哪些是两性物质？

(1) NH_4Cl (2) H_2S (3) $NaHCO_3$ (4) Na_2SO_3 (5) Na_2S

2. 写出下列物质的共轭酸或共轭碱：

(1) HCOOH (2) Na_2CO_3 (3) HF (4) NaH_2PO_4 (5) $Na_2C_2O_4$

3. 将下列水溶液中[H^+]换算成 pH 值：

(1) 0.20 mol/L (2) 5.0×10^{-7} mol/L (3) 1.8×10^{-12}mol/L

4. 将下列水溶液中[OH^-]换算成 pH 值：

(1) 2.0×10^{-3} mol/L (2) 0.20mol/L (3) 1.2×10^{-12}mol/L

5. 计算下列溶液的 pH 值：

(1) $C_{HAc}=2.0\times10^{-3}$ mol/L HAc 溶液；

(2) $C_{H_3BO_4}=0.10$ mol/L H_3BO_4 溶液；

(3) $C_{NH_4NO_3}=0.10$mol/L 溶液。

6. 计算下列缓冲溶液的 pH 值：

(1) 1 L 溶液中 $C_{HAc}=1.0$mol/L，$C_{NaAc}=0.50$mol/L

(2) 1 L 溶液中 $C_{NH_3}=0.10$mol/L，$C_{NH_4Cl}=0.050$mol/L

7. 什么是反应的化学计量点和滴定终点？

8. 酸碱指示剂为什么能变色？指示剂的变色范围如何确定？

9. 某溶液滴入酚酞无色，滴入甲基红为黄色，指出该溶液的 pH 范围。

10. 判断在下列 pH 值溶液中，指示剂显何色：

(1) pH=3.5 溶液，滴入甲基红；

(2) pH=7.0 溶液，滴入溴甲酚绿；

(3) pH=4.0 溶液，滴入甲基橙；

(4) pH=10.0 溶液，滴入甲基橙；

(5) pH=6.0 溶液，滴入甲基红和溴甲酚绿的混合指示剂。

11. 滴定曲线说明什么问题？在各种不同类型的滴定中为什么突跃范围不同？

12. 用 0.1mol/LNaOH 溶液滴定下列各种酸能出现几个滴定突跃？各选何种指示剂？

(1) CH_3COOH (2) $H_2C_2O_4\cdot2H_2O$ (3) H_3PO_4

第7章　沉淀滴定法

【学习要点及目标】

◆掌握溶度积原理，能够熟练的进行溶度积和溶解度的相互换算。

◆了解分级沉淀和沉淀的转换现象。

◆掌握莫尔法、佛尔哈德法和法扬司法的滴定原理、指示剂种类、测定对象。

◆能够对水中氯化物的进行测定，判断水质情况。

【核心概念】

溶度积、溶解度、溶度积常数、莫尔法、佛尔哈德法、法扬司法、沉淀滴定法指示剂。

7.1　方法简介

沉淀滴定法是以沉淀反应为基础的滴定分析法。根据滴定分析对化学反应的要求，适合于作为滴定用的沉淀反应必须满足以下要求：

（1）反应速度快，生成沉淀的溶解度小；

（2）反应按一定的化学式定量进行；

（3）有准确确定化学计量点的方法；

（4）沉淀的吸附现象不影响滴定的准确度。

由于上述条件的限制，能应用于沉淀滴定法的反应比较少。目前应用较多的是生成难溶银盐的反应，称为银量法，例如：

$$Ag^{+}+Cl^{-} \rightleftharpoons AgCl\downarrow \text{（白）}$$

$$Ag^{+}+Br^{-} \rightleftharpoons AgBr\downarrow \text{（黄）}$$

$$Ag^{+}+SCN^{-} \rightleftharpoons AgSCN\downarrow \text{（白）}$$

目前卤素化合物和硫氰化物含量在1%以上时，仍采用沉淀滴定法。本章仅介绍银量法。银量法根据所用指示剂不同，按创立者的名字命名，分为莫尔法、佛尔哈德法和法扬司法三种。

7.2　沉淀溶解平衡

7.2.1　溶度积原理

离子脱离固体表面分子的束缚进入溶液中成为水合离子的过程叫溶解。溶液中溶质的水合离子重新回到固体表面的过程叫沉淀。例如，当把 AgCl 固体放入水中，组成 AgCl 结晶的Ag^{+}和Cl^{-}受到水分子的吸引，离开结晶表面进入溶液中，这个过程叫溶解。与此同时，已溶解的 Ag^{+}和 Cl^{-}在溶液中不停地运动，受到 AgCl 晶体表面上带相反电荷的离子的吸引，重新在结晶表面上析出，这个过程叫沉淀。在一定温度下，当溶解的速度和沉淀的速度到达相等时，未溶解的固体和溶液中离子之间达到了动态平衡：

$$AgCl（固）\rightleftharpoons Ag^{+}+Cl^{-}$$

根据化学平衡原理，其平衡常数表达式为：

$$K=\frac{[Ag^{+}][Cl^{-}]}{[AgCl]}$$

即：$K[AgCl]=[Ag^{+}][Cl^{-}]$

AgCl 为固体物质，因固体物质的浓度相当于它的密度，可视为一常数。

令 $K[AgCl]=K_{sp}$　　　　则 $K_{sp,AgCl}=[Ag^{+}][Cl^{-}]$

此式表明，难溶电解质的饱和溶液中，当温度一定时，其离子浓度的乘积为一常数，这个常数称为溶度积常数，简称溶度积。通常把难溶电解质的化学式注在其右下角，并在“sp”和化学式之间加“,”号，各离子浓度的单位为 mol/L。$K_{sp,AgCl}=1.8\times10^{-10}$（25℃），温度改变时，$K_{sp}$值也随之改变。

对于通式：　$A_nB_m（固）\rightleftharpoons nA^{m+}+mB^{n-}$　(7-1)

溶度积常数表达式为：　$K_{sp,A_nB_m}=[A^{m+}]^n[B^{n-}]^m$　(7-2)

例如：　$Mg(OH)\rightleftharpoons Mg^{2+}+2OH^{-}$　　$K_{sp,Mg(OH)}=[Mg^{2+}][2OH^{-}]$

$AgCrO_4\rightleftharpoons 2Ag^{+}+CrO_4{}^{2-}$　　$K_{sp,AgCrO_4}=[Ag^{+}]^2[CrO_4{}^{2-}]$

不同的难溶电解质溶度积不同。溶度积的大小与物质的溶解度有关，它反映了物质的溶解能力。对于同价型的难溶电解质，如 AgCl 和 AgBr，$BaSO_4$ 和 $BaCO_3$ 等，在相同的温度下，K_{sp}越大，溶解度也越大；K_{sp}越小，溶解度也越小。但对于不同价型的难溶电解质则不然，如 25℃时 AgCl 与 $AgCrO_4$ 的溶度积分别为 $K_{sp}=1.8\times10^{-10}$、$K_{sp}=1.1\times10^{-12}$，显然 $K_{sp,AgCl}>K_{sp,AgCrO_4}$，而 AgCl 的溶解度为 1.34×10^{-5}，$AgCrO_4$ 的溶解度为 6.5×10^{-5}，AgCl 的溶解度小于 $AgCrO_4$ 的溶解度。难容电解质的溶度积随温度而改变，但变化不大。在实际工作中常采用 25℃时的值。

根据溶度积的定义，可以判断沉淀的生成或溶解。当溶液中某难溶电解质的离子浓度（以该离子的系数为指数）的乘积大于其溶度积时，溶液为过饱和溶液，就会产生沉淀。此时，由于沉淀析出，溶液中离子的浓度减少，直到离子浓度的乘积等于其溶度积为止。而当离子的浓度的乘积等于其溶度积时，溶液为饱和溶液。如果溶液中的离子浓度的乘积小于其溶度积，溶液则为不饱和溶液，没有沉淀生成，而且生成的沉淀会发生溶解。这成为溶度积规则。即：

$[A^{m+}]^n[B^{n-}]^m<K_{sp}$时，溶液为不饱和，没有沉淀析出，如有沉淀存在，则沉淀发生溶解。

$[A^{m+}]^n[B^{n-}]^m=K_{sp}$溶液达到饱和，没有沉淀析出，溶液中溶解与沉淀之间建立了多相离子平衡。

$[A^{m+}]^n[B^{n-}]^m>K_{sp}$溶液为过饱和，沉淀从溶液中析出，直到溶液中的$[A^{m+}]^n[B^{n-}]^m=K_{sp}$时为止。

7.2.2 溶度积和溶解度的相互换算

溶解度是指饱和溶液中溶质的量，以 S 表示，它和溶度积都表示物质的溶解能力，两者可以相互换算。

对 M_mA_n 型沉淀，溶度积的计算式为（省略物质电荷）：

$$M_mA_n \rightleftharpoons mM + nA \tag{7-3}$$

$$K_{sp} = [M]^m\ [A]^n \tag{7-4}$$

令该沉淀的溶解度为 S，即平衡时每升溶液中有 S（mol）的 M_mA_n 溶解，此时必同时产生 mSmol/L 的 M^{n+} 和 nSmol/L 的 A^{m-}，即：

$$[M^{n+}] = mS,\ [A^{m-}] = nS$$

于是，

$$K_{sp} = (mS)^m \cdot (nS)^n = m^m \cdot n^n \cdot S^{m+n}$$

所以，

$$S = \sqrt[m+n]{\frac{K_{sp}}{m^m \cdot n^n}} \tag{7-5}$$

例 7-1　Fe（OH）$_3$ 是 1∶3 型沉淀

$$Fe(OH)_3 \rightleftharpoons Fe^{3+} + 3OH^-$$

$$S = \sqrt[4]{\frac{K_{sp}}{1\times3^3}} = \sqrt[4]{\frac{K_{sp}}{27}} = \sqrt[4]{\frac{3\times10^{-39}}{27}} = 1.03\times10^{-10}\text{mol/L}$$

$$S = \sqrt[3]{\frac{K_{sp(Ag_2CrO_4)}}{4}} = \sqrt[3]{\frac{2\times10^{-12}}{4}}\text{mol/L} = 7.94\times10^{-5}\text{mol/L}$$

例 7-2　Ag_2CrO_4，$K_{sp(Ag_2CrO_4)} = 2\times10^{-12}$，$m=2$，$n=1$

$$S = \sqrt[3]{\frac{K_{sp(Ag_2CrO_4)}}{4}} = \sqrt[3]{\frac{2\times10^{-12}}{4}}\text{mol/L} = 7.94\times10^{-5}\text{mol/L}$$

$$[Ag^+] = 2S = 2\times7.94\times10^{-5}\text{mol/L} = 1.59\times10^{-4}\text{mol/L}$$

7.2.3　分级沉淀

当溶液中含两种或两种以上离子时，在滴加一种共同沉淀剂时，发生沉淀有先后的现象叫分级沉淀或分步沉淀。在分级沉淀中，所需沉淀剂离子浓度小的先沉淀，大的后沉淀。

例如，在含有 0.1mol/L 的 I^- 和 0.1mol/L 的 Cl^- 的溶液中，逐滴加入 $AgNO_3$ 溶液。可以发现在溶液中先生成淡黄色的 AgI 沉淀，然后才出现白色的 AgCl 沉淀。这是因为根据溶度积规则：

$$[Ag^+][I^-] = K_{sp,AgI} \qquad [Ag^+][Cl^-] = K_{sp,AgCl}$$

生成 AgI 沉淀所需的 Ag^+ 的最低浓度为：

$$[Ag^+] = \frac{K_{sp,AgCl}}{[I^-]} = \frac{8.3\times10^{-17}}{0.01} = 8.3\times10^{-15}\text{mol/L}$$

生成 AgCl 沉淀所需的 Ag^+ 的最低浓度为：

$$[Ag^+] = \frac{K_{sp,AgCl}}{[Cl^-]} = \frac{1.8\times10^{-10}}{0.01} = 1.8\times10^{-8}\text{mol/L}$$

由上结果可知，沉淀 I^- 所需的 $[Ag^+]$ 比沉淀 Cl^- 所需的 $[Ag^+]$ 小得多，对同一价型的难容电解质 AgI 和 AgCl 来说，在 I^- 和 Cl^- 浓度相同或近似的情况下，当逐滴加入 Ag-NO_3 时，溶度积较小的 AgI 首先达到溶度积而析出沉淀，然后才是溶度积较大的 AgCl 沉淀析出。

7.2.4 沉淀的转化

一种难溶化合物转变成另一种难溶化合物的现象叫沉淀的转化。

例如，在 AgCl 沉淀的溶液中，加入 NH_4SCN，由于 $K_{sp,AgSCN}=1.0\times10^{-12}$ 比 $K_{sp,AgCl}=1.8\times10^{-10}$小，即 AgSCN 溶解度比 AgCl 的溶解度小，所以 AgCl 转变成 AgSCN 沉淀。

$$AgCl \rightleftharpoons Ag^+ + Cl^-$$

$$+$$

$$NH_4SCN \rightarrow SCN^- + NH_4^+$$

$$\Downarrow$$

$$AgSCN\downarrow$$

7.3 莫尔（Mohr）法

7.3.1 方法原理

莫尔法是在中性或弱碱性溶液中，可以直接测定 Cl^- 或 Br^-。

以 $AgNO_3$ 标准溶液为滴定剂，用 K_2CrO_4 为指示剂，测定水中 Cl^- 时，根据分步沉淀原理，首先生成沉淀的是 AgCl 沉淀（$K_{sp,AgCl}=1.8\times10^{-10}$mol/L)，即：

$$Ag^+ + Cl^- \rightleftharpoons AgCl\downarrow \text{（白）} \tag{7-6}$$

当达到计量点时候，水中 Cl^- 已被全部滴定完毕，稍过量的 Ag^+ 便与 $CrO_4{}^{2-}$ 生成砖红色 Ag_2CrO_4 沉淀，（$K_{sp,Ag2CrO4}=1.1\times10^{-12}$mol/L）而指示滴定终点，即：

$$2Ag^+ + CrO_4{}^{2-} \rightleftharpoons Ag_2CrO_4\downarrow \text{（砖红色）} \tag{7-7}$$

根据 $AgNO_3$ 标准溶液的浓度和用量，便可求得水中 Cl^- 的含量。

7.3.2 测定条件

1. 指示剂的用量

K_2CrO_4，用量直接影响终点误差，$[CrO_4^{2-}]$过高，终点提前，浓度过低，终点推迟。当滴定 Cl^- 到达化学计量点时，AgCl 饱和溶液中$[Ag^+]=[Cl^-]$，$[Ag^+]=\sqrt{K_{sp,AgCl}}=1.34\times10^{-5}$mol/L，此时，$Ag_2CrO_4$ 开始析出所需$[CrO_4^{2-}]$为：

$$[CrO_4^{2-}]=\frac{K_{sp,Ag2CrO4}}{[Ag^+]^2}=\frac{2\times10^{-12}}{(1.34\times10^{-5})^2}\text{mol/L}\approx0.01\text{mol/L}$$

由于 K_2CrO_4 溶液呈黄色，这样的浓度颜色太深影响终点观察。所以 K_2CrO_4 的实际用量为 0.005mol/L，即终点体积为 100mL 时，加入 50g/LK_2CrO_4，溶液 2mL，实践证明终点误差小于 0.1%。对较稀溶液的测定，如用 0.01mol/L$AgNO_3$，滴定 0.01mol/L Cl^- 时误差可达 0.8%，应做指示剂空白试验进行校正。

2. 溶液必须呈中性或弱碱性

铬酸是二元弱酸，如溶液的酸度太大，沉沉的溶解，反应为：

$$Ag_2CrO_4 + H^+ \rightleftharpoons 2Ag^+ + HCrO_4 \tag{7-8}$$

但溶液的碱性也不能太大，否则将有棕黑色沉淀析出：

$$2Ag^+ + 2OH^- \rightleftharpoons Ag_2O\downarrow + H_2O \tag{7-9}$$

因此滴定只能在中性和弱碱性溶液中进行，溶液的酸度应该控制在 pH＝6.0～10.5 的范围。若溶液的碱性太强，可用稀硝酸中和；若溶液的酸性太强，可用 $NaHNO_3$ 中和。

不宜在氨性溶液中进行，因为 Ag^+ 与 NH_3 形成 $Ag(NH_3)_2^+$，影响结果的准确度，若试液中含有 NH_3，可用 HNO_3 中和。若有 NH_4^+ 存在时，测定时溶液 pH 值应控制在 6.5～7.2之间。

3. 剧烈摇动

AgCl 沉淀容易吸附 Cl^- 而使终点提前，因此滴定时必须剧烈摇动，使被吸附 Cl^- 释放出来，以获得正确的终点。AgBr 吸附 Br^-。

7.3.3 测定对象

莫尔法能测 Cl^- 和 Br^-，但不能测 I^- 和 SCN^-，因为 AgI 沉淀强烈吸附 I^-，AgSCN 沉淀强烈吸附 SCN^-，使终点过早出现且终点变化不明显。如果用莫尔法测 Ag^+，则应在试液中加入一定量过量的 NaCl 标准溶液，然后用 $AgNO_3$，标准溶液返滴过量 Cl^-。

7.3.4 干扰离子

莫尔法选择性较差，凡与 CrO_4^{2-} 产生沉淀的离子，如 Ba^{2+}、Pb^{2+} 等均干扰测定。凡与 Ag^+ 产生沉淀的离子，如 PO_4^{3-}、AsO_4^{3-}、S^{2-}、$C_2O_4^{2-}$ 等也干扰测定。Cu^{2+}、Ni^{2+}、Co^{2+} 等有色离子影响终点观察。Fe^{3+}、Al^{3+}、Bi^{3+}、Sn^{4+} 等在中性或弱碱性溶液中易水解产生沉淀也产生干扰。

7.4 佛尔哈德（Volhard）法

佛尔哈德法是以铁铵矾$[NH_4Fe(SO_4)_2 \cdot 12H_2O]$作指示剂的银量法，本法分为直接滴定法和返滴定法。

7.4.1 直接滴定法（测定Ag^+）

在酸性溶液中，以铁铵矾作指示剂，用 NH_4SCN（或 KSCN）标准溶液滴定，测定 Ag^+。当到达化学计量点时，微过量 SCN^- 与指示剂(Fe^{3+})生成红色 $FeSCN^{2+}$ 络离子，指示终点。反应式为

$$Ag^+ + SCN^- \rightleftharpoons AgSCN\downarrow \text{(白色)} \tag{7-10}$$

$$Fe^{3+} + SCN^- \rightleftharpoons FeSCN^{2+} \text{(红色)} \tag{7-11}$$

实验证明，Fe^{3+} 浓度应控制在 0.015mol/L。

由于 AgSCN 沉淀能吸附 Ag^+，使终点提前，因此滴定时要剧烈摇动，使被吸附的 Ag^+ 释放出来。

7.4.2 返滴定法（测定卤素离子）

在含有卤素离子的 HNO_3 性溶液中，加入一定量过量的 $AgNO_3$ 标准溶液，以铁铵矾

作指示剂，用 NH_4SCN 标准溶液返滴过量的 $AgNO_3$。

1. 测定条件

（1）在 HNO_3 介质中，酸度控制在 0.1～1mol/L，酸度过低，Fe^{3+} 水解，影响终点的确定。

（2）指示剂用量 终点体积 50～60mL 时加铁铵矾（400 g/L）1mL。

2. 测定对象

可以测定 Br^-、I^-、SCN^-，但在测定 I^- 时，必须加入过量 $AgNO_3$，标准溶液后再加指示剂，以避免 Fe^{3+} 被 I^- 还原而造成误差。

在测定 Cl^- 时，由于 AgCl 的溶解度比 AgSCN 大，终点之后，发生 AgCl 沉淀转化为 AgSCN 沉淀的现象。

$$AgCl + SCN^- \rightleftharpoons AgSCN + Cl^- \tag{7-12}$$

当终点红色出现后，经摇动，红色会消失，再滴入 SCN^- 摇动后红色再会消失，直到被转化出来的 Cl^- 浓度为 SCN^- 浓度的 180 倍时红色才不会消失，转化作用才会停止。

$$\frac{[Cl^-]}{[SCN^-]} = \frac{K_{sp,AgCl}}{K_{sp,AgSCN}} = \frac{1.8\times10^{-10}}{1.0\times10^{-12}} = 180$$

这会使测定结果产生较大的误差。为此，可采取下列措施的任何一种，以避免上述沉淀转化反应的发生。

（1）在加完 $AgNO_3$ 标准溶液后，将溶液煮沸，使 AgCl 沉淀凝聚，滤去沉淀并用稀 HNO_3 洗涤沉淀，洗涤液并入滤液中，然后用 NH_4SCN 标准溶液返滴滤液中 Ag^+。

（2）在用 NH_4SCN 标准溶液返滴前，加入一种有机溶剂如硝基苯、1，2—二氯乙烷、邻苯二甲酸二丁酯或石油醚等。加完后用力摇动，使 AgCl 沉淀表面覆盖一层有机溶剂，使之与溶液起隔离作用，阻止了沉淀的转化，这个方法很简便，但其中硝基苯毒性较大。

（3）增大 Fe^{3+} 浓度，当终点出现红色 $FeSCN^{2+}$ 时，溶液中 $[SCN^-]$ 已降低，可以避免转化，一般在终点时 $[Fe^{3+}]=0.2$mol/L，轻轻摇动，当红色布满溶液而不消失即为终点。

7.4.3 干扰离子

佛尔哈德法因为在 HNO_3 介质中测定，选择性比较高，只有强氧化剂、铜盐和汞盐能与 SCN^- 作用而干扰测定，大量 Cu^{2+}、Ni^{2+}、Co^{2+} 等有色离子存在影响终点观察。

7.5 法扬司（Fajans）法

7.5.1 方法原理

法扬司法是以吸附指示剂指示终点的银量法。吸附指示剂是一类有机染料，在溶液中能被胶体沉淀表面吸附而发生结构的改变，从而引起颜色的变化。现以测定 NaCl 中 Cl^- 含量为例，说明指示剂的作用原理。

用 $AgNO_3$ 标准溶液滴定 Cl^- 以荧光黄为指示剂，荧光黄是一种有机弱酸（HFL），在水溶液中离解出阴离子（FL^-），呈黄绿色。离解反应式为：

$$HFL \rightleftharpoons H^{+} + FL^{-} \tag{7-13}$$

在化学计量点前，AgCl 沉淀吸附溶液中的 Cl^{-} 而带负电荷，如图 7-1（*a*）所示，荧光黄阴离子不被吸附，溶液呈黄绿色。化学计量点后，微过量的 Ag^{+} 使 AgCl 沉淀吸附 Ag^{+} 而带正电荷，此时它吸附荧光黄的阴离子，吸附后的指示剂发生结构改变，呈粉红色，如图 7-1（*b*）所示。有黄绿色变为粉红色即为终点。若用 NaCl 标准溶液滴定 Ag^{+}，则颜色变化相反。

$$\underset{（黄绿色）}{AgCl \cdot Ag^{+}} + FL^{-1} \rightleftharpoons \underset{（粉红色）}{AgCl \cdot Ag \cdot FL} \tag{7-14}$$

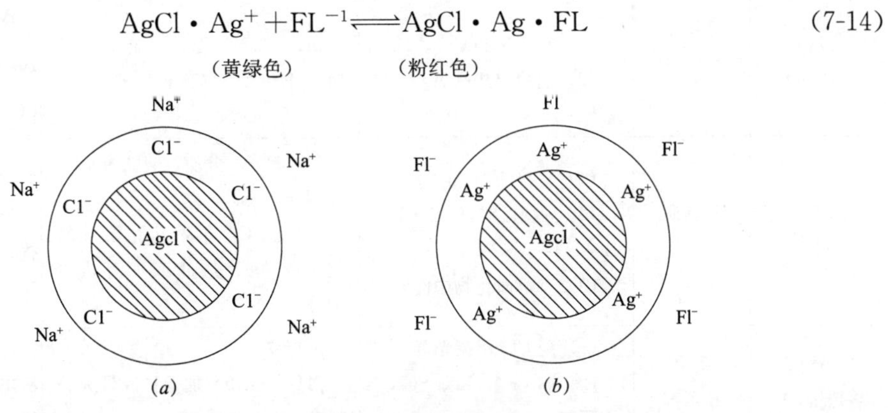

图 7-1 AgCl 胶粒表面吸附示意图

（*a*）滴定终点前；（*b*）滴定终点后

7.5.2 指示剂的选择

不同指示剂被沉淀吸附的能力不同，因此，滴定时应选用沉淀对指示剂的吸附力略小于对被测离子吸附力的指示剂，否则终点会提前。但沉淀对指示剂的吸附力也不能太小，否则终点推迟且变色不敏锐。卤化银沉淀对卤离子和几种吸附指示剂的吸附力顺序为：

I^{-}＞二甲基二碘荧光黄＞SCN^{-}＞Br^{-}＞曙红＞Cl^{-}＞荧光黄

因此，测定 Cl^{-} 时应选用荧光黄，不能选用曙红，测定 Br^{-} 可选用曙红。表 7-1 列出几种常用的吸附指示剂。

常用的吸附指示剂 **表 7-1**

被测离子	指示剂	滴定条件（pH）	终点颜色变化
Cl^{-}	荧光黄	7～10	黄绿→粉红
Cl^{-}	二氯荧光黄	4～10	黄绿→粉红
Br^{-}、I^{-}、SCN^{-}	曙红	2～10	橙黄→红紫
I^{-}	二甲基二碘荧光黄	中性	黄红→红紫
SCN^{-}	溴甲酚绿	4～5	黄→蓝

7.5.3 测定条件

1. 溶液酸度 根据所选指示剂而定，荧光黄是弱酸，酸度高阻止其电离，只适合在 pH＝7～10使用，二氯荧光黄适合在 pH＝4～10 使用，曙红适合在 pH＝2～10 使用。

2. 保持沉淀胶体状态常加入一些保护胶体，如糊精或淀粉，阻止卤化银凝聚，保持胶体状态使终点变色明显。

3. 滴定中应避免强光照射，卤化银沉淀对光敏感，易分解出金属银使沉淀变为灰黑色，影响终点观察。

现将上述 3 种银量法汇总于表 7-2 中。

银量法一览表 **表 7-2**

名　称	指示剂	测定对象	测定条件	干扰情况
莫尔法 (Mohr)	K_2CrO_4	(1) 直接法测 Cl^-、Br^- (2) 返滴定法测 Ag^+	pH＝6.5～10.5；有 NH_4^+ 时，pH＝6.5～7.2；剧烈摇动	Ba^{2+}、Pb^{2+} 和 PO_4^{3-}、AsO_4^{3-}、SO_3^{2-}、S^{2-}、CO_3^{2-}、$C_2O_4^{2-}$ 等干扰
佛尔哈德法 (Volhard)	铁铵矾 (Fe^{3+})	(1) 直接法测 Ag^+ (2) 返滴定法测 Cl^-、Br^-、I^-、SCN^- (3) 有机卤化物中卤素	(1) HNO_3 介质，酸度为0.1～1mol/L (2) 测 Cl^- 时，防止沉淀转化，将 AgCl 过滤或加有机溶剂等	强氧化剂、铜盐和汞盐能与 SCN^- 作用，干扰；测 I^- 时，加入 $AgNO_3$ 后再加 Fe^{3+}
法扬司法 (Fajans)	吸附指示剂	(1) 测 Cl^- 用荧光黄 (2) 测 Br^-、I^-、SCN^- 用曙红	pH＝7～10 pH＝2～10，加保护胶体充分摇动	避免直接光照，否则析出黑色金属银，影响终点观察

7.6 标准溶液的配制和标定

7.6.1 $AgNO_3$ 标准溶液的配制和标定

1. 配制

用 $AgNO_3$ 优级纯试剂可以用直接法配制标准溶液。如果 $AgNO_3$ 纯度不够，就应先配成近似浓度，然后再进行标定。

称取 17.5g $AgNO_3$，溶于 1000mL 水中，摇匀。溶液保存于棕色瓶中。其浓度为 $C_{(AgNO_3)}=0.1$mol/L

2. 标定

标定 $AgNO_3$ 溶液最常用的基准物是基准试剂 NaCl，使用前在 500～600℃灼烧至质量恒定。一般说，标定步骤与测定试样最好相同。下面以法扬司法标定为例：

称取 0.2g 于 500～600℃灼烧至质量恒定的基准 NaCl，称准至 0.0002g。溶于 70mL 水中，加 10mL 淀粉溶液（10g/L），在摇动下用配好 $AgNO_3$ 的溶液［$C_{AgNO_3}=0.1$mol/L］避光滴定，近终点时，加 3 滴荧光黄指示液（5g/L），继续滴定至乳液呈粉红色。

$$C_{AgNO_3}=\frac{m}{V\times\frac{M_{NaCl}}{1000}} \tag{7-15}$$

式中 m——NaCl 的质量，g；

V——消耗 $AgNO_3$ 溶液的体积，mL；

M_{NaCl}——NaCl 之摩尔质量，58.44g/mol。

7.6.2 NH_4SCN标准溶液的配制和标定

1. 配制

市售NH_4SCN常含有硫酸盐、硫化物等杂质，因此只能用间接法配制。称取7.6gNH_4SCN，溶于1000mL水中，摇匀。其浓度为$C_{NH_4SCN}=0.1mol/L$。

2. 标定

准确吸取30.00～35.00mL已标定过的$AgNO_3$标准溶液［$C_{AgNO_3}=0.1mol/L$］，加20mL水，1mL铁铵矾指示液（400g/L）及10mL HNO_3溶液（25%），在摇动下用配好的NH_4SCN溶液［$C_{NH_4SCN}=0.1mol/L$］滴定，终点前摇动溶液至完全无色透明后，继续滴定至溶液所呈浅棕红色保持30 s。

NH_4SCN溶液浓度按式（7-16）计算：

$$C_{NH_4SCN}=\frac{C_{AgNO_3}V_{AgNO_3}}{V_{NH_4SCN}} \tag{7-16}$$

7.7 沉淀滴定法的应用示例

7.7.1 水中氯化物的测定

氯化物以纳、钙和镁盐的形式存在于天然水中。天然水中的Cl^-来源主要是地层或土壤中盐类的溶解，故Cl^-含量一般不会太高，但水源水流经含有氯化物的地层或受到生活污水、工业废水及海水的污染时，其Cl^-含量都会增高。水源水中的氯化物浓度一般都在一定浓度范围内波动。因此，当氯化物浓度突然升高时，表示水体受到污染。

饮用水氯化物的味觉阈主要取决于所结合阳离子的种类，一般情况下氯化物的味觉阈在200～300mg/L之间。其中氯化钠、氯化钾和氯化钙的味觉阈分别为210mg/L、310mg/L和222mg/L。如果用氯化钠含量为400mg/L或氯化钙含量为530mg/L的水来冲咖啡，就会感觉口感不佳。

尽管每天人们从饮用水中摄入的氯化物只占摄入量的一小部分，不会对健康构成影响，但是由于自来水制备过程中无法去除氯化物，所以从感官性状上考虑，我国《生活饮用水卫生标准》GB 5749—2006中将氯化物的限值定为250mg/L。

水中的Cl^-含量高时，对设备、金属管道和构筑物都有腐蚀作用，对农作物也有损害。水中的Cl^-与Ca^{2+}、Mg^{2+}结合构成永久硬度。因此，测定各种水中Cl^-的含量，是评价水质的标准之一。

水中Cl^-的测定主要采用莫尔法，有时也采用佛尔哈德法或其他定量分析方法。若水样有色或浑浊，对终点观察有干扰，此时可采用电位滴定法。

用莫尔法测定Cl^-，应在pH为6.5～10.5的溶液中进行，干扰物质有Br^-、I^-、CN^-、SCN^-、S^{2-}、AsO_4^{2-}、PO_4^{3-}、Ba^{2+}、Pb^{2+}、Bi^{3+}和NH_3。莫尔法适用于较清洁水样中Cl^-的测定。其缺点为终点不够明显，必须在空白对照下滴定，当水中Cl^-含量较高时，终点更难识别。

用佛尔哈德法测定Cl^-，必须在较强的酸性溶液中进行。因此，凡能生成不溶于酸的银盐离子，如 Br^-、I^-、CN^-、SCN^-、S^{2-}、$[Fe(CN)_6]^{3-}$、$[Fe(CN)_6]^{4-}$ 等都会干扰测定。Hg^{2+}、Cu^{2+}、Ni^{2+} 和 Co^{2+} 能与 SCN^- 生成配合物，也会干扰测定。

例 7-3 量取含 Cl^- 水样 200mg/L，加入 500mL 0.1000mol/L$AgNO_3$ 标准溶液，又用 0.1500mol/LNH_4SCN 溶液滴定剩余 Ag^+，用去 7.25mL，求水样中 Cl^- 的含量（以 mg/L 表示）。

解： Cl^- 的含量 $=\frac{(0.1000\times50-0.1500\times7.25)\times35.5\times1000}{200}=694.5\ (mg/L)$

思考题

1. 已知 AgCl 的 $K_{sp,AgCl}=1.8\times10^{-10}$，请计算它在 100mL 纯水中能溶解多少毫克。
2. 根 $Mg(OH)_2$ 在纯水的溶解度 9.62mg/L，计算其 $K_2Cr_2O_7$ 值。
3. 什么是沉淀转化作用？试用沉淀转化作用说明佛尔哈德法以铁铵矾作指示剂对测定的影响。
4. 莫尔法测定氯离子时为什么要做空白试验？
5. 为使指示剂在滴定终点时颜色变化明显，对吸附指示剂有哪些要求。
6. 氯化钠试样 0.5000g，溶解后加入固体 $AgNO_3$ 0.8920g，用 Fe^{3+} 作指示齐，过量的 $AgNO_3$ 用 0.1400mol/L KSCN 标准溶液回滴，用去 25.50mL。求试样中 NaCl 的含量（%）。（试样中除 Cl^- 外，不含有能与 Ag^+ 生成沉淀的其他离子）。
7. 某纯 NaCl 和 KCI 混合试样 0.1204g，用 $C_{AgNO_3}=0.1000mol/L$ $AgNO_3$ 标准溶液滴定至终点，耗去 $AgNO_3$ 溶液 20.06mL，计算试样中 NaCl 和各为多少克。

第 8 章　氧化还原滴定法

【学习要点及目标】

◆掌握氧化还原反应原理，熟悉电极电位和能斯特方程式。
◆能够分析氧化还原各阶段情况并绘制成滴定曲线。
◆熟悉各类氧化还原指示剂。
◆掌握四类氧化还原滴定法的原理、标准溶液种类及应用。

【核心概念】

氧化剂、还原剂、电极电位、能斯特方程式、高锰酸钾法、重铬酸钾法、碘量法、溴酸钾法、氧化还原指示剂。

8.1　方法简介

氧化还原滴定法是以氧化还原反应为基础的滴定分析法。它是以氧化剂或还原剂为标准溶液来测定还原性或氧化性物质含量的方法。

氧化还原滴定法广泛地用于水质分析中，例如水中溶解氧（DO）、高锰酸盐指数（PV）、化学需氧量（COD）、生物化学需氧量（BOD_5）及饮用水中余氯、二氧化氯（ClO_2）、臭氧（O_3）等的分析。

由于氧化还原反应是基于电子转移的反应，反应机理比较复杂，常伴随有副反应，有许多反应的速度较慢。因此，许多氧化还原反应不符合滴定分析的基本要求，必须创造适宜的条件，例如控制温度、pH 等，才能进行氧化还原滴定分析。

在酸碱滴定法中只有少量的几种标准溶液，但在氧化还原滴定法中，由于氧化还原反应类型不同，所以应用的标准溶液比较多，通常根据所用标准溶液，将氧化还原法分为以下几类：

高锰酸钾法——以 $KMnO_4$ 为标准溶液；

重铬酸钾法——以 $K_2Cr_2O_7$ 为标准溶液；

碘量法——以 I_2 和 $Na_2S_2O_3$ 为标准溶液；

溴酸钾法——以 $KBrO_3-KBr$ 为标准溶液。

氧化还原滴定法和酸碱滴定法在测量物质含量步骤上是相似的。但在方法原理上有本质的不同。酸碱反应是离子互换反应，反应历程简单快速。氧化还原反应是电子转移反应，反应历程复杂，反应速度快慢不一，而且受外界条件影响较大。因此在氧化还原滴定法中就要控制反应条件使其符合滴定分析的要求。

8.2　氧化还原平衡

8.2.1　氧化还原反应

氧化还原反应是物质之间发生电子转移的反应，获得电子的物质叫做氧化剂，失去电子的物质叫还原剂，例如 Br_2 和 I^- 的反应，$Br_2+2I^- \rightleftharpoons 2Br^-+I_2$。其中 Br_2 得 I^- 给予的电子，$Br_2+2e \rightleftharpoons 2Br^-$，它是氧化剂，$I^-$ 失去电子，将电子给了 Br_2，$2I^--2e \rightleftharpoons I_2$，它是还原剂。$Br_2$ 氧化 I^-，而自身被还原成 Br_2。Br_2-Br^- 是一个电对，Br_2 称为电对的氧化态，Br^- 为其还原态。同样，I_2-I^- 也是一个电对，I_2 为电对的氧化态，I^- 为其还原态。所以氧化还原反应的实质是电子在两个电对之间的转移过程。转移的方向是由电极电位（简称“电位”）的高低来决定的。

8.2.2 电极电位和能斯特方程式

对于可逆的氧化还原电对的电极电位，可利用能斯特方程式计算，以 O_x 表示电对的氧化态，Red 表示其还原态，$O_x+ne \rightleftharpoons Red$，能斯特方程式为：

$$\varphi_{O_x/Red}=\varphi^0_{O_x/Red}+\frac{0.059}{n}\lg\frac{a_{O_x}}{a_{Red}} \quad (25℃) \tag{8-1}$$

式中 $\varphi_{O_x/Red}$——电对 O_x/Red 的电极电位，V；

$\varphi^0_{O_x/Red}$——电对的标准电极电位，V；

n——反应中转移的电子数；

a_{O_x} 和 a_{Red}——分别为氧化态和还原态的浓度，mol/L。

8.2.3 标准电极电位

标准电极电位（简称标准点位）是指在一定温度下（通常为 25℃），气体分压等于 1 大气压，半电池反应中各物质的浓度为 1mol/L 时的电极电位（以氢电极电位为零测得的相对电位）。据标准电极电位的高低可以初步判断氧化还原反应进行的方向和反应次序。

8.2.4 氧化还原反应进行的方向和速度

氧化还原反应进行的方向，是两个电对中电位较高的电对中的氧化态作氧化剂，电位较低的电对中的还原态作还原剂，相互反应。

影响反应方向的主要因素有氧化剂和还原剂的浓度、溶液的酸度、生成配合物或沉淀等。

氧化还原反应的历程较复杂，反应速度快慢不一，对反应慢的，常采取加快措施，以满足滴定分析的要求。

影响反应速度的主要因素有反应物浓度、温度和催化剂等。

8.3 滴定方法

8.3.1 滴定曲线

在氧化还原滴定过程中，随着溶液中氧化性物质或还原性物质的浓度的变化，电对的电位不断改变，因此，以电极电位为纵坐标，滴定剂的加入量为横坐标，即可绘制成氧化还原滴定曲线。例如：0.1000mol/L$Ce(SO_4)_2$ 作标准溶液滴定 20.00mL 0.1000mol/L $FeSO_4$ 溶液，酸度 $C(H_2SO_4)$ =1.0mol/L 溶液中存在两个电对，即 Ce^{4+}/Ce^{3+} 和 Fe^{3+}/Fe^{2+}。每当反应达到平衡时，两个电对的电位必然相等，可以根据其中一个电对的浓度比计算电位。

1. 化学计量点前

按 $\varphi=\varphi^{0'}_{Fe^{3+}/Fe^{2+}}+0.059\lg\frac{C_{Fe^{3+}}}{C_{Fe^{2+}}}$ 计算电位。

2. 化学计量点时

按两个电对的浓度关系计算电位。化学计量点时，$C_{Fe^{2+}}$ 和 $C_{Ce^{4+}}$ 都不能直接知道，但知道 $C_{Ce^{4+}}=C_{Fe^{2+}}$ 和 $C_{Ce^{3+}}=C_{Fe^{3+}}$。所以 $C_{Ce^{4+}}/C_{Ce^{3+}}=C_{Fe^{2+}}/C_{Fe^{3+}}$ 化学计量点时电位为：

$$\varphi=\varphi^{0'}_{Ce^{4+}/Ce^{3+}}+0.059\lg\frac{C_{Ce^{4+}}}{C_{Ce^{3+}}}$$

$$\varphi=\varphi^{0'}_{Fe^{3+}/Fe^{2+}}+0.059\lg\frac{C_{Fe^{3+}}}{C_{Fe^{2+}}}=\varphi^{0'}_{Fe^{3+}/Fe^{2+}}-0.059\lg\frac{C_{Ce^{4+}}}{C_{Ce^{3+}}}$$

将两式相加得：$2\varphi=\varphi^{0'}_{Ce^{4+}/Ce^{3+}}+\varphi^{0'}_{Fe^{3+}/Fe^{2+}}$

$$\varphi=\frac{\varphi^{0'}_{Ce^{4+}/Ce^{3+}}+\varphi^{0'}_{Fe^{3+}/Fe^{2+}}}{2}=\frac{1.44+0.68}{2}\text{V}=1.06\text{V}$$

3. 化学计量点后

可按 $\varphi=\varphi^{0'}_{Ce^{4+}/Ce^{3+}}+0.059\lg\frac{C_{Ce^{4+}}}{C_{Ce^{3+}}}$ 计算电位。

现将不同点的电位值列于表 8-1 中，并绘制成滴定曲线如图 8-1 所示。

在 $C(H_2SO_4)=1$mol/L 溶液中用 0.1000 mol/LCe$(SO_4)_2$ 滴定 0.1000 mol/L $FeSO_4$ 溶液 20.00mL 时溶液的电位变化　　表 8-1

加入 Ce^{4+} 溶液		剩余 Fe^{2+}		过量的 Ce^{4+}		电位/V
mL	%	mL	%	mL	%	
0.00	0.0	20.00	100.0			—
1.00	5.0	19.00	95.0			0.60
4.00	20.0	16.00	80.0			0.64
8.00	40.0	12.00	60.0			0.67
10.00	50.0	10.00	50.0			0.68
18.00	90.0	2.00	10.0			0.74
19.80	99.0	0.20	1.0			0.80
19.98	99.9	0.02	0.1			0.86 滴定突跃
20.00	100.0					1.06 滴定突跃
20.02	100.1			0.02	0.1	1.26 滴定突跃
22.00	110.0			2.00	10.0	1.38
40.00	200.0			20.00	100.0	1.44

从表 8-1 和图 8-1 看出，滴定突跃为电位 0.86～1.26 V。两个电对的条件电位或标准电位相差越大，突跃也越大。一般来说，两个电对的条件电位或标准电位相差大于 0.4V 即可选用在突跃范围内变色的氧化还原指示剂指示终点。

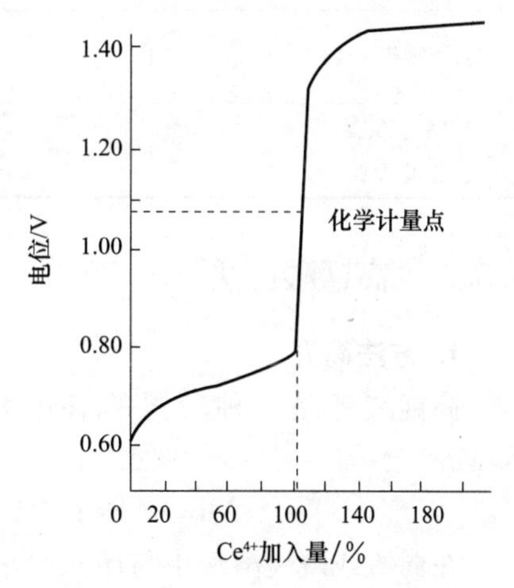

图 8-1　0.1mol/L Ce$(SO_4)_2$ 溶液滴定 0.1mol/L Fe^{2+} 的滴定曲线（在 0.1mol/L H_2SO_4 中）

8.3.2　氧化还原指示剂

1. 自身指示剂

有些标准溶液本身有颜色，可利用自身颜色的变化指示终点，而不必另外加指示剂，称为自身指示剂。例如，$KMnO_4$ 溶液红色，自身可作指示剂。

2. 专属指示剂

碘与淀粉反应生成蓝色化合物，因此，在碘量法中就用淀粉做指示剂，淀粉被称为碘量法的专属指示剂。

3. 氧化还原指示剂

氧化还原指示剂是本身具有氧化还原性质的一类有机物，这类指示剂的氧化态和还原态具有不同的颜色。当溶液中滴定体系电对的电位改变时，指示剂电对的浓度也发生改变，因而引起溶液颜色变化，以指示剂滴定终点，指示剂的电对为：

$$In_{ox} + ne \rightleftharpoons In_{Red} \tag{8-2}$$

指示剂的电位遵从能斯特方程式：

$$\varphi_{In} = \varphi_{In}^{\circ'} + \frac{0.059}{n}\lg\frac{[In_{ox}]}{[In_{Red}]} \tag{8-3}$$

式中，$\varphi_{In}^{\circ'}$为指示剂的条件电位。

表 8-2 列出一些常用的氧化还原指示剂。

当$\frac{[In_{ox}]}{[In_{Red}]} \geqslant 10$时，溶液呈现指示剂氧化态的颜色，当$\frac{[In_{ox}]}{[In_{Red}]} \leqslant \frac{1}{10}$，溶液呈现指示剂还原态的颜色，所以指示剂的变色范围为：$\varphi^{\circ'} \pm \frac{0.059}{n}$V。

选择指示剂的原则是：选$\varphi_{In}^{\circ'}$在滴定突跃范围内尽量靠近化学计量点电位的指示剂。例如：上述Ce^{4+}滴定Fe^{2+}例中，突跃为 0.86～1.26V。可选邻苯氨基苯甲酸（$\varphi^{\circ'}$0.89V）或邻二氮菲亚铁（$\varphi^{\circ'}$1.06V）作指示剂。常用的氧化还原指示剂见表 8-2。

常用氧化还原指示剂 **表 8-2**

指示剂	$\varphi_{In}^{\circ'}$/V $[H^+]=1mol/L$	颜色变化		配置方法
		氧化态	还原态	
亚甲基蓝	0.53	蓝	无	0.05%水溶液
二苯胺	0.76	紫	无	0.1%浓 H_2SO_4 溶液
二苯胺硫酸钠	0.84	紫红	无	0.5%水溶液
邻苯氨基苯甲酸	0.89	紫红	无	0.1g 指示剂溶于 20mL5%Na_2CO_3，用水稀释至 100mL
邻二氮菲-亚铁	1.06	浅蓝	红	1.485g 邻二氮菲，0.695g$FeSO_4 \cdot 7H_2O$，用水稀释至 100mL
硝基邻二氮菲-亚铁	1.25	浅蓝	紫红	1.608g 硝基邻二氮菲，0.695g$FeSO_4 \cdot 7H_2O$，用水稀释至 100mL

8.3.3 高锰酸钾法

1. 方法简介

高锰酸钾是一种较强的氧化剂，在强酸性溶液中与还原剂作用，MnO_4^- 被还原为 Mn^{2+}。

$$MnO_4^- + 8H^+ + 5e \rightleftharpoons Mn^{2+} + 4H_2O \quad \varphi^\circ = 1.51V$$

在弱酸或碱性溶液中与还原剂作用，MnO_4^- 被还原为 Mn^{4+}。

$$MnO_4^- + 2H_2O + 3e \rightleftharpoons MnO_2\downarrow + 4OH^- \quad \varphi^\circ = 0.588V$$

生成的褐色 MnO_2 沉淀，实际上是 $MnO_2 \cdot H_2O$ 水合物。所以高锰酸钾是一种应用广泛的氧化剂。

从强酸性反应式中得知 $KMnO_4$，获得 5e，所以 $KMnO_4$ 的基本单元（$1/5KMnO_4$）。从弱酸或碱性反应中得知 $KMnO_4$ 获得 3e，所以 $KMnO_4$ 基本单元为（$1/3KMnO_4$）。但在分析实验中很少用后一种反应，因为反应后生成的 MnO_2 为棕色沉淀，影响终点的观察。在酸性溶液中的反应常用 H_2SO_4 酸化而不用 HNO_3，因为 HNO_3 是氧化性酸，可能与被测物反应，也不用 HCl，因为 HCl 中的 Cl^- 有还原性也能与 $KMnO_4$ 反应。

利用 $KMnO_4$ 作氧化剂可用直接法测定还原性物质，也可用间接法测定氧化性物质，此时先将一定量的还原剂标准溶液加入到被测定的氧化性物质中，待反应完毕后，再用 $KMnO_4$ 标准溶液返滴剩余量的还原剂标准溶液。用 $KMnO_4$ 法进行测定是以 $KMnO_4$ 自身为指示剂。

2. $KMnO_4$ 标准溶液

（1）配制

市售 $KMnO_4$ 纯度仅在 99％左右，其中含有少量的 MnO_2 及其他杂质，同时蒸馏水中也常含有还原性物质如尘埃，有机物等，这些物质都能促使 $KMnO_4$ 还原。因此 $KMnO_4$ 标准溶液不能用直接法配制，必须先配制成近似浓度，然后再用基准物质标定。为此采取下列步骤配制：

1）称取稍多于计算用量的 $KMnO_4$，溶解于一定体积的蒸馏水中，将溶液加热煮沸，保持微沸 15 min，并放置 2 周，使还原性物质完全被氧化。

2）用微孔玻璃漏斗过滤，除去 MnO_2 沉淀，滤液移入棕色瓶中保存，避免 $KMnO_4$ 见光分解。

一般配制的 $KMnO_4$ 溶液，经小心配制和存放在暗处，在半年内浓度改变不大。但 0.02mol/L 的 $KMnO_4$ 溶液不宜长期储存。

具体配制［$C_{1/5KMnO_4}=0.1mol/L$］方法如下：称取 3.3g$KMnO_4$ 溶于 1050mL 水中，缓慢煮沸 15min，冷却后置于暗处保存两周，用 P_{16} 号玻璃滤埚（事先用相同浓度的 $KMnO_4$ 溶液煮沸 5 min）过滤于棕色瓶（用 $KMnO_4$ 溶液洗 2～3 次）中。

（2）标定

标定 $KMnO_4$ 标准溶液的基准物很多，如 $Na_2C_2O_4$，$H_2C_2O_4 \cdot 2H_2O$，$(NH_4)_2Fe(SO_4)_2 \cdot 6H_2O$（分析纯）和纯铁丝等。其中常用的是 $Na_2C_2O_4$，因为它易于提纯、稳定，没有结晶水，在 105～110℃烘至质量恒定即可使用。标定反应如下：

$$2MnO_4^- + 5C_2O_4^{2-} + 16H^+ \rightleftharpoons 2Mn^{2+} + 10CO_2 + 8H_2O$$

具体标定方法：称取 0.2 g 于 105～110℃烘至质量恒定的基准草酸钠，称准至 0.0001 g。溶于 100mL（8＋92）硫酸溶液中，用配制好的 $KMnO_4$ 溶液［$C_{1/5KMnO_4}=0.1\ mol/L$］滴定，近终点时加热至 65℃，继续滴定至溶液呈粉红色保持 30 s。同时作空白试验。

注意：开始滴定时因反应速度慢，滴定速度要慢，待反应开始后，由于 Mn^{2+} 的催化作用，反应速度变快，滴定速度方可加块。近终点时加热至 65℃，是为了 $KMnO_4$ 与 $Na_2C_2O_4$ 的反应完全。

$KMnO_4$ 标准溶液浓度按式（8-4）计算：

$$C_{1/5KMnO_4} = \frac{m}{(V-V_0) \times \dfrac{M_{1/2Na_2C_2O_4}}{1000}} \tag{8-4}$$

式中　m——$Na_2C_2O_4$ 之质量，g；

V——$KMnO_4$ 溶液之用量，mL；

V_0——空白试验 $KMnO_4$ 溶液之用量，mL；

$M_{(1/2Na_2C_2O_4)}$——以（$1/2Na_2C_2O_4$）为基本单元之摩尔质量（67.00g/mol）。

（3）比较

量取 30.00～35.00mL 0.1mol/L $KMnO_4$ 溶液，置于碘量瓶中，加 2gKI 及 20mL2 mol/LH_2SO_4 溶液，摇匀。于暗处放置 5min。加 150mL 水，用 0.1mol/L$Na_2S_2O_3$ 标准溶液滴定，近终点时加 3mL 淀粉指示液（5g/L），继续滴定至溶液蓝色消失。同时做空白试验。

$KMnO_4$ 标准溶液浓度按式（8-5）计算：

$$C_{1/5KMnO_4}=\frac{(V_1-V_0)\ C_1}{V} \tag{8-5}$$

式中　$C_{1/5KMnO_4}$——$KMnO_4$ 标准溶液浓度，mol/L；

V_1——$Na_2S_2O_3$ 标准溶液用量，mL；

V_0——空白试验 $Na_2S_2O_3$ 标准溶液用量，mL；

C_1——$Na_2S_2O_3$ 标准溶液浓度，mol/L；

V——$KMnO_4$ 标准溶液用量，mL。

3. 应用示例——水样中化学耗氧量（COD_{Mn}）的测定

（1）方法原理

化学耗氧量（COD_{Mn}）是量度水体受还原性物质（主要是有机物）污染程度的综合性指标。$KMnO_4$ 法测定 COD，是在酸性条件下，用 $KMnO_4$ 将水体中还原性物质氧化，剩余的 $KMnO_4$ 用过量 $Na_2S_2O_3$ 还原，再用 $KMnO_4$ 回滴过量的 $Na_2S_2O_3$，计算水样消耗的 $KMnO_4$ 量，以氧含量（mg/L）表示。本法仅适用于地表水、地下水、饮用水和生活污水中 COD 的测它，含 Cl^- 较高的工业废水则应采用 $K_2Cr_2O_7$ 法测定。

（2）测定步骤

1）取水样 100mL（污染较重的水样，可少取，用水稀释至 100mL），置锥形瓶中，加 5mL（1+3）H_2SO_4，再加入 $C\left(\frac{1}{5}KMnO_4\right)$=0.01mol/L $KMnO_4$ 标准溶液 10.00mL，加热煮沸 10min，趁热加入 $C\left(\frac{1}{2}Na_2C_2O_4\right)$=0.01mol/L $Na_2S_2O_3$ 标准溶液 15.00 mL，立即用 0.01 mol/L$KMnO_4$ 标准溶液滴定到浅粉色 30s 不退为终点。记录所耗 $KMnO_4$ 溶液的体积 V_1（mL）。

2）$KMnO_4$ 标准溶液校正系数（K）的测定：在上面滴定完的溶液中，加入 15.00mL　0.01mol/L $Na_2S_2O_3$ 标准溶液，用 0.01mol/L $KMnO_4$ 标准溶液滴定到浅粉色 30 s 不退为终点，记录所耗 $KMnO_4$ 溶液的体积 V（mL）。

$$K=\frac{15.00}{V_2}$$

（3）结果计算

$$\text{COD（以 }O_2\text{ 计）}=\frac{[(10.00+V_1)K-15.00]\cdot C_{\frac{1}{2}Na_2C_2O_4}\times 8\times 100}{100}$$

式中，COD是以 O_2 计的化学耗氧量，单位为mg/L。

COD_{Mn} 也用高锰酸盐指数（PV）表示。是间接地表示水中有机物污染的综合指标。这种方法一般只适用于较清洁的水。

8.3.4　重铬酸钾法

1. 方法简介

重铬酸钾法是以 $K_2Cr_2O_7$ 为标准溶液所进行滴定的氧化还原法。$K_2Cr_2O_7$ 是一个强氧化剂，标准电极电位 $\varphi^0=1.36V$。在酸性溶液中，被还原为 Cr^{3+}。

$$Cr_2O_7^{2-}+14H^++6e \rightleftharpoons 2Cr_3++7H_2O \tag{8-6}$$

从反应式中得知 $K_2Cr_2O_7$ 获得6e，其基本单元为（$1/6K_2Cr_2O_7$），摩尔质量：

$$M_{1/6K_2Cr_2O_7}=49.03g/mol$$

$K_2Cr_2O_7$ 是稍弱于 $KMnO_4$ 的氧化剂，它与 $KMnO_4$ 对比，具有以下优点：

（1）$K_2Cr_2O_7$ 溶液较稳定，置于密闭容器中，浓度可保持较长时间不改变。

（2）$K_2Cr_2O_7$ 的 $\varphi^0_{Cr_2O_7^{2-}/2Cr^{3+}}=1.36V$ 与氯的 $\varphi^0_{Cl_2/2Cl^-}=1.36V$ 相等，因此可在HCl介质中进行滴定，$K_2Cr_2O_7$ 不会氧化 Cl^- 而产生误差。

（3）$K_2Cr_2O_7$ 容易制得纯品，因此可作基准物用直接法配制成标准溶液。

但用 $K_2Cr_2O_7$ 法测定样品需要用氧化还原指示剂。

2. $K_2Cr_2O_7$ 标准溶液

$K_2Cr_2O_7$ 标准溶液通常用直接法配制，如配制 $C_{1/6K_2Cr_2O_7}=0.05000mol/L$ 溶液250mL，将 $K_2Cr_2O_7$ 在120℃烘至质量恒定，置干燥器中冷却至室温。准确称取0.6129g $K_2Cr_2O_7$ 于小烧杯中，加水溶解，转移至250mL容量瓶中，加水至刻度，摇匀。

3. 化学需氧量（COD_{Cr}）测定

化学需氧量（COD）是在一定条件下，用强氧化剂处理水样时，所消耗氧化剂的量。

化需氧量是对水中还原性物质污染程度的度量，通常将其作为工业废水和生活污水中含有有机物量的一种非专一性指标。我国规定用重铬酸钾（$K_2Cr_2O_7$）作为强氧化剂来测定废水的化学需氧量，其测定值用 COD_{Cr} 表示。

重铬酸钾能氧化分解有机物的种类多，氧化率高，准确度、精密度好，因此被广泛应用。

测定时，在强酸性水样中加入催化剂（Ag_2SO_4）和一定过量的 $K_2Cr_2O_7$ 标准溶液，在回流加热和催化剂存在的条件下，水样中还原性有机物（也包括还原性无机物）被氧化，然后过量的 $K_2Cr_2O_7$ 用试亚铁灵作指示剂，以 $(NH_4)_2Fe(SO_4)_2$ 标准溶液返滴定，根据其用量计算出 COD_{Cr} 值。

测定过程可分成水样的氧化、返滴定和空白试验三部分。

（1）水样的氧化

采用密闭的回流装置，使水样中有机物在酸性溶液中被 $K_2Cr_2O_7$ 氧化完全。为保证有机物完全氧化，加热回流后 $K_2Cr_2O_7$ 的剩余量应为原加入量的1/2～4/5，浓 H_2SO_4 的用量是水样和加入的 $K_2Cr_2O_7$ 溶液的体积之和。

在一般的废水中，无机性还原物质含量甚微，可认为消耗的 $K_2Cr_2O_7$ 量全都用于有机物的氧化。如有机物为直链脂肪烃、芳香烃和一些杂环有机化合物，则不能被 $K_2Cr_2O_7$

氧化；当加入少量 Ag_2SO_4 作催化剂时，直链脂肪烃有 85%～95%可被氧化，对芳香烃和一些杂环化合物（如吡啶）仍无效。即便如此，同一水样 COD 的测定值仍大大高于高锰酸盐指数也高于生物化学需氧量 BOD。

通常，加热回流时间为 2h，如水样比较清洁，可以适当缩短加热回流时间。水中如含有氯化物，加热回流时可发生反应：

$$Cr_2O_7^{2-}+6Cl^-+14H^+ \rightleftharpoons 2Cr^{3+}+3Cl_2\uparrow+7H_2O \tag{8-7}$$

所以当水中氯化物高于 300 mg/L 时，应加入 Ag_2SO_4，它与 Cl^- 生成稳定的可溶性配合物，从而可以抑制 Cl^- 的氧化。Ag_2SO_4 的加入量，以共存的 Cl^- 的 10 倍量为宜。

（2）返滴定

加热回流后的溶液应仍为橙色，此时溶液呈强酸性，应用蒸馏水稀释至体积为 350mL，否则酸性太强，指示剂失去作用。另外，Cl^- 的绿色太深，也会影响滴终点的准确判断。

以试亚铁灵为指示剂，用 $(NH_4)_2Fe(SO_4)_2$ 标准溶液返滴定溶液中剩余的 $K_2Cr_2O_7$，此时发生反应：

$$Cr_2O_7^{2-}+6Fe^{2+}+14H^+ \rightleftharpoons 2Cr^{3+}+3Fe^{3+}+7H_2O \tag{8-8}$$

溶液的颜色由黄色经蓝绿色变至红褐色即为终点。

（3）空白试验

空白试验的目的是检验试剂中还原性物质的量。COD_{Cr} 计算公式如式（8-9）：

$$COD_{Cr}\ (mgO_2/L) = \frac{(V_0-V_1)\times C\times 8\times 1000}{V_{水}} \tag{8-9}$$

式中 C——硫酸亚铁铵标准溶液的浓度，mol/L；

V_0——空白试验消耗的硫酸亚铁铵标准溶液的量，mL；

V_1——水样消耗的硫酸亚铁铵标准溶液的量，mL；

$V_{水}$——水样的体积，mL；

8——氧的换算系数。

COD_{Cr} 的测定结果受加入氧化剂（$K_2Cr_2O_7$）浓度、反应溶液的酸碱强度和反应温度等因素影响。但作为一种标准分析方法，在滴定分析过程中，严格地按规定条件进行操作精密度还是相当高的。此法也存在一些缺点：如测定时间较长；使用汞盐、银盐和强酸等化学试剂，从而增多实验室废水处理量；对含 Cl^- 浓度较高或 COD_{Cr} 较低的试样，测定结果的重复性差；对芳香烃和一些杂环化合物（如吡啶）的氧化率过低等。

长期以来，科学工作者不断地研究开发测定 COD 的新装置和新方法。目前，我国已研制生产的 COD 快速测定仪由前处理、采样、加液计量、控制、测试、数据存储和显示等系统组成。采用重铬酸钾法，通过恒温器消解进行快速催化氧化还原反应。水样中的污染物被氧化，同时 $Cr_2O_7^{2-}$ 被还原为 Cr^{3+}，自动检测系统通过分光比色测定 Cr^{3+} 浓度，计算出 COD 值，并在显示屏上直接显示出来。

8.3.5 碘量法

1. 方法简介

碘量法是利用碘的氧化性和碘离子的还原性进行物质含量测定的方法。

$$I_2 + 2e \rightleftharpoons 2I^-$$

标准电极电位 $\varphi^0_{I_2/2I^-}=0.54V$，$I_2$ 是较弱的氧化剂，而 I^- 是中等强度的还原剂。因此碘量法分为直接碘量法和间接碘量法两种。

（1）直接碘量法

直接碘量法又称为碘滴定法，它是利用碘作标准溶液直接滴定一些还原性物质的方法。例如：

$$I_2 + H_2S \rightleftharpoons S + 2HI$$

利用直接碘量法还可以测定 SO_3^{2-}、AsO_3^{3-}、SnO_2^{2-} 等，但反应只能在微酸性或近中性溶液中进行，因此受到测量条件限制，应用不太广泛。

（2）间接碘量法

间接碘量法又称滴定碘法，它是利用 I^- 的还原作用（通常使用 KI）与氧化性物质反应生成游离的碘，再用还原剂（$Na_2S_2O_3$）的标准溶液滴定从而测出氧化性物质含量。例如测定铜盐中铜的含量，在酸性条件下与过量 KI 作用析出 I_2。

$$2Cu^{2+} + 4I^- \rightleftharpoons 2CuI\downarrow + I_2$$

析出的 I_2 用 $Na_2S_2O_3$ 标准溶液滴定。

$$I_2 + 2Na_2S_2O_3 \rightleftharpoons 2NaI + Na_2S_4O_6$$

由此可见间接碘量法是以过量 I^- 与氧化性物质反应析出与氧化性物质等物质量的 I_2，然后再用 $Na_2S_2O_3$ 标准溶液滴定。这一反应过程被看作是碘量法的基础。

在上述反应中 $Na_2S_2O_3$ 失去 1e，I_2 获得 2e，I_2 的基本单元$\left(\frac{1}{2}I_2\right)$，$M_{\frac{1}{2}I_2}=126.90g/mol$，$Na_2S_2O_3$ 的基本单元（$Na_2S_2O_3 \cdot 5H_2O$），$M_{Na_2S_2O_3 \cdot 5H_2O}=248.17g/mol$。

判断碘量法的终点，常用淀粉为指示剂，直接碘量法的终点是从无色变蓝色，间接碘量法的终点是从蓝色变无色。

$$\text{淀粉} \underset{S_2O_3^{2-}}{\rightleftharpoons} \text{吸附化合物}$$

（无色）　　　　（蓝色）

淀粉溶液应在滴定近终点时加入，如果过早地加入，淀粉会吸附较多的 I_2，使滴定结果产生误差。

（3）碘量法误差来源

碘量法的误差来源有两个，第一个是碘具有挥发性易损失，第二个是 I^- 在酸性溶液中易被来源于空气中的氧化而析出 I_2

$$4I^- + 4H^+ + O_2 \rightleftharpoons 2I_2 + 2H_2O$$

因此用间接碘量法测定时，应在碘量瓶中进行，并应避免阳光照射。为了减少 I^- 与空气的接触，滴定时不应过度摇动。

2. 标准溶液的配制和标定

（1）碘标准溶液的配制和标定

用升华法制得的纯碘，可作为基准物用直接法配制。但市售的 I_2 常含有杂质，不能作基准物，只能用间接法配制，再用基准物标定。常用的基准物是 As_2O_3。

由于 I_2 难溶于水，但易溶于 KI 溶液生成 I_3^- 配位离子。

$$I_2+I^- \rightleftharpoons I_3^-$$

该反应是可逆的。配制时应先将 I_2 溶于 40%的 KI 溶液中，再加水稀释到一定体积。稀释后溶液中 KI 的浓度应保持在 4%左右。I_2 易挥发，在日光照射下易发生以下反应

$$I_2+H_2O \xrightleftharpoons{日光} HI+HIO$$

因此 I_2 溶液应保存在带严密塞子的棕色瓶中，并放置在暗处。由于 I_2 溶液腐蚀金属和橡皮，所以滴定时应装在棕色酸式滴定管中。

标定 I_2 标准溶液的基准物是 As_2O_3（剧毒）。应将称准的 As_2O_3 固体溶于 NaOH 溶液中。

$$As_2O_3+6NaOH \rightleftharpoons 2Na_3As_2O_3+3H_2O$$

然后再以酚酞为指示剂，用 H_2SO_4 中和过量的 NaOH 至中性或微酸性。然后用此基准物溶液标定 I_2 溶液。

$$AsO_3^{3-}+I_2+H_2O \rightleftharpoons AsO_4^{3-}+2I^-+2H^+$$

$$\varphi^0_{I_2/2I^-}=0.54V<\varphi^0_{AsO_4^{3-}/AsO_3^{3-}}=0.57V$$

从标准电极电位可以看出 AsO_4^{3-} 是更强的氧化剂，但在中性或微碱性溶液中，反应可量定的向右进行。为此可在溶液中加入固体 $NaHCO_3$，以中和反应中生成的 H^+。

$$HCO_3^-+H^+ \rightleftharpoons H_2O+CO_2\uparrow$$

以保持溶液 pH 约为 8。总反应式为：

$$AsO_3^{3-}+I_2+2HCO_3^- \rightleftharpoons AsO_4^{3-}+2I^-+2CO_2\uparrow+H_2O$$

反应式中量的关系为：$As_2O_3 \Leftrightarrow 2AsO_4^{3-} \Leftrightarrow 2I_2 \Leftrightarrow 4e$

具体配制和标定方法如下：称取 13g 碘、35g 碘化钾溶于 100mL 水中，稀释至 1000 mL，摇匀，保存于棕色具塞瓶中。其浓度为 $C_{1/2I_2}=0.1mol/L$。称取 0.15 g 预先在硫酸干燥器中干燥至质量恒定的基准 As_2O_3，称准至 0.0001 g。置于碘量瓶中，加 4mLNaOH 溶液[$C_{NaOH}=1mol/L$]溶解，加 50mL 水及 2 滴酚酞指示液（10g/L），用 H_2SO_4 溶液[$C_{1/2H_2SO_4}=1mol/L$]中和，加 3g$NaHCO_3$ 及 3mL 淀粉指示液（5g/L），用配好的碘溶液滴定至溶液呈浅蓝色。同时作空白试验。碘溶液浓度按式（8-10）计算：

$$C_{1/2I_2}=\frac{m}{(V-V_0)\times\frac{M_{1/4As_2O_3}}{1000}} \tag{8-10}$$

式中 m——As_2O_3 之质量，g；

V——碘溶液之用量，mL；

V_0——空白试验碘溶液之用量，mL；

$M_{1/4As_2O_3}$——以（$1/4As_2O_3$）为基本单元之摩尔质量（49.46 g/mol）。

由于 As_2O_3 剧毒，一般不建议使用，可以改用硫代硫酸钠标定，即比较法。方法如下：用滴定管准确量取 30.00～35.00 mL 配好的碘溶液，置于已装有 150 mL 水的碘量瓶中，然后用硫代硫酸钠标准溶液滴定，近终点时加 3 mL 淀粉指示液（5g/L），继续滴定至溶液蓝色消失。

$$C_{1/2I_2}=\frac{C_{Na_2S_2O_3}\cdot V_{Na_2S_2O_3}}{V_{1/2I_2}}$$

（2）$Na_2S_2O_3$ 标准溶液的配制和标定

1）配制

$Na_2S_2O_3 \cdot 5H_2O$ 容易风化，常含有一些杂质（如 S、$Na_2S_2O_3$、NaCl、Na_2CO_3 等），并且配制的溶液不稳定易分解，所以只能用间接法配制。

$Na_2S_2O_3 \cdot 5H_2O$ 不稳定的原因有 3 个。

第一是与溶解在水中的 CO_2 反应：

$$Na_2S_2O_3 + CO_2 + H_2O \rightleftharpoons NaHCO_3 + NaHSO_3 + S\downarrow$$

第二是与空气中的 O_2 反应：

$$2Na_2S_2O_3 + O_2 \rightleftharpoons 2NaSO_4 + 2S\downarrow$$

第三是与水中微生物反应：

$$Na_2S_2O_3 \xrightleftharpoons{\text{微生物}} Na_2SO_3 + S\downarrow$$

根据上述原因，$Na_2S_2O_3$ 溶液的配制应采取下列措施：第一，用煮沸冷却后的蒸馏水配制，以除去微生物；第二，配制时加入少量 Na_2CO_3，使溶液呈弱碱性（在此条件下微生物活动力低）；第三，将配制好的溶液置于棕色瓶中，放置两周，再用基准物标定。

若发现溶液浑浊，需重新配制。

具体配制方法如下：称取 26g$Na_2S_2O_3 \cdot 5H_2O$，溶于 1000mL 水中，缓慢煮沸 10min 冷却。放置两周后过滤备用。其浓度为 $C_{(Na_2S_2O_3)} = 0.1mol/L$。

2）标定

标定 $Na_2S_2O_3$ 溶液的基准物有 KIO_3、$KBrO_3$ 和 $K_2Cr_2O_7$ 等。由于 $K_2Cr_2O_7$ 价廉易提纯，因此常用作基准物。用 $K_2Cr_2O_7$ 基准物标定 $Na_2S_2O_3$ 标准溶液分两步反应进行。第一步反应：

$$Cr_2O_7^{2-} + 6I^- + 14H^+ \rightleftharpoons 2Cr^{3+} + 3I_2 + 7H_2O$$

反应后产生定量的 I_2，加水稀释后，用 $Na_2S_2O_3$ 溶液滴定，即第二步反应：

$$2Na_2S_2O_3 + I_2 \rightleftharpoons Na_2S_4O_6 + 2NaI$$

以淀粉为指示剂，当溶液变为亮绿色即为滴定终点。

现对两步反应所需要的条件说明如下：

第一，为什么反应进行要加入过量的 KI 和 H_2SO_4，反应后又要放置在暗处 10min?

实验证明这一反应速度较慢，需要放置 10min 后反应才能定量完成。加入过量的 KI 和 H_2SO_4，不仅为了加快反应速度，也为防止 I_2 的挥发。此时生成 I_3^- 配位离子。由于 I^- 在酸性溶液中易被空气中的氧氧化，I_2 易被日光照射分解，故需要置于暗处避免见光。

第二，为什么第一步反应后，用 $Na_2S_2O_3$ 溶液滴定前要加入大量水稀释?

由于第一步反应要求在强酸性溶液中进行，而 $Na_2S_2O_3$ 与 I_2 的反应必须在弱酸性或中性溶液中进行，因此需要加水稀释以降低酸度，防止 $Na_2S_2O_3$ 分解。此外由于 $Cr_2O_7^{2-}$ 的还原产物是 Cr^{3+} 显墨绿色，妨碍终点的观察，稀释后使溶液中 Cr^{3+} 浓度降低，墨绿色变浅，使终点易于观察。但如果到终点后溶液又迅速变蓝表示 $Cr_2O_7^{2-}$ 与 I^- 的反应不完全，也可能是由于放置时间不够，或溶液稀释过早，遇此情况应另取一份重新标定。

具体标定方法如下：称取 0.15 g 于 120℃烘至质量恒定的基准 $K_2Cr_2O_7$，称准至 0.0001 g。置于碘量瓶中，溶于 25mL 水中，加 2 gKI 及 20 mLH_2SO_4 溶液（20%），摇匀，于暗处放置 10 min。加 150mL 水，用配制好的硫代硫酸钠溶液滴定。近终点时加 3mL 淀粉指示液（5g/L），继续滴定至溶液由蓝色变为亮绿色。同时作空白试验。

$$C_{Na_2S_2O_3}=\frac{m}{(V-V_0)\times\frac{M_{1/6K_2Cr_2O_7}}{1000}} \tag{8-11}$$

式中 m——$K_2Cr_2O_7$之质量，g；

V——硫代硫酸钠溶液之用量，mL；

V_0——空白试验硫代硫酸钠溶液之用量，mL；

$M_{1/6K_2Cr_2O_7}$——以（$1/6K_2Cr_2O_7$）为基本单元之摩尔质量（49.03g/mol）。

3. 应用示例

（1）水中余氯的测定

1）水中的余氯

在水的消毒中，常以液氯（Cl_2）为消毒剂，液氯与水中的细菌等微生物或还原性物质作用之后，剩余在水中的氯量称为余氯，包括游离性余氯（游离性有效氯）和化合性余氯（化合性有效氯）。

游离性有效氯包括次氯酸（HOCl）和次氯酸盐（OCl^-）。在水的消毒过程中，氯溶解于水后，迅速生成HOCl和OCl^-，其反应式为：

$$Cl_2+H_2O \rightleftharpoons HOCl+HCl$$

$$HOCl \rightleftharpoons OCl^-+H^+$$

化合性有效氯是一种复杂的无机氯胺（NH_xCl_y）和有机氯胺（$RNCl_z$）的混合物（式中x、y、z为0～3的数值）。如原水中含有$NH_3 \cdot H_2O$，则加入氯后便生成氯胺。此时，游离氯有效氯和化合性有效氯同时存在于水中，因此测定水中的余氯包括游离性有效氯和化合性有效氯两部分。

我国要求加氯消毒的饮用水，在氯与水接触30min后游离氯应不低于0.3mg/L，管网末梢水应不低于0.05mg/L。城市杂用水加氯消毒，要求接触30min后≥1.0mg/L，管网末梢≥0.2mg/L。

2）测定原理

在酸性溶液中，水中的余氯与KI作用，释放出等化学计量的I_2，以淀粉溶液为指示剂，用$Na_2S_2O_3$标准溶液滴定至蓝色消失。由消耗的$Na_2S_2O_3$标准溶液的量计算出水中余氯。主要反应如下：

$$I^-+CH_3COOH \rightleftharpoons CH_3COO^-+HI$$

$$HI+HOCl \rightleftharpoons I_2+H^++Cl+H_2O$$

$$I_2+2S_2O_3^{2-} \rightleftharpoons 2I^-+S_4O_6^{2-}$$

水样中含有NO_2^-、Fe^{3+}、Mn（IV）时，干扰测定。但是采用乙酸缓冲溶液缓冲pH=3.5～4.2之间，可减少干扰。

3）计算

余氯计算公式见式（8-12）：

$$余氯（mgCl_2/L）=\frac{C\times V_1\times 35.45\times 1000}{V_水} \tag{8-12}$$

式中 C——$Na_2S_2O_3$标准溶液的浓度，mol/L；

V_1——$Na_2S_2O_3$标准溶液的用量，mL；

$V_{水}$——水样的体积，mL；

35.45——氯的换算系数。

（2）溶解氧及其测定

1）溶解氧

溶解于水中的分子态氧，常以DO表示，单位为mgO_2/L。水中溶解氧的饱和含量与大气压力、水的稳定等因素都用密切关系。大气压力减小，溶解氧也减少。温度升高，溶解氧也显著下降。不同的水温，在101.3kPa大气压下空气中含氧为20.9%时，氧在淡水中的溶解度列于表8-3。

不同温度下水中饱和溶解氧（101.3kPa大气压下） **表8-3**

温度/℃	溶解氧/(mg/L)	温度/℃	溶解氧/(mg/L)	温度/℃	溶解氧/(mg/L)	温度/℃	溶解氧/(mg/L)
0	14.62	10	11.33	20	9.17	30	7.63
1	14.23	11	11.08	21	8.99	31	7.5
2	13.84	12	10.83	22	8.83	32	7.4
3	13.48	13	10.60	23	8.68	33	7.3
4	13.13	14	10.37	24	8.53	34	7.2
5	12.80	15	10.15	25	8.38	35	7.1
6	12.48	16	9.95	26	8.22	36	7.0
7	12.17	17	9.74	27	8.07	37	6.9
8	11.87	18	9.54	28	7.92	38	6.8
9	11.59	19	9.35	29	7.77	39	6.7

清洁的地面水在正常情况下，所含溶解氧接近饱和状态。当水中含藻类植物时，由于光合作用而放出氧，可使水中的溶解氧过饱和。相反，如果水体被有机物质污染，则水中溶解氧会不断减少。当氧化作用进行得太快，而水体并不能及时从空气中吸收充足的氧来补充氧的消耗时，水体的溶解氧会逐渐降低，甚至趋近于零。此时，厌氧菌繁殖并活跃起来，有机物质发生腐败作用，使水质发臭。废水中溶解氧的含量取决于废水排出前的工艺过程，一般含量较低，差异很大。溶解氧的测定对水体自净作用的研究有极重要的意义。在水污染控制和废水生物处理工艺的控制中，溶解氧也是一项重要的水质综合指标。

2）溶解氧的测定

溶解氧的测定一般采用碘量法。测定时，在水样中加入$MnSO_4$和NaOH溶液，水中的O_2将Mn^{2+}氧化成水合氧化锰$MnO(OH)_2$棕色沉淀，它把水中全部溶解氧都固定在其中，溶解氧越多，沉淀颜色越深。

$$Mn^{2+}+2OH^- \rightleftharpoons Mn(OH)_2\downarrow \text{（白色）}$$

$$Mn(OH)_2+\frac{1}{2}O_2 \rightleftharpoons MnO(OH)_2\downarrow \text{（棕色）}$$

$MnO(OH)_2$在有I^-存在下加酸溶解，定量地释放出与溶解氧相当量的I_2，以淀粉为指示剂，用$Na_2S_2O_3$标准溶液滴定释放出的I_2。反应式如下：

$$MnO(OH)_2+2I^-+4H^+ \rightleftharpoons Mn^{2+}+I_2+3H_2O$$

$$I_2+2S_2O_3^{2-} \rightleftharpoons 2I^-+S_4O_6^{2-}$$

此方法仅适用于清洁的地面水或地下水。如水中有 Fe^{2+}、Fe^{3+}、S^{2-}、NO_3^-、SO_3^{2-}、Cl_2 以及各种有机物等氧化还原性物质时将影响测定结果。为此，应选择适当方法消除干扰，如水中 $NO_2^- > 0.05$mg/L、$Fe^{2+} < 1$mg/L 时，可以加入叠氮化钠 NaN_3 消除 NO_2^- 的干扰。用浓 H_2SO_4 溶解沉淀物之前，在水样瓶中加入数滴 5%NaN_3 溶液，也可在配制碱性溶液时，把 1%NaN_3 和碱性 KI 同时加入。其反应式为：

$$2NaN_3 + H_2SO_4 \rightleftharpoons 2HN_3 + Na_2SO_4$$

$$HNO_2 + HN_3 \rightleftharpoons N_2 + N_2O + H_2O$$

如水中同时含有 Fe^{2+}、S^{2-}、SO_3^{2-}、NO_3^- 等还原性物质时，且 $Fe^{2+} > 1$mg/L 时，为了消除干扰，可将水样预先在酸性条件下用 $KMnO_4$ 处理，剩余的 $KMnO_4$ 再用 $H_2C_2O_4$ 除去。

溶解氧计算公式见式（8-13）：

$$DO\ (mg/L) = \frac{CV \times 8 \times 1000}{V_{水}} \tag{8-13}$$

式中 C——$Na_2S_2O_3$ 标准溶液的浓度，mol/L；

V——水样消耗的 $Na_2S_2O_3$ 溶液的量，mL；

$V_{水}$——水样的体积，mL；

8——氧的换算系数。

溶解氧的测定，除碘量法外，还有膜电极法。如水样中干扰物质较多，色度高，碘量法测定有困难时，可用该法。氧敏感薄膜电极检测部件由原电池型 Ag—Pt 电极组成，其电解质为 1mol/LKOH 溶液，膜由聚氯乙烯或聚四氟乙烯制成。将膜电极置于水样中，薄膜只能透过氧和其他气体，而水和可溶解物质不能透过。透过膜的氧在电极上还原，产生微弱的扩散电流，在一定温度下其大小和水样溶解氧含量成正比。可由电表直接读出水中溶解氧的含量。

该方法操作简便快捷，可以进行连续检测，适用于现场测定。

（3）生物化学需氧量

1）生物化学需氧量（BOD）

生物化学需氧量是指在规定条件下，微生物分解存在于水中的某些可氧化物质，特别是有机物所进行的生物化学过程中所消耗的溶解氧的量。微生物氧化分解有机物是一个缓慢的过程，通常需要 20d 以上的时间才能将可分解的有机物全部分解。目前，普遍规定 20±1℃培养 5d 作为测定生化需氧量（BOD）的标准条件，分别测定样品培养前后的溶解氧，二者的差值称为五日生化需氧量，用 BOD_5 表示，以 mgO_2/L 作为量值的单位。

2）BOD_5 的测定方法

① 稀释测定法

对于某些生活污水和工业废水以及污染较严重的地面水，因含较多的有机物，需要稀释后再培养测定，以降低其浓度和保证有充足的溶解氧。

测定时，取稀释后的水样两等份，一份测定当天的溶解氧值，另一份在 20℃培养箱内培养 5d，测定期满后的溶解氧值。根据前后两溶解氧值之差，计算出 BOD 值。

BOD_5 计算公式见式（8-14）：

$$BOD_5\ (mgO_2/L) = \frac{(D_1 - D_2) - (B_1 - B_2)\ f_1}{f_2} \tag{8-14}$$

式中　D_1，D_2——经稀释后的水样在当天和 5 天后的溶解氧值；

B_1，B——纯稀释水在当天和 5 天后的溶解氧值；

f_1，f_2——培养瓶中稀释水和水样分别所占比例。

对于溶解氧含量较高，有机物含量较少的清洁地面水，一般 $BOD_5<7mgO_2/L$ 时，可不经稀释，直接测定。对于 BOD_5 值较大的水样的稀释倍数通常以经过 5d 培养后所消耗的溶解氧大于 2mg/L，且剩余溶解氧在 1mg/L 以上予以确定。在水样污染程度比较固定（如工厂实验室中作常规分析）的情况下，分析人员能凭经验确定稀释倍数。在对水样污染程度无从了解的情况下，要取三个稀释倍数，根据对三者最终分析结果作比较之后，取其中一个适宜的稀释倍数进行 BOD_5 值的计算。

为了保证水样稀释后有足够的溶解氧，稀释水通常要通入空气进行曝气，以使稀释水中溶解氧接近饱和。稀释水中还应加入一定量的无机营养盐和缓冲物质（磷酸盐、钙、镁和铁盐等），以保证微生物的生长需要。

对于不含或微含微生物的工业废水，其中包括酸性废水、碱性废水、高温废水或经过氯化处理的废水，在测定 BOD_5 时应进行接种，以引入能分解废水中有机物的微生物。当废水中存在着难于被一般生活污水中的微生物以正常速度降解的有机物或含有毒物质时，应将驯化的微生物引入水样中进行接种。

② 仪器测定法

稀释测定法一直被作为 BOD_5 的标准分析方法。由于测定 BOD_5 最低需时 5d，所得数据对于了解水污染情况并进一步采取措施以控制污染已经失去意义。对生活污水来说测定结果在一定范围内波动，对工业废水来说波动范围更大，甚至相差几倍，往往同一水样采用不同的稀释倍数，所得结果也不尽相同，这可能是由于水样用曝气的水稀释后，不同稀释比的水样，其中所含有的初始氧浓度不同，致使在耗氧期间氧的消耗速率不同所造成的。如果使用仪器测量，使耗氧过程初始溶解浓度保持不变，可以克服测定结果重现性差，测定时间过长等缺点。

近 10 多年来，研究者们陆续提出一些新的测定方法，包括自动测定法、快速测定法和最近几年出现的利用生物膜传感技术的 BOD 测量法。目前使用较多的是气压计库仑式 BOD 测定仪（见图 8-2）。

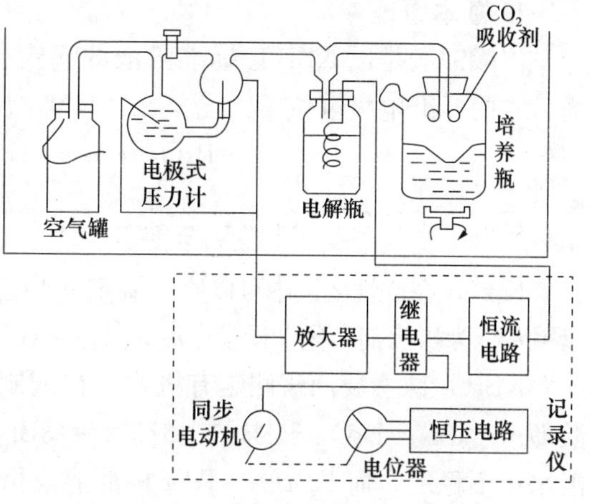

图 8-2　气压计库仑式测定仪装置简图

将经过预处理的水样装在培养瓶中，利用电磁搅拌器进行搅拌，在进行生物氧化反应时，水样中的溶解氧被消耗，培养瓶上部空间中大的氧气溶解于水样中。由于反应而产生的 CO_2 从水样中逸出，进入培养瓶空间。当 CO_2 被置于培养瓶中的 CO_2 吸收剂（苏打水石灰）吸收时，瓶中氧分压和总气压下降。该气压下降由电极式压力计所检出，并转换成电信号，经放大器放大，继电器闭合而带动同步电动机工作。与此同时，电解装置进行 $CuSO_4$ 溶液的恒电流电解，电解产生的氧气不断供给培养瓶，使培养瓶中的气压逐渐回升，当培养瓶内气压恢复到原来状态时，继电器断开并使电解与同步电动机停止工作。通过这样反复过程使培养瓶上面空间始终保持在恒压状态，以促进微生物的活动和生化反应正常进行。在BOD测定时间内由于电解产生的氧量就相当于水样的BOD值，根据库仑定律，消耗的氧量与电解时所需的电量成正比关系，可以求得电解产生的氧量。

$$电解产生的氧量（mg）=\frac{i\times t\times 8}{96500} \tag{8-15}$$

式中 i——电解电流，mA；

t——电解时间，s；

8——氧的换算系数；

96500——法拉第常数。

在仪器运转过程中，有一个同步马达随电解发生而启动，该马达又通过与其连接的电位计将其工作情况转换成电势，该电势与电解产生的氧量成正比。因此，可以用毫伏计自动记录BOD值随时间变化的耗氧曲线。这种气压计库仑式BOD测定仪不仅可测定五日生化需氧量BOD_5，也可测定任何培养天数的BOD值。

稀释测定法测BOD值需要制备几个不同稀释倍数的水样，而仪器法只需一个水样就能进行测定。由于记录仪在测定过程中做出了自动连续的记录，因此得到的耗氧曲线能反应出水样发生生化反应的全过程。本测定方法得到的结果较稀释测定法偏高，这种情况可能是由于连续搅拌与稀释法不同所引起。

8.3.6 溴酸钾法

1. 基本原理

溴酸钾法是以$KBrO_3$标准溶液的滴定分析法。在酸性溶液中$KBrO_3$是较强的氧化剂，它的标准电极电位$\varphi^{\circ}_{BrO_3^-/Br^-}=1.44V$，反应如下：

$$BrO_3^- + 6e + 6H^+ \rightleftharpoons Br^- + 3H_2O$$

反应中$KBrO_3$获得6e，其基本单元为$\left(\frac{1}{6}KBrO_3\right)$，$M_{1/6KBrO_3}=27.83g/mol$。

$KBrO_3$在酸性溶液中可以直接滴定一些还原性物质，如As（Ⅲ），Sb（Ⅲ），Sn（Ⅱ）等。以甲基橙为指示剂，化学计量点后，过量$KBrO_3$氧化指示剂，使甲基橙退色以指示终点。

$KBrO_3$法主要用于测定有机物，在配制$KBrO_3$标准溶液时加入过量KBr，此溶液遇酸即产生Br_2，$BrO_3^- + 5Br^- + 6H^+ \rightleftharpoons 3Br_2 + 3H_2O$，实质上相当于$Br_2$的标准溶液，但溴水极不稳定，而$KBrO_3$－KBr标准溶液相当稳定。生成的$Br_2$可以取代酚类和芳香胺类的氢。测定这类有机物时，在酸性溶液中加入一定量过量的$KBrO_3$－KBr标准溶液，待反应完全后，过量的Br_2，用碘量法测定。

2. $KBrO_3$—KBr标准溶液

$KBrO_3$—KBr标准溶液可用直接法配制。例如，配制$C_{1/6KBrO_3}=0.1mol/L$ $KBrO_3$—KBr标准溶液1L，准确称取已于130～140℃烘干2h的$KBrO_3$ 2.7833 g，溶于少量水后加入15gKBr，待全溶后转入1L容量瓶中，加水稀释至刻度，摇匀。

3. 应用示例——苯酚含量的测定

（1）方法原理

苯酚又名石炭酸，是重要的化工原料。苯酚是弱的有机酸，由于其苯环上有羟基存在，就使其邻位和对位上的氢原子更活泼，因此卤素就容易取代这些活泼的氢原子而进行卤化反应，生成三溴苯酚沉淀。根据苯酚这种性质，常用溴酸钾法测定其含量。

$$C_6H_5OH + 3Br_2 = C_6H_2Br_3OH\downarrow + 3Br_2^- + 3H^+$$

要完成上述反应，应加已知过量的 $KBrO_3$－KBr 标准溶液于苯酚溶液中，待反应完成后，使剩余量的 Br_2 与 KI 作用，置换出等量的 I_2。

$$Br_{2(剩余量)} + 2I^- \rightleftharpoons 2Br^- + I_2$$

析出的 I_2 用 $Na_2S_2O_3$ 标准溶液滴定。

$$I_2 + 2S_2O_3^{2-} \rightleftharpoons 2I^- + S_4O_6^{2-}$$

在溴化反应过程中，苯酚

$$C_6H_5OH \Leftrightarrow 3Br_2 \Leftrightarrow 3I_2 \Leftrightarrow 6Na_2S_2O_3 \Leftrightarrow 6e$$

$$苯酚的基元\left(\frac{1}{6}C_6H_5\ OHM_{\frac{1}{6}C_6H_5OH} = 15.69g/mol\right)$$

（2）测定步骤

准确称取0.2～0.3g苯酚试样于烧杯中，加入5 mL NaOH（100g/L），用少量水溶解后转入250mL容量瓶中，用水定容。准确吸取10mL试液于锥形瓶中，用移液管加入25.00mL $C_{\frac{1}{6}KBrO_3}$＝0.1mol/L KBr_3－KBr标准溶液。加入10mL（1＋1）HCl，充分摇动2min，使三溴苯酚沉淀分散后，盖上表面皿，再放置5 min，加入20mL KI（100g/L），摇匀，放置5～10 min，用0.1mol/L$Na_2S_2O_3$ 标准溶液滴定至浅黄色，加入3mL淀粉指示剂（5g/L），继续滴定至蓝色消失为终点。另取25.00mL$KBrO_3$－KBr标准溶液进行空白试验。

（3）结果计算

$$C_6H_5OH含量 = \frac{(V_0 - V)\ C_{Na_2S_2O_3} \times \frac{15.69}{1000}}{G \times \frac{10}{250}} \times 100\% \tag{8-16}$$

式中　V_0——空白试验所消耗 $Na_2S_2O_3$ 标准溶液的体积，mL；

V——滴定样品时所耗 $Na_3S_3O_3$ 标准溶液的体积，mL；

G——苯酚样品的质量，g。

思考题

1. 比较氧化还原指示剂的变色原理与酸碱指示剂有何异同？
2. 碘量法的主要误差来源有哪些？
3. 已知 $\varphi^0_{Fe^{3+}/Fe^{2+}}$＝0.77V，当$[Fe^{3+}]$＝1.0mol/L和$[Fe^{2+}]$＝0.01mol/L时，$\varphi_{Fe^{3+}/Fe^{2+}}$为多少？
4. $KMnO_4$ 标准溶液的物质的量浓度是 $C_{1/5\ KMnO_4}$＝0.1242。求用：

(1) Fe；(2) $FeSO_4 \cdot 7H_2O$；(3) Fe $(NH_4)_2(SO_4)_2 \cdot 6H_2O$ 表示的滴定度。

5. 溶解纯 $K_2Cr_2O_7$ 0.1434 g，酸化并加入过量 KI，释放出的 I_2 28.24mL $Na_2S_2O_3$。溶液滴定至终点，计算 $Na_2S_2O_3$ 溶液的物质量浓度。

6. 一个含 As_2O_3 的样品 0.6008 g，溶解后调节 pH=8，用 $C_{1/2I_2}$=0.1024mol/L I_2 标准溶液滴定 As^{3+}，淀粉作指示剂，至终点用去 I_2 溶液 24.08mL，计算样品中 As_2O_3 含量（%）。

第9章　配位滴定法

【学习要点及目标】

◆本单元学习重点学习掌握配位滴定法的原理、EDTA的特性及配合物的稳定常数。

◆熟悉常用的金属指示剂及滴定方法、滴定曲线。

◆通过本章节的学习，使学生具备对硬度等化学指标进行检验的能力。

【核心概念】

配位滴定、EDTA、稳定常数、EDTA的酸效应、金属指示剂、硬度。

9.1　方法简介

利用形成配合物反应为基础的滴定分析方法称为配位滴定法，又称络合滴定法。

金属离子与配合剂作用生成难电离的配离子或配合分子的反应，叫做配合反应。

配合反应是由中心离子或原子与配位体以配位键形成络离子（配离子）的反应。含有络离子的化合物称络合物（配合物）。如铁氰化钾（$K_3[Fe(CN)_6]$）络合物。$[Fe(CN)_6]^{3-}$称为络离子，也称内界。络离子中的金属离子（Fe^{3+}）称为中心离子，与中心离子结合的阴离子CN^-叫做配位体。配位体中直接与中心离子络合的原子叫配位原子（CN^-中的氮原子），与中心离子络合的配位原子数目叫配位数。钾离子称络合物的外界，与内界间以离子键结合。

配合剂可分为无机和有机配合剂两类，无机配合剂很早就在分析化学中应用，例如用$AgNO_3$标准溶液测定电镀液中CN^-的含量，反应式如下：

$$ANO_3 + 2KCN \rightleftharpoons K[Ag(CN)_2] + KNO_3$$

即：

$$Ag^+ + 2CN^- \rightleftharpoons [Ag(CN)_2]^-$$

当滴定到化学计量点时，稍过量的$AgNO_3$标准溶液与$[Ag(CN)_2]^-$反应生成$Ag[Ag(CN)_2]$白色沉淀，使溶液变混浊，指示滴定终点的到达。反应式如下：

$$Ag^+ + [Ag(CN)_2]^- \rightleftharpoons Ag[Ag(CN)_2]\downarrow(\text{白色})$$

但是作为配位滴定的反应必须符合以下条件：

（1）生成的配合物要有确定的组成，即中心离子与配位剂严格按一定比例化合；

（2）生成的配合物要有足够的稳定性；

（3）配合反应速度要足够快；

（4）有适当的反映化学计量点到达的指示剂或其他方法；

（5）形成的配合物最好是可溶的。

虽然能够形成无机配合物的反应很多，而能用于滴定分析的并不多，原因是许多无机配合反应常常是分级进行，并且配合物的稳定性较差，因此计量关系不易确定，滴定终点不易观察，致使配位滴定方法受到很大局限。自20世纪40年代开始发展了有机配位剂，它们与金属离子的配合反应能满足上述要求，因此在生产和科研中得到广泛的应用，配位滴定法也从此成为一种重要的化学分析方法。目前常用的有机配位剂是氨羧配位剂，其中以 EDTA 应用最广泛。

在水质分析中，配位滴定法主要用于水中硬度以及氰化物测定等。

9.2 EDTA 及其分析应用方面的特性

9.2.1 EDTA 的性质

EDTA 是乙二胺四乙酸的简称，是取英文四个字首组成，即“Ethylenediamine tetraacetic acid”，其结构式为：

$$\begin{matrix} HOOCH_2C & & CH_2COOH \\ & \diagdown NCH_2CH_2N \diagup & \\ HOOCH_2C \diagup & & \diagdown CH_2COOH \end{matrix}$$

它是一类含有氨基和羧基的氨羧配位剂，是以氨基二乙酸为主体的衍生物。

EDTA 用 H_4Y 表示。微溶于水（22℃时，每 100mL 水溶解 0.02 g），难溶于酸和一般有机溶剂，但易溶于氨性溶液或苛性碱溶液中，生成相应的盐溶液。因此分析工作中常应用它的二钠盐即乙二胺四乙酸二钠盐，用 $Na_2H_2Y \cdot 2H_2O$ 表示。习惯上也称为 EDTA。

$Na_2H_2Y \cdot 2H_2O$ 是一种白色结晶状粉末，无臭无味，无毒，易精制，稳定。室温下其饱和溶液的浓度约为 0.3mol/L，水溶液 pH 约等于 4.4。22℃时，每 100mL 水溶解 11.1g。H_4Y 溶于水时，两个羧基可再接受 H^+，成为 H_6Y^{2+}，这样，EDTA 相当于六元酸，有 6 级离解常数：

$$H_6Y^{2+} \rightleftharpoons H^+ + H_5Y^+;\quad K_{a_1} = 10^{-0.90}$$

$$H_5Y^+ \rightleftharpoons H^+ + H_4Y;\quad K_{a_2} = 10^{-1.60}$$

$$H_4Y \rightleftharpoons H^+ + H_3Y^-;\quad K_{a_3} = 10^{-2.00}$$

$$H_3Y^- \rightleftharpoons H^+ + H_2Y^{2-};\quad K_{a_4} = 10^{-2.67}$$

$$H_2Y^{2-} \rightleftharpoons H^+ + HY^{3-};\quad K_{a_5} = 10^{-6.16}$$

$$HY^{3-} \rightleftharpoons H^+ + Y^{4-};\quad K_{a_6} = 10^{-10.26}$$

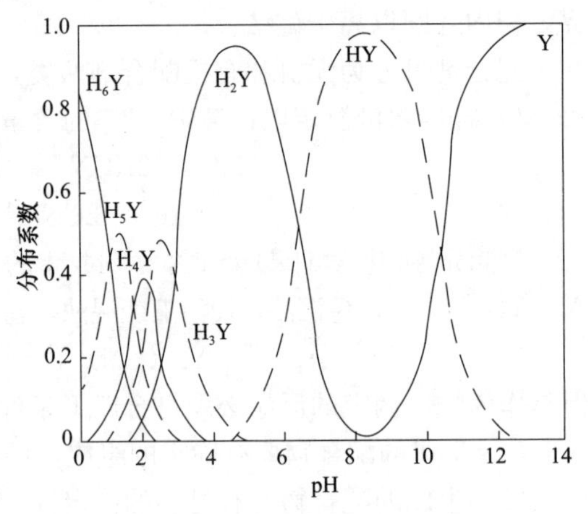

图 9-1 EDTA 各种形态分布图

在任一水溶液中，EDTA 总是以 H_6Y^{2+}、H_5Y^+、H_4Y、H_3Y^-、H_2Y^{2-}、HY^{3-} 及 Y^{4-} 7 种形态存在。各种形态的分布系数（δ）（即存在形态的浓度与 EDTA 总浓度之比）与溶液 pH 值有关。

图 9-1 是 EDTA 各种形态的分布图。从图中看到，在 pH＜1 的强酸性溶液中，EDTA 主要以 H_6Y^{2+} 形态存在，在 pH＝2.67～6.16 溶液中，主要以 H_2Y^{2-} 形态存在，仅在 pH＞10.26 碱性溶液中，才主要以 Y^{4-} 形态存在。

9.2.2　EDTA与金属离子配合的特点

（1）EDTA所以适用于作配位滴定剂是由它本身所具有的特殊结构决定的。从它的结构式可以看出，它同时具有氨氮和羧氧两种配位能力很强的配位基，综合了氮和氧的配位能力，因此EDTA几乎能与周期表中大部分金属离子配合，形成具有五圆环结构的稳定的配合物。

在一个EDTA分子中，由2个氨氮和4个羧氧提供了6个配位原子，它完全能满足一个金属离子所需要的配位数。例如，EDTA与Co^{3+}形成一种八面体的配合物，其结构如图9-2所示。它具有螯合环，具有这种环形结构的配合物称为螯合物。

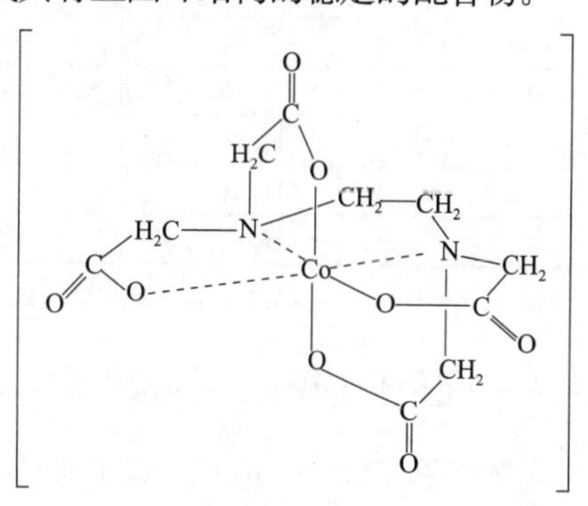

图9-2　Co^{3+}与EDTA螯合物的立体结构

（2）无色金属离子与EDTA生成的配合物无色，有色金属离子与EDTA生成的配合物都有色，如NiY^{2-}蓝绿、CuY^{2-}深蓝、CoY^{2-}紫红、MnY^{2-}紫红、CrY^{-}深紫、FeY^{-}黄色，都比原金属离子的颜色深，滴定这些离子时，浓度要稀一些，否则影响终点的观察。

（3）EDTA与金属离子生成的配合物，易溶于水，大多反应迅速，所以，配位滴定可以在水溶液中进行。

（4）EDTA与金属离子的配合能力与溶液酸度密切相关。

（5）EDTA与金属离子配合的特点是不论金属离子是几价的，它们多是以1∶1的关系配合，同时释放出2个H^+，反应式如下：

$$M^{2+}+H_2Y^{2-}\rightleftharpoons MY^{2-}+2H^+$$

$$M^{3+}+H_2Y^{2-}\rightleftharpoons MY^{-}+2H^+$$

$$M^{4+}+H_2Y^{2-}\rightleftharpoons MY+2H^+$$

少数高价金属离子例外，例如，五价钼（Mo^{5+}）与EDTA形成Mo∶Y＝2∶1的螯合物$(MoO_2)_2Y^{2-}$。

9.3　配位平衡

9.3.1　配合物的稳定常数

金属离子与EDTA形成配合物的稳定性，可用该配合物的稳定常数$K_{稳}$来表示。为简便起见可略去电荷而写成：

$$M+Y\rightleftharpoons MY \tag{9-1}$$

按质量作用定律得其平衡常数为：

$$K_{MY}=\frac{[MY]}{[M][Y]} \tag{9-2}$$

K_{MY}称为绝对稳定常数，通常称为稳定常数。这个数值越大．配合物就越稳定。表9-1列出了一些常见金属离子和EDTA形成的配合物的稳定常数$\lg K_{MY}$的值。

常见金属离子与 EDTA 所形成配合物的 $\lg K_{MY}$ 值（25℃ $C_{KNO_3}=0.1mol/L$ 溶液中）　表 9-1

金属离子	$\lg K_{MY}$	金属离子	$\lg K_{MY}$	金属离子	$\lg K_{MY}$
Ag^{+}	7.32	Co^{2+}	16.31	Mn^{2+}	13.80
Al^{3+}	16.30	Co^{3+}	36.00	Na^{+}	1.66（a）
Ba^{2+}	7.86（a）	Cr^{3+}	23.40	Pb^{2+}	18.40
Be^{2+}	9.20	Cu^{2+}	18.80	Pt^{3+}	16.40
Bi^{3+}	27.94	Fe^{2+}	14.32（a）	Sn^{2+}	22.11
Ca^{2+}	10.69	Fe^{3+}	25.10	Sn^{4+}	34.50
Cd^{2+}	16.46	Li^{+}	2.79（a）	Sr^{2+}	8.70
Ce^{3+}	16.00	Mg^{2+}	8.70（a）	Zn^{2+}	16.50

注：（a）表示在 $C_{KCl}=0.1mol/L$ 溶液中，其他条件相同。

9.3.2　配位反应中主反应和副反应

金属离子（M）与 EDTA 离子（Y）之间的反应称为主反应，其他的反应都称为副反应。

$$
\begin{array}{ccccccccc}
 & M & & + & & Y & & \rightleftharpoons & & MY & \quad（主反应）\\
L\swarrow & & \searrow OH & & H\swarrow & & \searrow N & & H\swarrow & & \searrow OH \\
ML & & MOH & & HY & & NY & & MHY & & M(OH)Y \\
ML_2 & & M(OH)_2 & & H_2Y & & & & & & （副反应）\\
\vdots & & \vdots & & \vdots & & & & & & \\
ML_n & & M(OH)_n & & H_6Y & & & & & &
\end{array}
$$

M 可与 OH^- 或其他配位剂（L）反应，Y 可与 H^+ 或其他金属离子（N）反应，MY 可与 H^+、OH^- 反应，这些反应，统称为副反应。M 或 Y 发生的副反应，都不利于主反应向右进行，而 MY 发生副反应，则有利于主反应向右进行。这些副反应中以 Y 与 H 的副反应和 M 与 L 的副反应是影响主反应的两个主要因素，尤其是酸度的影响更为重要。

9.3.3　酸效应和酸效应系数

由于 H^+ 的存在，使 M 与 Y 主反应的配合能力下降的现象称为酸效应。酸效应的大小用酸效应系数 $a_{Y(H)}$ 来描述。

$$a_{Y(H)}=\frac{[Y']}{[Y]} \tag{9-3}$$

式中　$[Y']$——未与 M 配位的 EDTA 的总浓度；

$[Y]$——游离的 Y^{4-} 的浓度；

$a_{Y(H)}$ 值可以从 EDTA 的各级离解常数和溶液 $[H^+]$ 计算得到。

$$
\begin{aligned}
a_{Y(H)}=\frac{[Y']}{[Y]}&=\frac{[Y]+[HY]+[H_2Y]+[H_3Y]+[H_4Y]+[H_5Y]+[H_6Y]}{[Y]}\\
&=1+\frac{[H^+]}{K_{a_6}}+\frac{[H^+]^2}{K_{a_6}K_{a_5}}+\frac{[H^+]^3}{K_{a_6}K_{a_5}K_{a_4}}+\frac{[H^+]^4}{K_{a_6}K_{a_5}K_{a_4}K_{a_3}}+\frac{[H^+]^5}{K_{a_6}K_{a_5}K_{a_4}K_{a_3}K_{a_2}}\\
&\quad+\frac{[H^+]^6}{K_{a_6}K_{a_5}K_{a_4}K_{a_3}K_{a_2}K_{a_1}}\\
&=1+10^{10.26}[H^+]+10^{16.42}[H^+]^2+10^{19.09}[H^+]^3+10^{21.09}[H^+]^4\\
&\quad+10^{22.69}[H^+]^5+10^{23.59}[H^+]^6
\end{aligned}
$$

$\lg\alpha_{Y(H)}$值随溶液 pH 值增大而变小，表 9-2 列出不同 pH 值时的 $\lg\alpha_{Y(H)}$值。

EDTA 的酸效应系数［$\lg\alpha_{Y(H)}$］　　**表 9-2**

pH 值	$\lg\alpha_{Y(H)}$	pH 值	$\lg\alpha_{Y(H)}$	pH 值	$\lg\alpha_{Y(H)}$
0.0	23.64	3.4	9.70	6.8	3.55
0.1	21.32	3.8	8.85	7.0	3.32
0.8	19.08	4.0	8.44	7.5	2.78
1.0	18.01	4.4	7.64	8.0	2.27
1.4	16.02	4.8	6.84	8.5	1.77
1.8	14.27	5.0	6.45	9.0	1.28
2.0	13.51	5.4	5.69	9.5	0.83
2.4	13.19	5.8	4.98	10.0	0.45
2.8	11.09	6.0	4.65	11.0	0.07
3.0	10.60	6.4	4.06	12.0	0.01

9.3.4　配合物的条件稳定常数

条件稳定常数又称表观稳定常数，它是将副反应的影响考虑进去后的实际稳定常数，前面讲的稳定常数 K_{MY}是未考虑副反应时的绝对稳定常数，实际上只适合 pH≥12 时的情况。

现在先只考虑酸效应的影响，因为 $\alpha_{Y(H)}=\frac{[Y']}{[Y]}$，所以$[Y]=\frac{[Y']}{\alpha_{Y(H)}}$，将其代入式（9-2）中，

$$K_{MY}=\frac{[MY]}{[M][Y]}=\frac{[MY]\cdot\alpha_{Y(H)}}{[M][Y]}=K'_{MY}\cdot\alpha_{Y(H)} \tag{9-4}$$

$$\lg K'_{MY}=\lg K_{MY}-\lg\alpha_{Y(H)} \tag{9-5}$$

式中　K'_{MY}称为条件稳定常数，它随酸度的增大而减小。

例 9-1　已知 $\lg K_{MY}=8.70$，在 pH=10 时，$\lg\alpha_{Y(H)}=0.45$，则：

$$\lg K'_{MgY}=\lg K_{MgY}-\lg\alpha_{Y(H)}=8.70-0.45=8.25$$

在 pH=5 时，$\lg\alpha_{Y(H)}=6.45$ 则：

$$\lg K'_{MgY}=\lg K_{MgY}-\lg\alpha_{Y(H)}=8.70-6.45=2.25$$

通过以上计算可知 $\lg K_{MY}$在不同的 pH 条件下，与 $\lg K'_{MgY}$的数值相差很大。因此用 $\lg K'_{MgY}$更能定量的说明配合物在某一 pH 值时的实际稳定程度。

K'_{MY}是条件稳定常数的笼统表示。有时为明确表示哪些组分发生了副反应，可将“′”写在发生副反应组分的右上方。例如仅是滴定剂（Y）发生副反应，写作 K'_{MY}，若金属离子（M）和滴定剂（Y）都发生副反应，则写作 $K_{M'Y'}$等。

9.3.5　准确滴定的判别式

配位滴定中准确滴定的条件和酸碱滴定类似，应根据滴定突跃大小来判断，这在后面介绍滴定曲线时讨论，也可以根据被测金属离子的浓度、条件稳定常数及误差要求来推导。

设金属离子和 EDTA 初始浓度均为 $2C$，滴定到化学计量点时，若要求误差不大于 0.1%，则要求反应完全程度等于或高于 99.9%，M 基本上都配合成 MY，即 $[MY]\approx C$，未配合的金属离子和 EDTA 的总浓度等于或小于 $C\times0.1\%$，于是：

$$K_{MY'}=\frac{[MY]}{[M][Y']}\geqslant\frac{C}{C\times0.1\%\times C\times0.1\%}=\frac{1}{C\times10^{-6}}$$

$$CK_{MY'}\geqslant10^{6}，即 \lg K_{MY'}\geqslant6 \tag{9-6}$$

这就是配位滴定能够准确滴定的判别式，若 $\lg CK_{MY'}<6$，就不能准确滴定。

9.3.6 EDTA 酸效应曲线

如果设金属离子浓度为 0.02mol/L，则准确滴定条件要求：

$$\lg K_{MY'}\geqslant8 \text{（化学计量点时 } C=0.01\text{mol/L）} \tag{9-7}$$

根据 $$\lg K_{MY'}=\lg K_{MY}-\lg\alpha_{Y(H)} \tag{9-8}$$

移项 $$\lg\alpha_{Y(H)}=\lg K_{MY}-\lg K_{MY'} \tag{9-9}$$

将式（9-7）代入式（9-10）得 $\lg\alpha_{Y(H)}\leqslant\lg K_{MY}-8$ (9-10)

将各种金属离子的 $\lg K_{MY}$ 代入式（9-5）中，即可算出 EDTA 滴定该种金属离子相对应的最大的 $\lg\alpha_{Y(H)}$ 值，从表 9-2 查出与它相对应的 pH 值，以 pH 为纵坐标，金属离子的 $\lg K_{MY}$ 为横坐标，绘制成图 9-3 所示的曲线（金属离子浓度为 0.01mol/L），称为酸效应曲线或林旁曲线，图中金属离子位置所对应的 pH 值，就是单独滴定该金属离子时所允许的最小的 pH 值。

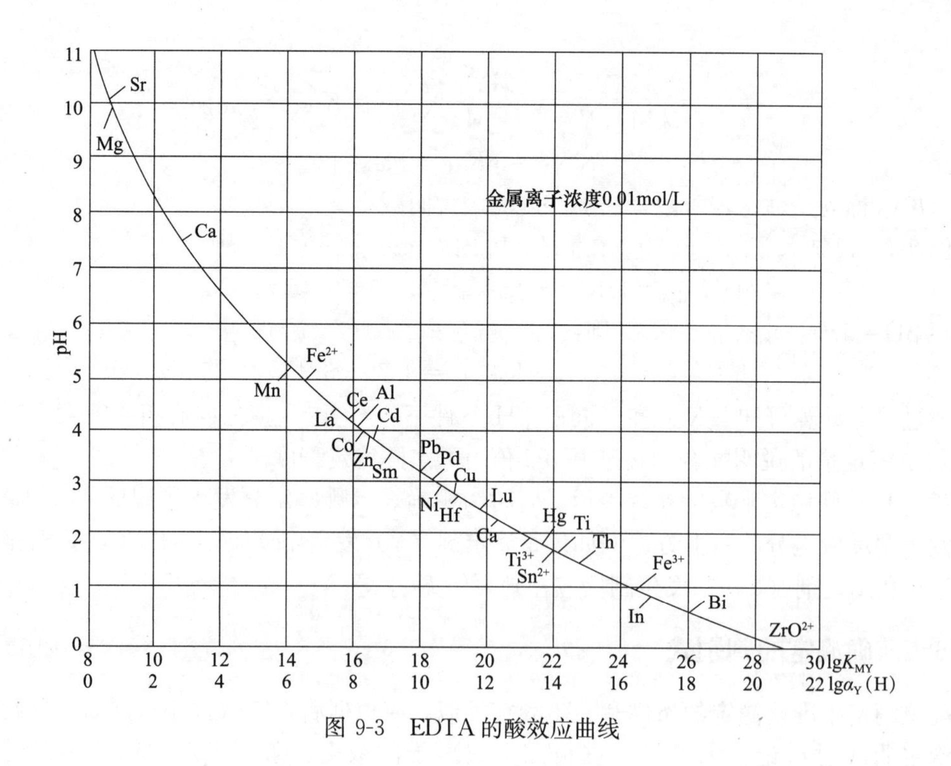

图 9-3　EDTA 的酸效应曲线

9.4　滴定方法

9.4.1　金属指示剂

在配位滴定中，通常利用一种能与金属离子生成有色配合物的显色剂指示滴定过程中金属离子浓度的变化。这种显色剂称为金属指示剂。

1. 金属指示剂变色原理

金属指示剂大多是一种有机染料，能与某些金属离子生成有色配合物，此配合物的颜色与金属指示剂的颜色不同。下面举例说明。

例如：用 EDTA 标准溶液滴定镁，当加入铬黑 T（以 H_3In 表示其分子式）为指示剂，在 pH=10 的缓冲溶液中为蓝色，与镁离子配合后生成红色配合物反应如下：

$$\underset{\text{蓝色}}{Mg^{2+} + HIn^{2-}} \rightleftharpoons \underset{\text{红色}}{MgIn^{-}} + H^{+}$$

当以 EDTA 溶液进行滴定时，H_2Y^{2-} 逐渐夺取配合物中的 Mg^{2+} 而生成了更稳定的配合物 MgY^{2-}，反应如下：

$$\underset{\text{红色}}{MgIn^{-}} + H_2Y^{2-} \rightleftharpoons MgY^{2-} + H^{+} + \underset{\text{蓝色}}{HIn^{2-}}$$

直到 MgIn 完全转变为 MgY^{2-}，同时游离出蓝色 HIn^{2-}。当溶液由红色变为纯蓝色时，即为滴定终点。

2. 金属指示剂应具备的条件

(1) 金属指示剂本身的颜色应与金属离子和金属指示剂形成配合物的颜色有明显的区别。只有这样才能使终点颜色变化明显。

(2) 指示剂与金属离子形成配合物的稳定性适当的小于 EDTA 与金属离子形成的配合物的稳定性。金属离子与指示剂所形成配合物的稳定性要符合：

$$\lg K_{MIn'} > 4$$

同时还要求：

$$\lg K_{MY'} - \lg K_{MIn'} \geqslant 2$$

(3) 指示剂不与被测金属离子产生封闭现象。有时金属指示剂与某些金属离子形成极稳定的配合物，其稳定性超过 $\lg K_{MY'}$ 以致在滴定过程中虽然滴入了过量的 EDTA，也不能从金属指示剂配合物中夺取金属离子（M），因而无法确定滴定终点。这种现象称为指示剂的封闭现象。

(4) 金属指示剂应比较稳定，以便于储存和使用。但有些金属指示剂本身放置空气中易被氧化破坏，或发生分子聚合作用而失效。为避免金属指示剂失效，对稳定性差的金属指示剂可用中性盐混合配成固体混合物储存备用。也可以在金属指示剂溶液中加入防止其变质的试剂，如在铬黑 T 溶液中加三乙醇胺。

3. 常用金属指示剂

(1) 铬黑 T（EBT）结构式如下

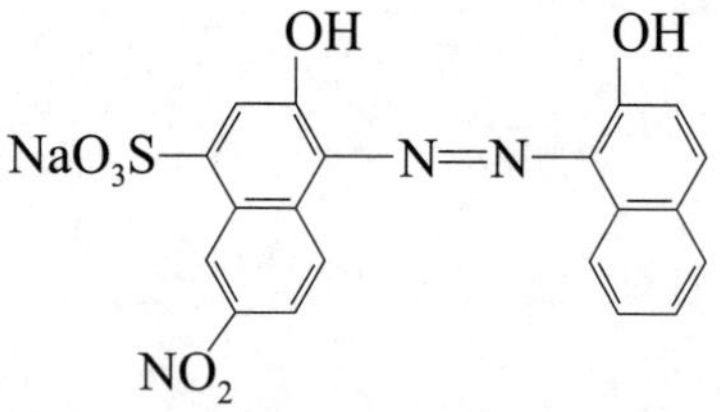

铬黑T为黑褐色粉末，略带金属光泽，溶于水后，结合在磺酸根上的Na^+全部电离，以阴离子形式存在于溶液中。铬黑T是一个三元弱酸，以H_2In^-表示，在不同pH值时，其颜色变化为：

H_2In^-	HIn^{2-}	In^{3-}
pH<6.3	pH=8～11	pH>11.5
红紫色	蓝色	橙黄色

铬黑T与很多金属离子生成显红色的配合物，为使终点敏锐最好控制pH=8：10，这时终点由红色变为蓝色比较敏锐。而在pH<8或pH>11时配合物的颜色和指示剂的颜色相似不宜使用。在pH=10缓冲溶液中，宜于滴定Mg^{2+}、Zn^{2+}、Co^{2+}、Pb^{2+}、Hg^{2+}等。

Cu^{2+}，Ni^{2+}，Co^{2+}，Al^{3+}，Fe^{3+}，Ti^{4+}等金属离子对指示剂产生“封闭”作用。Cu^{2+}，Co^{2+}，Ni^{2+}等金属离子可用KCN掩蔽，Al^{3+}，Ti^{4+}和少量Fe^{3+}可用三乙醇胺掩蔽。若含少Cu^{2+}、Pb^{2+}，可加Na_2S消除干扰。

铬黑T在水溶液中不稳定，很易聚合。因此，常将铬黑T与干燥NaCl配成1+100固体混合物或取0.50g铬黑T和2g盐酸羟胺溶于100mL乙醇中或0.50g铬黑T溶于75mL无水乙醇+25mL三乙醇胺溶液中。

（2）钙指示剂（NN）结构式如下

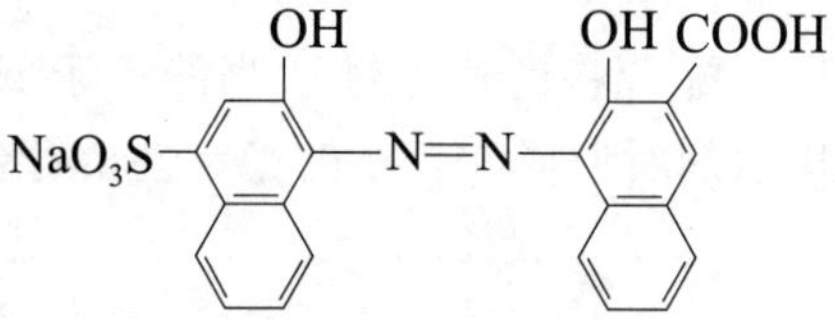

此试剂为深棕色粉末，溶于水为紫色，在水溶液中不稳定，通常与NaCl固体粉末配成（1+100）混合物使用。此指示剂的性质和铬黑T很相近，在不同的pH值其颜色变化为

$$H_2In \xrightleftharpoons{pK_1=7.4} HIn \xrightleftharpoons{pK_2=13.5} In$$

pH<7.4	pH=8～13	pH>13.5
粉红色	蓝色	粉红色

钙指示剂能与Ca^{2+}形成红色配合物，在pH=13时，可用于钙镁混合物中钙的测定，终点由红色变为蓝色。颜色变化敏锐。在此条件下Mg^{2+}生成$Mg(OH)_2$沉淀，不被滴定。

钙指示剂和铬黑T一样，也受Cu^{2+}、Ni^{2+}、Co^{2+}、Al^{3+}、Fe^{3+}、Ti^{4+}影响形成“封闭”，消除方法也相同。

（3）二甲酚橙（XO）结构式如下

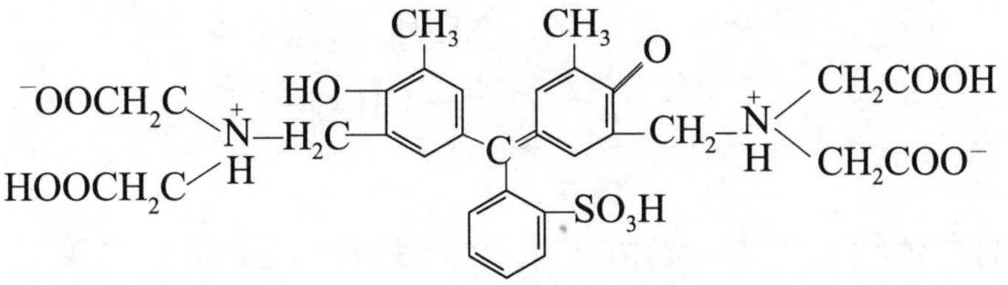

$$^{-}OOCH_2C \diagdown \overset{+}{N}(H)-H_2C-\text{(xylenol orange structure)}-CH_2-\overset{+}{N}(H)\diagup CH_2COOH,\ CH_2COO^{-}$$

一般用的是二甲酚橙的四钠盐，为紫色结晶，易溶于水，pH>6.3时呈红色，pH<6.3时呈黄色。它与金属离子配合呈红紫色。因此它只能在pH<6.3的酸性溶液中使用。通常配成0.5%水溶液，可保存2～3周。许多金属离子可用二甲酚橙作指示剂直接滴定，如Bi^{3+}（pH=1～2），Pb^{2+}，Zn^{2+}、Cd^{2+}、Hg^{2+}等和稀土元素的离子（在pH=1～2）都可直接滴定。终点由红色变黄色，敏锐。

Al^{3+}、Fe^{3+}、Ni^{2+}、Ti^{4+}和pH=5～6时的Th^{4+}对二甲酚橙有封闭作用，Al^{3+}、Ti^{4+}可用NH_4F掩蔽，Fe^{3+}可用抗坏血酸还原，Ni^{2+}可用邻二氮菲掩蔽，Ti^{4+}、Al^{3+}可用乙酰丙酮掩蔽。

（4）PAN

PAN属偶氮类显色剂，结构式如下

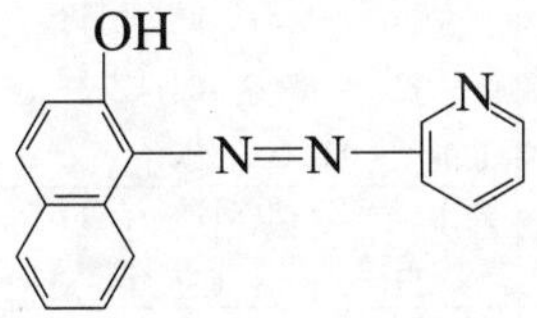

OH, N=N, N

PAN在溶液中存在二级酸式离解：

$$H_2In^{+} \xrightleftharpoons{pK_1=1.9} HIn \xrightarrow{pK_2=12.2} In^{-}$$

pH<1.9　　pH=1.9～12.2　　pH>12.2

黄绿色　　　　黄色　　　　红色

PAN为橘红色针状结晶，可溶于碱、氨水、甲醇或乙醇等溶中，通常配成0.1%乙醇溶液使用。

PAN在pH=1.9～12.2围内呈黄色，可与Cu^{2+}、Bi^{3+}、Co^{2+}、Hg^{2+}、Pb^{2+}、Zn^{2+}、Fe^{2+}、Ni^{2+}、Mn^{2+}、Th^{4+}及稀土等离子形成红色配合物，这些配合物的溶解度都很小，致使终点变色缓慢，这种现象称为指示剂的“僵化”，解决的办法是加乙醇或适当加热。

（5）酸性铬蓝K—萘酚绿B混合指示剂（简称K—B指示剂）

酸性铬蓝K，结构式如下

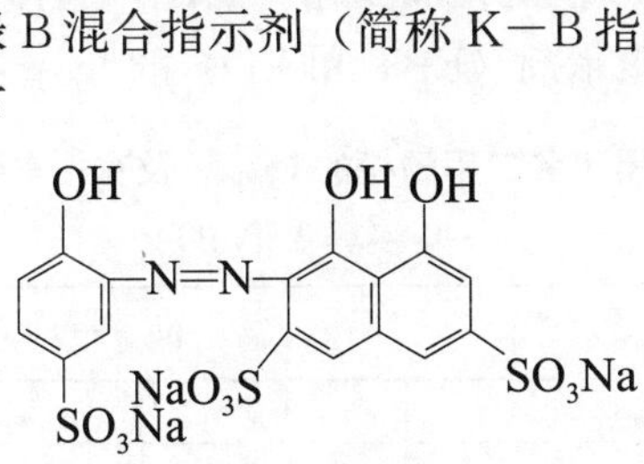

OH　OH OH, N=N, NaO_3S, SO_3Na, SO_3Na

在pH=8～13呈蓝色，与Ca^{2+}、Mg^{2+}、Mn^{2+}、Fe^{2+}等离子形成红色配合物，它对Ca^{2+}的灵敏度比铬黑T高，萘酚绿B在滴定过程中没有颜色变化，只起衬托终点颜色的作用，终点为蓝绿色。

（6）磺基水杨酸（SS）结构式如下

COOH
OH
HO_3S

磺基水杨酸为白色结晶粉末，易溶于水，水溶液无色，和 Fe^{3+} 配合生成紫红色配合物，可以在 pH=1.5～2.5 时作 EDTA 滴定 Fe^{3+} 的指示剂。

现将常用金属指示剂及其应用、配制方法汇总于表 9-3 中。

常用金属指示剂 **表 9-3**

指示剂	使用 pH 值范围	颜色变化		直接滴定离子	配制方法
		In	MIn		
铬黑 T (EBT)	8～10	蓝	红	pH = 10：Mg^{2+}、Zn^{2+}、Cd^{2+}、Pb^{2+}、Hg^{2+}、Mn^{2+} 稀土	1g 铬黑 T 与 100gNaCl 混合研细、或 5g/L 乙醇溶液加 20g 盐酸羟胺
钙指示剂 (NN)	12～13	蓝	红	pH=12～13：Ca^{2+}	1g 钙指示剂与 100gNaCl 混合研细或 4g/L 甲醇溶液
二甲酚橙 (XO)	<6	黄	红紫	pH<1：ZrO^{2+} pH=1～3：Bi^{3+}、Th^{4+} pH = 5 ～ 6：Zn^{2+}、Pb^{2+}、Cd^{2+}、Hg^{2+}、稀土	5g/L 水溶液
PAN	2～12	黄	红	pH=2～3：Bi^{3+}、Th^{4+} pH=4～5：Cu^{2+}、Ni^{2+}	1g/L 或 2g/L 乙醇溶液
K—B 指示剂	8～13	蓝绿	红	pH=10：Mg^{2+}、Zn^{2+} pH=13：Ca^{2+}	1g 酸性铬蓝 K 与 2.5g 萘酚绿 B 和 50g KNO_3 混合研细
磺基水杨酸 (SS)	1.5～2.5	无	紫红	pH=1.5～2.5：Fe^{3+}（加热）	50g/L 水溶液

4. 金属指示剂的变色点 pM_{ep}

金属离子（M）与金属指示剂（In）生成配合物（MIn），其稳定常数为 $K_{MIn}=\frac{[MIn]}{[M][In]}$，金属指示剂一般是有机弱酸，存在酸效应，应该用 $K_{MIn'}$ 表示，$K_{MIn'}=\frac{[MIn]}{[M][In']}$，当 MIn=[In′]时，达到变色点（ep），此时 $\lg K_{MIN'}=-\lg[M]e_p=pM_{ep}$，指示剂变色点的 pM_{ep} 值随溶液 pH 值变化而变化，因此，选择指示剂时必须考虑溶液的 pH 值。表 9-4 列出最常用的两种指示剂（EBT 和 XO）的 $\lg\alpha_{In(H)}$ 及 pM_{ep} 值。

铬黑 T 和二甲酚橙的 $\lg\alpha_{In(H)}$ 及有关常数

（一）铬黑 T（EBT） **表 9-4**

红	pK_{a_2}=6.3	蓝		pK_{a_3}=11.6	橙	
pH	6.0	7.0	8.0	9.0	10.0	11.0
$\lg\alpha_{In(H)}$	6.0	4.6	3.6	2.6	1.6	0.7
pCa_{ep}（至红）			1.8	2.8	3.8	4.7
pMg_{ep}（至红）	1.0	2.4	3.4	4.4	5.4	6.3
pMn_{ep}（至红）	3.6	5.0	6.2	7.8	9.7	11.5
pZn_{ep}（至红）	6.9	8.3	9.3	10.5	12.2	13.9

对数常数：$\lg K_{CaIn}=5.4$，$\lg K_{MgIn}=7.0$，$\lg K_{MgIn}=9.6$，$\lg K_{ZnIn}=12.9$，$C_{In}=10^{-5}$mol/L

（二）二甲酚橙（XO）

	黄			$pK_{a_4}=6.3$		红			
pH	0	1.0	2.0	3.0	4.0	4.5	5.0	5.5	6.0
$\lg\alpha_{In(H)}$	35.0	30.0	25.1	20.7	17.3	15.7	14.2	12.8	11.3
pBi_{ep}（至红）		4.0	5.4	6.8					
PCd_{ep}（至红）						4.0	4.5	5.0	5.5
pHg_{ep}（至红）							7.4	8.2	9.0
pLa_{ep}（至红）						4.0	4.5	5.0	5.6
pPb_{ep}（至红）				4.2	4.8	6.2	7.0	7.6	8.2
pTh_{ep}（至红）		3.6	4.9	6.3					
pZn_{ep}（至红）						4.1	4.8	5.7	6.5
pZr_{ep}（至红）	7.5								

9.4.2　配位滴定曲线

1. 滴定曲线的绘制

EDTA滴定金属离子形成1∶1配合物，类似一元酸碱的滴定。Y可视为碱，M可视为酸，以pM（−lg［M］）为纵坐标，加入EDTA的体积为横坐标绘制成配位滴定曲线，如图9-4所示。

在酸碱滴定中，酸碱的离解常数是不变的，而在配位滴定中$K_{MY'}$随体系反应条件不同而改变，要比酸碱滴定复杂得多，通常为使$K_{MY'}$保持基本不变，需加酸碱缓冲溶液以稳定溶液的pH值。酸碱滴定中根据pH突跃范围来选择酸碱指示剂，在配位滴定中，根据pH突跃范围来选择指示剂。但由于金属指示剂的常数很不齐全，有时无法计算，所以在实际工作中大多采用实验方法来选指示剂，即先试验其终点时颜色变化的敏锐程度，然后检查滴定结果是否准确，这样就可确定该指示剂是否符合要求。

2. 影响滴定突跃大小的主要因素

（1）第一个因素是配合物的条件稳定常数。K'_{MY}越大，突跃就越大，如图9-5所示。而影响K'_{MY}大小的因素是K_{MY}、酸效应和金属离子的副反应。

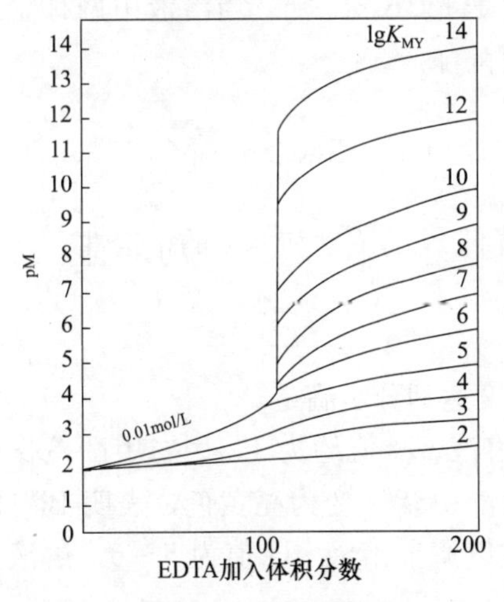

图9-4　用0.01mol/L EDTA溶液滴定0.01mol/L金属离子的滴定曲线

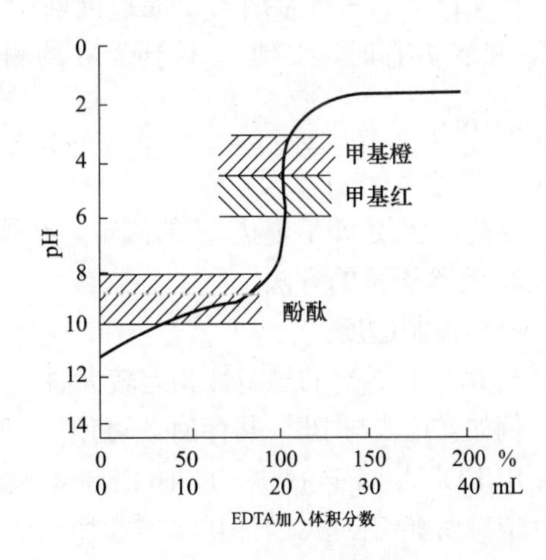

图9-5　不同浓度EDTA与M的滴定曲子的滴定曲线

（2）第二个因素是被测金属离子的浓度。[M]越大，突跃就越大，如图 9-5 所示。

在一般实验条件下，突跃有 0.2～0.4 个 pM 单位的变化就可利用合适的金属指示剂指示终点。从图 9-4 上看出，$\lg CK'_{MY} \geqslant 6$，就能准确滴定。

3. 化学计量点时 $K_{MY'}=\frac{[MY]}{[M][Y']}$ 或 pM'_{sp} 的计算

根据 $K_{MY'}=\frac{[MY]}{[M][Y']}$，在化学计量点（sp）时，$[M]_{sp}=[Y']_{sp}$，$[MY]\approx C_M^{sp}$，所以 $K_{MY'}=\frac{C_M^{sp}}{[M]_{sp}^2}$，$[M]_{sp}=\sqrt{\frac{C_M^{sp}}{K_{MY'}}}$，$pM_{sp}=\frac{1}{2}(\lg K_{MY'}-\lg C_M^{sp})=\frac{1}{2}(\lg K_{MY'}+pC_M^{sp})$，若 M 有副反应，则计算 pM'_{sp}，$pM'_{sp}=\frac{1}{2}(\lg K_{MY'}+pC_M^{sp})$。

例 9-2　在 pH=10 的氨性溶液中，游离 NH_3 的浓度为 0.020mol/L，用 0.020mol/L EDTA 滴定 0.020 mol/LMg^{2+} 溶液，计算化学计量点时 pMg_{sp} 值，并确定选择铬黑 T 作指示剂是否合适？

解： 查表 9-1，$\lg K_{MgY}=8.70$；查表 9-2，pH=10，$\lg\alpha_{Y(H)}=0.45$。Mg^{2+} 在氨性溶液中不形成氨配合物，只有酸效应，所以 $\lg K_{MgY'}=\lg K_{MgY}-\lg\alpha_{Y(H)}=8.25$，化学计量点时，$C_{Mg}^{sp}=0.010$mol/L。

$$pMg_{sp}=\frac{1}{2}(\lg K_{MgY'}+pC_{Mg}^{sp})=\frac{1}{2}(8.25+2.00)=5.13$$

查表 9-4，铬黑 T，在 pH=10 时，$pMg_{ep}=5.4$，pMg_{sp} 与 pMg_{ep} 很接近，所以选铬黑 T 指示剂是合适的。

9.4.3 提高配位滴定选择性的方法

EDTA 能与许多金属离子生成稳定的配合物，所以当几种金属离子共存于溶液中时，就要发生相互干扰，因此在配位滴定中消除干扰是个重要问题。

1. 金属离子间无干扰的条件

前文已述，一种金属离子能被准确滴定的条件是 $\lg CK'_{MY}\geqslant 6$。当溶液中两种金属离子 M 和 N 共存时，要使 N 不干扰 M 的测定，必须符合：

$$\frac{C_M K'_{MY}}{C_N K'_{MY}}\geqslant 10^5 \text{ 或 } (\lg C_M K'_{MY}-\lg C_N K'_{MY})\geqslant 5\text{，即 } \lg C_M K'_{MY}\geqslant 6\text{，}\lg C_N K'_{MY}\leqslant 1$$

因此，要使 N 不干扰 M 的测定，必须想办法降低 N 的浓度和 NY 的稳定性。

2. 消除干扰的方法

（1）控制酸度

当 MY 和 NY 的稳定性相差较大时，可控制酸度达到分步滴定。

例如：Bi^{3+} 与 Pb^{2+} 共存时，可用 HNO_3 调节溶液 pH 值约为 1，用二甲酚橙作指示剂，用 EDTA 滴定 Bi^{3+}，此时 Pb^{2+} 不被滴定，溶液由紫红变为亮黄色，表明 Bi^{3+} 的终点，记录所耗 EDTA 的体积。继续加六亚甲基四胺以调节溶液 pH 值为 5～6，溶液又变回紫红色，用 EDTA 继续滴定 Pb^{2+} 至亮黄色为终点。

（2）利用掩蔽和解蔽

当 MY 和 NY 的稳定性相差不大，即（$\lg C_{M}K'_{MY}-\lg C_{N}K'_{MY}$）$<5$ 时，可利用掩蔽剂降低 N 的浓度，以消除干扰。常用的掩蔽法有配位掩蔽法、沉淀掩蔽法和氧化还原掩蔽法，其中以配位掩蔽法使用最多。

1）配位掩蔽法

利用掩蔽剂与干扰离子形成很稳定的配合物以消除干扰。例如：测定水中 Ca^{2+}、Mg^{2+}，若有 Fe^{3+}、Al^{3+} 存在会干扰，可加三乙醇胺掩蔽，然后在氨性缓冲溶液中用铬黑 T 作指示剂，用 EDTA 滴定 Ca^{2+} 和 Mg^{2+}。常用掩蔽剂见表 9-5。

常用配位掩蔽剂 **表 9-5**

名 称	pH 值范围	被掩蔽离子	备 注
KCN	pH>8	Co^{2+}、Ni^{2+}、Zn^{2+}、Cu^{2+}、Hg^{2+}、Cd^{2+}、Ag^{+}、Tl^{+} 及铂族元素	
NH_4F	pH=4～6	Al^{3+}、Ti^{4+}、Zr^{4+}、W^{6+}、Sn^{4+}、Be^{2+} 等	加入后溶液 pH 值变化不大
	pH=10	Al^{3+}、Mg^{2+}、Ca^{2+}、Sr^{2+}、Ba^{2+} 及稀土元素	
三乙醇胺	pH=10	Al^{3+}、Sn^{4+}、Ti^{4+}、Fe^{3+}	与 KCN 并用可提高掩蔽效果
	pH=11～12	Fe^{3+}、Al^{3+} 及少量 Mn^{2+}	
三巯基丙醇（BAL）	pH=10	Hg^{2+}、Cd^{2+}、Zn^{2+}、Bi^{3+}、Pb^{2+}、Ag^{+}、As^{3+}、Sb^{3+}、Sn^{4+} 及少量 Cu^{2+}、Co^{2+}、Ni^{2+}、Fe^{3+}	
硫脲	pH=5～6	Cu^{2+}、Hg^{2+}	
乙酰丙酮	pH=5～6	Al^{3+}、Fe^{3+}、Be^{2+}、Uo^{2+}，部分掩蔽 Cu^{2+}、Hg^{2+}、Cr^{3+}、Ti^{4+}	
酒石酸	pH=1.2	Sb^{3+}、Sn^{4+}、Fe^{3+} 及 5mg 以下 Cu^{2+}	在抗坏血酸存在下
	pH=2	Fe^{3+}、Sn^{2+}、Mo^{6+}	
	pH=5.5	Fe^{3+}、Al^{3+}、Sn^{4+}、Ca^{2+}、Sb^{3+}	
	pH=6～7.5	Mg^{2+}、Ca^{2+}、Fe^{3+}、Al^{3+}、Mo^{4+}、Sb^{3+}、W^{6+}	
	pH=10	Al^{3+}、Sn^{4+}	

2）沉淀掩蔽法

利用掩蔽剂与干扰离子生成沉淀以消除干扰。例如：Ca^{2+} 和 Mg^{2+} 共存时，加入 NaOH 至 pH>12，此时 Mg^{2+} 生成 $Mg(OH)_2$ 沉淀，不再干扰 Ca^{2+} 的测定，加钙指示剂后，用 EDTA 直接滴定 Ca^{2+}。

3）氧化还原掩蔽法

加入氧化剂或还原剂，改变干扰离子价态以消除干扰。例如：Bi^{3+} 和 Fe^{3+} 共存时，测 Bi^{3+} 时 Fe^{3+} 有干扰，可加抗坏血酸将 Fe^{3+} 还原为 Fe^{2+}，因为 $\lg K_{FeY^-}=25.1$，而 $\lg K_{FeY^{2-}}=14.32$，稳定性相差较大，所以 Fe^{2+} 不干扰 Bi^{3+} 的测定。

4）利用解蔽的方法

被掩蔽的物质用解蔽剂将其回复到初始状态后再测定。例如：Zn^{2+} 和 Mg^{2+} 共存时，在 pH=10 的氨性缓冲液中加入 KCN（KCN 剧毒，只应在碱性溶液中加入，遇酸产生

HCN 逸出，剧毒)，使 Zn^{2+} 生成 [Zn (CN)$_4$]$^{2-}$ 而被掩蔽，不干扰 Mg^{2+} 的测定，待滴定 Mg^{2+} 到终点后，加入甲醛，使 Zn^{2+} 解蔽出来，接着滴定 Zn^{2+}。解蔽反应式如下：

$$[Zn(CN)_4]^{2-} + 4HCHO + 4H_2O = Zn^{2+} + 4H_2C\begin{matrix} \diagup OH \\ \\ \diagdown ON \end{matrix} + 4OH^-$$

9.5 EDTA 标准溶液的配制和标定

9.5.1 配制

在配位滴定中，常用的 EDTA 标准溶液的浓度为 0.02～0.1mol/L，一般用 $Na_2H_2Y \cdot 2H_2O$ 配制。

称取下述规定量的 $Na_2H_2Y \cdot 2H_2O$，加热溶于 1000mL 水中，冷却，摇匀。

C_{EDTA}/ (mol/L)	$m_{Na_2H_2Y \cdot 2H_2O}$/g
0.1	40
0.05	20
0.02	8

9.5.2 标定

标定 EDTA 溶液的基准物相当多，例如 ZnO，$CaCO_3$，MgO 等。但要注意应使标定时条件尽可能与测定时相同，以减少系统误差。下面以 ZnO 标定 $C_{(EDTA)}$ =0.02mol/L 为例：称取 0.4 g 于 800℃灼烧至质量恒定的基准 ZnO，称准至 0.0002g。用少量水湿润，加 HCl 溶液 (1+1) 至样品溶解，移入 250mL 容量瓶中，稀释至刻度，摇匀。取 30.00～35.00 加 70mL 水，用氨水溶液 (10%) 中和至 pH=7～8，加 10mL 氨一氯化铵缓冲溶液 (pH=10) 及 5 滴铬黑 T 指示液 (5g/L)，用待标定的 EDTA 溶液滴定至溶液由紫红色变为纯蓝色为终点。同时做空白试验。

$$C_{EDTA} = \frac{m}{(V - V_0) \times \frac{M_{ZnO}}{1000}} \tag{9-11}$$

式中 m——ZnO 之质量，g；

V——EDTA 溶液之用量，mL；

V_0——空白试验 EDTA 溶液之用量，mL；

M_{ZnO}——ZnO 之摩尔质量 (81.38g/mol)。

9.6 应用示例

9.6.1 水总硬度的测定

1. 测定的意义

水的硬度来源主要是水中钙盐及镁盐。其他多价金属离子，如 Fe^{3+}、Al^{3+}、Mn^{2+} 等也能使水产生硬度，但在一般天然水中，这些离子含量甚微，在测定硬度时可忽略不计。因此，水中Ca^{2+}、Mg^{2+}离子的多少，便决定了水硬度的大小。

天然水中，雨水属于软水，普通地面水硬度不高，但地下水的硬度较高。水硬度的测定是水的质量控制的重要指标之一。在天然水中，钙盐和镁盐以碳酸盐、重碳酸盐、硫酸盐、氯化物和硝酸盐的形式存在。水硬度分类如下：

$$\text{水硬度}\begin{cases}\text{暂时硬度（碳酸盐硬度）}\begin{cases}Ca(HCO_3)_2\\Mg(HCO_3)_2\end{cases}\\\text{永久硬度（非碳酸盐硬度）}\begin{cases}CaSO_4\text{、}CaCl_2\text{，}Ca(NO_3)_2\\MgSO_4\text{、}MgCl_2\text{，}Mg(NO_3)_2\end{cases}\end{cases}$$

（1）碳酸盐硬度（暂时硬度）

碳酸盐硬度主要是由水中钙、镁的重碳酸盐$Ca(HCO_3)_2$、$Mg(HCO_3)_2$所形成的，当这种水煮沸时，钙、镁的重碳酸盐将分解形成沉淀。反应如下：

$$Ca(HCO_3)_2 \rightleftharpoons CaCO_3\downarrow + CO_2\uparrow + H_2O$$

$$Mg(HCO_3)_2 \rightleftharpoons MgCO_3\downarrow + CO_2\uparrow + H_2O$$

（2）非碳酸盐硬度（永久硬度）

非碳酸盐硬度主要由水中钙、镁的硫酸盐、氯化物等盐类，如$CaSO_4$、$MgSO_4$、$CaCl_2$、$MgCl_2$等形成。由于它不能用一般的煮沸方法除去，所以把这种硬度称为永久硬度。

$$\text{碳酸盐硬度}+\text{非碳酸盐硬度}=\text{总硬度} \tag{9-12}$$

2. 水总硬度测定原理

EDTA和金属指示剂铬黑T（H_3In）分别与Ca^{2+}、Mg^{2+}形成配合物，这4种配合物的稳定顺序为：

$$\underset{\text{无色}}{CaY^{2-}} > \underset{\text{无色}}{MgY^{2-}} > \underset{\text{红色}}{MgIn^-} > \underset{\text{红色}}{CaIn^-}$$

在水样中加入少量铬黑T指示剂时，它依次与Mg^{2+}、Ca^{2+}生成红色配合物$MgIn^-$和$CaIn^-$。反应式如下：

$$Mg^{2+} + \underset{\text{（蓝色）}}{HIn^{2-}} \rightleftharpoons \underset{\text{（红色）}}{MgIn^-} + H^+$$

$$Ca^{2+} + \underset{\text{（蓝色）}}{HIn^{2-}} \rightleftharpoons \underset{\text{（红色）}}{CaIn^-} + H^+$$

当用EDTA标准溶液滴定时，EDTA首先依次与游离的Ca^{2+}、Mg^{2+}配合，然后再依次与$CaIn^-$、$MgIn^-$反应。

$$CaIn^- + H_2Y^{2-} \rightleftharpoons CaY^2 + \underset{\text{（蓝色）}}{HIn^{2-}} + H^+$$

$$MgIn^- + H_2Y^{2-} \rightleftharpoons MgY^{2-} + \underset{\text{（蓝色）}}{HIn^{2-}} + H^+$$

释放出来的H_3In使溶液显指示剂的蓝色，表示到达滴定终点。上述反应是测定Ca^{2+}、Mg^{2+}的总含量也就是测定水的总硬度。

溶液的pH值对滴定影响很大。碱性增大可使滴定终点明显。但是pH值过高，会有氢氧化镁沉淀。故以 pH=10 为宜，在滴定过程中有 H^+ 产生，为保持溶液的 pH=10，必须使用缓冲溶液。水样中若有干扰离子存在，应该设法消除。

3. 水硬度的表示方法

(1) mmol/L 这是现在硬度的通用单位。

(2) mg/L 以 $CaCO_3$ 计）1mmol/L=100.1mg/L（以 $CaCO_3$ 计）。我国饮用水中总硬度不超过 450mg/L（以 $CaCO_3$ 计）。

(3) 德国度（简称度）：1 德国度相当于 10 mg/LCaO 所引起的硬度，即 1 度。通常所指的硬度是德国硬度。

1 度=10mg/L（以 CaO 计）

1mmol/L（CaO）=5.61 度

1 度=17.8 mg/L（以 $CaCO_3$ 计）

此外，还有法国度、英国度和美国度（以 $CaCO_3$ 计）。我国采用 mmol/L 或 mg/L（$CaCO_3$）为单位表示水的硬度。其换算关系见表 9-6。

几种硬度单位及其换算 **表 9-6**

硬度单位	mmol/L	德国度（10mg/L CaO）	英国度（10mg/L CaO）	法国度（10mg/L CaO）	美国度（10mg/L CaO）
1mmol/L 1 德国度	1	5.61	7.02	10	100
1 德国度（10mg/L $CaCO_3$）	0.178	1	1.25	1.78	17.8
1 英国度（10mg/L $CaCO_3$）	0.143	0.08	1	1.43	14.3
1 法国度（10mg/L $CaCO_3$）	0.1	0.56	0.7	1	10
1 美国度（10mg/L $CaCO_3$）	0.01	0.056	0.07	0.1	1

4. 总硬度的测定步骤

量取 100 mL 水样置锥形瓶中，加 1～2 滴（1+1）HCl 酸化，煮沸数分钟以除去 CO_2，冷却后，加入 3mL 三乙醇胺溶液（200g/L），5mL 氨性缓冲溶液，1mLNa_2S 溶液（20g/L），再加入 3 滴铬黑 T 指示剂（5g/L），立即用 0.01mol/L EDTA 标准溶液滴定至溶液由红色变为纯蓝色为终点。记录所耗 EDTA 的体积。

$$水的总硬度/(mmol/L)=\frac{(C\times V)_{EDTA}}{V_{水}}\times 1000 \tag{9-13}$$

$$总硬度(CaCO_3)/(mg/L)=\frac{(C\times V)_{EDTA}\cdot M_{CaCO_3}}{V_{水}}\times 1000 \tag{9-14}$$

注：(1) 水样中含有 $Ca(HCO_3)_2$，当溶液调至碱性时应防止形成 $CaCO_3$ 沉淀而使结果偏低，故需先酸化，煮沸使 $Ca(HCO_3)_2$ 完全分解。

(2) 加三乙醇胺掩蔽 Fe^{3+}、Al^{3+}、加 Na_2S 使 Cu^{2+} 生成 CuS 沉淀，掩蔽重金属离子。

(3) 如果水样中 Mg^{2+} 含量很低，铬黑 T 变色不敏锐，可加 5mLMg^{2+}—EDTA 溶液。

9.6.2　铝盐的测定

1. 化学试剂硫酸铝钾中 $KAl(SO_4)_2 \cdot 12H_2O$ 的含量，分析纯级要求不少于99.5%，化学纯级要求不少于99.0%，一般用EDTA滴定 Al^{3+} 的方法测定。

2. Al^{3+} 与EDTA的配位反应速度太慢，通常采取在铝盐溶液中加稍过量的标准EDTA溶液，加热煮沸，冷却后以二甲酚橙作指示剂，调节pH=5～6，用 $Pb(NO_3)_2$ 标准溶液返滴过量的EDTA。

3. 测定步骤，称取0.8g铝盐试样，称准至0.0002 g，溶于50mL水中，加50.00mL 0.05mol/L EDTA标准溶液，煮沸、冷却，用30%六亚甲基四胺溶液调节至pH=5～6，并过量2mL，加3滴0.2%二甲酚橙指示剂，用0.05mol/L $Pb(NO_3)_2$ 标准溶液滴定至溶液由黄色变为红色为终点。$KAl(SO_4)_2 \cdot 12H_2O$ 含量（x）按式（9-15）计算：

$$x=\frac{(50.00\times C_1-V_2C_2)\times 0.4744}{G}\times 100\% \tag{9-15}$$

式中　C_1——EDTA标准溶液的浓度，mol/L；

C_2——$Pb(NO_3)_2$ 标准溶液的浓度，mol/L；

V_2——$Pb(NO_3)_2$ 标准溶液的体积，mL；

G——样品的质量，g；

0.4744—— 1mmol$KAl(SO_4)_2 \cdot 12H_2O$ 的质量，g/mmol。

思　考　题

1. 为什么配位滴定中都要控制一定的pH值？如何控制溶液的pH值？

2. 根据酸效应曲线，用0.01 mol/LEDTA滴定同浓度的下列各离子时，最低pH值各为多少？

（1）Ca^{2+}（2）Zn^{2+}（3）Fe^{3+}（4）Pb^{2+}（5）Bi^{3+}

3. 计算pH=2.0和pH=5.0时ZnY的条件稳定常数。如用0.020 mol/LEDTA滴定0.020 mol/LZn^{2+}时，pH值应控制在2还是5？

4. 何谓金属指示剂的封闭现象？如何防止？

5. 简述水中总硬度的测定原理。

6. 混合等体积的0.20 mol/LEDTA和0.20mol/LMg^{2+}溶液，溶液pH=8.0，计算未配合的Mg^{2+}浓度为多少？

7. 称取$CaCO_3$0.4206g，用HCl溶解并冲稀到500.00mL，用移液管移取50.00mL，用V_{EDTA}=38.84mL滴定到终点。求EDTA的物质的量浓度。若配制2L此溶液，需称取$NaH_2Y \cdot 2H_2O$多少克？

8. 取水样100mL，用C_{EDTA}=0.01000 mol/L标准溶液测定水的总硬度，用去2.41mL，计算水的总硬度。

第 10 章　比色分析与分光光度法

【学习要点及目标】

◆本单元重点学习比色分析原理、朗伯—比尔定律及应用。

◆熟悉常用的比色分析方法及仪器。

◆通过本章节的学习，使学生达到对余氯、氨氮等化学指标具备检验能力。

【核心概念】

光的选择性吸收、朗伯—比尔定律、目视比色法、光电比色法、分光光度法。

10.1　比色分析与分光光度法的特点

比色分析和分光光度法是测量试样中微量组分的最常用的方法之一，属于光学分析法。它是基于物质对光选择性吸收而建立起来的分析方法。比色法和各类分光光度法（包括紫外分光光度法、可见分光光度法及红外光谱法）合称吸光光度法。

许多物质本身具有明显的颜色，例如 $KMnO_4$ 溶液呈紫红色，K_2CrO_7 溶液呈橙色等。还有一些物质本身没有颜色，或者颜色很淡，可是它们与某些化学试剂反应后，则生成具有明显颜色的物质。如 Fe^{2+} 与邻二氮菲形成稳定的红色配合物，Hg^{+} 与双硫腙在酸性溶液中形成稳定的橙色配合物等。这些有色物质颜色的深浅与有色物质的浓度有关。溶液愈浓，颜色愈深。两种含有相同有色物质的溶液，在相同的条件下，当颜色深浅一样时，这两种溶液中同类有色物质的浓度必定相等。因此，可以通过比较颜色的深浅来测定溶液中该种有色物质的浓度，这种测定方法称比色分析法。随着近代测试仪器的发展，已普遍使用分光光度计进行比色分析，称为分光光度法。

比色法和分光光度法主要特点是：

1. 灵敏度高。适于测定试样中含量为 $1\%\sim10^{-3}\%$的微量组分，甚至可以测定含量为 $10^{-5}\%\sim10^{-6}\%$的痕量组分。

2. 准确度较高。一般比色分析法的相对误差为 5%～10%，分光光度法的相对误差为 2%～5%。对于常量组分的测定，其准确度虽比滴定分析低，但对微量组分的测定，还是比较满意的。对于微量组分，用滴定分析方法测定时，误差也较大，有些甚至是无法测定的。

3. 操作简便、测定速度快。在比色法与分光光度法中，由于应用了选择性高的显色剂和适当的显色条件，一般不经分离就可避免干扰，直接进行测定。测定的仪器设备也比较简单，且操作方便、快速。

4. 应用广泛。大多数无机离子和许多有机化合物均可直接或间接地用比色或分光光度法进行测定。在水质分析中，由于有机显色剂的广泛采用，使比色法或分光光度法的应用更加广泛和重要。

10.2 比色分析原理

10.2.1 物质对光的选择性吸收

光是一种电磁波，根据波长的不同，可以分为紫外光（10～400nm），可见光（400～760nm）和红外光（760～3×10^5nm）。不同波长的光，其能量不同。波长愈短，光的能量愈大。由不同波长的光组成的光称为复合光。具有单一波长的光称为单色光。

人们日常所见的白光，如日光、白炽灯光称为可见光。它由红、橙、黄、绿、青、蓝、紫等有色光按一定比例混合而成，而且每一种颜色的光具有一定的波长范围。各种色光的近似波长范围如表10-1。如果把适当颜色的两种光，按一定比例混合，可以成为白光，这两种光成为互补色光。如图10-1所示互补色光示意图。处于直线关系的两种光为互补色光，如青光和红光混合成白光。

各种色光的近似波长　　表10-1

颜　色	波长/nm
红	620～760
橙	590～620
黄	560～590
绿	500～560
青	480～500
蓝	430～480
紫	400～430

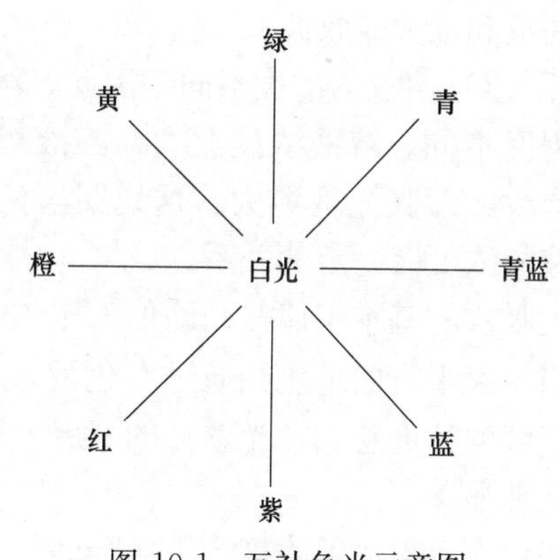

图10-1　互补色光示意图

各种溶液会出现不同的颜色，其原因是溶液对不同波长的光选择性吸收的结果。当白光照射某一溶液时，某些波长的光被溶液吸收，其余波长的光则透过溶液。溶液的颜色就呈现出透过的这部分波长的光的颜色。如果溶液对各种波长的光全部吸收，则溶液呈黑色；如果全部不吸收或对各种波长的光的透过程度相同，则溶液呈无色；如果只吸收或最大程度地吸收某种波长的光，则溶液呈现的是这种波长光的补色光，例如高锰酸钾溶液因最大程度吸收白光中的黄绿色光而呈紫红色。表10-2是物质颜色和吸收光颜色的关系。

物质颜色和吸收光颜色的关系　　表10-2

物质颜色	吸收光		物质颜色	吸收光	
	颜　色	波长/nm		颜　色	波长/nm
黄绿	紫	380～435	紫	黄绿	560～580
黄	蓝	435～480	蓝	黄	580～595
橙	绿蓝	480～490	绿蓝	橙	595～650
红	蓝绿	490～500	蓝绿	红	650～760
紫红	绿	500～560			

以上仅粗略地用溶液对各种光的选择性吸收来说明溶液呈现的颜色。其实，任何一种溶液对其他不同波长的光也是有吸收的，只是吸收的程度不同而已。如果将各种波长的单色光，依次通过一定浓度的某一溶液，即可测得该溶液对各种单色光的吸收程度（即吸光度）。以波长为横坐标，吸光度 A 为纵坐标作图，可得到一条曲线，该曲线描述了物质对不同波长的光的吸收能力。称为光吸收曲线或吸收光谱曲线。

图 10-2 是四个不同浓度溶液的光吸收曲线。从图中可以看出：$KMnO_4$ 溶液对不同波长的光的吸收程度不同，在可见光范围内，对波长 525nm 附近的绿色光有最大吸收，称该波长为 $KMnO_4$ 吸收峰或 λ_{max}。而对紫光和红光等则吸收很少；$KMnO_4$ 溶液浓度不同时，其吸收峰不变，即 λ_{max} 为 525nm，因而测定 $KMnO_4$ 溶液的浓度应选用 525nm 波长的光通过溶液。各种物质都有其特征吸收曲线和最大吸收波长 λ_{max}。

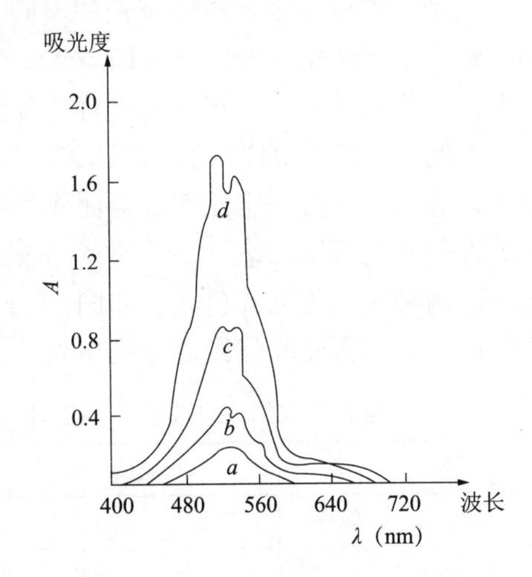

图 10-2 高锰酸钾溶液的光吸收曲线

$KMnO_4$ 溶液的浓度不同，因此，溶液对光的吸收程度不同。溶液浓度愈大，溶液对光的吸收程度愈大，即吸光度愈大。这说明溶液的吸光度与溶液的浓度有一定的关系。

光吸收的基本定律——朗伯—比尔定律

当一束平行的单色光通过有色溶液时，由于溶液对光的吸收作用，光的强度就要减弱。溶液的浓度愈大，光透过的液层愈厚，入射光愈强，则光被吸收得愈多，光强度的减弱也就愈显著。

假设有入射光的强度为 I_0 的单色光，通过浓度为 C 的有色溶液，液层厚度为 l，透过光的强度为 I_t，光的吸收程度与溶液的浓度、液层的厚度有关。当入射光强度和液层厚度一定时，溶液的吸光度 A 与溶液的浓度 C 成正比。

$$A=\lg\frac{I_0}{I_t}=\mathrm{KCl} \tag{10-1}$$

式（10-1）为光的吸收定律的数学表达式，称为朗伯—比尔定律。

该定律说明：当一束平行的单色光通过均匀溶液时，溶液的吸光度与溶液的浓度和液层厚度的乘积成正比。光的吸收定律不仅适用于可见光，也适用于红外光和紫外光；不仅适用于溶液，也适用于其他均匀的非散射的吸光物质（包括气体相固体），是各类吸光光度法的定量分析的依据。

物质对一定波长的入射光的吸收能力越强，测定灵敏度越高。为了提高测定的灵敏对不同的显色剂和在不同的显色反应中，必须选择具有最大吸收波长的光作为入射光。

在比色与分光光度法的计量中，有时也用透光度 T 表示物质对光的吸收程度和进行有关计算。透光度定义为透过光强度与入射光强度 I_0 之比，即：$T=\dfrac{I_t}{I_0}$ (10-2)

显然 T 与吸光度 A 的关系为：$A=\lg\dfrac{1}{T}=-\lg T$ (10-3)

透光度通常用百分数表示，即光透过的百分数。例如 $T=100\%$时，$A=0$；$T=10\%$时，$A=1.0$。

综上所述，比色及分光光度法基本原理概括为两点：一是基于物质对光的选择吸收；二是吸收程度的大小符合朗伯—比耳定律。前者为选择波长的依据，后者为定量测定的基础。

10.3 测定方法及仪器

10.3.1 目视比色法

目视比色法是直接用眼睛观察比较待测溶液和标准溶液颜色深浅的比色方法。测量的是透过光的强度。

将标准溶液和待测溶液在完全相同的条件下显色，若液层厚度相同，颜色的深浅一样时，两者的浓度必相等，这样由标准溶液的浓度可知待测溶液的浓度。

具体做法是标准色阶法。

在进行比色测定时，首先将一系列不同量的标准溶液依次置于一组比色管（10mL，25mL，50mL或100mL均可）中，在实验条件相同的情况下，加入等量的显色剂和其他试剂，稀释至刻度，配成一套颜色由浅至深的标准色阶。

将一定量的待测试液置于另一比色管中，在相同条件下显色，稀释至同一刻度。

比色测定：从管口垂直向下看，并与标准色阶进行深浅比较。如果试液的颜色与标准色列中某一比色管的颜色深浅相同，则表示两者浓度相同；若被测试液的颜色介于两个标准试液之间，则被测试液浓度必定介于这两个标准试液之间，可取其平均值。

标准色阶法常用于测定水样中的色度和余氯等。

标准系列法的优点是仪器简单、操作简便，只要配好标准色列比色就可进行，适用于大批试样分析；由于比色管液层较厚，使观察颜色的灵敏度较高，适宜于稀溶液中微量组分的测定；可在复合光下测定。缺点是目视比色法准确度较差，一般相对误差为5%～20%；标准色列配制比较费时，且有色物质常常不太稳定，不能久存，标准色列需要经常重配。虽然也可以用比较稳定的有色物质配制永久性的标准色列，但要经过校正后才能使用，比较费事。

为了提高准确度一般不用目视比色法，而采用光电比色法和分光光度法。

10.3.2 光电比色法

用光电比色计测定溶液的吸光度进行定量分析的方法称为光电比色法。用仪器进行测量，可以消除人的主观误差，提高测量准确度。

光电比色计：（Photoelectric Colorimeter）由光源、滤光片、比色皿、光电池和检流计五个部件组成（图10-3）。

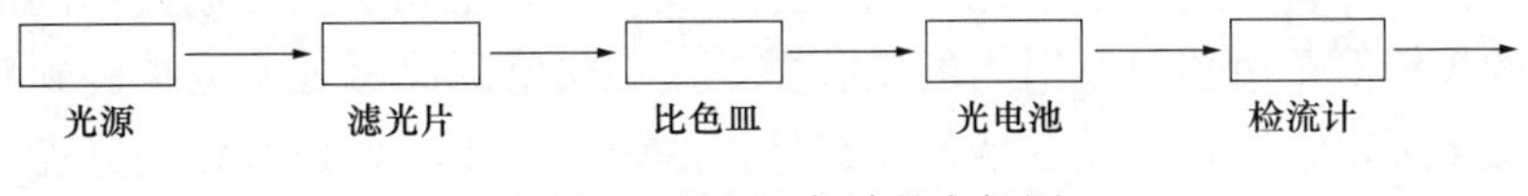

图10-3　光电比色计的方框图

当光源发出的复合光（白光）经过滤光片变成单色光，通过比色皿时一部分光被吸收，一部分光透过溶液，硒光电池将光信号转换成电信号，由检流计指示出光电流即电信号的大小。由于电信号（光电流）与水样中被测物质浓度成正比，便可根据光电流大小求出水样中被测物质的浓度或含量。

1. 光源：常用钨丝灯作光源，能发射 400～1100nm 的连续光波。

2. 滤光片（Filter）：滤光片的作用是获得单色光，常用有色玻璃制成。要求滤光片的颜色与水样中被测物质的颜色为互补色，即滤光片最容易透过的光应是有色溶液最容易吸收的光。例如，磺基水杨酸铁的黄色溶液，最易吸收紫色光，所以用紫色滤光片。

3. 比色皿（Cuvette）：比色皿盛水样或空白溶液。由无色透明光学玻璃制成。

4. 光电池：将光信号转换成电信号（光电流）的装置，常用硒光电池。当单色光辐射到硒光电池时，电子从半导体硒表面逸出，便产生光电流。光电流与入射光的强度成正比。硒光电池产生的光电流较大，无需放大，即可直接由灵敏电流计测量。

5. 检流计（Galvanometer）：测量光电流的仪器。光电比色计中常用悬镜式光点反射检流计，上有透光率（$T\%$）和吸光度（A）两种刻度。

进行光电比色测定时，测定大批试样常采用工作曲线法，也称标准曲线法。工作曲线法是配置一系列标准比色液，在一定波长下分别测其吸光度。以吸光度为纵坐标，以浓度为横坐标，得到一条通过原点的直线，称为工作曲线或标准曲线。然后在同一条件下，测量被测试液的吸光度，在工作曲线上即可查得试液的浓度，如图 10-4 所示。

与目视比色法比，光电比色法的优点是：用光电池代替了人的眼睛进行测量提高了精确度；当待测溶液中有多种有色物质共存时，可选用适当的滤光片或适当的参比溶液来消除干扰，因而提高了选择性；由于使用了工作曲线，分析大批试样时快速、简便。

光电比色法的局限性是：只限于可见光区 400～800nm；且滤光片将复合光变成单色光，仍不纯，常有其他杂色光，影响测量的灵敏度和准确度。因此，目前，多采用分光光度法。

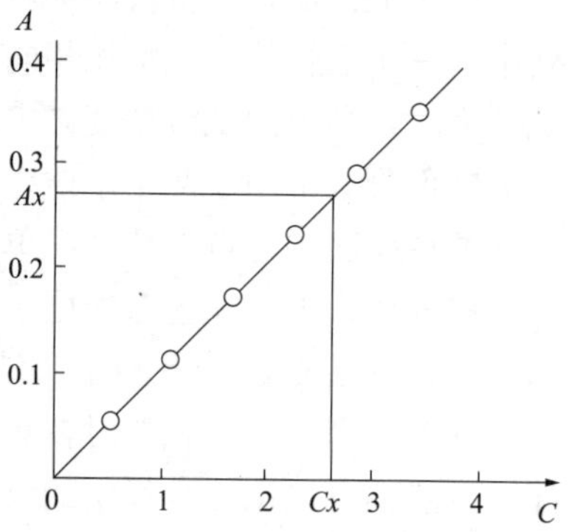

图 10-4 工作曲线示意图

10.3.3 分光光度法

使用分光光度计测定溶液吸光度的方法，称为分光光度法。其基本原理和光电比色法相同，只是获得单色光的方法不同。光电比色法用滤光片；分光光度法用棱镜或光栅等单色器，得到的单色光波长很窄（几个纳米），纯度较高。因而在获取单色光的问题上，分光光度法表现了较高的优越性。

由于得到纯度较高的单色光作为入射光，因此可以在物质的吸收曲线上选择最合适的波长进行测定。具有较高的准确度和灵敏度，同时提高了选择性。另外，分光光度法扩大了测量范围。比色分析只局限于可见光和有色溶液，而分光光度法可选择不同的光源、不同材料制成的棱镜等单色器以及适当的接收器，使观察范围由可见光区扩展到紫外光区和红外光区。很多无色物质，只要在紫外或红外光区内有吸收峰，都可以用分光光度法进行测定。

因此，分光光度法是一种重要的精密测量方法，在水质分析及科学研究中，都有广泛的应用。

1. 分光光度计

分光光度法使用的仪器叫分光光度计。分为可见光分光光度计、紫外光分光光度计和红外光分光光度计（又称红外光谱仪）。但无论哪一种类型，都由光源、单色器、液槽、接收器和测量仪器等部件组成。表 10-3 中列出三种类型分光光度计的组成部件。

分光光度计的组成部件　　　**表 10-3**

光　区	波长范围/nm	光　源	单 色 器	接 收 器	测量仪器
紫外光区	200～400	氘灯或氢灯	石英棱镜或光栅	光电管	检流计或电位计
可见光区	400～750	钨丝灯	玻璃棱镜	光电池或光电管	检流计
红外光区	750～50×10^4	能斯特灯或硅碳棒	岩盐棱镜或萤石棱镜或光栅	热电偶或测辐射热计或气体辐射计	检流计

（1）光源

不同材料制成的灯可提供不同波长范围的光。玻璃灯泡钨丝灯提供 380～3000nm 波长的光，常用于可见光区、近紫外光区和近红外光区。氢灯和氘灯常用作紫外光区的光源，所产生光谱的波长范围为 150～500nm。红外光分光光度计通常采用白炽固体作为光源，如能斯特灯或硅碳棒等。能斯特灯是由氧化锆、氧化钇和氧化钍烧结制成的直径为 1～3mm，长 20～50mm 的中空棒或实心棒，两端绕有铂丝作为导线。硅碳棒为两端粗中间细的实心棒，中间是发光部分，直径约 5mm，长约 50mm。

（2）单色器

也称分光器。其作用是将光源发出的多波长的混合光，分成波长范围很窄的单色光。目前主要用棱镜或光栅。

光学玻璃的透射范围很窄，通常在 340～1000nm。玻璃棱镜主要用于可见光区、近紫外光区和近红外光区。石英棱镜的透射范围比玻璃大，一般为 185～3500nm，常用于紫外光区和可见光区。岩盐棱镜的透射范围为 200～16000nm，适用的波长范围较长，常用于红外光区，而可见光区和紫外光区也能应用。另外，红外区根据不同的工作波长常选用不同的碱金属卤化物等红外光学材料制作的棱镜。

在某些高级分光光度计上用光栅做分光器，光栅的鉴别率比棱镜大，应用的波长范围广，谱线排列均匀，但价格昂贵，不如棱镜坚固。

（3）液槽

也称吸收池或比色皿。用于紫外光区的液槽，常用熔融石英制成。用于可见光区时，用光学玻璃制成。用于红外光区的液槽必须配有能透过红外光的材料（与制作红外区棱镜的材料相同）制成的小窗。由于比色测定时，液层厚度是固定的，所以应选择型号相同、厚度相等的比色皿。另外比色皿必须保持十分干净，注意保持其透光率。常用稀盐酸或有机溶剂浸泡，再用蒸馏水洗净，避免用碱或过强的氧化剂洗涤。

（4）接收器

也称检测器。是一种光电转换元件，它的作用是把透过吸收池后的透射光强度转换成可测量的电信号，分光光度计中常用的检测器有光电池、光电管和光电倍增管三种。

1）光电池，是用某些半导体材料制成的光电转换元件。种类很多，在分光光度计中常用硒光电池，其结构如图 10-5 所示。硒光电池比光电管坚固，灵敏度比未经放大的光电管高。但是，硒光电池的光电流不易放大，并且容易出现疲劳现象，所以在较高级的分光光度计上均采用光电管。

2）光电管，构造如图 10-6 所示。它是由一个阴极和一个阳极构成的真空（或充有少量惰性气体）二极管。阴极是金属做成的半圆筒，内表面涂有一层光敏物质（如磁或碱土金属氧化物等）；阳极为金属电极，通常为镍环或镍片。两电极间外加直流电压，当光照射至阴极的光敏物质时，阴极表面就发射出电子，电子被引向阳极而产生。光愈强，阴极表面发射的电子就愈多，产生的光电流就愈大。光电管接收器不适用于红外区，因为红外光谱区的能量较弱，不足以引致光电子发射。常用的红外检测器有热电偶和测辐射热计等。

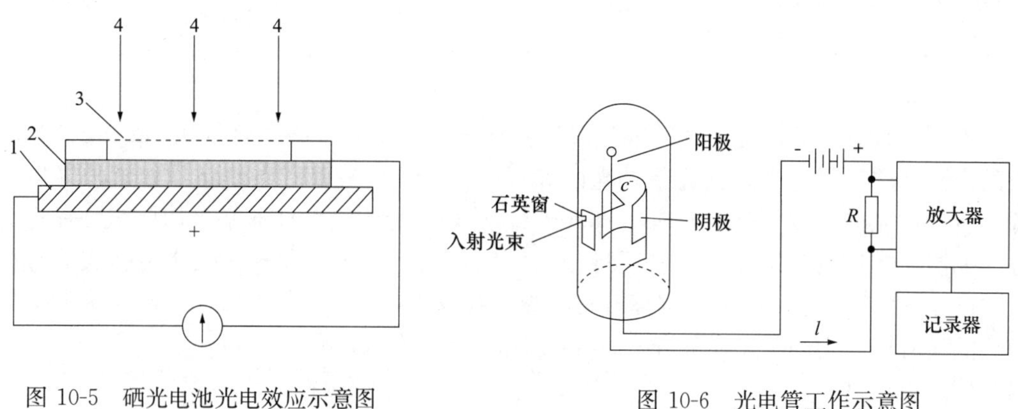

图 10-5 硒光电池光电效应示意图

1—铁；2—半导体硒；3—金属箔片；4—入射光

图 10-6 光电管工作示意图

3）光电倍增管，是利用二次电子发射以放大光电流，放大倍数在 10^4～10^8 倍。光电倍增管的灵敏度比光电管的约高 200 倍，产生电流适于测量十分微弱的光，它的阳极上的光敏材料通常用碱金属锑、钮、银等合金。

（5）信号显示系统

分光光度计常用的显示装置有检流计、微安表、电位计、数字电压表、自动记录仪等。早期的分光光度计多采用检流计、微安表作显示装置，直接读出吸光度或透光率。近代的分光光度计则多采用数字电压表等显示和用 X—Y 记录仪直接绘出吸收（或透射）曲线，并配有计算机数据处理台。

目前使用较普遍的分光光度计为 72 型、721 型和 751 型以及 7230 型。

721 型分光光度计波长范围 360～800nm。其光学系统如图 10-7 所示。

由光源发出的可见光射到聚光透镜上，经平面镜转角 90°，通过入射狭缝到准直镜。准直镜是一块圆形凹面反射镜，光线在准直镜上反射后，就以一束平行光射向棱镜，棱镜的背面镀铝，经棱镜色散后的光在铝面上反射再回到准直镜，再经准直镜反射后会聚在出口狭缝上，在出光狭缝后得到一定波长的单色光。单色光通过液槽和光量调节器，射到真空光电管上转变为电信号，经放大器放大后，在检流计上直接读出吸光度百分透光度。

751型分光光度计波长范围200～1000nm，即从紫外区到近红外区。其光学系统如图10-8所示。此仪器有氢灯和钨丝灯两种光源。在波长200～320nm范围内用氢灯；在波长320～1000nm范围内用钨丝灯。以石英棱镜作为单色器。用光电管作接受元件，配有紫敏光电管和红敏光电管两种。前者适用于波长200～625nm范围，后者适用于625～1000nm范围。此仪器配有玻璃和石英两种液槽，分别适用于可见光区和紫外光区。

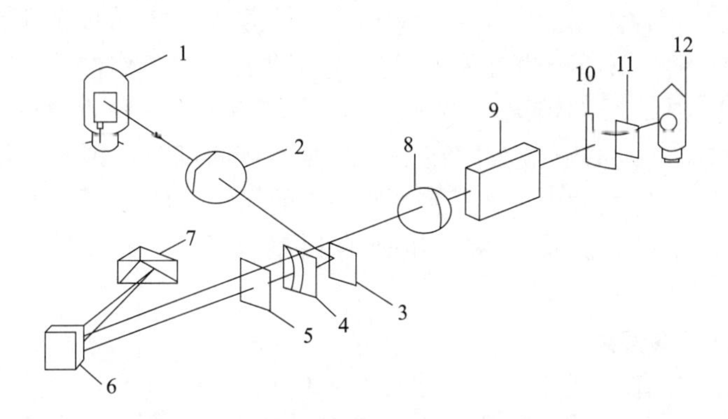

图10-7 721型分光光度计光学系统示意图

1—光源灯；2—聚光透镜；3—反射镜；4—狭缝；
5—保护玻璃；6—准直镜；7—色散棱镜；8—聚光透镜；
9—吸收池（液槽）；10—光门板；11—保护玻璃；12—电光倍增管

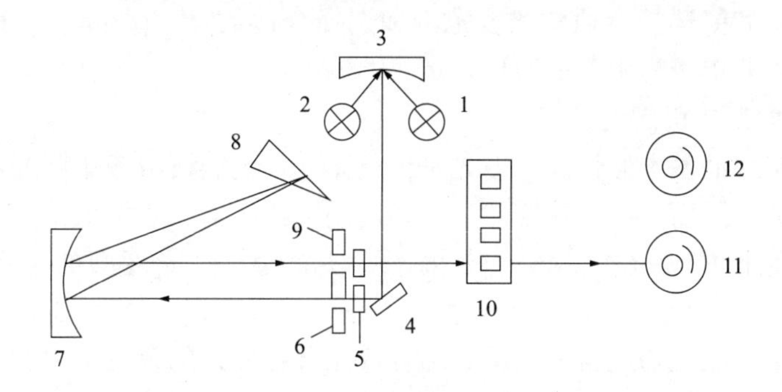

图10-8 751型分光光度计光学系统示意图

1—钨灯；2—氢灯；3—凹面滤镜；4—平面反射镜；
5—石英透镜；6—入射狭缝；7—准直镜；8—石英棱镜；
9—出射狭缝；10—吸收池；11—紫敏光电管；12—红敏光电管

2. 定量方法

主要应用工作曲线法（标准曲线法）作分光光度法的定量方法。根据物质对光选择吸收的性质，先测出该物质的吸收曲线，以求得合适的入射光波长λ。然后，根据朗伯—比尔定律，以溶液浓度与吸光度的直线关系作工作曲线。为此，用已知标准物质作标准系列，其浓度依次为C_1，C_2，C_3，C_4…由小到大。在λ波长照射下，测得相应的吸光度A_1，A_2，A_3，A_4…。以浓度为横坐标，吸光度为纵坐标，作出工作曲线。最后将待测溶液在λ波长下测出吸光度A_x在工作曲线上查出C_x。

10.4 比色和分光光度法的误差来源及测定条件的选择

10.4.1 比尔定律的偏离

根据朗伯—比尔定律，当液层厚度一定时，吸光度和溶液浓度成正比，即 $A=K'C$。以 A 与 C 作图，应为一条通过坐标原点的直线，即上述的工作曲线。但在实际工作中，经常发生工作曲线不成直线的情况，特别是在浓度较高时，这种现象称为偏离比耳定律，如图 10-9 所示。如果测定时试液浓度在工作曲线的弯曲部分，则测定结果的误差较大。因而要了解偏离比耳定律的原因，选择和控制一定的测定条件。

引起比耳定律偏离的原因很多，主要有以下两个方面：

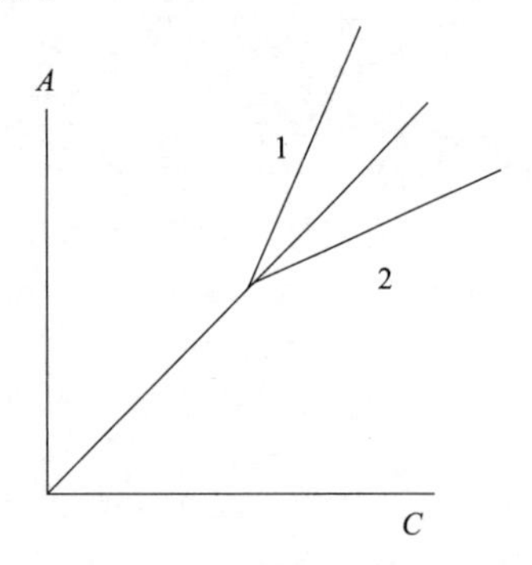

图 10-9　比尔定律的偏离

1. 非单色光引起的偏离

严格地说，比耳定律只适用于一定波长的单色光。但在实际工作中，各种光电比色计和分光光度计提供的入射光并不是纯的单色光，而是由波长范围较窄的光带组成的复合光。由于物质对不同波长的光吸收程度不同，因而导致了对比耳定律的偏离。

实际测定中，如能选择合适的浓度范围和选择合适的波长，则可减少由非单色光引起的对比耳定律的偏离。

2. 溶液中化学反应引起的偏离

朗伯—比尔定律的基本假设除入射光是单色光外，还假设溶液中吸光粒子彼此间无相互作用，是独立的。因而，一般认为比耳定律适用于稀溶液。当溶液浓度大时，由于粒子间的相互作用，它们的吸光能力发生变化，所以浓度与吸光度间的关系就偏离了比耳定律。

另外，溶液中的吸光物质常因离解、缔合或化合物形式的改变等引起对光吸收程度的变化，也将导致偏离比耳定律。溶液的浓度或酸度的变化，影响平衡的移动，而吸光度的改变不与浓度改变成正比，所以引起偏离。

因此，测定时应根据吸光物质的性质和溶液中有关的化学平衡，严格控制显色反应的条件和测定条件，以减少和防止偏离的发生。

10.4.2 显色反应及显色条件的选择

在进行比色和分光光度测定时，首先要利用显色反应将待测组分转变为有色物质，然后再进行测定。因此，选择合适的显色反应和严格控制反应条件非常重要。

1. 显色反应的选择

分光光度法只能测定有色溶液。如果被测试样溶液无色，必须加入一种能与被测物质反应生成稳定有色物质的试剂，然后进行测定，这个过程称为显色反应，加入的这种试剂称为显色剂。常见的显色反应可分为两类：一类为形成螯合物的配合反应；另一类为氧化还原反应。其中配合反应是主要的。测定中，待测组分能与多种显色剂进行不同的显色反应生成不同的有色物质，选择显色剂和显色反应满足如下要求：

（1）灵敏度高。

（2）选择性好。选择干扰较少或易于除去干扰的反应。

（3）反应生成的有色化合物组成稳定，化学性质稳定。

（4）显色剂在测定波长处无明显吸收。

显色剂分无机显色剂和有机显色剂。一般无机显色剂与待测物质的显色反应，很难满足以上条件，因而除硫氰酸盐、锶酸铵及过氧化氢少数几种外，目前应用的不多。有机显色剂以配合剂为多，显色反应多为配合反应。反应的选择性和灵敏度都较无机显色反应高，因而它广泛应用于吸光光度法中。正是由于有机显色剂的研制和应用，推动了吸光光度法的应用和发展。有机显色剂的种类繁多，常用的如双硫腙、邻二氮杂菲、丁二酮肟、二乙氨基二硫代甲酸盐等。

2. 显色条件的选择

显色条件控制的是否得当，将影响测量结果的准确度。因此应了解影响显色反应的因素，选择并控合适的反应条件，使显色反应趋于完全和稳定。

影响显色反应的因素如下：

（1）显色剂的用量

为了保证显色反应尽可能地进行完全，一般需要加入过量显色剂。但不是显色剂越多越好，对于有些显色反应，加入显色剂太多，会引起副反应，对测定反而不利。显色剂的适宜用量常通过实验确定。

（2）溶液的酸度

酸度对显色反应的影响是多方面的。不少有机显色剂带有酸碱指示剂的性质，在不同酸度有不同的颜色，因此酸度控制不当，不能得到正确的测定结果。另一方面，大部分显色剂是有机弱酸，溶液酸度大小影响其电离平衡的移动，显色剂的浓度发生变化，影响有色物质的生成。此外，若待测物质是金属离子，则溶液酸度对金属离子的水解有直接的影响，水解反应使待测物质浓度减小，又不利于显色反应的进行。

（3）显色温度

不同的反应需要不同的温度，一般情况下，显色反应在室温下进行。有时为了加速某一反应需要加热。但要注意有色化合物在温度偏高时易分解。

（4）显色时间

不同的显色反应，反应速度及有色物质颜色稳定时间不同。

（5）溶剂

有机溶剂常降低有色配合物的离解度，从而提高了显色反应的灵敏度。此外，有机溶剂还可提高显色反应的速度及增加配合物的溶解度。如果用适当溶剂将难溶于水的有色配合物萃取出来，测定萃取液的吸光度，可以提高测定方法的选择性和灵敏度。

（6）溶液中共存离子的影响

如果共存离子本身有颜色或共存离子与显色剂生成有色配合物，则会使吸光度增加。如果共存离子与被测组分或显色剂生成无色配合物，则会降低被测组分或显色剂的浓度，从而影响显色剂与被测组分的反应。

为了消除共存离子的干扰，常采用加掩蔽剂、选适当的显色条件的方法消除干扰离子的影响。或用沉淀、离子交换，或溶剂萃取等分离方法，将干扰离子除去。此外，也可选择适当的吸光度测量条件，例如，适当的波长和参比溶液。

10.4.3 测定条件的选择

为了使比色及分光光度法有较高的灵敏度和准确度，应注意适当的光度测量条件，主要应考虑以下几点：

1. 入射光波长的选择

如前所述，为了使测定结果有较高的灵敏度，一般情况下，入射光波长应选择待测溶液有最大吸收的波长。但是，当有干扰物质存在时，若干扰物质在该波长处有强烈的吸收，则必须另选一灵敏度稍低但能消除干扰的波长作为入射光。

2. 控制适当的吸光度范围

从仪器测量误差考虑，为了使测定结果有较高的准确度，一般应控制吸光度 0.2～0.7，为此应控制标准溶液和待测溶液的浓度，并选择适当厚度的比色皿。

3. 选择适当的参比溶液

参比溶液也称为空白溶液。在光度测量中，除利用参比溶液调节仪器的零点以外，还可消除比色皿器壁及溶剂对入射光的反射和吸收带来的误差。因此参比溶液的作用是非常重要的。

参比溶液的选择应按不同情况分别对待。当试液及显色剂均无色时，可用蒸馏水作为参比液；如果显色剂无色，而被测试液中存在其他有色离子，可采用不加显色剂的被测试液作为参比液；如果显色剂和试液均有颜色，可在一份试液中加入适量的掩蔽剂，将被测组分掩蔽起来，使之不再与显色剂作用。显色剂与其他试剂均按试液测定方法加入，以此作为参比液，这样可以消除显色剂及一些共存离子的干扰。总之，选择参比液的原则是，使试液的吸光度真正反映待测物质的浓度。

10.5 比色及分光光度法在水质分析中的应用

比色分析法和分光光度法广泛应用于微量组分的测定。在水质分析、环境监测等方面，它也被作为重要的分析方法。在金属离子、非金属无机物和有机物的测定上都采用这种方法。

10.5.1 水中氮素化合物及其测定

水中氮素化合物主要来源于生活污水、含氮工业废水、农业排水的污染。这类污水往往包含动物性排泄物及传染性病毒，因而水中氮素化合物的成分和含量能说明水体污染的情况及程度。

氮素化合物最初进入水中的多为复杂有机氮形式，受水中微生物的分解作用，逐渐变成简单的无机化合物。在分解过程中，有机氮素化合物不断减少，无机性氮素化合物逐渐增加。若无氧存在，最终产物为氨；若有氧存在，氨继续氧化并被微生物转变成亚硝酸盐（NO_2^-），最后成为硝酸盐（NO_3^-）。此时，氮素化合物已由复杂的有机物变成无机性硝酸盐，有机氮素化合物已完成了“无机化”的作用。

氨、亚硝酸盐和硝酸盐代表了有机氮转化为无机氮的各个阶段，因而定为水质指标，分别以氮（N）表示，称为氨氮（NH_3—N）、亚硝酸盐氮（NO_2^-—N）和硝酸盐氮（NO_3^-—N）。

如果水中出现大量氨氮，说明水源在不久前被严重污染过；如果水中硝酸盐氮增加的同时，还有亚硝酸盐氮和氨氮，表明水源不仅曾经被污染，而且现在继续被污染；如果水中发现大量的硝酸盐氮，而氨氮和亚硝酸盐氮含量极微甚至没有，表明水源曾受有机物污染，但现在已经完全自净。因此，氨氮、亚硝酸盐氮和硝酸盐氮的相对含量，在一定程度上可以反映水源被有机氮素化合物污染的程度及污染时间的长短，进而判断水处理的进程和效果或目前的分解趋势和水体自净的状况。

当然，水中含氮化合物也可能来自无机物，如地下深水可能由于地下矿物质的溶解而含硝酸盐氮；在雷雨放电时，大气中的氮被氧化为亚硝酸盐氮和硝酸盐氮，随雨水落到地面而流入水体中。这种情况与有机污染无关，因此，需结合具体情况对水质作出正确的分析。

1. 氨氮的测定

水中氨氮的测定常采用纳氏试剂光度法。

氨与碘化汞钾的碱性溶液（纳氏试剂）反应，生成淡黄到棕色的络合物碘化氨基合氧汞（$[Hg_2ONH_2]I$），选用410～425nm波段进行测定，测出吸光度，由标准曲线法，求出水中氨氮的含量。本法的最低的检出限为0.25mg/L，测定上限为2mg/L。颜色深浅与氨氮含量成正比，若氨含量小时，呈淡黄色；相反，则生成红棕色沉淀。反应式如下：

$$NH_3+2K_2HgI_4+3KOH \rightleftharpoons \underset{\text{黄棕色}}{([Hg_2ONH_2]I)}+7KI+2H_2O$$

可根据络合物颜色的深浅粗略估计氨氮含量。

水样浑浊可用滤纸过滤。少量Ca^{2+}、Mg^{2+}、Fe^{3+}等离子可用酒石酸钾钠或EDTA掩蔽。当干扰较多、氨氮含量较少时，应采用蒸馏法，氨从碱性溶液中呈气态逸出，但操作麻烦，精密度和准确度较差。

纳氏试剂对氨的反应很灵敏，本法的最低检出限为0.25mg/L，测定上限为2mg/L。

当水样（如污水）中氨氮含量大于5mg/L时，可采用蒸馏—酸滴定法进行测定。

美国哈希公司对氨氮等水质指标检测方法进行改进，将测定需配制的纳氏试剂等试剂制备成预装管试剂或粉枕试剂，购置相关试剂仪器后，将水样加入列预装管试剂或粉枕试剂配制的试剂管中，可以对水样进行测定，减少了人工配制试剂的误差，具有操作简单，实验耗时少，减少和避免使用危险化学试剂，安全、环保等特点，提供精确度高和重现性好的结果。

2. 亚硝酸盐氮的测定

水中亚硝酸盐的测定方法通常采用重氮—偶联反应，使之生成紫红色染料、方法灵敏，选择性强。所用的重氮和偶联试剂是对氨基苯磺酰胺和α萘酚。

在酸性条件下，亚硝酸盐氮与氨基苯碳酰胺反应，生成重氮盐，再与α萘酚偶联生成紫红色染料。在540nm波长处有最大吸收。

氯胺、氯、硫代硫酸盐、聚磷酸钠和高铁离子有干扰；水样浑浊或有色，可加氢氧化铝悬浮液过滤消除。当水样pH≥11时。可加入1滴酚酞指示剂，用（1+9）的磷酸溶液中和。

测定时取经预处理的水样与 50mL 的比色管中，用水稀释至标线，加入 1.0mL 显色剂，混匀，静置 20min 后，于波长 540nm 处比色。根据标准曲线求出亚硝酸盐的含量。

3. 硝酸盐氮的测定

水中硝酸盐的分析方法很多，有酚二磺酸分光光度法、镉柱还原法、离子色谱法、紫外分光光度法等，下面仅介绍紫外分光光度法：

由于硝酸根离子对 220nm 波长的紫外光有特征吸收，所以可以通过测定水样在 220nm 波长的紫外吸光值来确定水样中硝酸盐氮的含量。但溶解性有机物除在 220nm 波长处也有吸收外，还可吸收 275nm 的紫外线，而硝酸根离子对 275nm 的紫外线则没有吸收，所以对含有机物的水样，必须在 275nm 处做另一次测定，以扣除有机物的影响。

含有溶解性有机机构、表团活性剂、亚硝酸盐、六价铬、碳酸盐和碳酸氢盐的水样．应进行预处理。可用氢氧化铝絮凝沉淀和大孔柱中性吸附树脂去除水样中浊度、高价铁、六价铬和大部分常见有机物。

紫外分光光度法简便快速，适用于清洁地表水和未受明显污染影响的地下水。

测定时量取 200mL 水样置于锥形瓶或烧杯中，经絮凝沉淀后，吸取 100mL 上清液，经过吸附树脂柱，将开始的流出液弃掉，收集 50mL 于比色管中，加 1.0mL 盐酸溶液，0.1mL 氨基磺酸溶液，分别在 220nm 和 275nm 处比色，以 220nm 处的吸光值减去 2 倍的 275nm 处的吸光值，作为校正吸光值。根据校正吸光值，由标准曲线求出亚硝酸盐的含量。

10.5.2 余氯及余氯的测定

饮用水必须经过消毒，除去水中的病原菌。目前常用氯消毒法是，向水中加入单质氯或氯化物（如漂白粉等），生成具有强氧化作用的次氯酸而起杀菌作用。

氯加入水中后，经水解生成游离性氯，包括含水分子氯、次氯酸和次氯酸盐离子等形式。其间的相对比例决定于水的 pH 和温度，在多数水体中，主要是次氯酸和次氯酸盐离子。游离性氯还能与水中的氨和某些含氮化合物起反应，生成化合性氯。氯与氨反应生成氯胺：一氯胺、二氯胺和三氯胺（三氯化氮）。

各种氯胺经过水解作用后，仍具有氧化能力，因此也有杀菌作用，但其杀菌能力没有次氯酸强，而且杀菌作用缓慢，故杀菌的持续时间较长，为使氯充分与细菌作用，达到除去水中病原菌的目的，所以水经过氯消毒后，还应留有适量剩余的氯，以保证持续的杀菌能力，这种氯称为余氯，或活性氯。氯化过的污水和某些工业废水的出水，通常只含有化合性氯。

余氯可以分为三种形式：

（1）总余氯：包括 $HOCl$、OCl^-、NH_2Cl、$NHCl_2$、NCl_3 等。

（2）化合性余氯：包括 NH_2Cl、$NHCl_2$ 及 NCl_3 等。

（3）游离性余氯：包括 $HOCl$、OCl^- 等。

在水处理过程中，加氯量是由水中的耗氧量（水中细菌、病毒和其他有机物总量）和规范规定的余氯量决定的。加氯量过少达不到消毒的目的；加氯量过多会造成浪费且会使水产生异味，影响水质，因此余氯的测定对评价水处理中氯消毒的效果有重要的意义。

水中余氯的测定方法有滴定分析法中的氧化还原法、碘量法和分光光度法等。自来水的水质分析中，因为水中余氯的含量不高，故常采用分光光度法，若水中余氯的含量高或含有某些干扰物质时。则采用氧化还原法和碘量法等。

1. 二乙基对苯二胺（DPD）分光光度法

本方法规定了N，N—二乙基对苯二胺（DPD）分光光度法测定生活饮用水及其水源水的总余氯及游离余氯的含量。本方法适用于经氯消毒后的生活饮用水及其水源水的总余氯及游离余氯的测定。它的最低检测质量为0.1μg，若取10mL水样测定，最低检测浓度为0.1mg/L余氯。DPD与水中游离余氯迅速反应而产生红色。在碘化物催化下，一氯胺也能与DPD反应显色。在加入DPD试剂前加入碘化物时，一部分三氯胺与游离余氯一起显色，通过变换试剂的加入顺序可测得三氯胺的浓度。

2. 丁香醛连氮分光光度法

本方法适用于经氯消毒后的生活饮用水及其水源水的总余氯及游离余氯的测定。本方法最低检测质量为0.44μg，按本方法操作，实际水样量为8.75mL，最低检测浓度为0.05mg/L。丁香醛连氮在pH=6.6缓冲介质中与水样中游离余氯迅速反应，生成紫红色化合物，于528nm波长以分光光波法定量。

10.5.3 水中总磷的测定

在天然水和废水中，磷几乎都以各种磷酸盐的形式存在，分为正磷酸盐、缩合磷酸盐和有机结合的磷酸盐（如磷脂）。合成洗涤剂、化肥和冶炼等行业排放的废水，以及生活污水中常含有大量的磷。磷是生物生长所必需的营养元素之一，如水体中磷含量过高，超过0.2mg/L，可造成藻类过度繁殖，使水体富营养化，水质变坏。

水中磷的测定，通常按其存在的形式分别测定总磷、溶解性正磷酸盐和总溶解性磷。水样经0.45μg的滤膜过滤后，滤液可直接测定溶解性正磷酸盐，滤液经强氧化剂消解后可测定总溶解性磷。未过滤的水样经强氧化剂消解后可测得总磷含量。磷的测定有钼锑抗分光光度法、氯化亚锡还原钼蓝法、离子色谱法等，在这里仅介绍钼锑抗分光光度法。

在中性条件下用过硫酸钾（或硝酸—高氯酸）使水样消解，将水样所含磷全部氧化为正磷酸盐。在酸性条件下，正磷酸盐与钼酸铵、酒石酸锑氧钾反应，生成磷钼杂多酸后，被抗坏血酸还原，生成蓝色的络合物。

1. 水样的消解

过硫酸钾消解：取25mL水样于50mL具塞刻度管中，向水样中加4mL5%的过硫酸钾溶液，将具塞比色管盖紧后，用聚四氟乙烯生料带将玻璃塞包扎紧（或用其他方法固定）。以免加热时玻璃塞冲出。将具塞比色管放在大烧杯中置于高压蒸气消毒器（或一般压力锅）中加热，待压力达1.1kg/cm^2，相应温度为120℃时保持30min后停止加热。待压力表读数降至零后，取出放冷。然后用水稀释至标线。

如用硫酸保存的水样，当用过硫酸钾消解时，需先将水样调至中性。

硝酸—高氯酸消解：取25mL水样于锥形瓶中，加数粒玻璃珠，加入2mL浓硝酸，在电热板上加热浓缩至10mL。冷后加5mL浓硝酸，再加热浓缩至10mL，放冷，加3mL高氯酸，加热至冒白烟，此时可调节电热板温度，使消解液在锥形瓶内壁保持回流状态，直至剩下3～4mL，放冷。

加蒸馏水 10mL，加 1 滴酚酞指示剂。滴加 66mol/L 氢氧化钠溶液至刚呈微红色，再滴加 1mg/L 硫酸溶液使微红刚好退去，充分混匀。移至 50mL 具塞刻度管中，用水稀释至标线。

采用硝酸—高氯酸消解，需要在通风橱中进行。高氯酸和有机物的混合物经加热易发生危险，需将试样先用硝酸消解，然后再加入硝酸—高氯酸进行消解。

水样中的有机物用过硫酸钾氧化不能完全破坏时，可用此法。

2. 测定步骤

取适量经消解后的水样（使含磷量不超过 30μg），加入 50mL 比色管中，用水稀释至标线。加入 1mL10%的抗坏血酸溶液，混匀。30s 后加入 2mL 钼酸盐溶液充分混合，放置 15min 后，在 700nm 波长处，以水做参比，测定吸光值。从标准曲线求出磷的含量。

10.5.4 水中六价铬的测定

铬存在于电镀、冶炼、制革、纺织、制药等工业废水污染的水体中。铬以三价和六价形式存在于水中。六价铬的毒性比三价铬强，并有致癌的危害。因此，我国规定生活饮用水中，六价铬的含量不得超过 0.05mg/L；综合污水排放标准为不得超过 0.5mg/L。

分光光度法测定六价铬，常用二苯碳酰二肼（DPCI）作显色剂。在微酸性条件下（1.0mol/L H_2SO_4）生成紫红色的络合物。其颜色的深浅与六价铬的含量成正比，最大吸收波长为 540nm。由标准曲线测出六价铬的含量。

低价汞离子 Hg_2^{2+} 和高价汞离子 Hg^{2+} 与 DPCI 作用生成蓝色或蓝紫色络合物，但在本实验所控制的酸度条件下，反应不甚灵敏。铁的浓度大于 1mg/L 时，将与试剂生成黄色化合物而引起干扰，可以通过加入 H_3PO_4 与 Fe^{3+} 络合而削除干扰。五价钒 V^{5+} 与 DPCI 反应生成棕黄色化合物，该化合物很不稳定，在 20min 后颜色会自动退去，故可不考虑，少量 Cu^{2+}、Ag^{+}、Au^{3+} 在一定程度上对分析测定有干扰；钼低于 100mg/L 时不干扰测定。还原性物质也干扰测定。

10.5.5 水中铁的测定

地下水由于溶解氧的不足，所以含铁的化合物中常以 Fe^{2+} 状态存在。如碳酸亚铁、硫酸亚铁及有机含铁化合物；Fe^{3+} 在天然水中往往以不溶性氧化铁的水合物形式存在。地下水所含的低铁盐易氧化成高铁盐，并与水中碱性物质生成不溶性氧化铁的水合物。

铁是水中最常见的一种杂质，它在水中的含量极少，对人类健康影响不大。但饮用水含铁量太高会产生苦涩味。国家规定饮用水铁含量不得大于 0.3mg/L。水中含铁量在 1mg/L 左右，就易与空气中的溶解氧作用而产生浑浊现象。

水中铁的测定采用邻二氮菲分光光度法。水样中铁的含量一般都用总铁量来代表。在 pH=2～9 的溶液中，Fe^{2+} 与邻二氮菲生成稳定的橙红色络合物；若 pH<2，显色缓慢而颜色浅，最大吸收波长为 510nm。通过测定吸光度，由标准曲线上查出对应 Fe^{2+} 的含量。此方法可测出 0.5mg Fe^{2+}/mL。当铁以 Fe^{3+} 形式存在于溶液中时，可先用还原剂（盐酸羟胺或对苯二酚）将其还原为 Fe^{2+}：

$$4Fe^{3+}+2NH_2OH \rightleftharpoons 4Fe^{2+}+N_2O+4H^{+}+H_2O$$

用邻二氮菲测定时，带颜色的离子及下列元素有干扰、银和铋生成沉淀，一些二价金属如镉、汞、锌与试剂生成稍溶解的络合物。若加入过量试剂，可消除这些离子的干扰。铝、铅、锌、镉的干扰，用加入柠檬酸铵和 EDTA 掩蔽。pH>2～9 时，磷酸盐可以存在的浓度为 20ppm P_2O_5，pH>4.0，500ppm 氟化物没有干扰。少量氯化物和硫酸盐无干扰。过氯酸盐含量较多时，生成过氯酸邻二氮菲沉淀。为了尽量减少其他离子的干扰，通常在 pH=5 的溶液中显色。

思　考　题

1. 什么是比色分析法？比色分析法有何特点？什么是朗伯—比尔定律？它对比色分析有何意义？

2. 朗伯－比尔定律只有在单色光时才成立，为什么目视比色法能在自然光或白炽灯光下进行比色？

3. 氨氮、亚硝酸盐氮、硝酸盐氮的测定有何意义？

4. 何谓余氯？余氯有哪几种形式？测定的原理是什么？

5. 有一铁标准溶液，[Fe^{3+}] 为 6μg/mL，吸光度 $A_{标准}$=0.304，在相同条件下，待测溶液的吸光度 $A_{测}$=0.510，求试样中 Fe^{3+}的含量（μg/mL)？

6. 用蒸馏法测得水中的氨氮含量如下：1.00mL 氨氮标准溶液相当于 10μg 氨氮（N）。取标准溶液 2.00mL 置于 50mL 比色管中，加蒸馏水稀释至 50mL；另取水样 200mL 进行蒸馏，收集馏液取 50mL 馏液置于 50mL 比色管中。显色后，分别测得吸光度为 0.600 和 0.630。求水中的氨（mg/L)。

7. 比色法测定溶液中铁的含量，Fe^{3+}标准色列及对应的吸光度：

Fe^{3+}含量（mg/L)	2	4	6	8	10	12
吸光度（A)	0.097	0.200	0.304	0.408	0.510	0.613

按以上数据绘制工作曲线，取待测溶液与上述标准色列相同条件显色，测得吸光度为 0.413，求待测溶液中铁的含量。

第 11 章　其他分析方法

【学习要点及目标】

◆了解几种仪器分析法的基本原理。

◆了解几种仪器分析法在水质分析中的应用。

【核心概念】

重量分析法、电位分析法、原子吸收光谱分析法、气相色谱分析法、电导分析法、高效液相色谱法。

11.1　重量分析法

11.1.1　重量分析法概述

重量分析法是化学分析法中最经典的分析方法，也是常量分析中准确度最好、精密度较高的方法之一。该法是将被测物质选择性地转化成一种不溶的沉淀，经沉淀分离、洗涤、过滤、干燥或灼烧后，成为一定的称量形式，准确地称其质量，根据沉淀的质量和已知的化学组成，通过计算求出被测物质的含量。

重量分析法准确度高，不需要标准试样或基准物质，直接用分析天平称量就可求得结果；但分析过程繁琐，分析操作需要时间长，试样次数多时不适用。一般说来，在水质分析中应尽量避免采取重量分析法；但对于含量较多的成分用滴定法和比色法测定均有困难时，可用重量法。在水质分析中测定总固体、悬浮性固体、挥发性固体、滤层含泥量、滤料筛分等指标，都需应用重量分析法进行，因为还没有更好的方法可以得到所需的结果。

1. 重量分析方法

（1）沉淀法

将被测组分制备成溶液，加适当的沉淀剂使被测组分转化为沉淀，经过沉淀的陈化、过滤、洗涤、烘干或灼烧，将沉淀转化为称量形式称重，最后通过化学计量关系计算，求得分析结果。

例如，测定水中硫酸盐的含量时，加入过量 $BaCl_2$ 溶液作为沉淀剂，使 SO_4^{2-} 完全沉淀为 $BaSO_4$，经过滤、洗涤、干燥后，称量 $BaSO_4$ 的重量，根据 $BaSO_4$ 的重量计算水样中硫酸盐的含量。

由于沉淀法是经干燥或灼烧后称重，在此过程中可能发生化学变化，因此沉淀形式与称量形式可以是相同也可以是不同形式。如测定 Ba^{2+} 或 SO_4^{2-} 时，沉淀形式与称量形式均为 $BaSO_4$；测定 Ca^{2+} 或 $C_2O_2^{2-}$ 时，沉淀形式为 $CaC_2O_4 \cdot H_2O$ 而灼烧后的称量形式则为 $CaCO_3$ 或 CaO。

（2）气化法

当被测组分呈挥发性，挥发性的成分可借加热或蒸馏等方法使之逸出，再根据试样的失重（减轻的重量）来计算该成分的含量；有时也可用某种吸收剂把挥发成分吸收起来，根据吸收剂增加的重量来计算含量。

例如化验室经常要测定污水的总固体、污泥含水率。水中总固体是溶解性固体和悬浮物的总称。一般在 105～110℃蒸发至干，所称其余留下的固体的总量，称为总固体总量，用 mg/L 表示。测定污泥的水分时，可将样品在水浴锅上加热，使水分蒸发，烘干，称重，根据样品的失重，计算其含水率。

(3) 测定某些不均匀混合物质的不同成分时，也可用除了沉淀法和气化法以外其他重量分析方法，如某些物理的分离方法。例如，可以用过滤法测定污水中的悬浮物质：悬浮物通过一定孔径（45μm）的滤料，将截留在滤料上的物质烘干、称重；根据重量计算悬浮物的含量，以 mg/L 表示。又如利用适当的有机溶剂把待测成分从水溶液中萃取出来，同水溶液分离后再把溶剂蒸干，通过称量残余物而得到待测物质的含量，称之为萃取法。

2. 对称量的要求和计算

重量分析法测定各项水质指标时的操作步骤应按规定的程序进行，整个过程都要仔细小心，不要在中途漏失被测物质，因为微小的损失都可能影响测定结果的精确度。重量分析的最基本操作就是称量。称量用分析天平进行，所以对天平的使用必须准确而且熟练。其次的重要操作就是烘干，要保证在称量的重量内没有多余的水分或者不受水分与湿度变化的干扰。

在重量分析时常需要烘干某一容器或装有试样的容器，最终达到“恒重”状态。操作时要将称量的物品反复地进行烘干、冷却、称重，直到两次称量所得结果相差不超过某一规定数值为止，此时可以认为物品中的水分已完全烘干，或者在该温度下物品的组成已稳定。

重量法所用容器常是瓷坩埚或蒸发皿，它们暴露在空气中一段时间后就会落上一层尘土，在使用前必须清洗。另外，这些容器表面往往有一部分未加釉，容易吸收水分，即使在空气中也会吸湿。如果使用这种容器预先不加严格处理就会造成较大误差，在测定中含少量杂质将会出现净重量等于负值的情况。因此，这些容器在未装和已装试样时的称量前都要在 105～110℃或 180℃的温度下烘干，在干燥器中冷却，然后称重，这样反复进行，直到恒重。对于重量小于 25g 的器皿，恒重的标准要求两次称量相差不超过±0.0002g，对于较重的器皿要求两次称量相差不得超过±0.0005g。按一般经验，达到这种恒重状态需要烘干 2h 以上。新器皿或长期不用的器皿需时更长。此外，空容器烘干到恒重的温度应该同装有试样时烘干到恒重的温度一致。烘干到恒重后的容器应放在干燥器内备用。

重量分析结果的计算比较简单，计算结果通常以被测定组分在样品中的重量百分率来表示。

$$\omega_{被测物}=\frac{m_{称量形式}\cdot F}{m_{试样}}\times 100\% \tag{11-1}$$

式中 $\omega_{被测物}$——被测物的质量分数；

$m_{称量形式}$——称量形式的质量，g；

$m_{试样}$——试样质量，g；

F——换算因数，为被测组分的相对原子（或分子）质量与称量形式的相对分子质量之比。

重量分析也有的结果是用 mg/L 表示，如悬浮固体（SS）和总固体等。

3. 重量分析中的误差

重量分析中的误差来源有二，一是称量误差，在称取样品和称量沉淀重量时所产生；二是在测定过程中因沉淀、过滤、洗涤、灼烧等操作手续所造成的误差。这些误差，有时结果是负值（即减少的），有时候是正值（即增加的）。在使用同一天平时，称量误差往往可以抵消，有时可以因称量误差之间相抵消，变得比单独一个称量误差小。因此结果的误差，主要是在测定过程中造成的。由此可见，分析过程中的每一步骤，都必须十分谨慎地进行，才能保证分析结果的准确度。

11.1.2 重量分析法应用实例

1. 固体物质的测定

水中固体物质分为总可滤残渣和总不可滤残渣，两者之和称为总残渣。即：

$$总残渣=总不可滤残渣+总可滤残渣 \tag{11-2}$$

（1）总残渣

总残渣又称总固体，是指水或废水在一定温度下蒸发、烘干后残留在器皿中的物质。

总残渣测定的方法原理是：将一定量混合均匀的水样，置于称至恒重的蒸发皿中，于蒸汽浴或水浴上蒸干，然后放在烘箱内 103～105℃烘至恒重，所增加的量即为总残渣（即总固体）。

$$总残渣（mg/L）=\frac{(m_2-m_1)\times10^6}{V_水} \tag{11-3}$$

式中 m_1——蒸发皿质量，g；

m_2——总残渣和蒸发皿质量，g；

$V_水$——水样体积，mL。

（2）总可滤残渣

总可滤残渣也称为溶解性总固体，是将过滤后的一定量水样，置于称至恒重的蒸发皿内蒸干（蒸汽浴或水浴），然后在烘箱内烘至恒重。一般测定 103～105℃烘干的总可滤残渣。但有时要求测定（180±2）℃烘干的总可滤残渣。

总可滤残渣测定的方法原理是：将蒸发皿在 103～105℃或（180±2）℃烘箱中烘 30min，冷却至恒重。用孔径 0.45μm 滤膜，或中速定量滤纸过滤水样之后，取适量于称至恒重的蒸发皿中，在蒸汽浴或水浴上蒸干。移入 103～105℃或（180±2）℃烘箱内烘至恒重。增加量即为总可滤残渣。

$$总可滤残渣（mg/L）=\frac{(m_2-m_1)\times10^6}{V_水} \tag{11-4}$$

式中 m_1——蒸发皿质量，g；

m_2——总残渣和蒸发皿质量，g；

$V_水$——水样体积，mL。

（3）总不可滤残渣

总不可滤残渣又称悬浮物（SS），是指过滤后剩留在过滤器上，并于 103～105℃下烘干至恒重的固体物质。悬浮物包括不溶于水的泥砂、各种污染物、微生物及难溶无机物等。

测定方法有石棉坩埚法、滤纸或滤膜法等，都是基于过滤恒重的原理，主要区别是滤材的不同。石棉坩埚法要把石棉纤维均匀地铺在古氏坩埚上用做滤材，由于石棉危害较大，近年已较少采用；滤纸和滤膜法较简便。对操作要求较高，操作不严谨易造成误差。

总不可滤残渣测定的方法原理是：将一定量混合均匀的水样过滤后，将截留在滤器上的残渣在103～105℃下烘至恒重，所增加的量即为总不可滤残渣（即悬浮固体）。

$$悬浮固体（SS，mg/L）=\frac{(m_2-m_1)\times1000\times1000}{V_{水样}} \tag{11-5}$$

式中　SS——水样中悬浮性固体，mg/L；

m_1——空蒸发皿重量，g；

m_2——蒸发皿和悬浮性固体重量，g；

$V_{水样}$——水样体积，mL。

由于测定固体时的烘烤作用，会引起其中一些成分的变化，因此实际测得量与水中这些成分原来状态的量是有差别的，这说明用重量法测定水中固体物质的结果，不像滴定分析法或比色分析法测定那样准确，但这并不影响测得数值的使用价值。

2. 滤层中含泥量的测定

（1）采样方法。滤池冲洗完毕后，降低水位至露出床面，然后在砂层面下10cm采样。每滤池采样点应至少2点，如滤池面积超过$40m^2$，每增加$30m^2$面积，可增加一个采样点，各采样点分布应均匀，应将各采样点所得的样品混匀，再行分析。

（2）步骤。将污砂置于105℃烘箱内烘干至恒重，冷却后用表面皿称量5～10g样品（精确到0.1g），然后置于磁蒸发皿内，加10%工业盐酸约50mL浸泡，待污砂松散后，再用自来水漂净至肉眼不宜觉察污渍为止，最后用蒸馏水冲洗一次，烘干后称重。

（3）计算含泥率：

$$W_m\%=\frac{m_{ds}-m_{ps}}{m_{ps}}\times100 \tag{11-6}$$

式中　W_m——含泥率，%；

m_{ds}——污沙重，g；

m_{ps}——清洗后沙重，g。

11.2　电位分析法

电位分析法是电化学分析法中的一个重要方法。

电化学分析法是根据物质溶液的电化学性质来确定成分的方法。溶液的电化学现象一般发生在化学电池（原电池或电解池）中，所以这类方法通常是使待测分析试样溶液构成一化学电池，然后根据所组成电池的电位差、电流或电量、电解质溶液的电阻等与电解质溶液浓度之间的关系，来确定物质的含量。

电化学分析法的特点是灵敏度、准确度和选择性都很高，被分析物质的最低量接近10^{-10}mol数量级。近代电分析化学技术能对低于纳克量的试样作出可靠的分析。随着电子技术的发展，电化学出现了自动化、遥控等新技术。本书重点讨论电位分析法。

电位分析法是通过测定电池电动势来求物质含量的方法，它包括直接电位法和电位滴定法。

直接电位法是通过测量原电池的电动势进行定量分析的方法；电位滴定法是根据滴定过程中指示电极的电极电位的变化来确定滴定终点的方法。

11.2.1 直接电位法的基本原理

在电极电位法中（如图 11-1 所示），构成原电池的两个电极一个是指示电极，其电位随着被测离子的浓度而变化，能指示被测离子的浓度；另一个是参比电极，其电位不受试液组成变化的影响，具有较恒定的数值。当一指示电极与一参比电极共同浸入试液构成原电池时，通过测定原电池的电动势，由电极电位基本公式——能斯特方程式，即可求得被测离子的浓度。

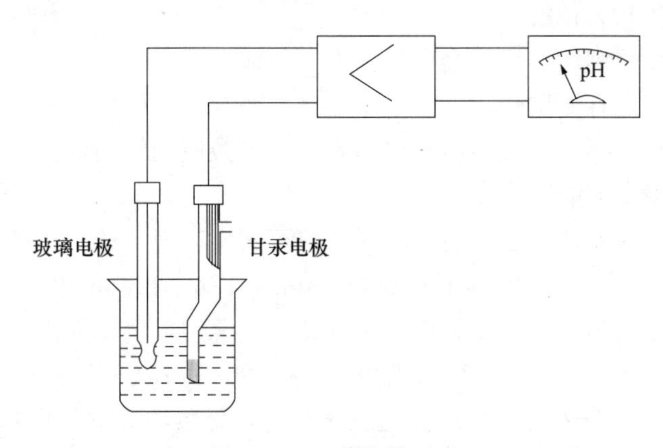

图 11-1 工作电池示意

1. 指示电极

（1）第一类电极。由金属浸在同种金属离子的溶液中构成。这类电极能反映阳离子浓度的变化，如银丝插入银盐溶液中组成银电极，其电极反应和电位为：

$$Ag^{+}+e^{-} \rightleftharpoons Ag \qquad E=E^{0}+0.0591\lg[Ag^{+}]$$

此银电极不但可用于测定银离子的浓度，而且还可用于因沉淀或配合等反应而引起的银离子浓度变化的电位滴定。

（2）第二类电极。由金属及其难溶盐的阴离子溶液构成。这类电极能间接反映与金属离子生成难溶盐的阴离子的浓度，如 Ag－AgCl 电极可用于测定 Cl^- 的浓度。其电极反应和电位反应如下：

$$AgCl+e^{-} \rightleftharpoons Ag+Cl^{-} \qquad E=E^{0}_{AgCl/Ag}-0.0591\lg[Cl]$$

（3）惰性金属电极。由一种性质稳定的惰性金属构成，如铂电极。在溶液中，电极本身并不参与反应，仅作为导体，是物质的氧化态和还原态交换电子的场所。通过它可以显示出溶液中氧化还原体系的平衡电位。如铂丝插入含有 Fe^{3+} 和 Fe^{2+} 的溶液组成惰性铂电极，其电极反应和电极电位为：

$$Fe^{3+}+e^{-} \rightleftharpoons Fe^{2+} \qquad E=E^{0}_{Fe^{3+}/Fe^{2+}}+0.0591\lg\frac{[Fe^{3+}]}{[Fe^{2+}]}$$

（4）膜电极。这类电极是以固态或液态膜作为传感器，它能指示溶液中某种离子的浓度。膜电位和离子浓度符合能斯特方程式的关系。但是，膜电位的产生机理不同于上述各类电极，其电极上没有电子的转移，而电极电位的产生是由于离子的交换和扩散的结果。各种离子选择性电极就属于这类指示电极，如玻璃电极。

2. 参比电极

参比电极是测量电极电位的相对标准。因此要求参比电极的电极电位恒定、再现性好。通常把标准氢电极作为参比电极的一级标准。但因制备和使用不方便，已很少用它作参比电极，取而代之的是易于制备、使用又方便的甘汞电极和 Ag—AgCl 电极。

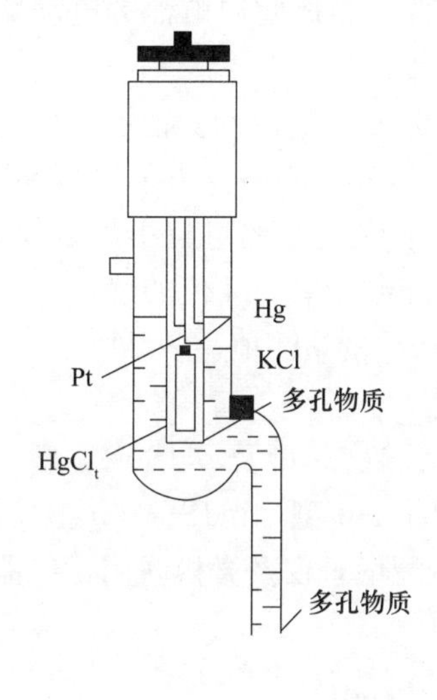

图 11-2 甘汞电极

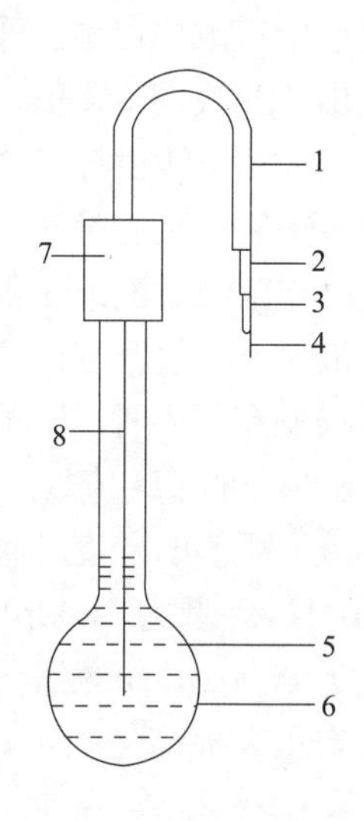

图 11-3 玻璃电极

1—外套管；2—网状金属屏；3—绝缘体；4—导线；5—内参比溶液；6—玻璃膜；7—电极帽；8—内参比 Ag—AgCl

实际工作中最常用的是甘汞电极，它是由金属汞和甘汞 Hg_2Cl_2 及 KCl 溶液等构成，其结构如图 11-2 所示。电极由两个玻璃套管组成。内玻璃管中封一根铂丝，插入纯汞中，下置一层甘汞和汞混合的糊状物。外玻璃管中装入 KCl 溶液。电极下端与待测溶液接触部位是素烧陶芯或玻璃砂芯等微孔物质，构成使溶液互相连接的通路。

甘汞电极电极反应为：

$$Hg_2Cl_2 + 2e^- \rightleftharpoons 2Hg + 2Cl^-$$

电极电位为：

$$E - E^0_{Hg_2Cl_2/Hg} - 0.0591\lg[Cl^-] \quad 或 \quad E_{甘汞} = E^0_{甘汞} \mid 0.0591\lg C_{Cl^-}$$

11.2.2 pH 值的电位测定方法

1. 玻璃电极

测定 H^+ 的指示电极，应用最广的是玻璃电极。它通常不受溶液中氧化剂或还原剂的影响；不易与杂质作用而中毒，对有色浑浊的溶液也能进行测量；但本身具有很高的电阻，必须辅以电子放大装置才能进行测定。而电阻又与温度有关，温度变化，电阻也随之变化，所以测量仪器应有温度矫正装置。另外，玻璃电极在酸性过高（pH＜1）或碱性过高（pH＞9）的溶液中，也会产生 pH 值误差。

玻璃电极的结构如图 11-3 所示。它的主要部分是一个玻璃泡，玻璃泡是由特殊成分的玻璃制成的对 H^+ 敏感的薄膜，其厚度约为 50μm。玻璃泡内装有 pH 值一定的缓冲溶液作为内参比溶液，插入一支 Ag—AgCl 电极（或甘汞电极）作为内参比电极。玻璃电极中内参比电极的电位是恒定的，与被测溶液的 pH 值无关。

2. 溶液 pH 值的测定

用电位法测量溶液的 pH 值，是以玻璃电极作指示电极，饱和甘汞电极作参比电极，浸入待测溶液中组成原电池。采用酸度计（pH 计）直接测量此原电池的电动势，在酸度计上直接读出待测液的 pH 值。

测量时，先用 pH 值标准缓冲液来校正仪器上的标度，使指针所指示的标度值恰好为标准溶液的 pH 值；然后换上待测溶液，便可直接测得其 pH 值。为了尽可能减小误差，应选用 pH 值与待测溶液 pH 值接近的标准缓冲液，且在实验的过程中尽量使温度恒定。由于标准溶液是 pH 值测定的基准，所以缓冲溶液的配制及其 pH 值的确定非常重要。我国标准计量局颁布了六种 pH 值标准溶液及其在 0～95℃的 pH 值。表 11-1 列出了该 6 种缓冲溶液 0～60℃的 pH 值。

测定溶液 pH 值的酸度计种类很多，最常用的为雷磁 25 型及 pHS—25 型，前者最小分度为 0.1pH，后者为 0.02pH。近年来投产的 pHS—10 型，pHS—300 型，pHS—400 型读数精度为 0.001pH，测量结果用数字显示，并可配记录仪及微机联用，仪器的精度及自动化程度有很大提高。

pH 基准缓冲溶液 0～60℃的 pH **表 11-1**

温度（℃）	四草酸氢钾（0.05mol/L）	饱和酒石酸氢钾（25℃）	邻苯二甲酸氢钾（0.05mol/L）	磷酸二氢钾磷酸氢二钠（0.25mol/L）	硼砂（0.01mol/L）	饱和氢氧化钙（25℃）
0	1.668		4.006	6.981	9.458	13.416
5	1.669		3.999	6.949	9.391	13.210
10	1.611		3.996	6.921	9.330	13.011
15	1.673		3.996	6.898	9.276	12.820
20	1.676		3.998	6.879	9.226	12.637
25	1.680	3.559	4.003	6.864	9.182	12.460
30	1.684	3.551	4.010	6.852	9.142	12.292
35	1.688	3.547	4.019	6.844	9.105	12.130
40	1.694	3.547	4.029	6.838	9.072	11.975
50	1.706	3.555	4.055	6.833	9.015	11.697
60	1.721	3.573	4.087	6.873	8.968	11.426

11.2.3　离子选择性电极测定方法

离子选择性电极是以电位法测量溶液中某一特定离子浓度的指示电极，是一类具有薄膜的电极，它可利用该选择性薄膜对特定离子产生选择性响应，以测量或指示溶液中离子的浓度。

测定 pH 值的玻璃电极是最早使用的一种离子选择性电极。随着科技的发展，不断出现了多种电极。例如对 H^+ 以外的一价阳离子 Na^+、K^+ 等有选择性响应的玻璃电极；以氟化镧单晶为电极膜的氟离子选择性电极；以卤化银或硫化银等难溶盐沉淀为电极的各种卤素离子、硫离子电极等。

各种离子选择性电极的构造虽然各有特点，但都具有一个薄膜，薄膜内装有一定浓度的被测离子溶液，其中插入一个参比电极。其基本形式如图11-4所示。

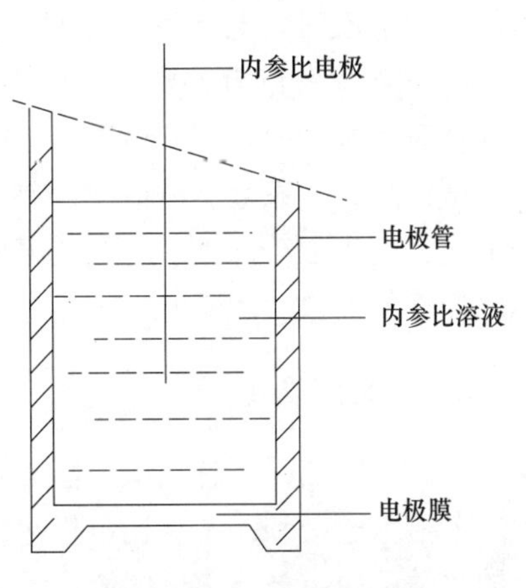

图 11-4　离子选择性电极

1. 离子选择性电极的种类

目前国内商品电极已达 30 多种，其中比较成熟的电极有 20 多种，绝大部分用于水质检验和环境监测。如常用 F^-、Cl^-、Br^-、I^-、CN^-、BF^-、Cu^{2+}、Pb^{2+}、Cd^{2+}、Ca^{2+}、Ag^+ 等离子电极，以及 CO_2、NH_3、SO_2、H_2S、NO_2、HCN、HF 等气敏电极。随着计算机技术的发展还出现了智能化离子计，有的生产厂家还能生产出可随身携带的袖珍式离子选择电极仪。概括起来，离子选择性电极种类见表 11-2。

常见离子选择性电极的种类　　表 11-2

名　称	膜　型	膜 材 料	可 测 离 子
单膜离子电极	固体膜型	玻璃膜	
		难溶性无机盐膜	
		塑料支持膜	
	液膜型	离子交换液膜	
		含中性载体液膜	
复膜离子电极		气敏电极	
		反应性膜（酵素）	尿素、氨基酸、天冬酰胺、青霉素

玻璃膜电极应用较早，有 K^+、Na^+、Ag^+ 等离子玻璃电极。固体膜电极是除玻璃膜电极外应用最广的一类电极。如氟化镧、硫化银等难溶盐晶体薄膜。液体离子交换膜电极是由被测离子盐类、螯合物等溶在不与水混溶的有机溶剂中，这种有机溶液再渗入惰性多孔物质而制成。Ca^{2+} 电极是这类电极的代表。敏化电极包括气敏电极和酶电极。气敏电极是一种气体传感器，能用来测定溶液中气体的含量。酶电极是将生物酶涂布在离子选择电极的传感膜上，在酶的作用下，待测物质产生能在该离子电极上有响应的离子。由于生物

酶的作用具有很高的选择性，所以酶电极的选择性相当高。酶电极主要用于有机及生物物质的分析。

2. 离子选择性电极的性能

理想的选择性电极只对待测离子有响应性，而事实上，电极不只对一种离子有响应，也就是说，与待测离子共存的某些离子也能影响电极的膜电位。用 pH 玻璃电极测定 pH 值较高的溶液时，电极除了对 H^+ 有响应外，对 Na^+ 等碱金属离子也有响应，只不过 H^+ 和 Na^+ 的响应程度有差别而已。在 H^+ 浓度较大时，Na^+ 的影响显示不出来，但在 H^+ 浓度很低时，Na^+ 的影响就显著了，因而，对 H^+ 的测定会发生干扰。

电位选择性系数、响应时间是离子选择性电极性能的重要技术指标，其他如检出电极的电阻、电极的牢固性、电极的寿命以及测量的电位值是否存在漂移现象等，也常作为考虑电极性能的重要因素。

11.2.4 电位滴定法

电位滴定法是一种用电位法确定终点的滴定方法。进行电位滴定时，在被测溶液中插入一个指示电极和一个参比电极组成工作电池。随着滴定剂的加入，滴定剂与被测离子发生的化学反应，被测离子的浓度不断变化，指示电极的电位也相应地发生变化，在计量点附近引起电位的突跃，因此测量工作电池电动势的变化就可以确定滴定终点。

用电位的变化来指示滴定终点比普通滴定选用指示剂的方法更简便、准确，不受溶液颜色和浑浊等的限制，因此应用范围较广。电位滴定法可用于酸碱滴定、沉淀滴定、配位滴定和氧化还原滴定。

电位滴定法的基本仪器装置如图 11-5 所示。该装置包括滴定管、滴定池、指示电极、参比电极、搅拌器、测量电动势的仪器。测量电动势的仪器可以用电位计，也可以用直流毫伏计。因为在滴定过程中需多次测量电动势，所以使用能直接读数的毫伏计比较方便。

在测定过程中，每加一次滴定剂就测量一次电动势，直到超过计量点为止。这样就得到一系列的滴定剂用量 V 和相应的电动势 E。根据这些数据可绘制 E-V 曲线（图 11-6），曲线上的转点即为滴定终点。

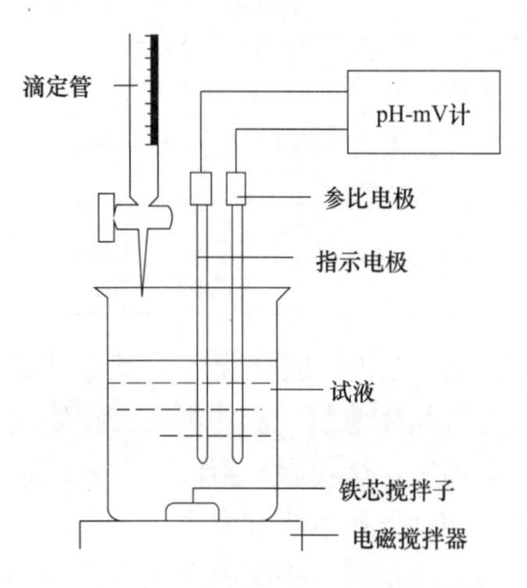

图 11-5 电位滴定法的基本装置

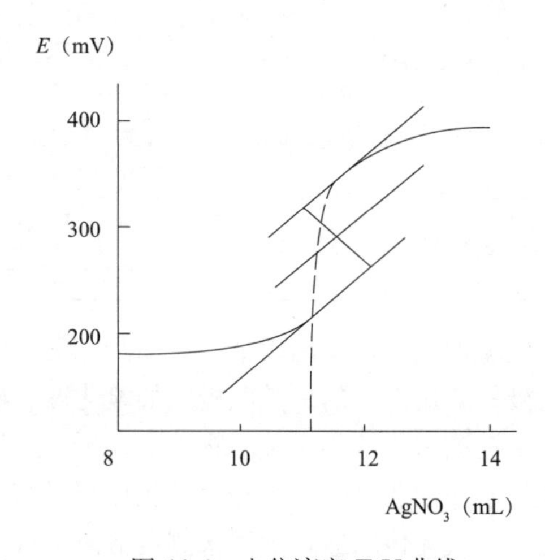

图 11-6 电位滴定 E-V 曲线

电位滴定法能用于所有的滴定反应，只是不同类型反应选用不同的指示电极，参比电极一般多采用饱和甘汞电极。例如酸碱滴定常用玻璃电极作指示电极；沉淀滴定使用最广泛的指示电极是银电极，可用 $AgNO_3$，溶液滴定 Cl^-、Br^-、I^-、S^{2-}、CN^- 等离子，也可用卤化银薄膜电极或硫化银薄膜电极等离子选择电极作指示电极，以 $AgNO_3$ 溶液滴定 Cl^-、Br^-、I^-、S^{2-} 等离子；氧化还原滴定一般以铂电极为指示电极，可以用 $KMnO_4$ 溶液滴定 I^-、NO^{2-}、Fe^{2+}、V^{4+}、Sn^{2+}、$C_2O_4^{2-}$ 等离子；用 $K_2Cr_2O_7$ 溶液滴定 Fe^{2+}、Sn^{2+}、I^-、Sb^{3+} 等离子；配位滴定用汞电极作指示电极，可用 EDTA 滴定 Cu^{2+}、Zn^{2+}、Ca^{2+}、Mg^{2+}、Al^{3+} 等多种离子；也可用离子选择电极如氟离子电极作指示电极，以镧滴定氟化物或氟化物滴定铝，用钙离子电极作指示电极，以 EDTA 滴定钙等。总之，电位滴定法把离子选择性电极的使用范围扩大了。

11.3　原子吸收光谱分析法

原子吸收光谱法又称为原子吸收分光光度法。从光源辐射出的具有待测元素特征谱线的光，通过试样蒸汽，被蒸汽中基态原子吸收，根据吸收程度测定试样中待测元素的含量。原子吸收分光光度法与可见、紫外、红外分光光度法在本质上都属于吸收光谱的范畴，但前者是利用原子的吸收特性，故称原子吸收光谱；而后者则利用分子的吸收特性，属分子吸收光谱。

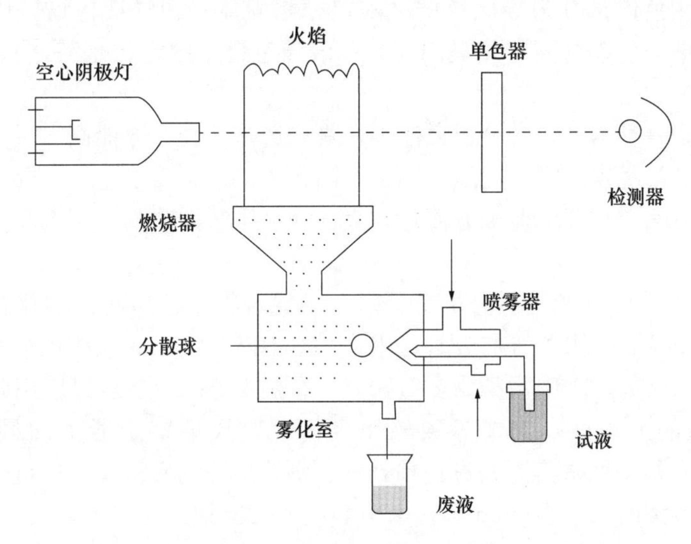

图 11-7　原子吸收光谱示意图

图 11 7 为原子吸收光谱示意图。例如测定氯化钙（CaCl）的含量时，氯化钙试液由喷雾器分散成细雾，在雾化室中与乙炔燃气混合，进入燃烧器中，在高温作用下氯化钙挥发离解成钙原子蒸气。用钙空心阴极灯作光源，辐射出具有钙的特征谱线波长 4227［*A*］的光，通过氯化钙蒸汽时，部分光被蒸汽中基态钙原子吸收而减弱，通过单色器和检测器测得钙特征谱线 4227［*A*］的光被减弱的程度，即可求得试样中钙的含量。

原子吸收光谱法具有如下特点，在水质分析及环境监测中得到广泛的应用。

1. 准确度高。分析不同元素需用不同的元素灯，发射的谱线与待测元素吸收的谱线具有特征性，所以提高了选择性，干扰少。试样只需经简单处理可直接用于分析，易于得到准确的分析结果。在低含量物质的分析中，能达到1%～3%准确度。

2. 灵敏度高。用火焰原子吸收光谱法最低检出量10^{-9}mg/L，用无焰原子吸收光谱法最低检出量10^{-13}mg/L。

3. 测定范围广。可测得70多种元素。

4. 操作简便。分析速度快。

5. 再现性好。

不足之处主要是：测定不同元素需要更换不同的光源灯，使用不太方便；每一种元素的分析条件各不相同，不能同时进行多种元素的分析；对于多数非金属元素的测定尚有一定的困难。

11.4 气相色谱分析法

色谱分析法是一种多组分的混合物分离、分析的方法，又称为色层法、层析法。在色谱分析法中常把起分离作用的柱或管称为色谱柱，把固定在色谱柱中的填充物（吸附剂）称为固定相，将沿固定相流动的流体称为流动相。流动相一般是气体和液体，而固定相是固体和涂在固体担体上的液体。根据流动相和固体相的不同，色谱法分为：气相色谱和液相色谱，其中气相色谱又分为气固色谱（固定相是固体）和气液色谱（固定相是液体）；液相色谱又分为液固色谱（固定相是固体）和液液色谱（固定相是液体）。本节重点讨论气相色谱。

气相色谱法是一种物理化学分析方法。它具有选择性高、效能高、灵敏度高、分析速度快、样品用量少等优点。它广泛地应用于石油、化工、医药卫生、食品、农药等工业生产和科学研究等方面。在环境监测方面，如大气和水质污染监测，更有一些化学法所不及的特点：

1. 具有很高的分辨性能。能分析组分复杂的混合物及性质相似的化合物。例如水样中同时存在苯、甲苯、二甲苯等成分时，用化学法不能测定，而气相色谱法却可以轻易分别测定这些成分。又如对水中污染物多氯联苯、有机汞等的分析也可应用此方法。

2. 具有很高的灵敏度。如苯等碳氢化合物在氢火焰鉴定器上的最低检出量约为0.02μg，如果对水样采取富集方法进行预处理，则检出该物质浓度往往可达到ppb或更低的数量级。可直接测的大气中ppm至几十个ppb的污染物。

3. 可以同时测定几种物质。例如水样中含有几种有机氯农药可以同时测出。此外，还有助于发现一些新的污染物质。

4. 测定速度快。一般只需几分钟或几十分钟，便可完成一个试样的分析。

5. 应用范围广。分析对象可以是无机的或有机的气态、液态或固态试样。

气相色谱法的不足之处是，若没有待测物的纯品或相应的色谱定性数据作对照时，不能从色谱峰给出定性结果；不适用于沸点高于450℃的难挥发物质和对热不稳定物质的分析。

总的来说，气相色谱法优点较多，目前广泛应用于生产科研部门。我国的水质卫生标准中，几十种有害物质特别是有机物质的分析，都需用气相色谱法测定。近年来，色谱—质谱、色谱—红外光谱联用，使气相色谱的强分离能力和质谱、红外光谱的强定性能力得到完美结合，为气相色谱开辟了新的途径。因此气相色谱法已成为水质分析、环境监测中不可缺少的有力分析手段。

气相色谱所用的仪器一般都由五个部分组成，最主要的是分离系统和检测系统：

分离系统——色谱柱；

检测系统——检测器、温控装置；

载气系统——气源、气体净化、气体流量压力控制及测量装置；

进样系统——进样器、气化室；

记录系统——放大器、记录仪、可能还有数据处理装置。

气相色谱分析流程主要仪器如图 11-8 所示。

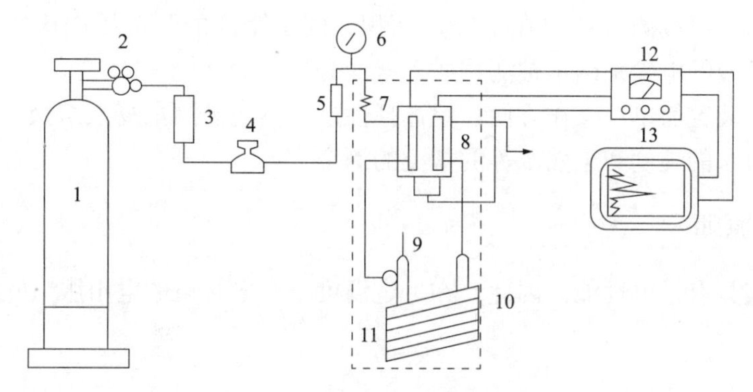

图 11-8　气相色谱分析流程

1—载气钢瓶；2—减压阀；3—净化干燥器；4—气流调节阀；
5—转子流量计；6—压力表；7—与热管；8—检测器；9—进样器和气化室；
10—色谱柱；11—恒温箱；12—测量电桥；13—记录仪

载气（用来载送试样的惰性气体如 N_2、H_2、He、Ar 等）用高压钢瓶 1 供给，经减压阀 2 后，进入净化干燥器 3 干燥净化。由针形阀 4 控制载气的压力和流量，在流量计 5 和压力表 6 上显示出流量的大小和压力值，载气再经过预热管 7 进入进样器和气化室 9。试样从进样器注入（如试样为液体，经气化室气化为气体），由载气携带进入色谱柱 10 进行分离。分离后的单个组分随载气先后进入检测器 8，然后放空。检测器通过测量电桥 12 将各组分转变为电信号，由记录仪 13 记录下来，就可得到相应的色谱图。

在水质分析中，首先应选择不受水影响的检测器。常用的有氢火焰电离检测器和电子捕获检测器。前者对较少量的水没有反应，但当大量的水进入检测器时就会使灵敏度降低。电子捕获器不能注入水样，可采用避免水干扰的措施。有些物质也可用灵敏的热导池检测器。

同时，待测样品中水是大量的，待测物是微量的。自样品中除去水分，浓集待测物质，是气相色谱法在水质分析中应用的要点，常采用以下几种方法：

1. 有机溶剂萃取。这是最常用的方法，例如用 CS_2 萃取水中苯、甲苯、二甲苯等。一般情况下可以浓缩 10～20 倍。如果水质比较清洁，则浓缩数倍更高。

2. 蒸馏或吹气法。将水样加热或水蒸气蒸馏，把待测物质吸收于水或有机溶剂中以达到浓缩的目的。这种方法对于低沸点物质的浓集往往是可行的。另一种是将待测物质保留在蒸馏液中，蒸出水分以达到浓缩的目的。

3. 活性炭吸附法。大量的水样通过已预处理的颗粒活性炭，使待测的有机物被吸附，然后用氯仿或其他溶剂萃取活性炭中待测的有机物，这种方法浓缩水中的有机物最有效，又可以将多种物质同时浓集。缺点是操作复杂，被吸附物种类太多，在注入气相色谱仪之前，还需提纯；低沸点的物质可能损失，某些物质可能在炭表面发生氧化作用。

4. 冷冻浓集法。这种方法用于易挥发有机物的浓集。由于水在结冻的过程中，纯水先形成冰，使水中微量待测物质浓集于结冰的水中，这是一种有效的浓集手段。

11.5 电导分析法

电导分析法是将被测溶液放在由固定面积、固定距离的两个铂电极所构成的电导池中，通过测定溶液的电导来确定被测物质含量的分析方法。

电导分析法装置简单，操作方便，但选择性差，不适于测定复杂溶液体系。在水质分析中，常用来对水的纯度和天然水等的盐类的测定。

11.5.1 基本原理

电解质溶液具有导电性能。因此，在一定温度下，电解质的电阻服从欧姆定律：

$$R=\rho\frac{L}{A} \tag{11-7}$$

式中 R——电阻，Ω；

ρ——电阻率，Ω·cm；

L——电解质导体长度，cm；

A——电解质导体的界面积，cm^2。

1. 电导

电阻的倒数称为电导，它表示溶液的导电能力，通常用符号 S 表示。

$$S=\frac{1}{R}=\frac{1}{\rho\frac{L}{A}} \tag{11-8}$$

电导的单位为西门子，简称“西”，用符号 S 表示（也即 Ω^{-1}），在水质分析中常用 μS，$1S=10^6\mu S$。

测量电解质溶液的电导，是用两极片插入溶液中，组成电导池，通过测量两极间的电阻，就可以测得溶液的电导。对某一电导池，两片电极间的距离（L）和电极面积（A）是固定不变的，故 L/A 是一个常数，用 Q 来表示，称为电导池常数。

2. 电导率

电阻率的倒数称为电导率。

$$K=\frac{1}{\rho}=QS=\frac{Q}{R} \tag{11-9}$$

当已知电导池常数，并测出电阻后，即可求出电导率。

11.5.2　水样的分析

锅炉用水、工业废水、实验室用蒸馏水、去离子水等都要求分析水的质量，可用电导法进行评价。水的电导率越小，表示水的纯度越高。但对于水中细菌、悬浮杂质的非导电性物质和非离子状态的杂质对水质纯度的影响不能测定。水的电导率可用专门的电导仪来测定。

1. 电导池常数测定

用0.01mol/L KCl标准溶液冲洗电导池三次，将电导池注满标准溶液，放入恒温水浴（25℃）中约15min，测定溶液电阻 R_{KCl}，由式（11-9）计算电导池常数 Q。对于0.01mol/L氯化钾溶液，在25℃时，$K=1413\mu S/cm$，则：

$$Q=1413R_{KCl} \tag{11-10}$$

2. 水样的测定

用水冲洗数次电导池，再用水样冲洗后，装满水样，按前述步骤测定水样电阻 $R_{水样}$，由已知电导池常数 Q，得出水样电导率 K：

$$\text{电导率} K \ (\mu S/cm)=\frac{Q}{R_{水样}}=\frac{1413R_{KCl}}{R_{水样}} \tag{11-11}$$

式中　R_{KCl}——0.01mol/L标准氯化钾溶液电阻，Ω；

$R_{水样}$——水样电阻，Ω；

Q——电导池常数。

如果使用已知电导池常数的电导池，不需测定电导池常数，可调节好仪器直接测定，但要经常用标准氯化钾溶液校准仪器。

当测定时水样温度不是25℃时，应报出的25℃时电导率为：

$$K_s=\frac{K_t}{1+a\ (t-25)} \tag{11-12}$$

式中　K_s——25℃时电导率，μS/cm；

K_t——测定时 t 温度下电导率，μS/cm；

a——各离子电导率平均温度系数，取为0.022；

t——测定时温度，℃。

11.5.3　电导法在水质分析中的应用

利用电导仪测定水的电导率，可判断水质状况。在水质分析中，如锅炉水、工业废水、天然水、实验室制备去离子水的质量分析时，其中水的电导是一个很重要的指标，因为它反映了水中存在电解质的状况。目前，电导法已得到广泛应用。

1. 测定水质的纯度

为了证明高纯水的质量，应用电导法是最适宜的方法。25℃时，绝对纯水的理论电导率为0.055μS/cm。一般用电导率大小测定蒸馏水、去离子水或纯水的纯度。超纯水的电导率为0.01～0.1μS/cm，蒸馏水为0.1～2μS/cm，去离子水为1μS/cm。

2. 判断水质状况

通过电导率的测定可初步判断天然水和工业废水被污染的状况。例如：饮用水的电导率为 50～1500μS/cm，清洁河水为 100μS/cm，天然水为 50～500μS/cm，矿化水为 500～1000μS/cm 或更高，海水为 3000μS/cm，某些工业废水为 10000μS/cm 以上。

3. 估算水中溶解氧（DO）

利用某些化合物和水中溶解氧发生反应而产生能导电的离子成分，从而可以测定溶解氧。例如，氮氧化物（NO_x）与溶解氧作用生成 NO_3^-，使电导率增加，因此测定电导率即可求得溶解氧；也可利用金属铊与水中溶解氧反应生成 Tl^+ 和 OH^-，使电导率增加，一般每增加 0.035μS/cm 的电导率相当于 1ppb 溶解氧。可用来估算锅炉管道水中的溶解氧。

4. 估计水中可滤残渣（溶解性固体）的含量

水中所含各种溶解性矿物盐类的总量称为水的总含盐量，也称总矿化度。水中所含溶解盐类越多，水中离子数目越多，水的电导率就越高。对多数天然水，可滤残渣与电导率之间的关系可由经验公式（式 11-7）估算：

$$FR=(0.55\sim0.70)\cdot K \tag{11-13}$$

FR——水中的可滤残渣量，mg/L；

K——25℃时水的电导率，μS/cm；

0.55～0.70——系数，随水质不同而异，一般估算取 0.67。

11.6 高效液相色谱法

高效液相色谱法（HPLC）是在 20 世纪 70 年代继经典液体柱色谱和气相色谱的基础上迅速发展起来的一项高效、快速的分离分析新技术。高效液相色谱流程与气相色谱法相同，但 HPLC 以液体溶剂为流动相，并选用高压泵送液方式。溶质分子在色谱柱中，经固定相分离后被检测，最终达到定性定量分析。

离子色谱（IC）也属于高效液相色谱，它是以缓冲盐溶液做流动相，分离分析溶液中的各平衡离子。离子色谱在色谱柱机理、设备材质以及检测器等方面均有特殊要求。该法在阴离子 F^-、Cl^-、Br^-、NO_2^-、NO_3^-、SO_2^{2-}、PO_4^{3-} 等同时存在的多组分分析上具有独特的优势。

11.6.1 高效液相色谱法的特点

高效液相色谱法在技术上采用了高压泵、高效固定相和高灵敏度的检测器。因此，它具有以下几个突出的特点：

1. 高压。液相色谱是以液体作为流动相，液体称为载液。载液流经色谱柱时受到的阻力较大，为了能迅速地通过色谱柱，必须对载液施加 15～30MPa，甚至高达 50MPa 的高压。所以也称为高压液相色谱法。

2. 高速。由于采用了高压，载液在色谱柱内的流速较经典液体色谱法要高很多，一般可达 1～10mL/min，因而所需的分析时间要少很多，一般都小于 1h。

3. 高效。气相色谱法的分离效能已相当高，柱数约为 2000 塔板/m，而高效液相色谱法则更高，可达 5000～30000 塔板/m 以上，分离效率大大提高。

4. 高灵敏度。高效液相色谱采用了紫外检测、荧光检测器等高灵敏度的检测器，大大提高了检测的灵敏度。最小检测限可达 10^{-11}g。

11.6.2　高效液相色谱法原理及构造

1. 液相色谱仪的基本流程

液相色谱仪的基本流程如图 11-9 所示。

其流程是：贮液容器中的载液（霜预先脱气）经高压泵输送到色谱注入口，试样由进样器注入输液系统，流经色谱柱进行分离，分离后的各组分内检测器检测，输出的信号由记录仪记录下来，即得液相色谱图。根据色谱峰的保留时间进行定性分析，根据峰面积或峰高进行定量分析。

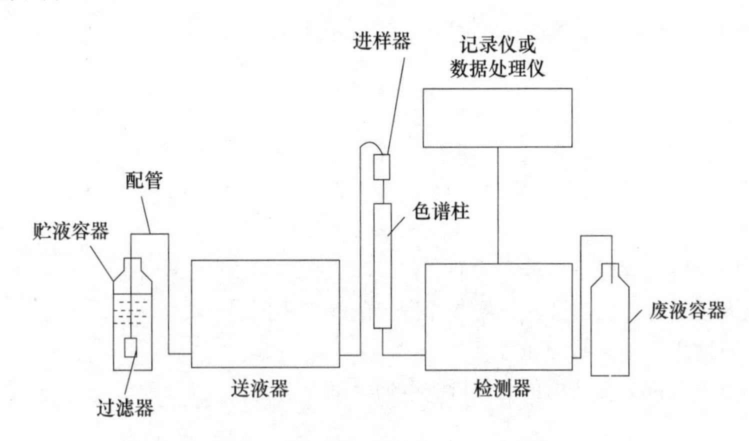

图 11-9　高效液相色谱仪基本流程示意图

2. 高效液相色谱仪的构造

高效液相色谱仪内由高压输液系统、进样系统、分离系统以及检测和记录系统四大部分组成。此外，还可根据一些特殊的要求，配备一些附属装置，如梯度洗脱、自动进样、馏分收集及数据处理等装置。

（1）高压输液系统

高压输液系统由贮液器、高压泵及压力表等组成，核心部件是高压泵。

1）贮液器

贮液器用来贮存流动相，一般由玻璃、不锈钢或聚四氟乙烯塑料制成，容量为1～2L。

2）高压输液泵

高压输液泵按其操作原理分为恒流泵和恒压泵两大类。恒流泵的特点是，在一定的操作条件下输出的流量保持恒定，与流动相黏度和柱渗透性无关。往复式柱塞泵、注射式螺旋泵属于此类。恒压泵的特点是，保持输出的压力恒定，流量则随色谱系统阻力的变化而变化，气动泵属于恒压泵。这两种类型各有优缺点，但恒流泵正在逐渐取代恒压泵。

（2）进样系统

进样系统包括进样口、注射器和进样阀等，它的作用是把分析试样有效地送入色谱柱上进行分离。

高效液相色谱的进样方式有注射器进样和进样阀进样两种。注射器进样操作简便，但不能承受高压、重现性较差。进样阀进样是通过六通高压微量进样阀直接向压力系统内进样，每次进样都由定量管计量，重现性好。

（3）分离系统

分离系统包括色谱柱、恒温器和连接管等部件。色谱柱常采用内径为 2～6mm、长度为 10～50cm、内壁抛光的不锈钢管。柱形多为直形，便于装柱和换柱。

（4）检测系统

高效液相色谱常用的检测器有两种类型。一类是溶质性检测器，它仅对被分离组分的物理或物理化学特性有响应。属于这类的检测器有紫外检测器、荧光检测器、电化学检测器等。另一类是总体检测器，它对试样和洗脱液的物理性质或化学性质有响应。属于这类的检测器有示差折光检测器等。

高效液相色谱法的定量方法有外标法、内标法和归一化法。

思 考 题

1. 重量分析法有哪些？适合测量哪些水质指标？
2. 电极电位法的特点是什么？玻璃电极为何应用广泛？指示电极和参比电极的主要作用是什么？
3. 电位滴定法与一般容量分析滴定法的区别是什么？
4. 原子吸收光谱法与比色及分光光度法原理上的有何不同？
5. 简述气相色谱法的分离原理和特点。
6. 高效液相色谱分析法与气相色谱分析法有何异同？

第12章　实训模块

实验1　玻璃仪器的清洗

1. 实验目的

(1) 正确掌握滴定分析仪器的洗涤方法。

(2) 了解常用洗涤液的使用范围与用法。

2. 实验试剂

(1) $K_2Cr_2O_7$ (s) (A. R.);

(2) 浓 H_2SO_4 (A. R.)。

3. 实验仪器设备

本课程需用的所有玻璃仪器。

4. 实验步骤:

(1) 认识、清点仪器

按实验室配置的实验用仪器清单认领，清点和识别水质检验实验中所用的玻璃仪器。

(2) 配制铬酸洗涤溶液

研细 $K_2Cr_2O_7$ 固体5g，溶于10mL热水中，冷却，加入82mL H_2SO_4，混匀（注意要缓慢加入浓 H_2SO_4，并搅拌）。配好的洗液装入250mL试剂瓶中，保存备用。

(3) 洗涤仪器

按各仪器正确的洗涤工作方法，将仪器洗涤干净。

实验室常用的烧杯、锥形瓶、量筒、量杯等一般的玻璃器皿，可用毛刷蘸去污粉、合成洗涤剂或肥皂液等刷洗，再用自来水冲洗干净，然后用蒸馏水或去离子水润洗3次，注意节约用水，采用少量多次的洗涤方法。

滴定管、移液管、吸量管、容量瓶等具有精确刻度的仪器，可将0.1%～0.5%浓度的合成洗涤剂倒入容器中，摇动几分钟，弃去，用自来水冲洗干净后，再用蒸馏水或去离子水润洗3次。如果没有洗干净，可用洗液浸泡数分钟或数十分钟，将用过的洗液倒回原瓶中（可反复使用多次）。然后依次用自来水、蒸馏水或去离子水洗净。

洗净的容器和量器，其内壁应能被水均匀润湿而无小水珠。洗净的仪器控干后待用。

实验2　滴定分析基本操作（滴定管、移液管的使用）

1. 实验目的

(1) 正确掌握滴定管、容量瓶、移液管、吸量管的使用和操作方法。

(2) 学习观察与判断滴定终点。

2. 实验试剂

0.1mol/L NaOH 溶液，0.1mol/L HCl 溶液，0.20%酚酞指示剂，0.20%甲基橙指示剂。

3. 实验仪器设备

50mL 酸式滴定管，50mL 碱式滴定管，1mL、2mL、25mL，移液管，5mL、10mL，吸量管，100mL 容量瓶，250mL 锥形瓶，吸耳球，玻棒。

4. 实验步骤

（1）滴定管的安装及使用

1）酸式滴定管

洗涤→涂油→试漏→装溶液（以水代替）→赶气泡→调液面→滴定→读数。

2）碱式滴定管

洗涤→试漏→装溶液（以水代替）→赶气泡→调液面→滴定→读数。

（2）容量瓶的使用

洗涤→试漏→装溶液（以水代替）→稀释→调整液面至刻度→摇匀。

（3）移液管的使用

洗涤→润洗→吸液→调液面→放液。

（4）吸量管的使用

洗涤→润洗→吸液（以水代替）→调液面（至 5mL 处）→放液（每次放 1mL）。

（5）滴定终点练习

1）将酸式滴定管洗净，用 0.1mol/L HCl 溶液润洗 2～3 次，然后装满 0.1mol/L HCl 溶液，排除尖嘴气泡，调好零点。

2）将碱式滴定管洗净，用 0.1mol/L NaOH 溶液润洗 2～3 次，然后装满 0.1mol/L NaOH 溶液，排除尖嘴气泡，调好零点。

3）取洗净的 250mL 锥形瓶，自酸式滴定管准确滴入 25.00mL0.1mol/L HCl 溶液，再加入酚酞指示剂 2 滴，以 0.1mol/L NaOH 溶液滴定至溶液由无色变为浅粉红色 30s 不退为止，记录 NaOH 溶液用量。然后滴定 0.1mol/L HCl 溶液 1mL 或 2mL，再以 0.1mol/L NaOH 溶液滴定至终点。如此反复操作至所得数据中 NaOH 溶液用量相差不超过 0.02mL 为止。

4）洗净 250mL 锥形瓶，由碱式滴定管准确滴入 25.00mL0.1mol/L NaOH 溶液，加入 2 滴甲基橙指示剂，用 0.1mol/L HCl 溶液滴定至溶液由黄色变为橙色为止。反复练习几次。

实验思考题

1. 在滴定分析中，滴定管和移液管为什么必须用操作溶液润洗几次？滴定分析中使用的锥形瓶或烧杯是否也要用操作溶液润洗，为什么？
2. 酸式滴定管和碱式滴定管赶气泡的操作方法有何不同？
3. 滴定管怎样试漏？
4. 从滴定管中滴出半滴溶液的操作要领是什么？

实验3　分析天平的使用与称量

1. 实验目的

（1）熟悉分析天平各部件的名称和作用。

（2）学会调节天平零点，测定天平的灵敏度及示值变动性。

（3）正确掌握称量操作，并进行准确称量。

2. 实验原理

电光分析天平的微分刻度标尺上共有0～100分度。天平的零点是指大平空载时，微分刻度标尺的“0”刻度与投影屏上的标线相重合的位置。当启动天平后，若“0”刻度与标线不重合，可根据位差的大小，分别调节天平箱下的调零杆或横梁上的平衡螺丝使其重合。

电光天平由光幕直接读出10mg以下的质量，所以必须在使用前调节其灵敏度，使每一分度恰为0.1mg。为此，先调节零点，休止天平，在天平的左盘上放一个校准过的10mg片码或圈码，启动天平，标尺应移至100±2分度范围，如超出此范围，则应用感量调节螺丝调节其灵敏度，使之符合要求。当负载时，天平的灵敏度随负载质量的增加而减少。

在实际工作中，天平的灵敏度常用感量法表示，所谓感量是指指针位移一格或一个分度所需要增加的质量，单位为mg/分度，也称为天平的分度值。

天平的示值变动性是指天平在空载或负载平衡情况下，多次开关天平时平衡点变化的情况。一般要求在±1格以内。

3. 实验试剂

铜片，Na_2CO_3（s）（该固体试样专用于称量练习，称量前烘干）。

4. 实验仪器设备

全自动电光分析天平或电子天平，表面皿，称量瓶，托盘天平，小烧杯。

5. 实验步骤

（1）熟悉全自动电光分析天平的结构和砝码组合（或电子天平的结构）

（2）全自动电光分析天平示值变动性测定

1）调节分析天平的零点。

2）开启天平，记录零点，关上；再开启天平，记录天平零点，关上天平。

3）将两个20g的砝码分别加在天平的左、右侧，全开天平，记录平衡点，关上天平。再开启天平，记录平衡点，关上天平。

4）将两次零点数值及平衡点数值分别相减，其中绝对值较大的差值即为天平的示值变动性。

（3）分析天平灵敏度的测定

1）调节分析天平零点。

2）在天平的左盘上放一校准的10mg砝码和片码，观察天平的平衡点，记录数据。并计算天平空载时的灵敏度和感量。

3）将两个名义值相同的砝码分别加在天平的两侧，记录平衡点。然后，再按空载灵敏度测定手续，进行测定和计算。

(4) 分析天平（或电子天平）称量练习

1) 直接称量法

① 调节托盘天平零点，先称量清洁干燥的表面皿的质量，再用镊子将铜片放在表面皿上，称取表面皿和铜片的总质量，准确至0.1g。

② 测定并调节分析天平的零点，将表面皿放在天平盘中，精确称量其质量，并记录读数。然后用镊子将铜片放在表面皿上，精确称量表面皿和铜片的总质量，并记录读数。最后，计算铜片的质量。

2) 递减称量法

① 在洁净、干燥的称量瓶中装入约2g Na_2CO_3，先在托盘天平上称其质量，然后再在天平上称其准确质量，记录质量，设为m_1 (g)。

② 取出称量瓶，按递减称样的操作倾出0.3～0.4g范围内的样品于洁净、干燥的小烧杯中。称样时，由于初次称量，缺乏经验，很难一次倾准，因此要求试称，然后再准确称量，设为m_2 (g)，则 (m_1-m_2) 为试样的质量。以同样的方法连续称出3份试样（实验完毕后，试样可放回原瓶以作称量练习用)。

③ 原始记录及数据处理。(表12-1)

表 12-1

序次	1号	2号	3号
称量瓶加试样质量 m_1/g			
倾出试样后称量瓶加剩余试样质量 m_2/g			
试样质量 m_1-m_2/g			

实验思考题

1. 在分析天平上取放物体或加减砝码时，为什么必须先休止天平？

2. 影响分析天平灵敏度的主要因素有哪些？是否天平的灵敏度愈高，天平的性能就愈好？

3. 用分析天平称量时，为了加速称量速度应如何正确使用和添加砝码？

4. 在什么情况下采用递减称量法称取试样？用递减称量法称取样品时，可否不测定天平的零点，为什么？

5. 称量物质质量时，若微分标尺向负向偏移，应加砝码还是减砝码？若微分标尺向正向偏移，又应如何？

实验4 容器、量器的校正练习

1. 实验目的

(1) 巩固移液管、容量瓶和滴定管的操作技术。

(2) 掌握移液管、容量瓶相对校准的方法。

(3) 掌握滴定管绝对校准的方法。

2. 实验仪器设备

（1）容量瓶（250mL）1个，移液管（25mL）1支，酸式滴定管（50mL）1支；

（2）磨口具塞锥形瓶（50mL）1个，烧杯（250mL）1个，玻璃棒1支，温度计1支；

（3）分析天平、烘箱、洗耳球、滤纸。

3. 实验步骤

（1）移液管和容量瓶的相对校准

用已校准过的、洁净、干燥的25mL移液管准确移取纯水10次放入干净且干燥的250mL容量瓶中，仔细观察瓶颈处水的弯月面下缘是否恰好与标线相切，若不相切，则应在瓶颈另作一标记，此容量瓶和移液管配套使用时，应以新的标线为准。

（2）滴定管的绝对校准

1）将50mL，具有磨口玻璃塞的锥形瓶洗净，烘干，并准确称量其质量，记录数据。

2）测定并记录与室温相平衡的水温。

3）在洗净的滴定管中装满纯水，排气泡后，调节液面到“0.00”刻度处。

4）从滴定管（50mL）每次向锥形瓶中放出10mL，纯水（若为25mL滴定管每次放出5mL）依次测定每次锥形瓶与水的质量，并记录数据。

5）根据公式求出滴定管各段在20℃时的真实容积，求出滴定管各段的校准值及滴定管的总校准值。

记录格式如一下：50mL滴定管的绝对校准，水温25℃ρ_{25}＝0.99617（g/mL），锥形瓶质量29.20g。见表12-2。

表12-2

滴定管读数	瓶＋水质量/g	标称容量	水的质量	实际容量	校准值	总校准值

① 如为初次校准，使用移液管操作不熟练，此标记只可供参考。

② 每次放出的纯水体积不一定要求恰好等于10.00mL，但相差不应大于0.1mL。

实验思考题

1. 滴定分析仪器为什么要校准？
2. 怎样用称量法校准滴定管？
3. 从滴定管放纯水于称量用锥形瓶中时应注意些什么？

实验5 标准溶液的配制与标定

1. 实验目的

（1）学习配制标准溶液的两种方法，重点掌握用基准物质来标定溶液浓度的方法。

（2）学会滴定操作和判断酸碱滴定的终点。

（3）掌握容量瓶、移液管和滴定管的操作方法。

2. 实验原理

当中和反应达到化学计量点时，用去酸和碱的量恰好按化学计量关系相等。

用 Na_2CO_3，作基准物质标定盐酸溶液的浓度时，其反应式如下：

$$2HCl + NaCO_3 \rightleftharpoons 2NaCl + H_2CO_3 \tag{12-1}$$

$$HCl + \frac{1}{2}NaCO_3 \rightleftharpoons NaCl + \frac{1}{2}H_2CO_3 \tag{12-2}$$

可知盐酸（HCl）的物质的量等于碳酸钠（$\frac{1}{2}Na_2CO_3$）的物质的量，即 $n_{HCl}=n_{\frac{1}{2}Na_2CO_3}$。

3. 实验试剂

（1）无 CO_2 水：将蒸馏水或去离子水煮沸，使水量蒸发10%以上，再加盖冷却即可。制得的无 CO_2 水应贮存于一个附有碱石灰管的橡皮塞盖严的瓶中。

（2）无水 Na_2CO_3：实验前烘干称量好并放入干燥器。

（3）盐酸（分析纯，$\rho=1.19$，37%）。

（4）0.1%甲基橙指示剂：称取0.1g甲基橙，溶于100mL蒸馏水中。

4. 实验仪器设备

（1）酸式滴定管（50mL）。

（2）刻度移液管（1mL），肚形移液管（25mL）。

（3）容量瓶（250mL）2个，锥形瓶（250mL）2个，烧杯（250mL），试剂瓶（250mL）。

（4）洗瓶，玻棒，胶头滴管。

5. 实验内容与步骤

（1）Na_2CO_3 标准溶液的配制——直接法

1）溶解。从干燥器中取出盛有无水 Na_2CO_3 的小烧杯，加入适量无 CO_2 水，用玻棒搅拌使其完全溶解。

2）移液。将溶液转移至250mL容量瓶中。用无 CO_2 水洗涤玻棒和烧杯内壁2～3次，将洗出液小心地转入容量瓶中。

3）定容。往容量瓶加无 CO_2 水，边加边摇动，使溶液混匀，当快接近刻度时，可改用胶头滴管加水，使溶液的弯月面与刻度相切。塞好瓶塞，颠倒摇匀为止。将此溶液贮于聚乙烯瓶中，并贴上标签，注明配制日期和溶液浓度。

4）计算 Na_2CO_3 标准溶液的浓度

$$C_{\frac{1}{2}Na_2CO_3}\ (\text{mol/L}) = \frac{m \cdot 1000}{V \cdot 53} \tag{12-3}$$

式中　m——无水 Na_2CO_3 的质量，g；

53——无水 Na_2CO_3，（$\frac{1}{2}Na_2CO_3$）的摩尔质量，g/mol；

V——Na_2CO_3，溶液的体积，250mL。

（2）盐酸标准溶液的配制——间接法

1）计算配制 250mL0.02mol/L 的盐酸溶液需取浓盐酸的体积，$V=$（　）mL（将计算好的数据填入上面的括号内）。

2）用 1mL 刻度移液管吸取所需浓盐酸，置于 250mL 清洁的试剂瓶中，加入 250mL 蒸馏水，摇匀，即得约 0.02mol/L 盐酸溶液。贴上标签，待标定。

（3）标定盐酸标准溶液（$C_{HCl}=0.02$mol/L）的准确浓度

1）从试剂瓶直接倒入少许待标定的盐酸溶液洗涤滴定管 2～3 次，然后盛满盐酸溶液，并将管内溶液调节在刻度“0”处备用。

2）用肚形移液管（事先用上述 Na_2CO_3 准溶液洗涤 2～3 次）准确吸取 25.00mL Na_2CO_3 标准溶液于 250mL 锥形瓶中。

3）加入 2 滴甲基橙指示剂，摇匀。

4）记录滴定前初读数，加滴边摇，当出现的橙红色消失很慢时，说明快到滴定终点，这时要放慢滴定速度，每加入 1 滴盐酸溶液都要充分摇匀，直至溶液出现橙色而摇动又不消失时即为终点。记下滴定管末读数（精确到小数点后两位），末读数与初读数之差，即为滴定所用盐酸溶液的体积。

5）平行标定 2～3 次，重复进行上述操作，使两次滴定的相对偏差不超过 0.2%，否则还要再滴定。

6）计算标定结果：盐酸标准溶液浓度（HCl，mol/L）$=\frac{C_{\frac{1}{2}Na_2CO_3}\times V_{Na_2CO_3}}{V_{HCl}}$　（12-4）

式中　$C_{\frac{1}{2}Na_2CO_3-Na_2CO_3}$——标准溶液浓度（$\frac{1}{2}Na_2CO_3$，mol/L）；

$V_{Na_2CO_3-Na_2CO_3}$——标准溶液用量，mL；

V_{HCl}——盐酸标准溶液用量，mL。

将测定结果填入表 12-3。

实验数据表　　**表 12-3**

滴定管读数	平行样				
	1	2	3	$C_{\frac{1}{2}Na_2CO_3}$	
末读数				$V_{Na_2CO_3}$	
初读数				相对偏差	
V_{HCl}（mL）				$\bar{V}_{HCl}$	
C_{HCl}（mol/L）				$\bar{C}_{HCl}$	

6. 注意事项

（1）每次滴定最好从刻度“0”处开始，以减少测定误差。

（2）滴定时要控制溶液滴出的速度为每秒 3～4 滴，否则将会有少量溶液留在管壁上，使读数不准确。

(3) 为了减少滴定误差，每次滴定溶液用量最好控制在20～30mL之间，如用量太少，则读数误差增大；用量太多，不但手续麻烦，而且产生误差的机会也增多。

实验思考题

1. 用Na_2CO_3标准溶液标定盐酸溶液，能否选用酚酞指示剂来指示滴定终点？说明原因。

2. 指示剂加入量越多，终点的变化越明显，这种看法是否正确？

3. 为什么盐酸溶液必须直接从试剂瓶倒入滴定管？滴定前为什么要用盐酸溶液洗涤滴定管？锥形瓶和移液管是否也要洗涤？用什么洗？为什么？

4. 怎样正确使用滴定管？读数时若视线与液面不成水平线，对读数有何影响？

5. 怎样正确使用移液管？留在移液管尖的最后1滴溶液是否需要吹出？为什么？

6. 完成第1次滴定，若重复做第2次、第3次平行样时，继续用剩余的溶液滴定好，还是添加溶液至刻度“0”处再进行滴定好？说明原因。

实验6　培养基的制备与灭菌操作练习

1. 实验目的

(1) 学会灭菌前的准备工作。

(2) 掌握培养基和无菌水的制备方法。

(3) 掌握几种常用的灭菌方法和高压蒸汽灭菌技术。

2. 实验原理

培养基是以微生物生长繁殖所需要的各种营养物质，用人工方法配制而成的。其中含有水分、碳源、氮源、无机盐以及维生素等。用HCl溶液或NaOH溶液调节培养基的pH值，以保证微生物在最适宜的酸碱度范围内表现它们最大的生命活力并生长繁殖。

灭菌是水质检验实验的基本技术之一。所谓灭菌，即指杀死一切微生物的细胞及芽孢或孢子。灭菌时利用高温，使菌体内的蛋白质发生凝固变性，从而杀死微生物，利用此原理可以去除物品上的一切细菌，达到无菌的目的。灭菌的方法很多，一般玻璃器皿可用干热灭菌，培养基采用湿热灭菌，无菌室或无菌箱可用紫外线消毒。本实验以高压蒸汽灭菌法给培养基灭菌，用干燥灭菌法给玻璃仪器灭菌。

3. 实验试剂

(1) 牛肉膏，蛋白胨，氯化钠，琼脂。

(2) 10%HCl溶液，10%NaOH溶液，蒸馏水。

(3) 精密pH试纸。

4. 实验仪器与设备

(1) 大、中、小号试管各4支，10mL刻度移液管1支，250mL烧杯，锥形瓶各1个。

(2) 培养皿4套，1mL移液管4支，量筒，玻棒。

(3) 托盘天平，酒精灯，三脚架，石棉网，漏斗架，漏斗，带弹簧夹的橡皮管，玻璃导管。

（4）纱布，棉花（未脱脂），旧报纸，细铁丝，剪刀，细绳，标签纸，硅胶塞。

（5）高压蒸汽灭菌锅，干燥箱，培养箱，电冰箱，电炉

5. 实验内容与步骤

（1）常用玻璃器皿的包装与灭菌

1）将洗涤干净并晾干的培养皿按实验所需套数用牛皮纸包装。

2）移液管的吸端用钢丝塞入少许棉花，成为长1～1.5cm的棉塞（以防止细菌吸入口中，也避免将口中细菌吹入管内），棉花要塞得松紧适宜，吸时既能通气又不致使棉花滑动。用4～5cm宽的长纸条从移液管的尖端开始紧紧将移液管全部包裹起来，余下的纸头折叠打结。按照实验需要，可单支或多支包装。

（2）培养基的制备

1）营养琼脂培养基的配方

牛肉膏：0.3～0.5g　　琼脂：1.5～2g　　蛋白胨：1.5g

蒸馏水：100mL　　NaCl：0.5g　　pH：7.4～7.6

2）制备步骤

① 调配。按培养基配方准确称取各成分，置于烧杯中，用少量水溶解。

② 溶化。各成分混合均匀放入水中加热溶化，注意随时搅拌并防止外溢，溶化完毕，要补足失去的水分。

③ 调整pH值。调节pH值在6.8～7.2之间，但在高压灭菌后，pH值约降低0.1～0.2，故校正时应比实际需要的pH值高0.1～0.2（除非特殊需要，最好不要用有机酸来调节pH）。

④ 过滤。用纱布或滤纸过滤。若培养基杂质很少或实验要求不高，可不过滤。

⑤ 分装。根据需要将培养基分装于不同容量的锥形瓶和试管中，分装量不宜超过容器的2/3，以免灭菌时外溢。其中，中号试管每管分装量约为管高的1/5，灭菌后制成斜面培养基；大号试管每管分装量为15mL，灭菌后以备制作平板；其余全部倾入250mL锥形瓶，灭菌后以备制作平板。

⑥ 包装。塞好硅胶塞并包扎。锥形瓶单独包扎，试管可以多支一起包扎。包扎前要贴上标签，标签上写明培养基名称和配制日期。

⑦ 灭菌。温度121℃压力98.1kPa高压蒸汽灭菌15min（不宜高压蒸汽灭菌的糖类培养基可降低温度、延长灭菌时间，或用滤膜过滤灭菌）。

⑧ 无菌检验。取其中1～2支试管于培养箱37℃培养24h，证实无菌；同时再用已知菌种检查在此培养基上的生长情况，符合要求方可用。

（3）无菌水的制备

在小号试管内盛9mL自来水，塞好硅胶塞，包扎以后经高压蒸汽灭菌后备用。无菌水常用于稀释水样。

（4）灭菌

1）干燥灭菌（热空气灭菌法）

① 将包装好的待灭菌物品（培养皿、移液管等）放入干燥箱内。不要摆得太挤。

② 关箱门，插上电源，启动开关，旋动恒热调节器至160℃。

③ 160℃恒温2h（由恒热调节器自动控制）。注意不超过170℃，以免包装纸被烤焦。

④ 2h后切断电源，待温度降至70℃以下，才能开箱门取出灭菌物品。

2）高压蒸汽灭菌法

① 打开灭菌锅盖，向锅内加入适量的水，或从加水口处加水。

② 将待灭菌的培养基和自来水放入锅内，不要太挤或紧靠锅壁，以免影响蒸汽的流通和冷凝水顺壁流入物品中，加盖旋紧螺旋，密闭。

③ 打开排气阀，加热，自开始产生蒸汽后约10min再关紧排气阀，此时蒸汽已将锅内的冷空气由排气孔排尽。若锅内冷空气未排尽，则达不到应有的温度，结果造成灭菌不彻底。

④ 待压力逐渐上升到所需压力时，开始计算灭菌时间，并控制热源，维持所需压力，以98.1kPa的压力、温度121℃灭菌15min。

⑤ 灭菌时间到达后，停止加热。

⑥ 待压力表指针降到“0”时，打开排气阀。注意切勿过早打开，否则可因骤然减压降温造成灭菌液体外溢和玻璃破碎。

⑦ 待排气孔无蒸汽排出，方可开锅盖，取出灭菌物品，将锅内剩余的水放掉。

另外，含糖培养基一般是控制在65.7kPa（112℃）的压力，灭菌30min，以防高温破坏培养基的成分。

实验思考题

1. 培养基是根据什么原理配制的？为什么要调节pH值？
2. 高压蒸汽灭菌时，常用的压力、温度、时间各是多少？为什么含糖培养基灭菌时压力、温度要比一般培养基低？
3. 高压蒸汽灭菌是否彻底，关键是哪一步？
4. 灭菌后，为什么要待压力表指针下降到“0”时，才能打开排气阀开盖取物？
5. 干燥灭菌温度为什么不要超过170℃？灭菌完毕后能否立即开箱取物？如何正确操作？

实验7　总碱度测定

1. 实验目的

（1）学习测定总碱度的方法。

（2）了解并掌握酚酞指示剂和甲基橙指示剂的变色情况。

2. 实验原理

在水中分别加入酸碱指示剂，用标准酸溶液滴定至规定的pH值时，可以从指示剂呈现出的颜色变化来判断其滴定终点，由消耗标准酸溶液用量计算总碱度和各种碱度。

当滴定至酚酞指示剂由红色变为无色时，指示水中氢氧化物（OH^-）及碳酸盐（CO_3^{2-}）的一半已被中和，其反应如下：

$$OH^- + H^+ \rightleftharpoons H_2O$$

$$CO_3^{2-} + H^+ \rightleftharpoons HCO_3^- ;$$

当滴定至甲基橙指示剂由橙黄色变为橙红色时，指示水中的重碳酸盐（包括原有的和由碳酸盐转化而来的）已被中和。其反应如下：

$$HCO_3^- + H^+ \rightleftharpoons H_2O + CO_2\uparrow$$

据上述两个终点到达时所消耗的盐酸标准溶液用量可计算出碳酸盐、重碳酸盐碱度及总碱度。

另外，总碱度也可以用单独加入甲基橙指示剂的方法来测定。

3. 实验试剂（本实验所用的水均为无 CO_2 水）

（1）盐酸标准溶液：实验5已标定好。

（2）0.1%酚酞指示剂：称取0.1g酚酞溶于50mL95%的乙醇中，再加入50mL水，摇匀后滴加NaOH溶液至淡粉红色为止。

（3）0.1%甲基橙指示剂。

4. 实验仪器与设备

酸式滴定管（50mL），移液管（100mL）1支，锥形瓶（250mL）4个。

5. 实验内容与步骤

（1）用移液管取100.0mL水样于锥形瓶中，加入3滴酚酞指示剂，出现红色，用盐酸标准溶液滴定至刚好褪为无色，记录盐酸标准溶液的用量（用 P 表示）。若加酚酞指示剂后溶液无色，则不需用盐酸标准溶液滴定（$P=0$），并继续进行下一步操作。

（2）在上述锥形瓶中加入3滴甲基橙指示剂，摇匀。用盐酸标准溶液滴定至溶液由黄色变为橙色止。记录盐酸标准溶液的用量（以 M 表示）。

（3）平行测定2～3次。盐酸标准溶液的总用量为 $T=P+M$。

（4）计算测定结果

$$\text{总碱度（以}CaCO_3\text{计，mg/L）}=\frac{T\times C\times 50\times 1000}{V_{水}} \tag{12-5}$$

式中 P、M、T——盐酸标准溶液的用量，mL；

C——盐酸标准溶液的浓度（HCl），mol/L；

$V_{水}$——水样体积，mL；

50——碳酸钙（$CaCO_3$）的摩尔质量（$\frac{1}{2}CaCO_3$），g/mol。

测定结果填入表12-4。

测定结果判定表 **表12-4**

测定结果	氢氧化物（OH^-）	碳酸盐（CO_3^{2-}）	重碳酸盐（HCO_3^-）
$P\neq 0$ $M=0$	P	0	0
$P>M$	$P-M$	$2M$	0
$P=M$	0	$2P$	0
$P<M$	0	$2P$	$M-P$
$P=0$ $M\neq 0$	0	0	M

该计算方法不适用于污水及复杂体系中碳酸盐碱度和重碳酸盐碱度的计算。

实验思考题

1. 碱度主要是由于水中哪些物质的存在而产生的？
2. 单独用甲基橙指示剂测出的碱度为什么是水的总碱度？
3. 如果水样加入酚酞指示剂后不变色（即无色），说明什么？下一步测定应如何进行？

4. 测定水中碱度时，若消耗盐酸标准溶液的体积是 $P>M$，说明水中有什么碱度？如果 $P<M$ 时，水中有什么碱度？

实验 8　总酸度测定

1. 实验目的

（1）学习测定总酸度的方法。

（2）掌握碱式滴定管的操作要领。

2. 实验原理

由于使水样呈酸性的物质很复杂，不易分别测定，所以用强碱标准溶液滴定水样至一定 pH 时，滴定的结果只表示能与强碱起反应的酸性物质的总量。其反应可用下式表示：

$$H^+ + OH^- \rightleftharpoons H_2O$$

用甲基橙作指示剂（化学计量点的 pH=4.4）滴定的酸度是指强酸类（包括强酸弱碱盐）的总和，称为强酸酸度，又称甲基橙酸度；用酚酞作指示剂（化学计量点 pH=8.3）滴定的酸度为总酸度，又称酚酞酸度。

3. 实验试剂

（1）NaOH 标准溶液（$C_{NaOH(mol/L)}$=0.1000mol/L）：称取 30g 分析纯 NaOH，溶于 50mL 水中，冷却后移入聚乙烯细口瓶中，盖紧瓶盖，静置 4～5d（碳酸盐沉淀）。然后吸取上层清液 7.5mL 置于 1L 容量瓶中，用水稀释至刻度，此溶液浓度约为 0.1mol/L。其精确浓度可用已知浓度的盐酸溶液标定，也可以用邻苯二甲酸氢钾标定。其标定方法如下：

称取在 105～110℃烘至恒重的分析纯邻苯二甲酸氢钾约 0.5g（准确至 0.0001g），共称 3 份，分别置于 250mL 锥形瓶中，各加入 100mL 水，稍加温使之溶解。然后加 3～4 滴酚酞指示剂，用待标定的 NaOH 标准溶液滴定至淡红色不褪为止。记录 NaOH 标准溶液的用量。平行标定 2～3 次，并同时用无 CO_2 水做空白滴定，按式（12-6）计算 NaOH 标准溶液浓度：

$$C_{NaOH}\ (mol/L) = \frac{m \times 1000}{(V_1 - V_0) \times 204.22} \tag{12-6}$$

式中　m——邻苯二甲酸氢钾的质量，g；

V_0——空白试验中 NaOH 溶液的用量，mL；

V_1——滴定邻苯二甲酸氢钾所消耗 NaOH 标准溶液的用量，mL；

204.22——邻苯二甲酸氢钾的摩尔质量，g/mol。

（2）0.1%酚酞指示剂。

（3）0.1%甲基橙指示剂。

4. 实验仪器与设备

碱式滴定管（50mL），移液管（100mL）1 支，锥形瓶（250mL）4 个。

5. 实验内容与步骤

（1）用移液管吸取 100.0mL 水样于锥形瓶中（最好用虹吸法注入新取来的水样，如果是取自来水样，应使水龙头贴着量筒壁慢慢流入，倒入锥形瓶时也应沿瓶壁慢慢注入，以免空气中的CO_2，溶入水中而影响测定结果）。

（2）加入酚酞指示剂4滴，用NaOH标准溶液滴定至溶液呈现浅红色并在30s内保持不褪色为止。记录NaOH标准液的用量（V_1，mL）。

（3）另取一份相同体积的水样于锥形瓶中，加入甲基橙指示剂2滴，用溶液滴定至溶液由橙红色变成橙黄色为止。记录NaOH标准溶液的用量（V_2，mL）。

（4）计算测定结果：

$$总酸度（以CaCO_3计，mg/L）=\frac{C\times V_1\times 50\times 1000}{V_水} \tag{12-7}$$

$$总酸度（mmol/L）=\frac{C\times V_1\times 1000}{V_水} \tag{12-8}$$

式中　C——NaOH标准溶液浓度，mol/L；

V_1——用酚酞指示剂时所消耗NaOH标准溶液的用量，mL；

V_2——用甲基橙为指示剂时所消耗NaOH标准溶液的用量，mL；

50——碳酸钙（$\frac{1}{2}CaCO_3$）的摩尔质量，g/mol。

实验思考题

1. 酸度主要是由于水中哪些物质的存在而产生的？

2. 用甲基橙作指示剂时测出的是什么酸度？用酚酞的指示剂时测定的又是什么酸度？说明原因。

3. 测定酸度时所需蒸馏水必须去除CO_2，原因何在？一般怎样去除蒸馏水中的CO_2呢？

实验9　可溶性氯化物测定

1. 实验目的

（1）掌握沉淀滴定法测定水中可溶性氯化物的基本原理和操作方法。

（2）了解空白试验的意义，学习用空白试验消除误差的方法。

2. 实验原理

在中性或弱碱性溶液中，以K_2CrO_4为指示剂，用$AgNO_3$标准溶液滴定氯化物，由于AgCl的溶解度比Ag_2CrO_4的溶解度小，Cl^-首先被完全沉淀后，CrO_4^-才与$AgNO_3$作用生成砖红色的Ag_2CrO_4沉淀，指示反应到达滴定终点。其反应如下：

$$Ag^+ + Cl^- \rightleftharpoons AgCl\downarrow \text{（白色）}$$

$$2Ag^+ + CrO_4^{2-} \rightleftharpoons Ag_2CrO_4\downarrow \text{（橘红色）}$$

由于指示剂也消耗微量$AgNO_3$，$AgNO_3$的用量要比理论需要量略高，因此，需要用蒸馏水做空白试验来消除指示剂造成的滴定误差。

3. 实验试剂

（1）NaCl标准溶液（$C_{NaCl}=0.0141mol/L$）：将分析纯NaCl置于坩埚内，在500～600℃灼烧30min后，稍冷，置于干燥器中冷却。也可以将NaCl置于带盖的瓷坩埚中，加热并不断搅拌，待爆炸声停止后，继续加热15min，将坩埚移入干燥器中冷却后使用。准确称取上述NaCl固体0.8243g于小烧杯中，用去离子水溶解，移入1L容量瓶中，稀释至刻度，混匀。此溶液 1.00mL=1.00mg NaCl（Cl^-），即 T_{NaCl}=0.5mg/mL。

（2）$AgNO_3$，标准溶液（C_{AgNO_3}=0.0141mol/L）：将分析纯 $AgNO_3$ 于 110℃烘干 2h，可作基准物质直接配制标准溶液。准确称取 2.3950g 上述 $AgNO_3$，于小烧杯中，用去离子水溶解，移入 1L 容量瓶中，加水稀释至刻度，摇匀。贮于棕色试剂瓶中，置于暗处保存以防见光分解。长期保存的 $AgNO_3$，溶液或用纯度不高的 $AgNO_3$ 配制的溶液在使用前，必须用 0.0141mol/L NaCl 标准溶液来标定其准确浓度。标定方法如下：

用肚形移液管吸取 25.00mL NaCl 标准溶液于 250mL 锥形瓶中，加 25mL 去离子水，再加入 1mLK_2CrO_4 指示剂，在不断摇动下，用 $AgNO_3$ 标准溶液滴定至出现淡橘红色为止。记录 $AgNO_3$ 标准溶液用量。另取一锥形瓶，吸取 50mL 去离子，加适量的固体 $CaCO_2$（相当于滴定时 AgCl 的沉淀量），按上述操作做空白试验。

用下式计算 $AgNO_3$，标准溶液的准确浓度：

$$C_{AgNO_3}\ (\text{mol/L}) = \frac{25.00\times0.0141}{V_1\times V_0} \tag{12-9}$$

$$T_{Cl^-/AgNO_3}\ (\text{mol/L}) = \frac{25.00\times0.5\times0.0141}{V_1\times V_0} \tag{12-10}$$

式中 V_1——被标定的 $AgNO_3$ 标准溶液用量，mL；

V_0——滴定空白时 $AgNO_3$ 标准溶液用量，mL；

0.5——NaCl 标准溶液滴定浓度，（T_{NaCl}，mg/mL）。

然后校正 $AgNO_3$ 标准溶液，使 C_{AgNO_3}=0.0141mol/L，即 $T_{Cl^-/AgNO_3}$=0.050mg/mL。

（3）铬酸钾指示剂：称取 5g 分析纯 K_2CrO_4 溶于少量去离子水中，滴定上述 $AgNO_3$，溶液至有砖红色沉淀生成。摇匀，静置 12h，然后用滤纸过滤，将滤液移入 100mL 容量瓶中，稀释至刻度。

（4）$CaCO_3$ 粉末（分析纯）。

（5）广泛 pH 试纸。

（6）0.1%酚酞指示剂。

（7）H_2SO_4 溶液（$C_{H_2SO_4}$=0.05mol/L）。

（8）NaOH 溶液（C_{NaOH}=0.05mol/L：称取 0.2g 的 NaOH 溶于无 CO_2 水中，并稀释至 100mL。

4. 实验仪器与设备

棕色酸式滴定管（25mL），锥形瓶（250mL）2 个，肚形移液管（50mL）1 支。

5. 实验内容与步骤

（1）空白试验。用肚形移液管吸取 50.00mL 去离子水于锥形瓶中，加适量 $CaCO_3$，作背景，加入 1mL K_2CrO_4，为指示剂，然后在不断振荡下，用 $AgNO_3$，标准溶液滴定至出现淡橘红色为止，记录 $AgNO_3$，标准溶液用量 V_0。

（2）水样测定。用移液管吸取 50mL 水样于锥形瓶中，先用 pH 试纸检查水样的 pH 值。若 pH 值在 6.5～10.5 范围时，可直接滴定；超出此范围的水样，应以酚酞作指示剂，用 H_2SO_4 溶液或 NaOH 溶液调节至溶液刚好无色，再进行滴定。然后加 1mLK_2CrO_4 溶液，在不断振荡下用 $AgNO_3$ 标准溶液滴定至出现淡橘红色，并与空白试验比较，二者有相似的颜色，即为终点。记录 $AgNO_3$ 标准溶液用量 V_1。平行测定三份。

（3）计算测定结果

$$氯化物（Cl^-，mg/L）=\frac{(V_1-V_0)\times T_{Cl^-/AgNO_3}\times 1000}{V_{水}} \tag{12-11}$$

$$氯化物（Cl^-，mg/L）=\frac{(V_1-V_0)\times C_{AgNO_3}\times 35.45\times 1000}{V_{水}} \tag{12-12}$$

式中 V_0——空白实验消耗 $AgNO_3$ 标准溶液量，mL；

V_1——水样消耗 $AgNO_3$ 标准溶液量，mL；

$V_{水}$——水样体积 mL；

$T_{Cl^-/AgNO_3}$——$AgNO_3$ 标准溶液的滴定度，mg/mL；

C_{AgNO_3}——$AgNO_3$ 标准溶液浓度，mol/L；

35.45——Cl^- 的摩尔质量，g/mol。

6. 注意事项

（1）空白试验加适量 $CaCO_3$，是由于空白试验中所用的去离子水不含 Cl^-，在滴定过程中不生成白色 AgCl 沉淀。为了获得与水样测定有相似的浑浊程度，以便比较颜色，故加入适量 $CaCO_3$ 作背景。

（2）Ag_2CrO_4，沉淀为橘红色，但滴定时一般出现淡橘红色为终点，因为 Ag_2CrO_4 沉淀量过多，溶液颜色太深，不容易判断滴定终点的到达。

（3）K_2CrO_4 指示剂的用量对滴定终点有影响，必须定量加入，在 50～100mL 滴定液中加入 5%K_2CrO_4，溶液 1mL。

（4）如果水样是污水，必须进行预处理：

1）如果水样带有颜色，则取 150mL 水样，置于锥形瓶中，加入 2mLAl（$OH)_3$ 悬浮液。振荡摇匀后过滤，弃去 20mL 初滤液 Al（$OH)_3$ 悬浮液的制备：溶解 125g 硫酸铝钾［KAl（$SO_4)_2\cdot 12H_2O$］或硫酸铝铵［NH_4Al（$SO_4)_2\cdot 12H_2O$］于 1L 去离子水中，加热至 60℃，然后边搅拌边缓慢加入 55mL 氨水。放置约 1h，移入 1mL 量筒内，用倾泻法反复洗涤沉淀，直至洗涤液不含 Cl^- 为止（用 $AgNO_3$ 检验）。加去离子水至悬浮液约为 1L。

2）如果水样有机物含量高或色度大，用上述方法不能消除其影响时，可采用蒸干后灰化预处理。取适量的污水于坩埚或蒸发皿内，调节 pH 值至 8～9，在水浴上蒸干，置于马弗炉中 600℃灼烧 1h，取出冷却后，加 10mL 水使之溶解，移入 250mL 锥形瓶，调节 pH 值至 7 左右，稀释至 50mL。

3）如果水样的高锰酸盐指数大于 15mg/L，可加入少量 $KMnO_4$，晶体，煮沸，加入数滴乙醇以除去剩余 $KMnO_4$，最后过滤去除 MnO_2 沉淀。

4）如果水样中含有硫化物、亚硫酸盐或硫代硫酸盐，先用 NaOH 溶液调节水样的 pH 值至 7～8，加入 1mL30% H_2O_2，摇匀。1min 后加热至 70～80℃，以除去过量的 H_2O_2。

（5）如果水样中氯化物含量高，应稀释后测定。如果水样中氯化物的含量少于 10mg/L，应改用 $AgNO_3$ 滴定法。或用本法取 200～300mL 水样浓缩到 100mL 再测定。浓缩时应先加入 Na_2CO_3，防止氯化物水解生成氯化氢。

实验思考题

1. 本实验采用什么方法测定水中可溶性氯化物？该法能否在酸性或碱性溶液中进行？为什么？最适合的 pH 值范围是多少？

2. 在滴定过程中，为什么要不断振荡？

3. 以 K_2CrO_4，作指示剂时，其用量太多或太少对测定有什么影响？

4. 本实验要做空白试验的原因是什么？消除什么误差？根据实验条件计算滴定误差。

5. 用直接法配制的 $AgNO_3$，标准溶液的浓度为 0.0141mol/L，其滴定度 $T_{Cl^-/AgNO_3}$ =0.50mol/L，是怎样换算的？

实验 10 总硬度测定

1. 实验目的

（1）了解用 EDTA 配位滴定法测定水中总硬度的基本原理和操作方法。

（2）熟悉铬黑 T 指示剂的使用及其终点颜色变化。

（3）掌握 EDTA 二钠标准溶液浓度的标定方法。

2. 实验原理

在 pH≈10 的条件下，EDTA 二钠盐和水中的 Ca^{2+} 及 Mg^{2+} 生成稳定的配合物，Ca^{2+} 及 Mg^{2+} 也能与铬黑 T 指示剂生成紫红色的配合物，但稳定性不如前者。当 EDTA 二钠与水中 Ca^{2+} 及 Mg^{2+} 作用完全以后，继续滴入的 EDTA 二钠便夺取紫红色配合物中的 Ca^{2+} 及 Mg^{2+}，从而使铬黑 T 指示剂游离出来，溶液由紫红色变为亮蓝色，即为滴定终点。

由于 Ca^{2+} 与铬黑 T 指示剂在滴定到达终点时的反应不能呈现出明显的颜色转变，所以当水样中镁含量很少时，需要加入已知量镁盐，以使滴定终点颜色转变清晰。在计算结果时，再减去加入的镁盐量，或者在缓冲溶液中加入少量配合性中性 MgEDTA，以保证明显的终点。

3. 实验试剂

（1）氨缓冲溶液：称取 16.9g 分析纯氯化铵（NH_4Cl）溶于少量蒸馏水中，加入 143mL 分析纯浓氨水（ρ_{20} =0.88g/mL），然后用蒸馏水稀释至 1L。称取 1.25gMgEDTA，配入 250mL 缓冲溶液中。

（2）铬黑 T 指示剂：称取铬黑 T0.5g 溶于 10mL 上述氨缓冲溶液中，然后加无水乙醇稀释至 100mL，置于棕色瓶中。此溶液在冰箱保存，有效期约 1 个月。用下面的方法配制的固体指示剂可较长期保存：以 0.5g 铬黑 T 和 100g 固体氯化钠（分析纯），在研钵中研磨均匀，贮于棕色瓶内保存。

（3）10%分析纯氨水溶液。

（4）（1+1）盐酸溶液。

（5）EDTA 二钠标准溶液（C≈0.01mol/L）：将 EDTA 二钠二水合物（$C_{10}H_{14}N_2O_8Na_2 \cdot 2H_2O$）在 80℃干燥，放入干燥器中冷至室温，称取 3.7250g 溶于水，在容量瓶中定容至 1000mL，盛放在聚乙烯瓶中，定期校对其浓度。

(6) 金属锌（含锌99.9%以上）：先用稀盐酸洗去表面氧化物，然后先用水漂洗干净，再用丙酮漂洗，沥干后于110℃下烘5min备用。

(7) 锌标准溶液（$C_{Zn^{2+}}$=0.010mol/L）：准确称取0.6538g上述金属锌，放入100mL烧杯中，加入6mL（1+1）盐酸溶液，盖上表面皿，在水浴上加热（可加数滴过氧化氢加速溶解），待完全溶解后，移入1L容量瓶中，加蒸馏水至刻度，混匀。根据式（12-13）计算锌标准溶液的准确浓度：

$$C_{Zn^{2+}}\ (mol/L) = \frac{m_{Zn}}{65.38 \times V_{Zn^{2+}}} \quad (12\text{-}13)$$

4. 实验仪器

酸式滴定管（50mL），锥形瓶（250mL）3个，肚形移液管（25mL、100mL），刻度移液管（10mL）。

5. 实验内容与步骤

(1) 标定EDTA二钠标准溶液

1）用移液管吸取上述锌标准溶液25.00mL置于锥形瓶中，加入75mL蒸馏水。

2）用10%氨水调节溶液的pH≈10。再加5mL缓冲溶液和4～5滴铬黑T指示剂（或1小勺固体铬黑T指示剂），摇匀。

3）立即在不断振荡下用EDTA二钠标准溶液进行滴定，滴至溶液由紫红色变为亮蓝色即为终点。记录EDTA二钠标准溶液的用量（V_1）。

4）平行测定2～3次。

5）计算EDTA二钠标准溶液的准确浓度

$$C_{Na_2EDTA}\ (mol/L) = \frac{25.00 \times C_{Zn^{2+}}}{V_1} \quad (12\text{-}14)$$

式中 V_1——EDTA二钠标准溶液体积，mL；

$C_{Zn^{2+}}$——锌标准溶液浓度，mol/L；

25.00——锌标准溶液体积，mL。

(2) 水样的测定

1）用移液管量取50mL水样于150mL锥形瓶中（若硬度过大，可取适量水样用蒸馏水稀释至50mL）。

2）加入2mL缓冲溶液和4～5滴铬黑T指示剂，摇匀，使水样呈明显的紫红色。

3）立即用EDTA二钠标准溶液滴定，开始滴定时速度宜稍快，接近终点时应稍慢，并充分振荡摇匀，防止产生沉淀。溶液的颜色由紫红色变为亮蓝色即为终点，整个滴定过程应在5min内完成。记录消耗EDTA二钠标准溶液的用量（mL）。同时做空白试验，记下用量（V_0）。

4）平行测定2～3次，求V。

5）计算测定结果

$$总硬度\ (mmol/L) = \frac{C_{EDTA} \times (V_{EDTA} - V_0) \times 100}{V} \quad (12\text{-}15)$$

$$总硬度\ (以CaCO_3,\ mg/L) = \frac{C_{EDTA} \times (V_{EDTA} - V_0) \times 100 \times 100}{V} \quad (12\text{-}16)$$

式中 C_{EDTA}——EDTA二钠标准溶液的浓度，mol/L；

V_{EDTA}——EDTA二钠标准溶液的用量，mL；

V_0——空白实验消耗EDTA二钠标准溶液的用量，mL；

100——碳酸钙$CaCO_3$摩尔质量，g/mol；

V——水样体积（mL）。

6. 注意事项

（1）在水样中加入缓冲溶液后，必须立即滴定，并在5min内完成滴定过程。在到达滴定终点之前，每加1滴EDTA标准溶液，都应充分振摇，最好每滴间隔2～3s。否则水样中Ca^{2+}和Mg^{2+}可能产生沉淀，使测定结果偏低。

（2）应在白天或日光灯下滴定，白炽灯光使滴定终点呈紫色，不宜使用。

（3）若水样的酸性或碱性太强，加入缓冲溶液后，不能达到理想pH值，因而要用氨水或盐酸溶液调节至中性（可用刚果红试纸检验）。

（4）若水样中含镁盐较低，会使滴定终点变色不明显，因此可加入镁盐，使滴定终点敏锐。

（5）若水样50mL硬度大于3.6mmol/L时，可取10～25mL水样用蒸馏水稀释至50mL。

（6）本法的主要干扰离子有Fe^{3+}、Al^{3+}、Mn^{2++}、Cu^{2+}、Zn^{2+}等。当Mn^{2+}含量超过1mg/L时，在加入指示剂后，溶液会出现浑浊的紫红色。可在水样加入0.5～2mL1%的盐酸羟胺溶液消除。Fe^{2+}及Al^{3+}的干扰，可加入（1+1）三乙醇胺掩蔽。Cu^{2+}及Zn^{2+}可加入2%硫化钠溶液0.5～4.5mL，使生成硫化铜及硫化锌，从而消除干扰。

实验思考题

1. 在测定水中总硬度的滴定过程中，控制溶液的pH值有何意义？

2. 若配制0.0100mol/L锌标准溶液250mL，需称取分析纯锌多少克？用托盘天平还是用分析天平称取，为什么？

3. 用EDTA二钠标准溶液滴定，以铬黑T为指示剂测定水的总硬度时，当溶液由紫红色变为纯蓝色时即为滴定终点，试说明其原理？

4. 若水样中有Fe^{3+}、Al^{3+}、Cu^{2+}、Zn^{2+}、Mn^{2+}等离子干扰测定时，应如何处理？

5. 当滴定到达终点后，溶液若会在短时间内由亮蓝色回复紫红色，是什么原因？如何处理？

实验11　高锰酸盐指数测定

1. 实验目的

（1）了解测定高锰酸盐指数的原理。

（2）掌握酸性高锰酸钾法测定高锰酸盐指数的操作方法。

2. 实验原理

在酸性加热条件下，以高锰酸钾溶液氧化水中的还原性无机物和部分有机物；剩余的高锰酸钾，用过量的草酸钠溶液还原，再用高锰酸钾标准溶液返滴定剩余的草酸钠。

$$4KMnO_4+6H_2SO_4+5C \rightleftharpoons 2K_2SO_4+4MnSO_4+6H_2O+5CO_2\uparrow$$

（一定量）　（表示有机物）

$$2KMnO_4+8H_2SO_4+5Na_2C_2O_4 \rightleftharpoons K_2SO_4+5Na_2SO_4+2MnSO_4+8H_2O+10CO_2\uparrow$$
（剩余量）

3. 实验试剂

（1）（1+3）硫酸溶液：将1体积浓硫酸缓慢地加入3体积蒸馏水中，再逐滴加入高锰酸钾溶液至淡红色不褪为止。

（2）草酸钠标准贮备液（$C_{\frac{1}{2}Na_2C_2O_4}=0.1250mol/L$）：称取在105～110℃干燥2h后的优级纯草酸钠（$Na_2C_2O_4$）0.8381g，溶于蒸馏水后移入100mL容量瓶中，并稀释至刻度。置于冰箱中保存。

（3）草酸钠标准使用液（$C_{\frac{1}{2}Na_2C_2O_4}=0.1250mol/L$）：吸取10.00mL上述草酸钠贮备液，移入100mL容量瓶中，用蒸馏水稀释至刻度。

（4）高锰酸钾贮备液（$C_{\frac{1}{5}KMnO_4}=0.1250mol/L$）：称取4.0g高锰酸钾溶于1.2L水中，加热煮沸，使体积减少到约1L，静置2d以上，用G-3玻璃砂芯漏斗过滤（或小心吸取上层清液），滤液贮于棕色瓶中。

（5）高锰酸钾标准使用液（$C_{\frac{1}{5}KMnO_4}=0.1250mol/L$）：临用前配制。其配制过程如下：

1）先标定高锰酸钾贮备液的准确浓度，取50mL蒸馏水于锥形瓶中，加入1∶3硫酸5mL，然后用移液管吸取10.00mL草酸钠标准贮备液于锥形瓶中，摇匀后加热至70℃，用高锰酸钾贮备液滴定至溶液由无色变为微红色为止。记录高锰酸钾贮备液的用量（mL）。

2）用式（12-17）计算高锰酸钾贮备液的准确浓度：

$$C_{\frac{1}{5}KMnO_4}\ (mol/L)=\frac{0.0125\times10.00}{V} \tag{12-17}$$

3）根据$C_1V_1=C_2V_2$，准确配制0.0125mol/L高锰酸钾标准使用液，贮存于棕色瓶中。

4. 实验仪器与设备

（1）棕色酸性滴定管（50mL）、移液管（5mL）、量筒（10mL、100mL）、锥形瓶（250mL）3个。

（2）沸水浴装置、定时钟。

5. 实验内容与步骤

（1）水样的测定

1）用量筒量100mL水样于250mL锥形瓶中（如高锰酸盐指数高于5mg/L，则酌情少取，并用蒸馏水稀释至100mL），加入5mL1∶3硫酸溶液，混匀。

2）自滴定管加入10.00mL高锰酸钾标准溶液（设为V_1），摇匀后，立即放入沸水浴中加热30min（从水浴重新沸腾起计时），沸水浴液面要高于反应溶液的液面。

3）取下锥形瓶，趁热用移液管准确加入10.00mL草酸钠标准使用液，充分振摇，此时剩余的高锰酸钾与草酸钠反应，溶液由红色变为无色。

4）立即用0.0125mol/L高锰酸钾标准使用液滴定溶液至微红色即为滴定终点。记录高锰酸钾标准使用液的用量（设为V_2）。

5）若水样经稀释时，应取100mL蒸馏水，按测定水样步骤，做空白试验。

（2）高锰酸钾标准使用液浓度的标定

将上述已滴定完毕的溶液加热至约70℃，用移液管准确加入10.00mL0.0125mol/L草酸钠标准使用液，再用高锰酸钾标准使用液滴定至微红色即为滴定终点，记录高锰酸钾标准使用液的用量（设为V_3）。按式（12-18）计算高锰酸钾标准使用液的校正系数（K）：

$$K=\frac{10.00}{V_2} \tag{12-18}$$

（3）计算测定结果

1）水样不经稀释：高锰酸盐指数

$$(O_{2,mg/L})=\frac{[(V_1+V_2)K-10]\times 0.0125\times 8\times 1000}{100} = (V_1+V_2)K-10 \tag{12-19}$$

式中 100——水样体积，mL；

V_1——第一次定量加入$KMnO_4$使用液量，mL；

V_2——第二次加入$KMnO_4$标准使用液量，mL；

K——校正系数；

8——氧$\left(\frac{1}{2}O\right)$的摩尔质量，g/mol。

2）水样经稀释：高锰酸盐指数

$$(O_{2,mg/L})=\frac{\{[(V_1+V_2)K-10]-[(V_1+V_2)K-10]\times f\}\times 0.0125\times 8\times 1000}{V_{水}} \tag{12-20}$$

式中 $V_{水}$——水样体积，mL；

f——稀释水样中所含蒸馏水的比值。

6. 注意事项

（1）高锰酸盐指数是一个相对的条件性指数，其测定结果与溶液的酸度、高锰酸钾浓度、加热温度和时间有关。因此，测定时必须严格遵守操作规定。

（2）酸性高锰酸钾法适用于清洁或污染较轻的以及氯化物含量不超过300mg/L的水样。当水样中氯化物含量在300mg/L以上时，不宜用酸性高锰酸钾法，应改用碱性高锰酸钾法。

（3）在水浴中加热完毕后，溶液仍应保持淡红色，如变浅或全部褪去，说明高锰酸钾的用量不够。此时，应另取适量水样加蒸馏水稀释重新测定。

（4）滴定时如水样消耗高锰酸钾的用量（即V_2）超过7mL或低于3mL，则必须减少或增加水样体积后重做，否则，会使测定结果偏低或偏高。

（5）在酸性条件下，草酸钠和高锰酸钾的反应温度应保持在60～80℃，所以滴定操作必须趁热进行，若溶液温度过低，需适当加热。

（6）采用蒸馏水稀释水样，因一般蒸馏水含有若干还原性物质，因此，需同时用蒸馏水作空白试验。

实验思考题

1. 用酸性高锰酸钾法测定高锰酸盐指数时，共加入三次高锰酸钾溶液，其目的是什么？
2. 在测定高锰酸盐指数时，必须严格控制哪些条件？请说明原因。

3，用高锰酸钾溶液进行滴定时，为什么不加指示剂？怎样判断滴定终点的到达？

4. 为什么水样经稀释后，还需做空白试验？用于消除什么误差？

实验12 溶解氧测定

1. 实验目的

（1）了解用碘量法测定溶解氧的原理。

（2）掌握用碘量法测定溶解氧的操作方法。

2. 实验原理

低价锰在酸性溶液中，被水中溶解氧氧化为高价锰，而高价锰在酸性溶液中又能氧化碘离子为游离碘，析出碘的量与水中溶解氧的量相当。以淀粉作指示剂，用硫代硫酸钠标准溶液滴定碘，根据硫代硫酸钠的用量即可计算出水中溶解氧的含量。

3. 实验试剂

（1）硫酸锰溶液：称取480g分析纯硫酸锰 $MnSO_4 \cdot 4H_2O$（或400g硫酸锰 $MnSO_4 \cdot 2H_2O$ 或400g氯化锰 $MnCl_2 \cdot 2H_2O$）溶于蒸馏水中，稀释至1000mL。

（2）碱性碘化钾溶液：称取500g分析纯氢氧化钠溶于400mL蒸馏水中，另称取150g分析纯碘化钾溶于200mL蒸馏水中，待氢氧化钠溶液冷却后，将上述两溶液合并，加蒸馏水稀释至1000mL，静置24h使碳酸钠沉淀，倾出上层清液贮于棕色瓶中，用橡皮塞塞紧，避光保存。

（3）1%淀粉溶液：称取1g可溶性淀粉溶于少量蒸馏水中，用玻璃棒调成糊状，加入100mL蒸馏水，煮沸至透明，冷却后加入0.25g水杨酸（或0.4g氯化锌）防腐。如果此溶液与碘反应生成紫蓝色物质，表示淀粉已部分变质，应重新配制。

（4）浓硫酸（分析纯，ρ=1.84g/mL）。

（5）（1+5）硫酸溶液。

（6）重铬酸钾标准溶液（$C_{\frac{1}{6}K_2Cr_2O_7}$=0.012500mol/L）：准确称取事先105～110℃烘干2h的分析纯重铬酸钾0.6128g，溶于蒸馏水中，移入1L容量瓶中，稀释至刻度，摇匀。

（7）硫代硫酸钠标准溶液（C≈0.0125mol/L）：称取分析纯硫代硫酸钠（$Na_2S_2O_3 \cdot 5H_2O$）约3.2g，溶于1L煮沸后冷却的蒸馏水中，贮于棕色瓶内。临用前按以下方法标定硫代硫酸钠标准溶液的准确浓度：

1）加入1g碘化钾及50mL蒸馏水于碘量瓶中，用移液管加入20.00mL0.0125mol/L重铬酸钾标准溶液及5mL（1+5）硫酸溶液，在暗处反应5min（切莫放置过久，过量的碘化钾易被空气中的氧气氧化成碘）。

2）用硫代硫酸钠标准溶液滴定上述溶液至淡黄色，加入1mL淀粉指示剂，继续滴定至溶液蓝色刚褪去为止。记录硫代硫酸钠标准溶液的用量。平行标定2～3次。

3）根据式（12-21）计算硫代硫酸钠标准溶液的准确浓度：

$$C=\frac{20.00\times 0.0125}{V} \tag{12-21}$$

并校正为0.0125mol/L。

式中 V——标定时消耗硫代硫酸钠标准溶液的体积，mL。

4. 实验仪器与设备

(1) 溶解氧测定瓶（250～300mL）2个（图12-1）；碘量瓶（250mL）2个。

(2) 酸式滴定管（25mL或50mL），肚形移液管（100mL），刻度移液管（1mL、2mL）2支。

(3) 虹吸装置。

5. 实验内容与步骤

(1) 以水样冲洗溶解氧瓶后，将胶管插入溶解氧瓶底部，用虹吸法注入水样至满溢为止（不能留有气泡）。

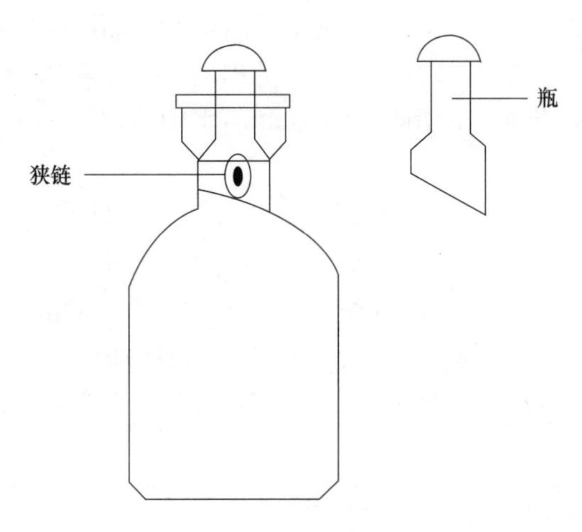

图12-1 溶解氧瓶

(2) 迅速用移管液加入1mL硫酸锰溶液和2mL碱性碘化钾溶液于溶解氧瓶（移液管尖端必须插入水面以下）。盖好瓶塞，颠倒混合3次，静置，待棕色沉淀物降至瓶内一半时，再颠倒混合一次，待沉淀物下降到瓶底。

(3) 轻轻打开瓶塞，立即用移液管插入水面下加2.0mL浓硫酸。小心盖好瓶塞，颠倒混合摇匀，待沉淀物全部溶解，放置于暗处5min（注意勿使溢出的溶液沾到手或衣服上）。

(4) 用移液管吸取100.0mL上述溶液于锥形瓶，用硫化硫酸钠溶液滴定至溶液呈淡黄色，加入1mL淀粉指示剂，继续滴定至蓝色刚好褪去为止。记录硫代硫酸钠标准溶液用量。平行测定2～3次。

(5) 计算测定结果：

$$\text{溶解氧}\quad (O_2,\ \text{mg/L})=\frac{V\times C\times 8\times 1000}{V_{水}} \tag{12-22}$$

式中 C——硫代硫酸钠标准溶液的浓度，mol/L；

V——滴定时消耗硫代硫酸钠标准溶液的体积，mL；

8——氧$\left(\frac{1}{2}O\right)$的摩尔质量，g/mol；

$V_{水}$——水样体积，mL。

6. 注意事项

（1）测定溶解氧时，应在取样现场完成水样中溶解氧的固定步骤（即溶解氧测定步骤）。

（2）用硫代硫酸钠溶液滴定游离碘时，不宜过早加入淀粉指示剂。因为淀粉与碘生成紫黑色配合物，以致在滴定过程中不易退色，使终点变色不灵敏，造成滴定误差。

实验思考题

1. 用硫代硫酸钠标准溶液滴定碘液时，为什么淀粉指示剂要在接近终点时（溶液呈淡黄色）才加入？

2. 在测定溶解氧的水样中，当加入硫酸锰和碱性碘化钾后生成白色沉淀时，测定还要继续进行吗？

3. 测定水中的溶解氧含量为什么必须在取样处完成？如果不能在取样处完成，应怎样处理？

实验13 化学需氧量测定

1. 实验目的

（1）了解化学需氧量的测定方法及原理。

（2）掌握回流装置的操作要领。

（3）掌握消解法测定化学需氧量的操作方法

2. 实验原理

一定量的重铬酸钾在强酸性和加热条件下，将水中的还原性物质（有机和无机的）氧化。剩余的重铬酸钾以试亚铁灵作指示剂，用硫酸亚铁铵溶液回滴。根据硫酸亚铁铵溶液的用量计算出水样还原性物质消耗氧的量。其化学反应如下：

$$2K_2Cr_2O_7+8H_2SO_4+3\underline{C}\rightleftharpoons 2K_2SO_4+2Cr_2(SO_4)_3+3CO_2\uparrow+8H_2O$$

（一定量）　　　（表示有机物）

$$2K_2Cr_2O_7+6FeSO_4+7H_2SO_4\rightleftharpoons 3Fe_2(SO_4)_3+Cr_2(SO_4)_3+K_2SO_4+7H_2O$$

（剩余量）

3. 实验试剂

（1）重铬酸钾标准溶液（$C_{\frac{1}{6}K_2Cr_2O_7}=0.2500mol/L$）：称取分析纯重铬酸钾 12.2560g（预先在 150℃烘箱内烘 2h，并在干燥器内冷却至室温），溶于蒸馏水后，移入 1L 容量瓶中，用蒸馏水稀释至刻度，摇匀。

（2）试亚铁灵指示剂：称取 1.485g 化学纯邻菲罗啉（$C_{12}H_8N_2\cdot H_2O$）与 0.695g 化学纯硫酸亚铁（$FeSO_4\cdot 7H_2O$），溶于蒸馏水，稀释至 100mL，摇匀，贮存于棕色瓶中。

（3）硫酸亚铁铵标准溶液（$C=0.1250mol/L$）：称取 49.0g 分析纯硫酸亚铁铵[$(NH_4)Fe(SO_4)_2\cdot 6H_2O$]，溶于蒸馏水，边搅拌边缓慢加入 20mL 浓硫酸，冷却后用蒸馏水稀释至 1000mL，摇匀。临用前，用重铬酸钾标准溶液按下法标定：

用移液管吸取 10.00mL0.2500mol/L 重铬酸钾标准溶液于锥形瓶中，用蒸馏水稀释至 110mL，缓慢加入 30mL 浓硫酸，冷却后，加 2～3 滴试亚铁灵指示剂，用硫酸亚铁铵标准溶液滴定，溶液颜色由橙色到蓝绿色再到刚变为红褐色即为滴定终点。平行测定 2～3 次，记录硫酸亚铁铵标准溶液的用量 V。用式（12-23）计算硫酸亚铁铵标准溶液的准确浓度：

$$C_{(NH_4)_2Fe(SO_4)_2}\ (mol/L)=\frac{10.00\times0.2500}{V} \tag{12-23}$$

式中　V——标定时消耗硫酸亚铁铵标准溶液的体积，mL；

10.00——重铬酸钾标准溶液体积，mL；

0.2500——重铬酸钾（$\frac{1}{6}K_2Cr_2O_7$）标准溶液浓度，mol/L。

（4）浓硫酸（化学纯，ρ=1.84g/mL）。

（5）硫酸—硫酸银溶液：于500mL浓硫酸中加入5g硫酸银，放置1～2d，不时摇动使其溶解。

（6）硫酸汞：化学纯，结晶或粉末。

4. 实验仪器与设备

（1）带24号标准磨口的250mL磨口锥形瓶的全玻璃回流装置，回流冷凝管长度为300～500mm；加热装置或电炉（1000W）。

（2）酸式滴定管（50mL），刻度移液管（10mL）2支，肚形移液管（25mL），锥形瓶（250mL）。

（3）防爆沸玻璃珠若干。

5. 实验内容与步骤

（1）回流法

1）吸取20.00mL混合均匀的水样（或适量水样稀释至20.00mL）置于250mL磨口的锥形瓶中，准确加入10.00mL重铬酸钾标准溶液，缓慢加入30mL硫酸—硫酸银溶液，轻轻摇动锥形瓶使溶液混匀，加入约6粒玻璃珠（或碎瓷片）。

2）按图12-2所示，连接磨口回流冷凝器，加热回流2h（比较清洁的水样加热，回流的时间可以缩短为1h左右），时间自溶液开始沸腾时计算。

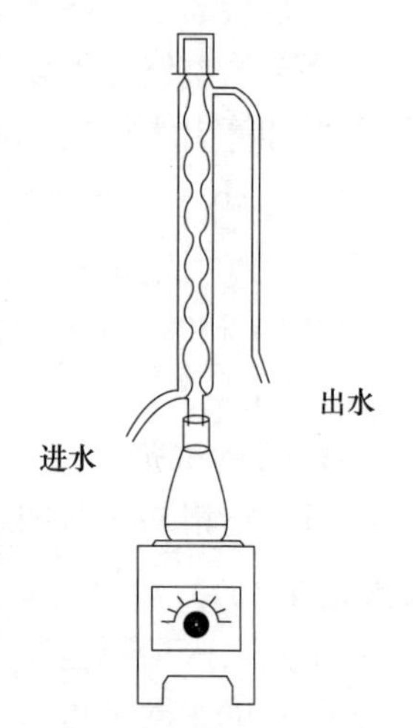

图12-2　回流冷凝器

3）冷却后，用90mL蒸馏水冲洗冷凝器管壁，取下锥形瓶。溶液总体积不得少于140mL，否则因酸度太大，滴定终点不明显。

4）溶液再度冷却后，加3滴试亚铁灵指示剂，用硫酸亚铁铵标准溶液滴定，溶液的颜色由橙色经蓝绿色至红褐色即为滴定终点，记录硫酸亚铁铵标准溶液的用量（V_1）。

5）平行测定2～3次。

6）测定水样的同时，以20.00mL蒸馏水，按同样操作步骤作空白试验。记录滴定空白时硫酸亚铁铵标准溶液的用量（V_0）。

7）计算测定结果：

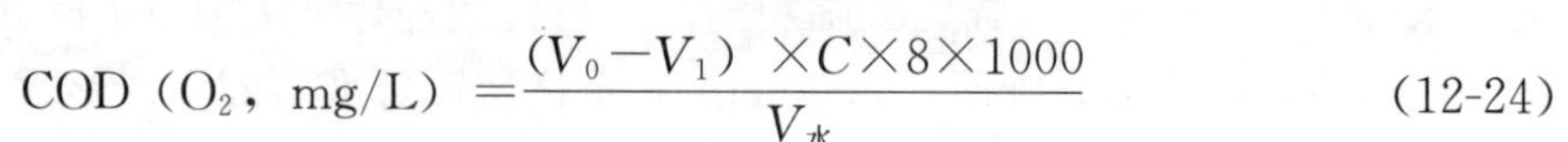

$$COD\ (O_2,\ mg/L)=\frac{(V_0-V_1)\times C\times8\times1000}{V_{水}} \tag{12-24}$$

式中　C——硫酸亚铁铵标准溶液的浓度，mol/L；

V_0——滴定空白时硫酸亚铁铵标准溶液用量，mL；

V_1——滴定水样时硫酸亚铁铵标准溶液的用量，mL；

$V_水$——水样的体积，mL；

8——氧$\left(\frac{1}{2}O\right)$的摩尔质量，g/mol。

8）注意事项

① 化学需氧量高的水样，可先取上述操作所需体积1/10的废水样和试剂，于15mm×150mm硬质玻璃试管中，摇匀，加热后观察是否变成绿色。如溶液显绿色，再适当减少所取的废水样量，直至溶液不变绿色为止，从而确定废水样分析时应取用的体积。稀释时，所取废水样量不得少于50mL，如果化学需氧量很高，则废水样应多次稀释。

② 对于化学需氧量小于50mg/L的水样，应改用0.0250mol/L重铬酸钾标准溶液。回滴时用0.01mol/L硫酸亚铁铵标准溶液。

③ 废水中氯离子含量超过30mg/L时，应先把0.4g硫酸汞加入回流锥形瓶中，再加20.00mL废水，摇匀。然后，加入重铬酸钾标准溶液和硫酸－硫酸银溶液，混匀后加热回流。

④ 溶液要完全冷却后才加入试亚铁灵指示剂，否则使指示剂受破坏而失效。

⑤ COD_{cr}的测定结果应保留三位有效数字。

⑥ 在洗涤该实验所需仪器时，不能用铬酸洗液，应改用硝酸来洗涤。

⑦ 在特殊情况下，需要测定的水样在10.0～50.0mL之间，试剂的体积或重量要按表12-5作相应的调整。

表 12-5

样品量/mL	0.250mol/L$K_2Cr_2O_7$ /mL	$Ag_2SO_4-HgSO_4$ /mL	$HgSO_4$ /g	$(NH_4)_2Fe(SO_4)_2\cdot 6H_2O$ /mol/L	滴定前体积 /mL
10.0	5.0	15	0.2	0.05	70
20.0	10.0	30	0.4	0.10	140
30.0	15.0	45	0.6	0.15	210
40.0	20.0	60	0.8	0.20	200
50.0	25.0	75	1.0	0.25	350

（2）消解法

1）试剂

① 重铬酸钾标准溶液（$C_{\frac{1}{6}K_2Cr_2O_7}$=0.25000mol/L）：称取经过120℃烘干2h的基准纯$K_2Cr_2O_7$12.259g溶于约500mL水中，边搅拌边缓慢加入浓硫酸100mL，冷却后移入1000mL容量瓶中，并稀释至刻度。

② 试亚铁灵指示剂溶液：同回流法。

③ 硫酸亚铁铵标准溶液（$C\approx0.05$mol/L）：称取19.6g分析纯的$(NH_4)_2Fe(SO_4)_2\cdot 6H_2O$溶于蒸馏水中，边搅拌边缓慢加入20mL浓硫酸，冷却后移入1000mL容量瓶中，并稀释至刻度。该溶液必须在使用的当天用重铬酸钾标准液标定一次。

标定：量取5.0mL重铬酸钾标准液，稀释到大约50mL。加入10mL浓H_2SO_4，冷却后加入2滴试亚铁灵指示剂，用硫酸亚铁铵滴定，溶液的颜色由黄色经蓝绿色至红褐色即为终点。

④ 硫酸银—硫酸催化剂：于1000mL浓硫酸中加入10g硫酸银。放置一两天使之完全溶解。

⑤ 硫酸汞：结晶或粉末。

2）实验仪器与设备

① 微波消解COD测定仪，Teflon密封消解罐或非密封微回流消解瓶。

② 5mL、15mL和10mL吹式移液管，20mL锥形瓶，25mL自动滴定管。

3）实验步骤

① 在消解罐加入约0.2g$HgSO_4$（空白或无氯离子水样可不加），用吹式移液管吸取10.0mL水样（或少许水样，但必须用蒸馏水稀释至10mL）加入罐中，混匀后，分别加入5.0mL$K_2Cr_2O_7$标准溶液和10.0mL$Ag_2SO_4-HgSO_4$催化剂（采用消解瓶消解样品时，$Ag_2SO_4-HgSO_4$催化剂的加入量是15.0mL），摇匀。平行处理3份水样和空白。

② 旋紧密封盖，使消解罐密封良好，将罐均匀放入炉腔内，或用Teflon微回流塞子塞住锥形瓶瓶口，再将瓶均匀放入炉腔内。

③ 采用密封消解法同时消解3个样品，将时间选择旋钮拨至15min的位置。采用非密封微回流法同时消解3个样品，将时间选择旋钮拨至30min的位置。

④ 消解后，反应液中重铬酸钾剩余量应为加入量的1/5～4/5为宜。

⑤ 滴定法测定COD结果：

消解结束后的消解罐，由于内部反应液温度较高，应置冷或用水冷却后，才能打开。打开密封消解罐，将反应液转移到200mL锥形瓶中，用蒸馏水冲洗消解罐帽2～3次，冲洗液并入锥形瓶中，控制体积约60mL。当使用非密封微回流消解瓶消解样品时，消解结束后只须蒸馏水直接冲洗塞子或瓶壁，并将体积控制在约70mL。

加3滴试亚铁灵指示剂，用硫酸亚铁铵标准溶液滴定，溶液的颜色由橙色经蓝绿色至红褐色即为滴定终点，记录硫酸亚铁铵标准溶液的用量（V_1）。平行测定2～3次。

⑥ 计算：

$$\text{COD}\ (\text{O}_2,\ \text{mg/L}) = \frac{[(V_0-V_1)\times C\times 8\times 1000]}{V_{水样}} \tag{12-25}$$

4）注意事项

① 用0.2g$HgSO_4$，可络合10mL氯离子浓度为2000mg/L的水样。若Cl^-浓度过高时，可视情况，稀释水样或多加适量硫酸汞，保持$HgSO_4$和Cl^-的重量比为10∶1。如产生少量沉淀，对测定没有不利影响。

② 对于COD浓度小于50mg/L的水样，可改用0.05mol/L重铬酸钾标准溶液。回滴时用0.01mol/L硫酸亚铁铵标准溶液。

③ 建议不要使用洗衣粉等含有机物的洗涤剂来清洗消解容器，因为会影响下一次测定的本底值。一般情况下，只需用蒸馏水冲洗干净即可。

（3）密封法

1）实验试剂

① 消化液：称取分析纯$K_2Cr_2O_7$12.25g溶于500mL水中，加33.3g$HgSO_4$和

167mL浓H_2SO_4。待冷却至室温后，稀释至1000mL。此溶液重铬酸钾的量浓度为

$$C_{\frac{1}{6}K_2Cr_2O_7}=0.2500mol/L。$$

② 催化剂溶液：称取8.8g分析纯Ag_2SO_4，溶于1L浓H_2SO_4中。

③ 硫酸亚铁铵标准溶液［$(NH_4)_2Fe(SO_4)_2 \cdot 6H_2O$=0.10mol/L］：称取39.22g硫酸亚铁铵溶于水中，加20mL浓H_2SO_4，待冷却后，用蒸馏水稀释至1L。使用之前标定（方法同前）。

④ 试亚铁灵指示剂：同前。

2）实验仪器与设备

① 5mL微量滴定管，5mL、10mL吸量管，50mL具塞磨口比色管。

② 恒温箱。

3）实验步骤

① 准确吸取水样2.50mL，放入50mL具塞磨口比色管中，加消化液2.50mL和催化剂溶液3.50mL，盖上塞并旋紧。

② 用聚四氟乙烯（PTFE）生料带将管口缠上两圈密封好，然后置于固定支架上。

③ 送入恒温箱中，恒温（150±1)℃，消化2h。视水中有机物种类可缩短消化时间。

④ 取出冷却至室温。用硫酸亚铁铵标准溶液回滴法测定COD值。

⑤ 回滴法：向消化后溶液中加入无有机物蒸馏水30mL，加2滴试亚铁灵指示剂，然后用微量滴定管以0.1000mol/L $(NH_4)_2Fe(SO_4)_2$溶液回滴至浅蓝色立即变为棕红色，指示终点到达。记录用量V_1。

⑥ 同时做空白试验，即吸取无有机物蒸馏水2.50mL，按上述步骤消化并滴定至终点。记录用量%。

计算COD公式同回流法。

实验思考题

1. 重铬酸钾法适合测定何种水样的COD?
2. 为什么每次使用硫酸亚铁铵标准溶液都要重新标定其准确浓度?
3. 本实验的仪器为什么不能用铬酸洗液来洗涤?
4. 水中高锰酸盐指数与化学需氧量COD有何异同?
5. COD的计算公式中，为什么空白值（V_0）减水样值（V_1)?

实验14 五日生化需氧量测定

1. 实验日的

（1）掌握碘量法测定五日生化需氧量的操作方法。

（2）初步了解配制稀释水和水样稀释倍数的确定方法。

2. 实验原理

水中有机物在有氧条件下被微生物分解，一般以20℃培养5d为标准，在此过程中所消耗的氧的量（mg/L）称为五日生化需氧量（BOD_5）。测定水样在培养前的溶解氧和20℃培养5d后的溶解氧，二者之差即为生化过程中所消耗的氧。水中有机物越多，消耗

氧也就越多，但水中溶解氧有限，因此需用含有一定养分及饱和溶解氧的水（称为“稀释水”）稀释，使培养后减少的溶解氧占培养前的溶解氧40％～70％为适宜。

3. 实验试剂

（1）实验12的全套试剂。

（2）稀释水：测定溶解氧的前一天，在每升蒸馏水中加入下述四种盐溶液各1mL配制成稀释水，摇匀后按图12-3装置装好，曝气24h后，放在20℃培养箱中，一天后测定其溶解氧的含量，达到8～9mg/L时，方适用。

① 氯化钙溶液：称取27.5g化学纯氯化钙（$CaCl_2$），溶于1L蒸馏水中。

② 三氯化铁溶液：称取0.25g化学纯三氯化铁（$FeCl_3 \cdot KH_2PO_4$），溶于1L蒸馏水中。

③ 硫酸镁溶液：称取22.5g化学纯硫酸镁（$MgSO_4 \cdot 7H_2O$），溶于1L蒸馏水中。

④ 磷酸盐缓冲溶液（pH=7.2）：称取8.5g化学纯磷酸二氢钾（KH_2PO_4）、21.75g化学纯磷酸氢二钾（K_2HPO_4）、33.4g化学纯磷酸氢二钠（$Na_2HPO_4 \cdot 7H_2O$）和1.7g化学纯氯化铵（NH_4Cl），溶于1L蒸馏水中。此缓冲溶液pH值为7.2。

（3）接种稀释水：如果污水中因含有有毒物质而缺乏微生物时，需在每升稀释水内加入2mL接种水，作为微生物接种。接种水一般用沉淀的生活污水（保持在20℃时放置24～36h）或不含大量藻类或硝化细菌的河水，取用上层清液，或将驯化后的特种微生物引入水样中进行接种。

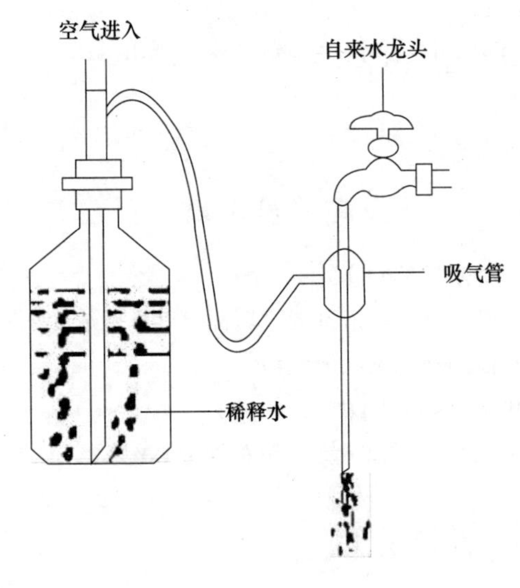

图12-3 曝气装置

4. 实验仪器与设备

（1）溶解氧测定瓶（250～300mL）2个，碘量瓶（250mL）2个，酸式滴定管（25mL或50mL），肚形移液管（100mL），刻度移液管（1mL、2mL）2支。

（2）恒温培养箱，冰箱。

（3）细口玻璃瓶（20L），虹吸装置，曝气装置。

5. 实验内容与步骤

(1) 稀释水的检验：用虹吸法吸取稀释水，注满两个溶解氧瓶至满溢，加塞，用水封口。其中一瓶立即测定其中DO，另一瓶于培养箱内20℃下培养5d后测定其中DO。要求溶解氧的减少量小于0.2～0.5mg/L。

(2) 水样的采集与稀释

1) 选择稀释倍数较清洁的地面水不需稀释，可直接测定其五日前后的溶解氧。而受污染的地面水或工业废水，则应根据其污染程度进行不同程度的稀释，一般应使经过稀释的水样在20℃培养5d后，其中溶解氧减少40%～70%较为合适。稀释倍数可参考表12-6：

表 12-6

废水种类	水质情况	稀释倍数
清洁地面水	高锰酸盐指数<溶解氧	不需稀释
一般污染地面水	高锰酸盐指数>溶解氧	高锰酸盐指数值×（0.15～0.3）
严重污染地面水	溶解氧=0	高锰酸盐指数值×（0.3～0.5）
生活污水	溶解氧=0	高锰酸盐指数值×0.5
经处理后的生活污水	有少量溶解氧	高锰酸盐指数值×（0.2～0.3）

稀释倍数也可参考COD_{cr}，来选择折算，一般是将污水的COD_{cr}，值除以4～20作为稀释倍数。工业废水通常由测得的COD值乘以0.075，0.15和0.225，即为稀释水3个稀释倍数。使用接种稀释水时，则分别乘以0.075、0.15和0.25三个系数。如无现成的高锰酸盐指数或COD值的资料，一般污染较严重的废水（如工业废水）可稀释成0.1%～1%，对于普通和沉淀过的污水可稀释成1%～5%，生物处理后的出水可稀释成5%～25%，对污染的河水可稀释成25%～100%。

2) 根据已确定的稀释倍数，正确计算污水量及稀释水量；先用虹吸法在每个容量瓶中装半瓶稀释水，再用移液管精确吸取所需水样沿着瓶壁加入1L容量瓶（或500mL容量瓶）中，最后用稀释水也沿着瓶壁加入，直至刻度，塞紧瓶盖，小心混匀。如果要求稀释的倍数较大，则需将原水样分几次重复稀释。按同法分别做3～4个不同稀释倍数的水样。

(3) 用经过稀释的水样冲洗溶解氧瓶后，将虹吸装置的胶管插入溶解氧瓶底部，用虹吸法沿瓶壁缓缓注入水样到两个溶解氧测定瓶中，直至满溢为止（不能留有气泡），塞紧瓶盖。将其中一瓶加稀释水封口，贴上已编好的号码标签，置于20℃培养箱内培养5d。另一瓶立即测定溶解氧。

不同稀释倍数的水样按同法分别处理。

(4) 每天两次检查培养箱的温度，误差不超过±1℃，水封口经常保持有水。

(5) 培养5d后，取出测定溶解氧剩余量，取溶解氧减少量在40%～70%的水样数据计算。

(6) 计算测定结果。

$$BOD_5\ (O_2,\ mg/L) = \frac{(D_1 - D_2) - (B_1 - B_2) \times F_1}{F_2} \tag{12-26}$$

式中 D_1——稀释后的水样在培养前的溶解氧值；
D_2——稀释后的水样在培养后的溶解氧值；
B_1——稀释水在培养前的溶解氧值；
B_2——稀释水在培养后的溶解氧值；
F_1——稀释水在稀释水样中所占百分比；
F_2——原水样在稀释水样中所占百分比。

6. 注意事项

（1）若无宽口溶解氧测定瓶也可用250mL细口瓶代替，但在培养5d的时间内，应将盛有水样的细口瓶倒置于盛水的盘中，水的深度要保持淹没瓶口，保持水封的可靠性。

（2）稀释水的BOD_5应小于0.2mg/L，其pH值应为7.2。若需调节pH值，可用HCl溶液或$NaCO_3$溶液。

（3）如生化处理后的水中有硝化细菌则干扰BOD的测定，可加硫脲或用酸处理消除干扰。

（4）培养过程中经常检查封口的水，要及时加满，勿使干涸。

实验思考题

1. 测定溶解氧在取水样、稀释及加试剂等操作过程中，应注意什么事项？
2. 为什么要每天检查培养箱中溶解氧测定瓶的水封口是否保持有水？
3. 生物化学需氧量与高锰酸盐指数、化学需氧量有何异同？

实验15 色度测定

1. 实验目的

通过水中色度的测定，了解目视比色法的原理和基本操作。

2. 实验原理

水中色度是水质指标之一，规定1mg铂和0.5mg钴/L水中所具有的颜色为1度，为标准色度单位。

3. 实验试剂

铂钴标准溶液：称取1.2456g氯铂酸钾K_2PtCl（相当于500mg铂）和1.000g氯化钴$CoCl_2 \cdot 6H_2O$（相当于250mg钴）溶于100mL水中，加100mL浓盐酸HCl，用水定容至1000mL。此溶液色度为500度（0.5度/mL）。

4. 实验仪器与设备

500mL具塞比色管。

5. 实验内容与步骤

（1）标准色列的配制

吸取铂钴标准溶液0、0.50、1.00、1.50、2.00、2.50、3.00、3.50、4.00、4.50、5.00、6.00、7.00、8.50和10.00mL，分别放入50mL具塞比色管中，用蒸馏水稀释至刻度，混匀。把对应的色度记录在实验报告中。

（2）水样的测定

1）将水样（注明pH值）放入同规格比色管中至50mL刻度。

2）将水样与标准色列进行目视比较，比色时选择光亮处。各比色管底均应衬托白瓷板或白纸，从管口向下垂直观察。记录与水样色度相同的铂钴标准色列的色度A。

3）计算：

$$色度（度）=\frac{A\times 50}{V} \tag{12-27}$$

式中 A——水样的色度，度；

V——原水样的体积，mL；

50——水样最终稀释体积，mL。

6. 注意事项

1）如水样色度恰在两标准色列之间，则取两者中间值；如果水样色度>100度时，则将水样稀释一定倍数后再进行比色。

2）如果水样较浑浊，虽经预处理而得不到透明水样时，则用“表色”报告。

3）如实验室无氯铂酸钾，可用重铬酸钾代替。称取0.04379g $K_2Cr_2O_7$ 和1.000g $CoSO_4 \cdot 7H_2O$，溶于少量水中，加0.50mL浓硫酸，用水稀至500mL，此溶液色度为500度。此溶液不宜久存。

4）测定工业废水时，常用稀释倍数法。将澄清的废水水样用无色水稀释至将近无色。装入比色管中（水柱高为10cm）在白色背景上与同样高度的蒸馏水相比较。一直稀释至不能察觉出颜色为止。这个刚好不能察觉的最大稀释倍数，即为该水样的稀释倍数。

实验思考题

1. 测定水样的色度时，为什么要注明当时水样的pH值？
2. 测定水样的色度时，如水样较浑浊，为什么不能用滤纸过滤？应采用什么预处理措施？

实验16 余氯测定

1. 实验目的

（1）了解邻联甲苯胺比色法测定水中总余氯及游离性余氯的原理，并掌握测定余氯的操作方法。

（2）熟练掌握目视比色法的基本操作。

2. 实验原理

在pH等于或小于1.3时，余氯与邻联甲苯胺起反应，生成黄色化合物，其颜色的深浅与余氯的含量成正比。通过控制不同的显色时间，可以分别测出游离性余氯和总余氯的含量。

水中所含悬浮性物质应用游离法去除。干扰物质最高允许含量如下：Fe^{3+}<0.2mg/L；Mn^{4+}<0.01mg/L；NO_2<0.2mg/L。

3. 实验试剂

（1）稀盐酸溶液：取150mL分析纯浓盐酸（ρ=1.19）倒入350mL蒸馏水中，摇匀。

（2）邻联甲苯胺溶液：溶解1g邻联甲苯胺于5mL稀盐酸溶液中，调成糊状，再加入150～200mL蒸馏水使其完全溶解，倾入1L量筒中，加蒸馏水至505mL，用玻璃棒搅拌，最后加入稀盐酸溶液495mL，贮于棕色试瓶中。在室温下保存，可使用6个月。当温度低于0℃时，邻联甲苯胺将析出，不易再溶解。

（3）永久性余氯标准比色溶液的配制

① 磷酸盐缓冲贮备液：将分析纯无水磷酸氢二钠（Na_2HPO_4）和分析纯无水磷酸二氢钾（KH_2PO_4）置于105～110℃烘箱内烘2h，取出后放在干燥器内冷却30min，分别称取22.8600g和46.1400g。将此两种试剂共溶于蒸馏水中，移入1L容量瓶内，用蒸馏水稀释至刻度。摇匀后，至少静置4d，使其中胶状物质凝聚沉淀，用滤纸过滤。

② 磷酸盐缓冲使用液：用移液管吸取上述贮备液200.00mL。于1L容量瓶中，加蒸馏水至刻度，摇匀（此溶液的pH值为6.45）。

③ 重铬酸钾—铬酸钾溶液：称取已在105～100℃烘箱内烘2h并冷却的分析纯重铬酸钾（$K_2Cr_2O_7$）0.1550g及分析纯铬酸钾（K_2CrO_4）0.4650g，溶于磷酸盐缓冲溶液中，移入1L容量瓶内，用磷酸盐缓冲使用液稀释至刻度，摇匀。此溶液所产生的颜色相当于1mg/L余氯与邻联甲苯胺反应所产生的颜色，适用于各种深度的比色管观察。

永久性余氯标准色阶的配制（0.01～1.0mg/L余氯），见表12-7。

按表12-7中所列需要的重铬酸钾—铬酸钾溶液的用量，用移液管分别吸取重铬酸钾—铬酸钾溶液于50mL具塞比色管中，然后用磷酸盐缓冲使用液稀释至刻度，摇匀。塞紧塞子，涂脂保存（避免日光照射，可保存6个月）。如发现浑浊须重新配制。

永久性余氯标准色阶（0.01～1.0mg/L） **表12-7**

余氯/(mg/L)	重铬酸钾—铬酸钾溶液用量/mL	余氯/(mg/L)	重铬酸钾—铬酸钾溶液用量/mL	余氯/(mg/L)	重铬酸钾—铬酸钾溶液用量/mL
0.01	0.5	0.20	10.0	0.70	35.0
0.02	1.0	0.30	15.0	0.80	40.0
0.05	2.5	0.40	20.0	0.90	45.0
0.07	3.5	0.50	25.0	1.00	50.0
0.10	5.0	0.60	30.0		

4. 实验仪器与设备

（1）比色管（50mL）6支。

（2）移液管（5、10、25mL）各1支。

（3）容量瓶（1L）1个。

5. 实验内容与步骤

（1）配制永久性余氯标准色列。一般根据水样中余氯的大概含量配3～4个标准色管。

（2）测定水样。

1）吸取2.5mL邻联甲苯胺溶液于50mL比色管中，然后加入澄清水样至刻度，混合均匀。水样温度最好为15～20℃，如果温度低于此值时，应浸入温水中使温度迅速提高到15～20℃。

2）立即与永久性余氯标准色列比色测定（比色时应在光线均匀的地方或灯下，眼睛从管口向下观察或由前面观察)。水样相当标准色阶管即为水样游离性余氯。

3) 放置暗处10min后进行比色，所得结果为水样的总余氯。总余氯减去游离性余氯等于化合性余氯。

6. 注意事项

(1) 如果配成的邻联甲苯胺溶液呈淡黄色，不能立刻使用，要进行脱色。可在1L溶液中加入1g左右活性炭粉末，加热煮沸2～3min，静置过夜，过滤，即可脱色。

(2) 若水样余氯大于1mg/L，则需另行配制较浓的余氯标准色列。即按照上述永久性余氯比色标准溶液的配制步骤，将重铬酸钾和铬酸钾的量增加10倍，配成相当于10mg/L，则需另行配制较浓的余氯标准色列。即按照上述永久性余氯比色标准溶液的配制步骤，将重铬酸钾和铬酸钾的量增加10倍，配成相当于10mg/L余氯的标准色管，再适当稀释，即为所需的较浓余氯标准色列。

(3) 若采用不同类型比色管，可按10mL水加0.5mL邻联甲苯胺溶液的比例加入。选用的比色管必须配套。

(4) 如余氯浓度很高，会产生橘黄色。若水样碱度过高，而余氯浓度较低时，将产生淡绿色或淡蓝色，此时可多加1mL邻联甲苯胺溶液，即能产生正常的淡黄色。

实验思考题

1. 试述邻联甲苯胺法测定余氯的原理。
2. 怎样分别测出总余氯和游离性余氯?
3. 如何制备和保存永久性余氯标准色列?如标准管变浑浊还能使用吗?
4. 根据饮用水中规定余氯的含量，预先估计标准色管的配制。
5. 我国规定生活饮用水中余氯的标准是多少?

实验17 六价铬测定

1. 实验目的

(1) 掌握水中六价铬的比色测定方法。

(2) 学会分光光度计的使用方法和工作曲线的绘制方法。

2. 实验原理

在酸性条件下，六价铬与二苯碳酰二肼起反应，生成紫红色配合物，其颜色的深浅与六价铬的含量成正比。与标准比色溶液进行比色测定，显色液在540nm处有一最大吸收峰，因此也可以用分光光度计测定。

3. 实验试剂

(1) 铬标准贮备液：称取0.1415g在105～110℃烘干2h并冷却的分析纯重铬酸钾($K_2Cr_2O_7$)，溶于蒸馏水，并移入500mL容量瓶中，用蒸馏水稀释至刻度，摇匀。此溶液1.00mL中含0.10mgCr^{6+}。

(2) 铬标准使用液：临用前吸取铬标准贮备液1.00mL，于100mL容量瓶中用蒸馏水稀释至刻度，摇匀。此溶液1.00mL=0.001mgCr^{6+}。

(3) 显色剂：称取0.10g分析纯二苯碳酰二肼($C_{13}H_{14}N_4O$)，加入50mL95%乙醇使其溶解，再加入200mL已放冷的1∶9硫酸溶液。摇匀。此试剂应为无色溶液，贮于棕色瓶内，保存在冰箱中。如发现此试剂变棕色，则不能使用。

4. 实验仪器与设备

（1）比色管（10mL）10支，容量瓶（100mL）1个，刻度移液管（1、2、5mL）各2支。

（2）分光光度计。

5. 实验内容与步骤

（1）取澄清水样50mL（或适量水样加蒸馏水稀释至50mL），置于50mL比色管中。

（2）另取50mL比色管9支，分别加入铬标准使用液0、0.5、1.0、1.5、2.0、3.0、4.0、5.0和6.0mL，然后加蒸馏水至刻度，摇匀（或按实际情况确定标准溶液管），作为标准溶液比色列。

（3）向水样管及标准溶液管中分别加入2.5mL显色剂，摇匀后在5～15min内进行目视比色。把水样管与标准溶液管逐一加以比较，记录与水样颜色深浅相同的一个标准色管所含铬标准使用液的用量（mL）。

（4）采用分光光度计测定，10min后进行比色。对含量在0.0001～0.01mg六价铬（Cr^{6+}）采用3cm比色皿，含量在0.010～0.100mg六价铬采用1cm比色皿。721型分光光度计使用方法如下：

1）将仪器电源开关接通，打开仪器比色皿暗箱盖，选择需用的单色光波长，将仪器预热20min。

2）调零。在仪器比色皿暗箱盖打开时，用调“0”电位器，将电表指针调至“0”刻线。

3）将盛空白溶液的比色皿放入比色皿座架中的第一格内，显色液放在其他格内，把比色皿暗箱盖子盖好。

4）把拉杆拉出，将参比液放在光路上，转动光量调节粗调和细调，使透光度为100%。然后拉动拉杆，使有色液进入光路，电表所指示的A值就是溶液的吸光度值。

（5）在波长540nm处，用蒸馏水（空白试验）作参比调零，测定标准色列溶液的吸光度。然后以吸光度A为纵坐标，Cr^{3+}含量（mg/50mL）为横坐标绘制标准曲线（至少平行测定3～4次）。

（6）以标准溶液作参比，于540nm波长测定水样吸光度。由标准曲线求出Cr^{3+}含量，（做3份平行样）。

（7）计算测定结果

1）目视比色法

$$\text{六价铬}（Cr^{6+}，mg/L=\frac{V_1\times 0.001\times 100}{V_{水}}） \tag{12-28}$$

式中 V_1——铬标准使用液的用量，mL；

$V_{水}$——水样体积，mL；

0.001——铬标准使用液浓度，mg/mL。

2）分光光度法 根据标准曲线查出Cr^{6+}含量进行计算。

$$\text{六价铬含量}（Cr^{6+}，mg/L）=\frac{\text{由标准曲线查得的}Cr^{6+}\text{含量（mg）}}{\text{水样的体积（mL）}}\times 1000 \tag{12-29}$$

6. 注意事项

(1) 所有玻璃仪器（包括采样用的容器），不能用重铬酸钾洗液洗涤。可用硝酸、硫酸混合液或洗涤剂洗涤。洗涤后要冲洗干净。玻璃器皿内壁要求光洁，防止铬被吸附。

(2) 六价铬与二苯碳酰二肼反应时，显色酸度一般控制在 0.05～0.3mg/L（$\frac{1}{2}$ H_2SO_4），以 0.2mg/L 时显色最好。显色时，温度和放置时间对显色有影响，在温度 15℃，5～15min 颜色最稳定。

(3) 水样中 Fe^{3+} 离子超过 1mg/L 时，与试剂生成黄色化合物，产生干扰，可以加入 1mL1：5 的 H_3PO_4，使 Fe^{3+} 生成无色 $[Fe(PO_4)_2]^{3-}$ 配离子，从而排除 Fe^{3+} 离子的干扰。

(4) 为了防止光电管疲劳，不测定时必须将比色皿暗箱盖打开使光路切断，不让光电管连续照射太长，以延长光电管的使用寿命。

(5) 在拿比色皿时只能拿住毛玻璃的两面，比色皿放入比色皿座架前应用细软而吸水的纸将比色皿外壁擦干，擦干时应注意保护其透光面勿使产生斑痕，否则要影响透光度。测定时比色皿要用待测溶液冲洗几次，避免待测溶液浓度的改变。

(6) 每次实验完毕，比色皿一定要用蒸馏水洗干净，如比色皿壁被有机试剂染上颜色而用水不能洗去时，则可用盐酸—乙醇（1：2）洗涤液浸泡，然后再用蒸馏水冲洗干净。洗涤比色皿不能用碱液及过强的氧化剂（如 $K_2Cr_2O_7$—H_2SO_4K 洗涤液）洗涤，也不能用毛刷清洗，以免损伤比色皿的光学表面。

实验思考题

1. 加入二苯碳酰二肼后，要使显色稳定，需控制哪些条件？
2. 如果水样中含有 Fe^{3+} 离子超过 1mol/L 时，怎样消除 Fe^{3+} 离子的干扰？
3. 测定六价铬时，所采用的玻璃器皿不能用铬酸洗液洗涤，为什么？应如何洗涤？

实验 18 亚硝酸盐氮测定

1. 实验目的

(1) 了解测定亚硝酸盐氮的意义。

(2) 掌握用比色法测定亚硝酸盐氮的原理和操作。

2. 实验原理

水中亚硝酸盐与对—氨基苯磺酸起重氮化反应，再与 α—萘胺起偶氮反应，生成紫红色染料，其颜色的深浅与亚硝酸盐含量成正比，因此可与标准色列进行比色，测得水中亚硝酸盐的含量。

3. 实验试剂（本实验所有试剂的配制均用无亚硝酸盐蒸馏水）

(1) 对—氨基苯磺酸（$NH_2C_6H_4SO_3H$）溶液：称取 0.60g 化学纯对—氨基苯磺酸溶于 70mL 热蒸馏水中，冷却后加入 20mL 浓 HCl，再用蒸馏水稀释至 100mL，摇匀贮于棕色瓶中，并放入冰箱内保存。

(2) α—萘胺盐酸盐（$C_{10}H_7NH_2 \cdot HCl$）溶液：称取 0.60g 分析纯 α—萘胺盐酸盐，

加入约 70mL 蒸馏水，加热至溶解，用蒸馏水稀释至 100mL，摇匀贮于棕色瓶中，并放入冰箱内保存。

（3）醋酸钠（NaAc）缓冲溶液：称取 16.4g 化学纯醋酸钠（或 27.2g$CH_3COONa \cdot 3H_2O$），溶于蒸馏水中，并稀释至 100mL，摇匀。

（4）氢氧化铝悬浮液：称取 125g 化学纯硫酸铝钾［$KAl(SO_4)_2 \cdot 12H_2O$］或硫酸铝铵［$(NH_4)_2Al(SO_4)_2 \cdot 12H_2O$］溶于 1L 蒸馏水中，徐徐加入浓氨水，使 Al^{3+} 离子全部沉淀，静置，倒出上层清液，再加入蒸馏水冲洗 $Al(OH)_3$，用玻璃棒搅拌后静置，然后再倾出上层清液，如此反复清洗，直至洗出的水溶液不含 SO_4^{2-}（滴入 $BaCl_2$，溶液不发生浑浊）和 Cl^-（滴入 $AgNO_3$ 溶液不发生浑浊）。在 $Al(OH)_3$ 胶状沉淀中加入 300mL 蒸馏水，使用前摇匀即可。

（5）亚硝酸钠（$NaNO_2$）标准溶液：称取 0.2462g 干燥的分析纯 $NaNO_2$，溶于少量蒸馏水中，并稀释至 1L，摇匀。临用时取该溶液 100mL 稀释至 500mL，再从中取出 10.0mL，用蒸馏水稀释至 100mL，此溶液 1.00mL＝0.0001mg（0.10μg）亚硝酸盐氮（$NaNO_2$ 在潮湿空气中极易氧化，因此封闭严密的 $NaNO_2$ 打开即用为好）。

4. 实验仪器与设备

50mL 比色管 10 支，10mL 刻度移液管 3 支，分光光度计及比色皿（1cm 或 3cm）。

5. 实验内容与步骤

（1）取水样，置于 50mL 比色管中至刻度处（调节 pH 值至中性）。若水样浑浊或色度较深，可先取 100mL 水样，加入 2mL$Al(OH)_3$ 悬浮液，搅拌后静置数分钟，过滤后取澄清水用。

（2）另取 50mL 比色管 10 支，分别加入 $NaNO_2$，标准溶液 0、0.2、0.4、0.6、0.8、1.0、2.5、5.0、7.5 及 10.0mL（或按实际情况确定标准溶液管数），用蒸馏水稀释至 50mL。

（3）向水样管及标准溶液管中分别加入 1mL 对—氨基苯磺酸溶液混合均匀。3min 后再分别加入 1mL 醋酸钠缓冲溶液及 1mLα—萘胺盐酸盐溶液，摇匀后放置 10～30min，然后进行比色。记录与水样溶液颜色深浅相同的那个标准色管中所含 $NaNO_2$ 标准溶液的毫升数。

（4）如采用分光光度计，则用 520nm 波长，1cm 比色皿（如亚硝酸盐氮含量低于 0.2μg 时，改用 3cm 比色皿）。根据 $NaNO_2$ 标准溶液浓度和对应的吸光度绘制标准曲线（必须平行测定 4 次以上），测定水样的吸光度，并从标准曲线中查出对应的 $NaNO_2$ 浓度，然后计算水样中亚硝酸盐氮的含量。

（5）计算测定结果

1）目视比色法

$$\text{水样中亚硝酸盐氮（N，mg/L）}=\frac{V_1 \times 0.0001 \times 1000}{V_{\text{水}}} \tag{12-30}$$

式中 V_1——$NaNO_2$ 标准溶液用量，mL；

0.0001——$NaNO_2$ 标准溶液浓度 $T_{N/NaNO_2}$，mL；

$V_{\text{水}}$——水样体积，mL。

2）分光光度法

$$水样中亚硝酸盐氮（N，mg/L）=\frac{m}{V_{水}}\times1000 \tag{12-31}$$

式中　m——由标准曲线查得的亚硝酸盐氮含量，mg；

$V_{水}$——水样体积，mL。

6. 注意事项

（1）采样后应尽快作分析，以免放置过久，使亚硝酸盐氧化或还原而损失（一般水样可在4℃温度下，贮放24～48h）。

（2）若水样中亚硝酸盐含量较大时，生成的紫红色染料颜色太深，不便于比色，可先将水样用无亚硝酸盐蒸馏水稀释后再进行测定，测定结果乘上稀释倍数。

（3）若水样中含有三氯氨（NCl_3）时，产生红色会引起误差。此时可将试剂加入的次序颠倒，先加盐酸α—萘胺，后加对—氨基苯磺酸，以减少三氯胺的影响。

（4）在本实验条件下，铁、汞、银、铋、锑、铅等在测定过程中会产生沉淀，对此法均有干扰。此时可加入适量的EDTA溶液以排除干扰。

实验思考题

1. 为什么配制试剂或稀释水样时所需蒸馏水不应含亚硝酸盐?

2. 能用封闭不严的亚硝酸盐配制标准溶液吗？为什么?

3. 测定亚硝酸盐氮，先加入对-氨基苯磺酸后加入盐酸α—萘胺，然后再加入NaAc的原因是什么?

4. 饮用水中含有亚硝酸盐氮吗？试说明原因?

实验19　卡氨氮的测定（纳氏试剂分光光度法）

1. 实验目的

学会水中氨氮的光度法测定原理和方法。

2. 实验原理

测定氨氮最常用的是比色法。直接取水样用比色法测定，称为直接比色法，此法适用于无色、透明、含氨氮量较高的清洁水样。若将氨氮自水样中蒸馏出后再用比色法测定，称为蒸馏比色法。此法可用于测定有色、浑浊、含干扰物质较多、氨氮含量较少的水样。一般的污水和工业废水均可采用此法。本实验为直接比色法。

氨与碘化汞钾在碱性溶液中生成黄色络合物，其颜色深度与氨氮含量成正比，在0～2.0mg/L的氨氮范围内近于直线，在410nm波长下，测定吸光度值，用标准曲线法求出水中氨氮含量。

3. 实验试剂

所有试剂均需用不含氨的蒸馏水配制。

（1）不含氨蒸馏水：每升蒸馏水中加入2mL浓硫酸和少量高锰酸钾（$KMnO_4$）蒸馏，集取蒸馏液。

（2）50%酒石酸钾钠溶液：称取50g分析纯酒石酸钾钠（$KNaC_4H_4O_6\cdot4H_2O$），溶于100mL蒸馏水中，加热煮沸至不含氨为止（使约减少20mL，赶去NH_3），冷却后再用蒸馏水补充至100mL。

（3）纳氏试剂：称取100g碘化汞（HgI_2）及70g碘化钾（KI），溶于少量纯水中，将此溶液缓缓倾入已冷却的500mL氢氧化钠溶液中，并不停搅拌，然后再以纯水稀释至1000mL。贮于棕色瓶中，用橡胶塞塞紧，避光保存。纳氏试剂放置过久，可能又生成沉淀物，使用时不要搅混沉淀。纳氏试剂毒性很强，谨防吸入！

（4）氨氮标准溶液：将分析纯氯化铵置于烘箱内，在105℃下烘烤1h，冷却后称取3.8190g，溶于蒸馏水中，并稀释至1000mL。临用前吸取该溶液10.0mL，再用蒸馏水稀释至1000mL，则此溶液1.00mL含有0.0100mg氨氮（N），即此溶液1.00mL＝0.0122mg氨（NH_3）＝0.0129mg铵离子（NH^{4+}）。

（5）10％的硫酸锌溶液：称取10g化学纯硫酸锌（$ZnSO_4 \cdot 7H_2O$），溶于少量蒸馏水中，并稀释至100mL。

（6）氢氧化钠溶液：称取160g化学纯氢氧化钠，溶于蒸馏水中，并稀释至500mL。

4. 实验仪器与设备

（1）分光光度计。

（2）刻度移液管5支，50mL比色管11支。

（3）普通漏斗1支（中速滤纸适量）。

5. 实验内容与步骤

（1）取50mL水样（如氨氮含量大于0.1mg，则取适量水样加蒸馏水稀释至50mL），置于50mL比色管中。

（2）配制氯化铵标准比色列：另取50mL比色管10支，分别加入氨氮标准溶液0、0.20、0.40、0.60、0.80、1.0、2.0、4.0、6.0、8.0和10.0mL，用蒸馏水稀释至50mL。各加1mL纳氏试剂，混匀，放置10min后，用分光光度计以400～425nm波长测定吸光度。以吸光度对浓度绘制工作曲线（必须平行测定4次以上）。

（3）在水样管中加0.5mL酒石酸钾钠溶液混匀，再加1mL纳氏试剂，混匀，放置10min，用分光光度计测定吸光度，由工作曲线查出其含量。然后计算出水样中的氨氮的含量。

（4）计算：
$$\text{氨氮（N，mg/L）}=\frac{\text{由标准曲线查得的氨氮含量（mg）}}{\text{水样的体积（mL）}}\times 1000 \quad (12\text{-}32)$$

6. 注意事项

（1）水样中钙、镁等金属离子的干扰，可加入1mL5％的EDTA溶液来消除。此时，纳氏试剂溶液要加入2mL。

（2）钙、镁、铁等离子能使溶液产生浑浊，可加入酒石酸钾钠掩蔽。

（3）硫化物、酮、醛等亦可引起溶液浑浊。脂肪胺、芳香胺、亚铁等可与纳氏试剂产生颜色。本身带有颜色的物质，亦能发生干扰。遇此情况，可采用蒸馏比色法测定。

（4）水样中若含有干扰性物质或浑浊，可用下述方法除去杂质后，再进行比色测定。

取100mL水样，加入1mL硫酸锌溶液，摇匀，再加入0.4～0.5mL氢氧化钠溶液，使水样的pH＝10.5。静置数分钟后，用移液管吸取上部清液50mL，置于50mL比色管中。或将水样用滤纸过滤，弃去初滤液25mL后，用50mL滤液，置于50mL比色管中。

水蒸馏纳氏比色法

1. 原理

调节水样的pH在6.0～7.4范围，加热蒸馏使氨随水蒸气逸出，吸收于硼酸溶液中，再按直接纳氏比色法测定。

2. 仪器

带氮球的定氮蒸馏装置（图12-4）：500mL凯氏烧瓶，氮球，直形冷凝管和导管。

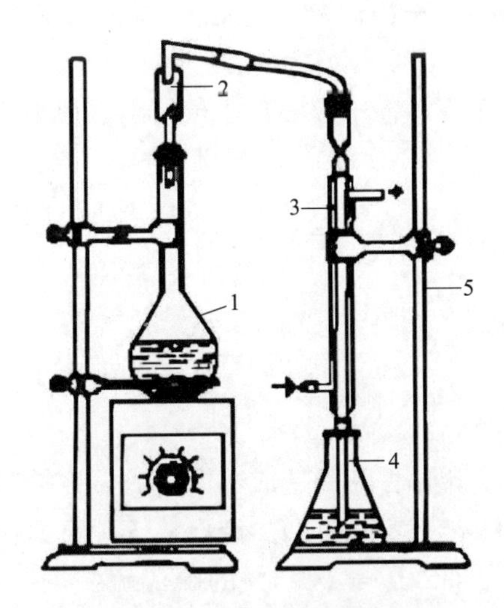

图12-4 氨氮蒸馏装置

1—凯式烧瓶；2—氮球；3—直形冷凝管；4—吸收瓶；5—固定支架

3. 试剂

（1）水样稀释及试剂配制均采用无氨水，其配制方法为：每升蒸馏水中加0.1mL硫酸，在全玻璃蒸馏器中重蒸馏，弃去50mL初滤液，接取其余滤出液于具塞磨口的玻璃瓶中，密塞保存。

（2）氢氧化钠溶液（4g/L）：称取4g氢氧化钠，用纯水溶解，并稀释为1000mL。

（3）硼酸钠溶液（9.5g/L）：称取9.5g四硼酸钠（$Na_2B_4O_7 \cdot 10H_2O$）用纯水溶解，并稀释为1000mL。

（4）硼酸盐缓冲溶液：量取硼酸钠溶液500mL，加入88mL4g/LNaOH溶液，用蒸馏水稀释至1000mL。

（5）50%酒石酸钾钠溶液：同直接纳氏比色法。

（6）纳氏试剂：同直接纳氏比色法。

（7）氨氮标准溶液：同直接纳氏比色法。

（8）吸收液（2%的硼酸）：称取20g硼酸溶于水，稀释至1L。

（9）0.05%溴百里酚蓝指示剂（pH=6.0～7.6）与精密试纸。

（10）氢氧化钠溶液（6mol/L）：称取24g氢氧化钠溶于纯水中，并稀释至100mL。

4. 步骤

（1）蒸馏装置的预处理：加250mL无氨水于凯氏烧瓶中，加20mL硼酸盐缓冲溶液，用6mol/LNaOH调节pH=9.5，加数粒玻璃珠加热蒸馏至滤液不含氨为止（用一支小试管接取数滴蒸馏液，加入一滴纳氏试剂溶液，如无颜色，表示氨已全部蒸出），弃去瓶内残液。

（2）分取250mL水样（氨氮含量较高时，可分取适量并加水至250mL，使氨氮含量不超过2.5mg），移入凯氏烧瓶中，加数滴溴百里酚蓝指示剂，用NaOH溶液或HCl溶液调节至pH为7左右。加入20mL缓冲溶液及数粒玻璃珠，用6mol/LNaOH调节pH至9.5，立即连接氮球和冷凝管，导管下端插入吸收液（50mL硼酸溶液）液面2cm。加热蒸馏（蒸馏速度6～10mL/min），至馏出液达200mL时，停止蒸馏（将导管撤离吸收液液面再停止加热）。

（3）取50mL混匀的蒸馏液，置于50mL比色管中。以下步骤同直接纳氏比色法。

5. 计算

$$\text{氨氮（N，mg/L）}=\frac{\text{相当于标准溶液的用量}\times 10}{\text{最初水样的体积}\times \frac{50}{200}}=\frac{\text{相当于氨氮标准溶液的}\times 40}{\text{最初水样的体积}} \qquad (12\text{-}33)$$

6. 注意事项

（1）蒸馏时应避免发生暴沸，否则可造成蒸馏液的温度偏高，氨吸收不好。

（2）防止蒸馏时产生泡沫，必要时可加少许石蜡碎片于凯氏烧瓶中。

（3）水样中含有余氯，可加入适量0.35%的硫代硫酸钠溶液消除。每0.5mL硫酸钠溶液可消除0.25mg余氯。

（4）水样中含钙、镁量高时，钙、镁将与磷酸盐缓冲溶液反应，生成磷酸钙、磷酸镁沉淀，并释放出氧离子，使溶液的pH低于7.0，影响氢的蒸馏。因此硬度高的水样应增加磷酸盐缓冲溶液的用量。

实验思考题

1. 若水样含氨氮量极少且杂质多，应如何处理才能测定？
2. 加酒石酸钾钠的目的是什么？
3. 该实验中为何需用无氨蒸馏水制备各种试剂？
4. 当水中含有钙、镁、铁等盐类，对实验结果有何影响？如何减少干扰？
5. 在何情况下采用蒸馏钠氏比色法测定氨氮？

实验20　总铁的测定（邻菲罗啉分光光度法）

1. 实验目的

（1）熟练掌握分光光度计的使用方法。

（2）进一步学习工作曲线的绘制方法。

（3）了解铁的测定意义与原理。

2. 实验原理

亚铁离子与邻二氮菲在一定条件下生成稳定的红色配合物，应用此反应可用比色法测定铁。当铁以Fe^{3+}形式存在于溶液中时，可预先用还原剂盐酸羟胺将铁还原为Fe^{2+}。

$4Fe^{3+} + 2NH_2OH \cdot HCl \rightleftharpoons 4Fe^{2+} + N_2O + 4H^+ + H_2O$

羟胺显色时溶液的pH值应为2～9。若pH过低（pH＜2）显色缓慢而色浅。显色后用分光光度计（波长为510nm）、1cm厚的比色皿测定吸光度，以标准曲线法求得水样中Fe^{2+}、总铁的含量。

3. 实验试剂

（1）铁标准溶液：准确称取0.7020g分析纯硫酸亚铁铵［$FeSO_4(NH_4)_2SO_4 \cdot 6H_2O$］，溶于50mL蒸馏水中，加入20mL浓$H_2SO_4$，溶解后转移至1L容量瓶中，并稀释至刻度。此溶液1.00mL含Fe^{2+}0.100mg。用移液管取10.0mL放入100mL容量瓶中，加蒸馏水稀释至刻度。此溶液1.00mL含Fe^{2+}0.010mg。

（2）0.15%（m/V）邻二氮菲水溶液：称取0.15g邻二氮菲（$Cl_3H_3N_2HCl$），溶于100mL蒸馏水中，加热至80℃帮助溶解。每0.1mgFe^{2+}需此液2mL，临用时配制。

（3）10%盐酸羟胺水溶液（临用时配制）。

（4）缓冲溶液（pH＝4.6）：把68g醋酸钠溶于约500mL的蒸馏水中，加入冰醋酸29mL，稀释至1L。

4. 实验仪器与设备

（1）分光光度计。

（2）50mL比色管10支，5mL移液管2支，10mL移液管1支，5mL量筒一个。

5. 实验内容与步骤

（1）标准色列的配制

分别吸取铁的标准溶液（1mL＝0.010mgFe^{2+}）：0.00（空白）、0.50、1.0、1.5、2.0、2.5、3.0、3.5和4.0mL分别置于9支50mL比色管中。依次分别在各管中加入1mL盐酸羟胺溶液，混匀静置2min后，加入2mL0.15%邻二氮菲水溶液、5mL缓冲溶液，然后依次用蒸馏水稀释至刻度，摇匀，放置10min。

（2）标准曲线的制作

在分光光度计上用1cm比色皿，在510nm波长，以空白试验调零，测定标准色列溶液的吸光度。以吸光度A为纵坐标，铁含量（mg/50mL）为横坐标绘制标准曲线。

（3）水样中铁的测定

1）总铁的测定

用移液管取25mL水样，置于50mL比色管中，加1mL盐酸羟胺溶液，摇匀，加2mL邻二氮菲溶液、5mL缓冲溶液，用蒸馏水稀释至刻度，摇匀，放置10min。以试剂溶液作参比，于510nm波长测定吸光度。由标准曲线求出总铁含量（共做3份平行样）。

2）亚铁离子（Fe^{2+}）的测定

用移液管取25mL水样，置于50mL比色管中，加2mL邻二氮菲溶液、5mL缓冲溶液，用蒸馏水稀释至刻度，摇匀。放置10min后，以试剂溶液作参比，于510mm波长测定吸光度。由标准曲线查出Fe^{2+}含量，并乘以水样稀释倍数。

3）计算

$$总铁(mg/L)=\frac{m}{V} \quad 或总铁(mg/L)=\frac{C_{标,Fe}\times 5}{V} \tag{12-34}$$

式中 m——标准曲线上查出总铁或Fe^{2+}的含量，mg；

$C_{标,Fe}$——标准曲线上查出总铁或 Fe^{2+} 的含量，mg/L；

V——水样的体积，mL。

6. 注意事项

（1）如果水样含铁量少，显色后溶液颜色较浅，可用 1.5cm 或 2cm 的比色皿。

（2）如果水中含铁较高而且浑浊时，用移液管吸取 40mL 以内的适量水样于锥形瓶中，加入 5mLHCl（C_{HCl}=3mol/L），煮沸 5min，冷却后移入 50mL 比色管中。以后的操作与总铁的测定相同。

实验思考题

1. 配制铁标准溶液的硫酸亚铁铵是分析纯试剂，显色时为什么还要加盐酸羟胺？
2. 本实验吸取各溶液时，哪些应用移液管或吸量管？哪些可用量筒？为什么？

实验 21 总磷测定

1. 实验目的

（1）了解水中磷的测定意义。

（2）学会水样处理（消解法）方法。

2. 实验原理

在天然水和废水中，磷几乎都以各种磷酸盐的形式存在。水中各类磷酸盐经强氧化剂分解，在酸性条件下，正磷酸盐与钼酸铵，酒石酸锑氧钾反应，生成磷钼杂多酸，被还原剂抗坏血酸还原，则变成蓝色配合物，通常称磷钼蓝。可用吸光光度法测定其吸光度，从而测得水中总磷含量。

3. 实验试剂

（1）5%（m/V）过硫酸钾溶液：溶解 5g 过硫酸钾于水中，并稀释至 100mL。

（2）（1+1）硫酸。

（3）10%（m/V）抗坏血酸溶液：溶解 10g 抗坏血酸于水中，并稀释至 100mL。该溶液贮存于棕色玻璃瓶中，可稳定几周。如颜色变黄，则弃去重配。

（4）钼酸盐溶液：溶解 13g 钼酸铵 [$(NH_4)_6Mo_7O_{24}\cdot 4H_2O$] 于 100mL 水中。溶解 0.35g 酒石酸锑氧钾 [$K(SbO)C_4H_4O_6\cdot H_2O$] 于 100mL 水中。在不断搅拌下，将钼酸铵溶液缓慢加到 300mL（1+1）硫酸中，加酒石酸锑钾溶液并且混合均匀。试剂贮存在棕色的玻璃瓶中于冷处保存，至少稳定 2 个月。

（5）浊度—色度补偿液：混合两份体积的（1+1）硫酸和一份体积的 10%（m/V）抗坏血酸溶液。此溶液当天配制。

（6）磷酸盐贮各溶液：将磷酸二氢钾（KH_2PO_4）于 110℃ 干燥 2h，在干燥器中放冷，称取 0.217g 溶于水，移入 1000mL 容量瓶中。加（1+1）硫酸 5mL，用水稀释至标线。此溶液每毫升含 50.0μg 磷（以 P 计）。

（7）磷酸盐标准溶液：吸取 10.00mL 磷酸盐贮备液于 250mL 容量瓶中，用水稀释至标线。此溶液每毫升含 2.00μg 磷。临用时现配。

4. 实验仪器与设备

（1）手提式高压蒸汽消毒器，控温电炉（2kW）。

(2) 50mL磨口具塞刻度管。

(3) 分光光度计，50mL具塞比色管，量筒，大烧杯。

5. 实验内容与步骤

(1) 水样处理（过硫酸钾消解法）

1) 吸取25.0mL混匀水样（必要时，酌情少取水样，并加水至25mL，使含磷量不超过30μg)，于50mL具塞刻度管中，加过硫酸钾溶液4mL，加塞后管口包一小块纱布并用线扎紧，以免加热时玻璃塞冲出。将具塞刻度管放在大烧杯中，置于高压蒸汽消毒器加热，待锅内压力达1.1kg/cm^2（相应温度为120℃）时，调节电炉温度使保持此压力30min后，停止加热，待压力表指针降至零后，取出放冷。

2) 试剂空白和标准溶液系列也经同样的消解操作。

3) 当不具备压力消解条件时，亦可在常压下进行，操作步骤如下：分取适量混匀水样（含磷不超过30μg)，于150mL锥形瓶中，加水至50mL，加数粒玻璃加1mL（3+7）硫酸溶液，5mL5%过硫酸钾溶液，置于电热板或可调电炉上加热煮沸，调节温度使保持微沸30～40min，至最后体积为10mL为止。放冷，加1滴酚酞指示剂，滴加氢氧化钠溶液至刚呈微红色，再滴加1mol/L硫酸溶液使红色褪去，充分摇匀。如溶液不澄清则用滤纸过滤于50mL比色管中，用水洗锥形瓶及滤纸，一并移入比色管中，加水至标线，供分析用。

(2) 标准曲线的绘制

1) 取数支50mL具塞比色管，分别加入磷酸盐标准使用液0、0.50、1.00、3.00、5.00、7.00、10.0和15.0mL，加水至50mL。

2) 显色：向比色管中加入1mL10%（m/V）抗坏血酸溶液混匀，30s后加2mL钼酸盐溶液充分混匀，放置15min。

3) 测量：用1cm或3cm比色皿，于700nm波长处，以零浓度溶液为参比，测量吸光度，并绘制标准曲线。

(3) 水样测定

取适量水样（使含磷量不超过30μg）用水稀释至标线。按绘制标准曲线的步骤进行显色和测量。减去空白试验的吸光度，并从标准曲线上查出含磷量。

(4) 计算

$$磷酸盐（P，mg/L）=\frac{m}{V} \tag{12-35}$$

式中 m——由标准曲线查得的含磷量，μg

V——水样体积，mL。

6. 注意事项

(1) 如采样时水样用酸固定，则用过硫酸钾消解前应将水样调至中性。

(2) 铁浓度为20mg/L，使结果偏低5%，当砷含量大于2mg/L，可用硫代硫酸钠去除。硫化物含量大于2mg/L，在酸性条件下通氮气可以去除。六价铬大于50mg/L，用亚硫酸钠去除。亚硝酸盐大于1mg/L有干扰，用氧化消解或加氨磺酸均可以去除。

(3) 如试样中浊度或色度影响测量吸光度时，需做补偿校正。在50mL比色管中，水样定容后加入3mL浊度补偿液，测量吸光度，然后从水样的吸光度中减去校正吸光度。

（4）室温低于13℃时，可在20～30℃水浴中，显色15min。

（5）操作所用的玻璃器皿，可用（1＋5）的盐酸浸泡2h，或用不含磷酸盐的洗涤剂刷洗。

（6）比色皿用后应以稀硝酸或铬酸洗液浸泡片刻，以除去吸附的钼蓝呈色物。

实验思考题

1. 水体中磷含量过高，会有什么后果？
2. 水样测定时，为什么要减去空白试验和补偿校正的吸光度？
3. 如何消除干扰？

实验22　pH值测定

1. 实验目的

（1）了解电位法测定的pH值的原理。

（2）学习酸度计的使用方法。

2. 实验原理

pH是水中氢离子浓度的负对数。由指示电极（玻璃电极）与参比电极（甘汞电极）插入被测溶液组成原电池，在此电池中，被测溶液的氢离子随其浓度的不同将产生相应的电位差，此电位差经直流放大器放大后，采用电位计或电流计进行测量，即可指示相应的pH。

在25℃时，每相差一个pH值单位，就产生59.1mV的电位差，pH值可在仪器的刻度表上直接读出。

3. 实验试剂

（1）pH＝4.00标准缓冲溶液（20℃）：称取在（115±5）℃烘干2～3h的pH基准缓冲物质邻苯二甲酸氢钾（$KHC_8H_4O_4$）10.21g溶于不含二氧化碳的去离子水（或重蒸馏水）中，然后转移至1000mL容量瓶，加水稀释至刻度处，混匀，贮于塑料瓶中（也可用市售袋装标准缓冲溶液试剂，用水溶解，按规定稀释而成）。

（2）pH＝6.88标准缓冲溶液（20℃）：称取在（115±5）℃烘干2～3h的pH基准缓冲物质磷酸二氢钾（KH_2PO_4）3.40g和pH基准缓冲物质磷酸氢二钠（Na_2HPO_4）3.55g（注意：称取时速度要快），溶于去离子水，并移入1000mL容量瓶内，用水稀释至刻度处，混匀，贮于塑料瓶中。

（3）pH＝9.22标准缓冲溶液（20℃）：称取pH基准缓冲物质硼酸钠（$Na_2B_4O_7 \cdot 10H_2O$）3.81g，溶于不含二氧化碳的去离子水中，并移入1000mL容量瓶内，加水稀释至刻度处，混匀，贮于塑料瓶中。

上述三种标准缓冲溶液通常能稳定2个月，其pH值随温度不同而稍有差异（详细参阅仪器说明书）。

4. 实验仪器

（1）pHS-25型（或其他型号）酸度计，电极夹，pH值复合电极（或231型玻璃电极、232型甘汞电极）。

(2) 聚乙烯杯(50mL)5 个，胶头滴管，滤纸，温度计。

(3) 直流稳压电源。

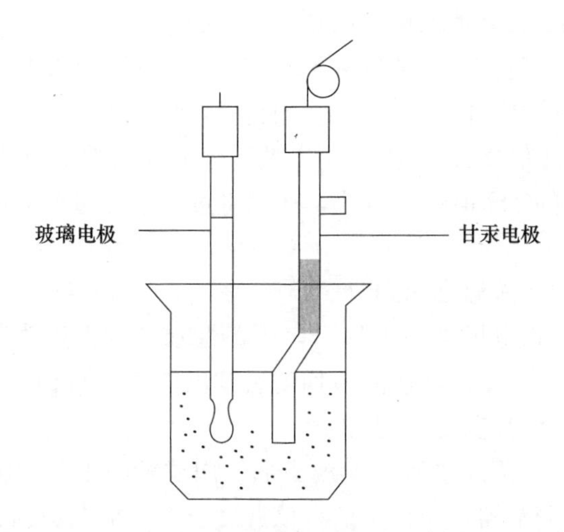

图 12-5 用玻璃电极测定 pH 值的工资电池示意图

5. 实验内容与步骤

(1) 酸度计的使用方法

1) 按照仪器使用说明书的要求，接通电源，按下电源按键，仪器预热 30min。

2) 安装电极。先把电极夹子夹在电极杆上，然后按要求把玻璃电极及甘汞电极装好。安装时玻璃电极下端玻璃泡必须略高于甘汞电极陶瓷芯底端，以免碰破。使用甘汞电极时，应把上面的小橡皮塞和下端的橡皮套拨去，以保持液压差。

3) 零点校正与定位。仪器的使用之前，即测被测溶液之前，先要校正。但这不是说每次使用之前，都要校正。一般的说来在连续使用时，每天校正一次已能达到要求。仪器选择开关置“pH”档或“mV”档，按下法校正：

① 仪器插上电极，选择开关置于 pH 档。

② 仪器斜率调节器调节在 100%位置(即顺时针旋到底的位置)。

③ 当分析精度要求不高时，选择一种最接近样品 pH 值的缓冲溶液(pH=7)，当分析精度要求较高时，选择两种缓冲溶液(也即被测溶液的 pH 值在该两种之间或接近的情况如 pH=4 和 pH=7)。

④ 把电极放入第一种缓冲溶液中，调节温度调节器，使所指示的温度与溶液的温度相同，并摇动试杯，使溶液均匀。待读数稳定后，该读数应为缓冲溶液的 pH 值，否则调节定位调节器。

⑤ 电极放入第二种缓冲溶液(如 pH=4)，摇动试杯使溶液均匀。待读数稳定后，该读数应为该缓冲溶液的 pH 值，否则调节斜率调节器。

⑥ 清洗电极，并吸干电极球泡表面的余水。

经校正的仪器，各调节器不应再有变动。不用时电极的球泡最好浸在蒸馏水中，在一般情况下 24h 之内不需要校正。但遇到下列情况之一，则仪器最好事先进行校正：

a. 溶液温度与标定时的温度有较大的变化时；

b. 干燥过久的电极；

c. 换过了的新电极；

d. “定位”调节器有变动，或可能有变动时；

e. 测量过浓酸（pH<2）或浓碱（pH>12）之后；

f. 测量过含有氟化物的溶液而酸度在 pH<7 的溶液之后和较浓的有机溶液之后。

4）定位（其他型号酸度计）。在 50mL 塑料杯内倒入 pH 标准缓冲溶液（所使用的缓冲溶液与待测水样的 pH 值接近）。按说明书的定位要求，重复做 2～3 次，使仪器的指示针位于该标准缓冲溶液的 pH 值处。至此，在测量过程中切勿再动定位开关。

（2）水样 pH 的测量

1）被测溶液和定位溶液温度相同时

“定位”保持不变，将电极夹向上移出，用蒸馏水清洗电极头部，并用滤纸吸干；把电极插在被测溶液之内，摇动试杯使溶液均匀后读出该溶液的 pH 值。

2）被测溶液和定位溶液温度不同时

“定位”保持不变，用蒸馏水清洗电极头部，用滤纸吸干。用温度计测出被测溶液的温度值，调节“温度”调节器，使指示值在该温度值上；把电极插在被测溶液之内，摇动试杯使溶液均匀后读出该溶液的 pH 值。

实验完毕，取下 pH 复合电极用蒸馏水冲洗干净，用滤纸吸干后将电极保护帽套上，帽内应放少量补充液，以保持电极球泡的湿润。甘汞电极用蒸馏水冲洗干净，用滤纸吸干后，套上橡皮套及塞，放回原处保存。而玻璃电极仍继续浸泡在蒸馏水中。关闭电源。

6. 注意事项

（1）玻璃电极在使用前应在蒸馏水内浸泡活化 24h 以上。玻璃泡壁很薄（0.1mm）易碰坏，使用玻璃电极时要特别小心。若玻璃泡受污染时，应先用稀盐酸溶解无机盐结垢，用丙酮除去油污（但不能用无水乙醇）。最后用蒸馏水浸泡。若玻璃电极长期不用，则不必浸泡，放在电极盒内，妥善保存。

（2）甘汞电极的饱和氯化钾液面必须高于汞体，并应有适量氯化钾晶体存在，此外应避免有气泡阻塞，以防短路。

（3）由于水样的 pH 值随水样吸收二氧化碳等因素的改变而变化，因此水样采集后应立即测定，不宜久存。

（4）若使用 221 型玻璃电极和 222 型甘汞电极，则以测试 1～9 的 pH 值范围为宜。因在 pH<1 的酸性溶液中，所测得的 pH 值较实际数值稍偏高。而在 pH>9 的碱性溶液中，由于产生的所谓“碱差”，而使测得的 pH 值较实际数值偏低。

（5）若使用由特殊玻璃制成的 231 型玻璃电极和 232 型甘汞电极，可以测试的 pH 值范围为 0～14，但由于电极本身内阻较大，因此，在测试强碱溶液时，应将溶液温度控制在 15℃以上，迅速测定后将电极立即冲洗干净。

实验思考题

1. 使用玻璃电极和甘汞电极时要注意什么？

2. 在 pH>9 时的强碱性溶液中应尽量不使用玻璃电极，为什么？若一定要用，在操作过程中要注意什么？

3. 定位后读数开关还能动吗？若不小心按下读数开关时如何处理？

实验23 浊度的测定（分光光度法）

1. 实训目的

（1）掌握分光度法测定水中浊度的方法和原理。

（2）学会标准曲线绘制。

2. 方法原理

在适当的温度下，硫酸肼与六次甲基四胺配合，形成白色高分于聚合物。以此作为浊度标准液，一定条件下与水样浊度相比较。

3. 仪器与试剂

（1）分光光度计。

（2）50mL 比色管。

（3）无浊废水：将蒸馏水通过 0.2μm 滤膜过滤，收集于用滤过水荡洗 2～3 次的烧杯中。

（4）浊度标准溶液：

1）硫酸肼溶液：准确称取 1.000g 硫酸肼 $NH_2NH_2 \cdot H_2SO_4$，用少量无浊度水溶解于 100mL 容量瓶中，并稀释至刻度（0.01g/mL）。

2）六次甲基四胺溶液：准确称取 10.00g 六次甲基四胺 $(CH_2)_6N_4$，用无浊度水溶于 100mL 容量瓶中，并稀释至刻度（0.10g/mL）。

3）浊度标准溶液：准确吸取 5.00mL 硫酸肼溶液和 5.00mL 六次甲苯四胺溶液于 100mL 容量瓶中，混均。在（25±3）℃下反应 24h，用无浊度水稀释至刻度，混匀（其中硫酸肼为 500g/mL，六次甲基四胺为 5000g/mL），该储备溶液的浊度为 400 度（0.4 度/mL）。可保存一个月。

4. 实训步骤

（1）标准曲线的绘制

准确吸取 0、0.50、1.25、2.50、5.00、10.00 和 12.50mL 浊度标准溶液（0.4 度/mL），分别放入 50mL 比色管中，用无浊废水稀释至刻度，混匀。该系列标准溶液的浊度分别为 0、4、10、20、40、80 和 100 度。用 3cm 比色皿，在 680nm 处测定吸光度，并做记录。绘制标准曲线。

（2）水样的测定

吸取 50.00mL 水样，放入 50mL 比色管中（如水样中浊度>100 度，可少取水样，用无浊废水稀释至 50mL，混匀），按绘制标准曲线步骤测定吸光度值，由标准曲线上查出水样对应的浊度。

5. 实训数据记录与处理

（1）浊度测定实训记录（表 12-8）

表 12-8

标准溶液	0	0.50	1.25	2.50	5.00	10.00	12.50
浊度（度）	0	4	10	20	40	80	100
吸光度							
水样吸光度							

（2）实训结果计算

$$浊度（度）=\frac{A}{V}\times 50 \tag{12-36}$$

式中 A——已稀释水样浊度；

V——原水样体积，mL；

50——水样最终稀释体积，mL，。

以水中浊度为横坐标，对应的吸光度值为纵坐标绘制标准曲线。由测得水样吸光度在标准曲线上查出对应的浊度。

6. 注意事项

硫酸肼毒性较大，属致癌物质，取用时注意安全。

实 验 思 考 题

1. 水中的浊度是否可以用不可过滤残渣（又称悬浮物质）的含量（mg/L）表示？为什么？
2. 水中的浊度和色度有何异同？

实验 24　悬浮性固体测定

1. 实验目的

（1）掌握水中悬浮性固体（总不可滤残渣）的一种测定方法——滤纸法或石棉坩埚法。装置如图 12-6 所示。

（2）巩固练习分析天平的操作。

（3）学习操作电子天平。

2. 实验原理

用中速无灰定量滤纸或石棉坩埚过滤水样，将滤渣放在 103～105℃烘箱内烘至恒重为悬浮固体（总不可滤残渣）。

3. 实验仪器与设备

（1）称量瓶（内径 3～5cm），烘箱，干燥器。

（2）电子天平（或全自动光电分析天平）。

（3）100mL 量筒。

（4）漏斗，漏斗架，中速无灰定量滤纸（直径 8～10cm），镊子。

（5）30mL 古氏坩埚及配套垫圈，500mL 抽滤瓶。

4. 实验试剂

石棉悬浮液：取 3g 酸洗石棉，浸泡在 1L 蒸馏水中，充分搅拌制成悬浮液，或取 3g 普通石棉，剪成 0.5cm 小段，用自来水漂洗，去除粉末，排出水分，放在 250mL。烧杯中，加入 60～70mL 化学纯盐酸，浸泡 48h，用自来水洗涤多次，再用热蒸馏水洗至不含 Cl^- 为止（检验方法：取约 10mL 洗涤液于试管中，加入几

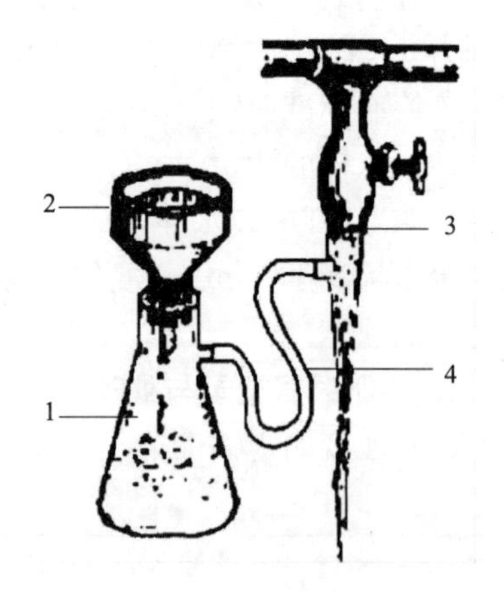

图 12-6　吸滤装置

1—吸滤瓶；2—布氏漏斗；3—水抽气泵；4—橡皮管

滴 $AgNO_3$ 溶液，观察是否有白色沉淀生成），最后将洗好的石棉浸泡于1L蒸馏水中，制成悬浮液备用。

5. 实验内容与步骤

（1）滤纸法

1）先用蒸馏水洗滤纸，以除去可溶性物质，然后将滤纸折叠好放在称量瓶中，每次在103～105℃烘箱中启盖烘2h，取出放在干燥箱内冷却30min；盖好瓶盖称量，至恒重为止。

2）量取适量已除去漂浮物并振荡均匀的水样（是含总不可滤残渣大于2.5mg）用上述滤纸过滤，再用蒸馏水冲洗残渣3～5次。

3）用镊子取下滤纸，放回原称量瓶内，置于103℃～105℃烘箱中，启盖，每次烘2h取出，放在干燥器内冷却30min。盖好瓶盖，称量，至恒重为止。

4）计算测定结果

$$\text{悬浮固体（总不可滤残渣，mg/L）} \frac{(m-m_1)\times 1000\times 1000}{V_{水}} \tag{12-37}$$

式中　m_1——过滤前滤纸加称量瓶的质量，g；

m——过滤后滤纸加称量瓶的质量，g；

$V_{水}$——水样的体积，mL。

（2）石棉坩埚法

1）石棉坩埚的制备。将干净的古氏坩埚安装在抽滤瓶上，倒入振荡均匀的石棉悬浮液于古氏坩埚中，用自来水抽气管或抽气机慢慢抽滤，使底部铺上一层1.5mm厚的石棉层，再放入多孔瓷板，继续加入石棉悬浮液，使瓷板也铺上一层1.5mm厚的石棉层。用蒸馏水冲洗石棉层，直至抽滤液中无微小的石棉纤维为止。

2）将石棉坩埚放在103～105℃烘箱中每次烘1h，取出放入干燥器内冷却30min后，称量至恒重。

3）计算测定结果

（3）将有关实验数据填入表12-9中：

表12-9

测定方法	滤纸法		石棉坩埚法	
	滤纸+称量瓶质量（g）		石棉坩埚质量（g）	
称量次数	过滤前（m_1）	过滤后（m_2）	过滤前（m_1）	过滤后（m_2）
第1次				
第2次				
恒重值				
悬浮固体（mg/L）				

6. 注意事项

（1）用滤纸法或石棉坩埚法测定水中总不可滤残渣（悬浮固体）时，由于滤孔大小对测定结果有很大影响，报告结果时应注明测定方法、过滤材料以及烘干温度。石棉坩埚法通常用于测定含酸或含碱浓度较高的水样。

(2) 称量时，必须准确控制时间和温度，并且每次按同样次序烘干，称量，这样容易得到恒重。

(3) 树叶、水生生物残骸等不均匀固体物块，均不属悬浮物，过滤前应从水样中去除。

(4) 如果水样浊度很高，会使过滤十分缓慢，亦可根据总残渣（总固体）与总可滤残渣（可溶性固体）两者相减计算总不可滤残渣，但报告结果时应注明。

实验思考题

1. 测定清洁水中的总不可滤残渣（悬浮固体），采用哪种方法较好？
2. 何谓恒重？为了得到恒重，称量时必须注意什么？
3. 滤纸法与石棉坩埚法中所规定的烘干时间及烘干温度是否一致？

实验 25　显微镜使用与微生物形态观察

1. 实验目的

(1) 了解光学显微镜的构造并学会操作显微镜、使用油镜。

(2) 认识细菌的基本形态和特殊结构。

2. 实验原理

(1) 光学显微镜的构造

1) 目镜：安装在镜筒上方的透镜。一般配 5 倍（5×）、10 倍（10×）、15 倍（15×）三种规格的目镜。

2) 物镜：安装在转换器孔上的透镜。一般配低倍镜（8×，10×，20×）、高倍镜（40×，45×）、油镜（100×）三种镜头。

3) 集光器、光圈、反光镜具有聚光和调节光度的作用。

4) 底座：由镜座、镜柱和镜臂组成。上面连接载物台与镜筒，镜臂可活动（通过倾斜关节来调节）。

5) 转换器：用来装配和移换物镜。

6) 载物台：放载标本，上有压片夹以固定玻片，或装有复式十字推进器用来移动玻片。

7) 粗调螺旋与细调螺旋：调节镜筒与标本的距离，即调节焦距。

(2) 光学显微镜的使用原理

低倍镜与高倍镜一般用作微生物活体观察，而油镜多用来观察染色的细菌涂片。

显微镜的总放大率等于物镜放大率与目镜放大率的乘积，如目镜为 5 倍（5×），物镜为 100 倍（100×），则总放大率为 5×100=500 倍。

显微的效果是否清晰，并不决定于显微镜的放大率，而是由分辨力决定的。分辨力是指显微镜能够辨别两点之间最小距离的能力，辨别两点的距离越小，分辨力越高，则观察到的标本越清晰。显微镜的分辨力与射入光的波长、物镜的数值孔径有关，数值孔径越大，则分辨力越大。而数值孔径与介质折射率（n）成正比。一般物镜与标本之间的介质是空气（$n=1$），但如果在物镜和标本之间加进一种折射率和玻璃折射率（$n=1.52$）相同的物质，就能增大数值孔径，从而提高分辨力。油镜的使用，就是观察时在油镜和标本之间加入香柏油（$n=1.52$）或液状石蜡，可有效地提高显微镜的放大率和分辨力。但香柏油易固结，容易损坏镜头，因此，用过香柏油的油镜，要用脱脂纱布或擦镜纸蘸二甲苯将镜头轻轻擦净。

相同的总放大率，由于目镜和物镜的不同搭配，其分辨力也不同，数值孔径大的40倍物镜与5倍的目镜相搭配，其分辨力比数值孔径小的10倍物镜和20倍目镜相搭配时要高些。由于总放大率的分辨力与物镜的数值孔径有关，因此，有时即使提高目镜的放大率，成像也会模糊不清，此为无效放大。一般来说，高倍数的物镜其数值孔径也越大，故应该靠交换物镜而不是目镜来提高总放大率。

3. 实验试剂与材料

（1）香柏油（或液状石蜡）、二甲苯。

（2）细菌三型的永久制片（或细菌单染色片）。

（3）细菌荚膜、芽孢、鞭毛的示范片。

4. 实验仪器和设备

光学显微镜，擦镜纸。

5. 实验内容与步骤

（1）使用显微镜的油镜观察细菌的基本形态

1）将显微镜置于平整的实验台上（移动显微镜时左手托镜座，右手握镜臂），观察者面对镜臂。

2）分别装配目镜（10×）和物镜（10×、40×、100×），通过转换器将低倍镜移到镜筒下方。

3）打开电源开关，用左眼在目镜上观察，调节光圈，至视野明亮为止。

4）用压片夹将待观察的制片固定在载物台上，标本处于通光孔的正中央。

5）向下转动粗调螺旋，使物镜接近玻片，约离玻片0.5cm止。注意物镜不要与玻片相触。

6）用左眼在目镜上观察，同时向上慢转粗调螺旋，至标本显出。

7）调节细调螺旋，至标本完全清晰。

以上为低倍镜观察。若粗调螺旋转动太快而超过焦点，必须从第5步重调，切忌一边观察一边向下转动粗调螺旋，以防物镜因与载玻片相撞而损坏。如果低倍镜观察放大率不够，可转高倍镜观察。

8）将高倍镜移换到镜筒下方。此时标本可能不够清晰，可小心调节细调螺旋，使其清晰并寻找最佳的典型观察视野。若高倍镜观察放大率仍不够理想，可接着转油镜观察。

9）提高镜筒，距标本约2cm，在载玻片标本部位加一滴香柏油（或液状石蜡）。

10）将油镜转换到镜筒下方。转动粗调螺旋，使油镜浸入油滴（至油浸线），几乎与标本相触，但不可将油镜压到标本上，以免损坏镜头和压碎玻片。调节粗调和细调螺旋，至标本清晰。油镜使用完毕，须立即用擦镜纸或脱脂纱布将镜头和玻片上的油擦干净，再用二甲苯擦拭镜头（若用液状石蜡作介质可不用二甲苯擦拭），最后擦去二甲苯至干净。

（2）观察细菌荚膜、芽孢、鞭毛的示范片

观察完毕后，用绘图报告所观察到的细菌形态和结构（生物绘图由点和线构成，铅笔描绘，图中各部分颜色的深浅只能用点的疏密来表示），在图下标明细菌名称和总放大率。

实验思考题

1. 使用显微镜时需特别注意什么？
2. 说明各种物镜的作用。
3. 使用油镜时为何要以香柏油作介质？

实验 26 细菌染色练习

1. 实验目的

（1）学习细菌涂片、染色及实验室无菌操作的基本技术。

（2）掌握革兰氏染色的操作技术。

（3）进一步熟练使用显微镜的油镜。

2. 实验原理

一般微生物，尤其是细菌，其菌体是无色半透明的。因此，必须借助染色法使菌体着色，与背景形成鲜明反差，才有利于显微观察。

简单染色法是利用细菌带负电荷，易于碱性染料结合而被着色，采用一种单色染料对细菌进行染色。此法操作简便，适用于细菌形态和大小的观察。

革兰氏染色法属于复合染色，是细菌学中重要而常见的鉴别染色法。染色时先用草酸铵结晶紫染色，经媒染后再用酒精脱色（媒染的作用是加强染料与细菌的亲和力），因为革兰氏阳性菌带的负电荷比革兰氏阴性菌多，等电点也较低，所以它与草酸铵结晶紫的结合力很牢固，对酒精脱色的抵抗力也更强，故而加入脱色剂后，革兰氏阳性菌体内的染料不被脱色，仍呈紫色；而革兰氏阴性菌体内的染料则被酒精提取而呈无色。脱色后再用蕃红（沙黄）染料复染，其目的是使已脱色的细菌重新染上另一种颜色，以便与未脱色菌进行比较。因此，凡经革兰氏染色后，镜检菌体呈紫色的为革兰氏阳性菌（G^+），镜检菌体为红色的是革兰氏阴性菌（G^-）。

3. 实验试剂与材料

（1）香柏油（或液体石蜡）、二甲苯。

（2）吕氏碱性美蓝染色液 A 液：美蓝 0.6g，溶于 30mL95％乙醇溶液中；B 液：氢氧化钾 KOH0.01g，溶入 100mL 蒸馏水中。将 A、B 二液混合摇匀使用。

（3）齐氏石炭酸品红染色液。将碱性品红 0.3g 在研钵中研磨，逐渐加入 95％乙醇，继续研磨使其溶解，配成 A 液。石炭酸 5.0g 溶于 95mL 蒸馏水中，配成 B 液。混合 A、B 二液过滤即成，通常将混合液稀释 5～10 倍使用，稀释液易变质失效，一次不宜多配。

（4）草酸铵结晶紫染色液 A 液：结晶紫 1g 溶于 20mL95 乙醇溶液中；B 液：草酸铵 0.8g 溶入 80mL 蒸馏水中，混合 A、B 二液，静置 48h 后使用。结晶紫溶液放置过久会产生沉淀不能再用。

（5）卢戈氏碘液。先将碘化钾 2.0g 溶解在少量水中，再将 1.0g 碘溶入其中，加水至 300mL。

（6）95%酒精溶液。

（7）沙黄染色液。沙黄0.25g溶于10mL95%乙醇溶液中，加入80mL蒸馏水混匀即成。

（8）大肠杆菌、枯草杆菌、杀螟杆菌、葡萄球菌。菌种均培养18～24h，再制成菌悬液。其制法如下：先在菌种管中注入无菌水，用接种环轻轻刮下菌苔于水中，摇匀，然后用无菌吸管将此菌悬液转入已灭菌的空试管中，塞上棉塞备用。以上操作为无菌操作。

4. 实验仪器与设备

显微镜，酒精灯，接种环，载玻片。

5. 实验内容与步骤

（1）简单染色法：涂片→固定→染色→水洗→干燥→镜检。

1）标记。在标签纸上分别填上菌名、染色剂名称、日期，贴在载玻片右侧。

2）涂片。分别取葡萄球菌、杀螟杆菌涂片。

3）干燥。在空气中自然晾干。（或可将玻片置于酒精灯火焰高处稍稍加热干燥，细菌涂抹面向上。）

4）固定。将玻片迅速通过火焰2～3次（以玻片反面触及皮肤，热而不烫为宜），使细菌蛋白质因加热凝固而黏附在载玻片上。

5）染色。用美蓝染液或石炭酸品红染液进行染色。染色时间长短视不同染液而定，美蓝约2～3min，石炭酸品红约1～2min，染液滴加在涂片薄膜上，以覆盖标本为度。

6）水洗。倾去染液，斜置载玻片于烧杯边沿，用水将涂片上方轻轻冲洗，直至流下之水无色为止。

7）干燥。用吸水纸吸去涂片边缘的水（注意不要将细菌擦掉），自然干燥。

8）镜检。用油镜观察涂片和染色的效果。

（2）革兰氏染色。涂片⟶固定⟶结晶紫染色$\xrightarrow{1min}$水洗⟶媒染$\xrightarrow{1min}$水洗⟶脱色⟶水洗⟶复染$\xrightarrow{1min}$水洗⟶干燥⟶镜检。

1）首先在载玻片上贴好标签，取一小滴大肠杆菌和枯草杆菌的菌悬液分别涂片（或混合两种菌悬液涂片），并干燥固定。

2）在涂膜上加一滴草酸铵结晶紫染液，约1min后水洗。

3）以卢戈氏碘液作媒染剂媒染1min，水洗。

4）用95%的酒精溶液脱色。先将玻片斜靠在烧杯的杯沿上，然后一滴滴地滴加酒精于涂膜上方，并轻轻摇动玻片，至流出的酒精不出现紫色时立即停止，随即水洗（或将酒精直接滴在涂膜上，静置30～45s，水洗）。

5）滴加番红染液复染1min，水洗。

6）吸干净涂片边缘的水分，镜检。观察时应选择分散开的细菌来判断是G^+菌还是G^-菌。过于密集或重叠的细菌往往呈假阳性。

革兰氏染色的关键，是要求严格掌握酒精脱色的时间。脱色时间过长，阳性菌容易被误认为阴性菌；脱色时间过短，则易将阴性菌误认为阳性菌。

实验思考题

1. 革兰氏染色涂片为什么不能过于浓厚？染色成败的关键是哪一步？
2. 当你对一种未知菌进行革兰氏染色时，怎样能证实你的染色技术操作正确，结果可靠？

实验 27 水的卫生细菌学检验（一）

水中细菌总数的测定

1. 实验目的

（1）掌握水中细菌总数的测定方法和操作技术。

（2）学习自来水水样的采集方法。

2. 实验原理

水中的细菌总数，实际上是指 1mL 水样在营养琼脂培养基中于 37℃培养 24h 以后，所生长的细菌菌落总数（利用平板计数技术来计算）。细菌的种类繁多，它们对营养和其他生长条件的要求差异很大，因此一种培养基和一种条件不可能使水中所有细菌都生长繁殖良好，实验计算出的水中细菌总数仅是一种近似值，平板上生长的菌落数应以单位容量中的菌落形成单位数（Colony Forming Units，CFU）报告，即 CFU/mL。但能在营养琼脂培养基中 37℃培养 24h 生长良好的细菌，可代表在人体温度下能繁殖的细菌。故而此法测定的细菌总数可作为判定饮用水、水源水等污染程度的标志。

3. 实验仪器和设备

（1）灭菌水样瓶，灭菌移液管，灭菌培养皿。

（2）培养箱，普通放大镜或菌落计数器，标签，浆糊，酒精灯。

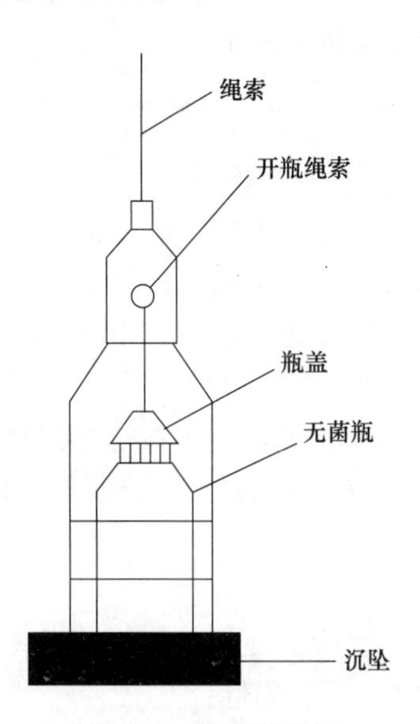

图 12-7 细菌采样瓶

4. 实验试剂与材料

（1）营养琼脂培养基。无菌水（9mL）稀释管。

(2) 生活饮用水(自来水)。水源水。

5. 实验内容与步骤

(1) 自来水的采集

点燃酒精灯将水龙头灼烧消毒，然后拧开水龙头，使水流出5～10min后，再用已灭菌的水样瓶接取水样，以待分析。若采集经过氯处理的水样，应在水样瓶灭菌前，按每500mL水样加入1.5%$Na_2S_2O_3$溶液2mL以消除氯的作用。

(2) 水源水的采集

用特制的采样器采集。此水样实验前由教师预先准备。

(3) 生活饮用水中的细菌总数测定

1) 采集自来水水样。

2) 平板接种——混合稀释法。以无菌操作用灭菌移液管吸取1mL已充分混匀的水样，注入无菌培养皿中，再倾注约15mL已融化并冷却到45℃左右的营养琼脂培养基(注意铺满皿底并形成约2～3mm的薄层)。同时作两个平行样。

3) 另取一个空的灭菌培养皿，以无菌操作倾注营养琼脂培养基作空白对照。

4) 待培养基凝固后，倒置于恒温培养箱内37℃培养24h。

5) 菌落计数。用放大镜检查培养基表面或深处生成的菌落(像白色小点)并计数，两皿平均菌落数即为1mL水样中的细菌总数。

(4) 水源水的细菌总数测定

此水样中一般含细菌较多(超过300个/mL)。应该在检验前稀释，使稀释后的水样经培养后每皿菌落数在30～300个之间。

1) 水样的稀释——十倍稀释法。以无菌操作吸取1mL充分混合均匀的水样，注入盛有9mL无菌水的试管中摇匀，稀释度为1/10(10^{-1})，如此类推，由1/10稀释至1/100(10^{-2})，连续稀释可得稀释度为1/1000(10^{-3})、1/10000(10^{-4})……的水样。稀释倍数视水样污染程度而定。

2) 平板接种。取最后三个稀释度的水样各1mL，接种于营养琼脂培养基中，混匀后静置待培养基凝固。每个稀释度的水样做两个平行样，操作方法与生活饮用水检验步骤相同。

3) 另取灭菌培养皿倾注营养琼培养基作为空白对照。

4) 37℃培养24h后(培养时倒置培养皿，以防培养基水分蒸发到皿盖上)，进行菌落计数。

(5) 菌落计数与细菌总数的计算

1) 用笔在培养皿背面划分几个区域，以便于计数并防止遗漏，菌落密集时可持放大镜检查。

2) 平均菌落数的计算 记录下各培养皿的菌落数后，求出同一稀释度的平均菌落数。若同一稀释度其中一皿有较大的片状菌落生长时，该皿不宜采用，而应以无片状菌落生长的培养皿中的菌落数作为该稀释度的平均菌落数。若片状菌落的大小不到培养皿的一半，而其余一半菌落分布又很均匀，则可将此一半的菌落数乘以2代表全皿菌落数。若空白对照出现杂菌以致无法计数，应报告实验事故。

3) 计数结果计算。细菌总数是以每个稀释度的平均菌落数乘以稀释倍数得来的，应选取平均菌落数在30～300之间的培养皿进行计算计算方法如表12-10：

菌落总数的计算方法举例　　表12-10

例次	不同稀释度的平均菌落数			两个稀释度菌落总数之比	菌落总数（CPU/mL）	水中的细菌总数（报告方式）（CPU/mL）
	10^{-1}	10^{-2}	10^{-3}			
1	1365	164	20	—	16400	16000或1.6×10^{4}
2	2760	295	46	1.6	37750	38000或3.8×10^{4}
3	2890	271	60	2.2	27100	27000或2.7×10^{4}
4	150	30	8	2	1500	1500或1.5×10^{3}
5	无法计数	1650	513	—	513000	510000或5.1×10^{5}
6	27	11	5	—	270	270或2.7×10^{2}
7	无法计数	305	12	—	30500	31000或3.1×10^{4}
8	0	0	0	—	<110	<110

4）报告生活饮用水和水源水中的细菌总数。菌落数在100以内时，按实数报告；大于100时，采用2位有效数字；在2位有效数字后面的数值按四舍五入的方法计算，为了缩短数字后面的零数，也可用10的指数来表示。未经稀释的水样，按培养皿中实际生长的菌落数报告。若所有稀释度均无菌落生长则以1乘以稀释倍数报告之。若无法计数，应报告稀释倍数。将结果报告填入表12-11：

生活饮用水和水源水中的细菌数　　表12-11

水样	自来水		水源水					
稀释度			10^{-1}		10^{-2}		10^{-3}	
培养基平板编号	1	2	1	2	1	2	1	2
菌落计数（个）								
平均菌落数（个）								
菌落总数（CPU/mL）								
细菌总数（CFU/mL）								

6. 注意事项

（1）检验中所用的一切用品必须是完全灭菌的各种玻璃器皿。培养皿、吸管、试管在灭菌前应彻底洗涤干净，121℃高压蒸汽灭菌20min或160℃干烤2h。培养基和稀释液按规定要求进行高压蒸汽灭菌。

（2）做细菌总数检验时应接种一空白皿作对照以检验培养基器皿的灭菌效果。

（3）做水样稀释时应小心沿管壁加入，不要触及管内稀释液，以防吸管尖端外侧部分黏附的检验液混入其中。

（4）将1mL水样注入平皿内时应从平皿一侧加入，不要揭去平皿盖；最后将吸管直立使水流空，并在平皿底干燥处再擦一下吸管尖，将余液排出而不要吹出。

(5) 为防止产生片状菌落，水样加入平皿后在20min内向平皿内倾入营养琼脂培养基并立即混合均匀。

(6) 平皿内琼脂凝固后不要放置长久后才翻转培养，而应于琼脂凝固后在数分钟内将平皿翻转进行培养，这样可避免菌落蔓延生长。

(7) 菌落计数时应先分别观察同一稀释度的2个平板、和不同稀释度的几个平板内菌落的生长情况；平行检测的2个平板上生长的菌落数应该接近，不同稀释度的几个平板上的菌落数应与水样稀释倍数成反比，即水样稀释倍数越大菌落数越低，稀释倍数越小菌落数越高。如果稀释度人的平板上菌落数反比稀释度小的平板上菌落数高，则可能是检验工作中存在差错，应查明原因予以纠正。

(8) 若平板上出现链状菌落而且菌落之间没有明显的界线，则一条链作为一个菌落如果有来源不同的几条链则每条作为一个菌落计，不要把链上生长的各个菌落分开来。

(9) 如果所有平板上都菌落密布，不要用多不可计报告结果；而应在稀释度最大的平板上任意数其中2个$2cm^2$内的菌落数除2，求出每$2cm^2$内平均菌落数乘以平皿底面积即πr^2，再乘以稀释倍数报告。例如10^{-1}～10^{-3}稀释度的所有平板上均菌落密布，就在10^{-3}稀释度的平板上任数2个$2cm^2$内的菌落数是60个，平皿底直径为9cm，则该水样每mL中估计菌落数为：

$$(60\div2)\times3.14\times4.5^2\times1000=1908000 \text{ 或 } 1.9\times10^6$$

若平皿底直径不足9cm，则可按其直径的实际cm数代入公式求出。报告结果时应在菌落计数前加上“估计”二字。

实验思考题

1. 细菌培养时，为什么要将培养皿倒置?
2. 测定细菌总数时，培养基平板的菌落数目是否能代表水样中实际存在的细菌数目?
3. 本实验所取水样的水质是否符合卫生细菌学标准?

实验28 水的卫生细菌学检验（二）

总大肠菌群的测定

1. 实验目的

(1) 学习和掌握水中总大肠菌群的测定方法——多管发酵法和滤膜法。

(2) 了解大肠菌群的生理生化特征。

2. 实验原理

大肠菌群的生理生化特征与人体肠道病原菌基本一致，因此通过测定水中的总大肠菌群数，可以判断水质是否受到污染及污染来源。

大肠菌群能发酵乳糖、产酸产气，具有革兰氏染色阴性，无芽孢、旱杆状等性状，多管发酵法根据大肠菌群的生理生化特征，通过推测试验、确定试验、验证试验等三个步骤的检验，求得水样中的总大肠菌群数，并以最可能数（Most Probable Number，简称MPN）来表示试验结果。

乳糖发酵试验采用乳糖蛋白胨培养基，培养液中的乳糖有选择作用（多数细菌不能发酵乳糖），大肠菌群可发酵乳糖并产酸、产气。为观察细菌产酸情况，培养基内加入溴甲酚紫做酸碱作指示剂，细菌若产酸，培养液由紫色变为黄色。为观察细菌产气情况，发酵管中设一倒置小管（德汉氏试管），导管内若有气泡，即表示细菌产气。水样接种于发酵管内 37℃培养 24h，若产酸、产气，说明水中有大肠菌群，为阳性结果；若产酸不产气（量少时，延迟到 48h 才产气），视为可疑结果；不产酸产气者（或 48h 后不产气）为阴性结果。

培养分离试验一般选用伊红美蓝培养基。以伊红美蓝染料作指示剂，使大肠菌群形成带核心、有金属光泽的深紫色菌落。发酵中阳性或可疑结果均需在培养基平板上划线分离，37℃培养 24h 后观察菌落特征。

平板分离后呈现典型大肠菌群特征的菌落，经革兰氏染色镜检为革兰氏染色阴性、无芽孢杆菌者，挑取原菌落进行复发酵试验，经验证为产气者，最后报告为大肠菌群阳性。

采用滤膜法时，是利用滤膜过滤器过滤水样，将细菌截留在滤膜上，然后置于适当的培养基上培养。细菌直接在滤膜上生长，可直接计数。根据数出的总大肠菌群菌落总数和过滤的水样体积数（mL），报告总大肠菌群数（CPU/100mL）。

$$\text{总大肠菌群数（CFU/mL）}=\frac{\text{每个滤膜上生长的大肠菌群菌落总数之和}\times 100}{\text{每张滤膜过滤的水重之和（mL）}}$$

3. 实验仪器和设备

（1）灭菌水样瓶，灭菌移液管，灭菌试管，接种环，接种针，载玻片，滤膜（孔径 0.45～0.65mm），德汉氏试管（集气管）。

（2）酒精灯，无齿镊子，放大镜，标签，烧杯。

（3）细菌滤器，培养箱，水浴锅，抽滤设备，高压蒸汽灭菌锅，显微镜。

4. 实验试剂与材料

（1）乳糖蛋白胨培养基（供水的大肠菌群检验“发酵法”和“滤膜法”用）

将 10g 蛋白胨、3g 牛肉膏、5g 乳糖及 5g NaC1 加热溶解于 1000mL 蒸馏水中，调 pH 至 7.2～7.4。加入 1.6%溴甲酚紫乙醇溶液 1mL，充分混匀，以每管 10mL 分装于有导管的发酵管中，在 65704.555Pa，115.6℃下灭菌 20min。

浓乳糖蛋白胨培养基（供水的大肠菌群检验“发酵法”用）按上述“乳糖蛋白胨培养基”中各成分的三倍量配制，蒸馏水仍为 1000mL 充分混匀后，以每管 10mL 分装于有导管的发酵管中，在 65704.555Pa，115.6℃下灭菌 20min。

（2）品红亚硫酸钠培养基平板（供水的大肠菌群检验“滤膜法”用）

1）贮备培养基的制备。先将 15～20g 琼脂加入 500mL 蒸馏水中，煮沸溶解，另 500mL 蒸馏水中加入磷酸氢二钾 K_2HPO_4（3.5g）、蛋白胨（10g）、酵母浸膏（5g）和牛肉膏（5g），使其溶解，倒入已溶解的琼脂，补足蒸馏水至 1000mL，调 pH 至 7.2～7.4。再加入 10g 乳糖，混匀后定量分装于锥形瓶内，在 65704.555Pa，115℃下灭菌 20min。该培养基可贮存于冰箱备用。

2）平板的制备。称取 5g Na_2SO_3，置一无菌空试管中，加入少许无菌水使其溶解，再在水浴中煮沸 10min。用灭菌吸管吸取 20mL。碱性品红乙醇溶液（50g/L）。置于灭菌空试管中，再用灭菌吸管吸取已灭菌的亚硫酸钠溶液，滴加于碱性品红乙醇溶液至深红色退成淡粉色为止。将此混合液全部加至上述呈溶化状态的储备培养基中（按锥形瓶中培养基的分装量等比例加入），充分混匀，倒平板，冷却后置冰箱备用。贮存时间不适宜超过两周。

（3）伊红美蓝培养基（供水的大肠菌群检验“发酵法”用）

蛋白胨 10g 乳糖 10g K_2HPO_4 2g 琼脂 20～30g

2%伊红水溶液 20mL 0.5%美蓝水溶液 13mL 蒸馏水 1000mL

贮备培养基的制备与品红亚硫酸钠储备培养基制法相同。置冰箱备用。制各平板时，根据锥形瓶内培养基的容量，临用前用无菌移液管按比例分别吸取一定量已灭菌的2%伊红水溶液及0.5%美蓝水溶液加入溶化的培养基内充分混匀，即倒平板。

（4）革兰氏染液，无菌水（9mL）稀释管，香柏油（或液状石蜡），二甲苯，蒸馏水。

（5）生活饮用水，水源水（或生活污水）。

5. 实验内容与步骤

（1）多管发酵法检验生活饮用水中总大肠菌群数

1）乳糖发酵试验——液体接种

取10mL水样以无菌操作接种到10mL浓乳糖蛋白胨培养液中，取1mL水样接种到10mL乳糖蛋白胨培养液中，另取1mL水样注入到9mL灭菌生理盐水中混匀后吸取1mL（即0.1mL水样），注入到10mL乳糖蛋白胨培养液中，每一稀释度共接种5管。（对已处理过的出厂自来水可直接接种5份10mL浓培养基、每份接种10mL水样）。混匀后置培养箱37℃培养24h（另取空白培养基作对照培养），观察其产酸、产气情况。

2）培养分离试验——平板接种划线法

用接种环以无菌操作从阳性和可疑结果的发酵瓶（或管）中蘸取一滴菌液，分别接种于伊红美蓝培养基上划线分离。然后倒置于培养箱中37℃培养18～24h（另取空白培养基作对照培养），挑选具有大肠菌群典型特征的菌落（深紫黑色具有金属光泽、紫黑色不带或略带金属光泽或淡紫红色中心较深的菌落），取其一小部分涂片，革兰氏染色后镜检。

3）证实试验——液体接种

经革兰氏染色镜检证实为革兰氏阳性无芽孢杆菌的菌落，挑选其一部分原菌落菌体，以无菌操作接种于装有10mL乳糖蛋白胨培养基的发酵管中（内有倒管），每管可接种同一培养皿上（来自同一初发酵管）的1～3个典型菌落。接种完毕即置于培养箱中与空白对照管一起37℃培养24h，有产酸、产气者即证实有总大肠菌群存在。

MPN检索表 **表12-12**

（用5份10mL水样时各种阳性和阴性结果组合时的MPN）

5个10mL管中阳性管数	MPN	5个10mL管中阳性管数	MPN
0	0	3	9.2
1	2.2	4	16.0
2	5.1	5	>16

根据证实为总大肠菌群阳性的管数，查MPN检索表（表12-12），报告每100mL水样中的总大肠菌群MPN值。如所有乳糖发酵管均阴性时，可报告未检出总大肠菌群。MPN

是表示样品中活菌密度的估测数。

(2) 多管发酵法测定水源水（或生活污水）总大肠菌群数

1) 水样的稀释。可视水样的清洁程度确定稀释倍数和用于接种的水量，见表 12-13。凡已稀释的水样，接种时取水样量为 1mL。

水质清洁程度与水的稀释倍数 **表 12-13**

水质清洁程度		水样稀释度	用于接种的原水样量（mL）
水源水	较清洁	10^{-1}	10，1，0.1（各 5 管）
	一般	10^{-1}，10^{-2}	1，0.1，0.01（各 5 管）
生活污水	轻度污染	10^{-1}，10^{-2}，10^{-3}	0.1，0.01，0.001（各 5 管）
	中度污染	10^{-1}，10^{-2}，10^{-3}，10^{-4}	0.01，0.001，0.0001（各 5 管）
	重度污染	10^{-1}，10^{-2}，10^{-3}，10^{-4}	0.01，0.001，0.0001，0.00001（各 5 管）

2) 检验方法步骤与生活饮用水相同。检验水源水时，如污染较严重应加大稀释度，每个稀释度接种 5 管，每个水样接种 15 管。接种 1mL 以下水样时必须作 10 倍递增稀释后取 1mL 接种，每递增稀释一次换用 1 支 1mL 灭菌分度吸管。培养接种时，每 1mL 水样需要 10mL 稀培养基，同时取空白培养基作对照培养。根据证实有大肠菌群存在的阳性管数查 MPN 检索表。报告水样中的总大肠菌群数。

(3) 滤膜法测定水中总大肠菌群数

1) 灭菌

① 滤膜灭菌。滤膜放入烧杯并加入蒸馏水，于沸水浴中煮沸灭菌三次，每次 15min，并更换蒸馏水。

② 滤器灭菌。高压蒸汽 121℃（98.1kPa）灭菌 20min，或用点燃的酒精棉球火焰灭菌。

2) 过滤水样

① 用灼烧后冷却的镊子夹取灭菌滤膜边缘，贴在滤床上（粗糙面向上），固定好负压抽滤器。将预定的水量 100mL（如水样含菌数较多，可减少过滤水样量或将水样稀释）注入滤器中，加盖，打开阀门，在－0.5Pa 的压力下抽滤。

水样的用量决定于大肠菌群的浓度，以在滤膜上生长的典型菌落不超过 50 个为原则。清洁的深井水或经处理的饮用水，可取 333mL 水样，较清洁的河水或湖泊水，可取 1～100mL 水样，而污染较严重的水，可取适量水样加入 100mL 无菌水混匀抽滤。

② 抽滤完毕，再抽气 5s，取下滤膜移放到品红亚硫酸钠培养基平板（或伊红美蓝培养基平板）上，滤膜截留细菌的一面向上，并完全紧贴培养基不得留有气泡。

③ 倒置于培养箱中 37℃培养 22～24h。另取空白灭菌滤膜作对照培养。

④ 观察结果，挑出符合大肠菌群特征的菌落进行革兰氏染色镜检。发现有革兰氏阴性无芽孢杆菌时，用接种环挑取原菌落，接种于乳糖蛋白胨培养液中，37℃培养 24h，有产酸、产气者，判断为大肠菌群阳性。

⑤ 计算滤膜上生长的总大肠菌群数以每 100mL 水样中的总大肠菌群数报告（CFU/

100mL）。

（4）报告各水样中总大肠菌群数，填入表 12-14：

表 12-14

<table>
<tr><td></td><td>水　　样</td><td colspan="4">生活饮用水</td><td colspan="3">水　源　水</td></tr>
<tr><td rowspan="3">发酵法</td><td>接种水样量</td><td>5×10mL</td><td>5×10mL</td><td>5×1mL</td><td>5×0.1mL</td><td>5×1mL</td><td>5×0.1mL</td><td>5×0.01mL</td></tr>
<tr><td>阳性管数</td><td></td><td></td><td></td><td></td><td></td><td></td><td></td></tr>
<tr><td>总大肠菌群数
（个/100mL）</td><td></td><td colspan="3"></td><td colspan="3"></td></tr>
<tr><td rowspan="3">滤膜法</td><td>过滤水样量
（每张滤膜）</td><td colspan="4">100mL</td><td>50mL</td><td colspan="2">50mL</td></tr>
<tr><td>总大肠菌群菌落
总数（个）</td><td colspan="4"></td><td></td><td colspan="2"></td></tr>
<tr><td>总大肠菌群
（CFU/100mL）</td><td colspan="4"></td><td></td><td colspan="2"></td></tr>
</table>

6. 注意事项

（1）对水源水特别是不了解其污染程度且水质较复杂的水，则应考虑其污染程度来选择稀释度。对低污染水样选择 10、1 和 0.1mL 三个稀释度，如果污染较重相应稀释度就应更大些，如 1、0.1 和 0.01mL 或更大，在无法估计其细菌污染量时，可多做几个稀释度待结果出来后可根据 MPN 表格酌情选择。

（2）在接种前应将水样充分摇匀，使水中的细菌能均匀分布于水中；接种后摇动试管使水样与培养基混匀。

（3）分离培养时接种阳性试管的选择方法如下：假如只接种 5 个 10mL 样品时，所有产气、产酸的管都做分离培养；假如接种 15 支管，就要选所有各管都呈阳性的最小样品量。例如，经培养后 5 管 10mL、5 管 1mL、5 管 0.1mL、4 管 0.01mL 均呈阳性结果，分离培养做原来接种 1mL、0.1mL 和 0.01mL 水样的阳性管。

（4）从伊红美蓝培养基上挑选菌落时，由于大肠菌群为一群肠道杆菌的总称，故在菌落形态色泽等方面较复杂。挑取菌落数与大肠菌群的检出率有密切关系，在实际工作中往往为了节省人力和时间，通常只挑取一个菌落；由于几率问题很难避免假阴性的出现，所以挑菌落时一定要挑取典型菌落，如无典型菌落时应多挑几个以免出现假阴性。

（5）滤膜法规定过滤水样体积为 100mL，是指经过处理后的管网末梢水。实际上处理水样体积应根据水中的细菌密度，选择能在滤膜上长出 50 个左右大肠菌群菌落和 200 个以下的杂菌菌落的水样体积。对未经消毒处理的井水、河水或水源水，过滤量要少，当过滤的水样体积少于 10mL 时，应该在过滤之前加 20mL 灭菌的稀释水混匀后再过滤；这样有助于使水中的细菌均匀分布在整个过滤膜表面。当水样含菌量多时也可将 100mL 水样分成几份过滤，如每 50mL 水样过滤 1 张滤膜或每 25mL 过滤 1 张滤膜。

（6）品红亚硫酸钠培养基成分中含有性质不稳定的亚硫酸钠和品红，应先制备各培养基，临用时再加入新鲜配制的亚硫酸钠与碱性品红的混合液。配制过程中应注意 50g/L 的碱性品红酒精液，如保存不当酒精挥发浓度会变大，亚硫酸钠水溶液需新鲜配制，煮沸灭菌后备用，切不可高压灭菌。其用量应以品红完全脱色为准。

（7）滤膜灭菌方法按规定用水浴煮沸灭菌，但当滤膜用量过多或需现场采样过滤时，煮沸灭菌有其不便之处：也可用高压蒸气灭菌（115℃）或钴－60（^{60}Co）照射。高压灭菌后的滤膜韧性减低、易破裂，在操作时应注意。

实验思考题

1. 多管发酵法测大肠菌群分哪几步进行？每个试验需要哪种培养基？
2. 发酵管中为何要放置导管？
3. 实验水样是否符合水质卫生标准？

附　　录

附录 1　化学元素周期表

化学元素周期表

族/周期	ⅠA	ⅡA	ⅢB	ⅣB	ⅤB	ⅥB	ⅦB	ⅧB			ⅠB	ⅡB	ⅢA	ⅣA	ⅤA	ⅥA	ⅦA	0
1	H 氢																	He 氦
2	Li 锂	Be 铍											B 硼	C 碳	N 氮	O 氧	F 氟	Ne 氖
3	Na 钠	Mg 镁											Al 铝	Si 硅	P 磷	S 硫	Cl 氯	Ar 氩
4	K 钾	Ca 钙	Sc 钪	Ti 钛	V 钒	Cr 铬	Mn 锰	Fe 铁	Co 钴	Ni 镍	Cu 铜	Zn 锌	Ga 镓	Ge 锗	As 砷	Se 硒	Br 溴	Kr 氪
5	Rb 铷	Sr 锶	Y 钇	Zr 锆	Nb 铌	Mo 钼	Tc 锝	Ru 钌	Rh 铑	Pd 钯	Ag 银	Cd 镉	In 铟	Sn 锡	Sb 锑	Te 碲	I 碘	Xe 氙
6	Cs 铯	Ba 钡	镧系	Hf 铪	Ta 钽	W 钨	Re 铼	Os 锇	Ir 铱	Pt 铂	Au 金	Hg 汞	Tl 铊	Pb 铅	Bi 铋	Po 钋	At 砹	Rn 氡
7	Fr 钫	Ra 镭	锕系	Rf 鈩														
镧系	La 镧	Ce 铈	Pr 镨	Nd 钕	Pm 钷	Sm 钐	Eu 铕	Gd 钆	Tb 铽	Dy 镝	Ho 钬	Er 铒	Tm 铥	Yb 镱	Lu 镥			
锕系	Ac 锕	Th 钍	Pa 镤	U 铀	Np 镎	Pu 钚	Am 镅	Cm 锔	Bk 锫	Cf 锎	Es 锿	Fm 镄	Md 钔	No 锘	Lr 铹			

注：阴影部分为非金属，其他为金属；粗边框内为过渡元素。

附录 2　生活饮用水卫生标准 GB 5749—2006

生活饮用水水质常规指标及限值　　**附表 2-1**

指　　标	限　　值
1. 微生物指标[①]	
总大肠菌群（MPN/100mL 或 CFU/100mL）	不得检出
耐热大肠菌群（MPN/100mL 或 CFU/100mL）	不得检出
大肠埃希氏菌（MPN/100mL 或 CFU/100mL）	不得检出
菌落总数（CFU/mL）	100
2. 毒理指标	
砷（mg/L）	0.01
镉（mg/L）	0.005
铬（六价，mg/L）	0.05
铅（mg/L）	0.01
汞（mg/L）	0.001
硒（mg/L）	0.01
氰化物（mg/L）	0.05
氟化物（mg/L）	1.0
硝酸盐（以 N 计，mg/L）	10　地下水源限制时为 20
三氯甲烷（mg/L）	0.06
四氯化碳（mg/L）	0.002
溴酸盐（使用臭氧时，mg/L）	0.01
甲醛（使用臭氧时，mg/L）	0.9
亚氯酸盐（使用二氧化氯消毒时，mg/L）	0.7
氯酸盐（使用复合二氧化氯消毒时，mg/L）	0.7
3. 感官性状和一般化学指标	
色度（铂钴色度单位）	15
浑浊度（NTU-散射浊度单位）	1　水源与净水技术条件限制时为 3
臭和味	无异臭、异味

续表

指　标	限　值
肉眼可见物	无
pH（pH 单位）	不小于 6.5 且不大于 8.5
铝（mg/L）	0.2
铁（mg/L）	0.3
锰（mg/L）	0.1
铜（mg/L）	1.0
锌（mg/L）	1.0
氯化物（mg/L）	250
硫酸盐（mg/L）	250
溶解性总固体（mg/L）	1000
总硬度（以 $CaCO_3$ 计，mg/L）	450
耗氧量（COD_{Mn}法，以 O_2 计，mg/L）	3　水源限制，原水耗氧量>6mg/L 时为 5
挥发酚类（以苯酚计，mg/L）	0.002
阴离子合成洗涤剂（mg/L）	0.3
4. 放射性指标②	指导值
总 α 放射性（Bq/L）	0.5
总 β 放射性（Bq/L）	1

① MPN 表示最可能数；CFU 表示菌落形成单位。当水样检出总大肠菌群时，应进一步检验大肠埃希氏菌或耐热大肠菌群；水样未检出总大肠菌群，不必检验大肠埃希氏菌或耐热大肠菌群。

② 放射性指标超过指导值，应进行核素分析和评价，判定能否饮用。

饮用水中消毒剂常规指标及要求　　**附表 2-2**

消毒剂名称	与水接触时间	出厂水中限值	出厂水中余量	管网末梢水中余量
氯气及游离氯制剂（游离氯，mg/L）	至少 30min	4	≥0.3	≥0.05
一氯胺（总氯，mg/L）	至少 120min	3	≥0.5	≥0.05
臭氧（O_3，mg/L）	至少 12min	0.3		0.02 如加氯，总氯≥0.05
二氧化氯（ClO_2，mg/L）	至少 30min	0.8	≥0.1	≥0.02

水质非常规指标及限值 **附表 2-3**

指　　标	限　　值
1. 微生物指标	
贾第鞭毛虫（个/10L）	<1
隐孢子虫（个/10L）	<1
2. 毒理指标	
锑（mg/L）	0.005
钡（mg/L）	0.7
铍（mg/L）	0.002
硼（mg/L）	0.5
钼（mg/L）	0.07
镍（mg/L）	0.02
银（mg/L）	0.05
铊（mg/L）	0.0001
氯化氰（以 CN^- 计，mg/L）	0.07
一氯二溴甲烷（mg/L）	0.1
二氯一溴甲烷（mg/L）	0.06
二氯乙酸（mg/L）	0.05
1，2-二氯乙烷（mg/L）	0.03
二氯甲烷（mg/L）	0.02
三卤甲烷（三氯甲烷、一氯二溴甲烷、二氯一溴甲烷、三溴甲烷的总和）	该类化合物中各种化合物的实测浓度与其各自限值的比值之和不超过 1
1，1，1-三氯乙烷（mg/L）	2
三氯乙酸（mg/L）	0.1
三氯乙醛（mg/L）	0.01
2，4，6-三氯酚（mg/L）	0.2
三溴甲烷（mg/L）	0.1
七氯（mg/L）	0.0004
马拉硫磷（mg/L）	0.25
五氯酚（mg/L）	0.009
六六六（总量，mg/L）	0.005

续表

指　标	限　值
六氯苯（mg/L）	0.001
乐果（mg/L）	0.08
对硫磷（mg/L）	0.003
灭草松（mg/L）	0.3
甲基对硫磷（mg/L）	0.02
百菌清（mg/L）	0.01
呋喃丹（mg/L）	0.007
林丹（mg/L）	0.002
毒死蜱（mg/L）	0.03
草甘膦（mg/L）	0.7
敌敌畏（mg/L）	0.001
莠去津（mg/L）	0.002
溴氰菊酯（mg/L）	0.02
2，4-滴（mg/L）	0.03
滴滴涕（mg/L）	0.001
乙苯（mg/L）	0.3
二甲苯（mg/L）	0.5
1，1-二氯乙烯（mg/L）	0.03
1，2-二氯乙烯（mg/L）	0.05
1，2-二氯苯（mg/L）	1
1，4-二氯苯（mg/L）	0.3
三氯乙烯（mg/L）	0.07
三氯苯（总量，mg/L）	0.02
六氯丁二烯（mg/L）	0.0006
丙烯酰胺（mg/L）	0.0005
四氯乙烯（mg/L）	0.04
甲苯（mg/L）	0.7
邻苯二甲酸二（2-乙基己基）酯（mg/L）	0.008
环氧氯丙烷（mg/L）	0.0004

续表

指　标	限　值
苯（mg/L）	0.01
苯乙烯（mg/L）	0.02
苯并（a）芘（mg/L）	0.00001
氯乙烯（mg/L）	0.005
氯苯（mg/L）	0.3
微囊藻毒素-LR（mg/L）	0.001
3. 感官性状和一般化学指标	
氨氮（以N计，mg/L）	0.5
硫化物（mg/L）	0.02
钠（mg/L）	200

农村小型集中式供水和分散式供水部分水质指标及限值　　附表 2-4

指　标	限　值
1. 微生物指标	
菌落总数（CFU/mL）	500
2. 毒理指标	
砷（mg/L）	0.05
氟化物（mg/L）	1.2
硝酸盐（以N计，mg/L）	20
3. 感官性状和一般化学指标	
色度（铂钴色度单位）	20
浑浊度（NTU—散射浊度单位）	3　水源与净水技术条件限制时为5
pH（pH单位）	不小于6.5且不大于9.5
溶解性总固体（mg/L）	1500
总硬度（以 $CaCO_3$ 计，mg/L）	550
耗氧量（COD_{Mn}法，以 O_2 计，mg/L）	5
铁（mg/L）	0.5
锰（mg/L）	0.3
氯化物（mg/L）	300
硫酸盐（mg/L）	300

生活饮用水水质参考指标及限值　　　　**附表 2-5**

指　标	限　值
肠球菌（CFU/100mL）	0
产气荚膜梭状芽孢杆菌（CFU/100mL）	0
二（2-乙基己基）己二酸酯（mg/L）	0.4
二溴乙烯（mg/L）	0.00005
二噁英（2，3，7，8-TCDD，mg/L）	0.00000003
土臭素（二甲基萘烷醇，mg/L）	0.00001
五氯丙烷（mg/L）	0.03
双酚 A（mg/L）	0.01
丙烯腈（mg/L）	0.1
丙烯酸（mg/L）	0.5
丙烯醛（mg/L）	0.1
四乙基铅（mg/L）	0.0001
戊二醛（mg/L）	0.07
甲基异莰醇−2（mg/L）	0.00001
石油类（总量，mg/L）	0.3
石棉（>10 μm，万/L）	700
亚硝酸盐（mg/L）	1
多环芳烃（总量，mg/L）	0.002
多氯联苯（总量，mg/L）	0.0005
邻苯二甲酸二乙酯（mg/L）	0.3
邻苯二甲酸二丁酯（mg/L）	0.003
环烷酸（mg/L）	1.0
苯甲醚（mg/L）	0.05
总有机碳（TOC，mg/L）	5
萘酚-β(mg/L)	0.4
黄原酸丁酯（mg/L）	0.001
氯化乙基汞（mg/L）	0.0001
硝基苯（mg/L）	0.017
镭 226 和镭 228（pCi/L）	5
氡（pCi/L）	300

附录 3　地面水环境质量标准 GB 3838—2002

地面水环境质量标准基本项目标准限值单位（mg/L）　　附表 3-1

序号	项目 \ 标准值分类	Ⅰ类	Ⅱ类	Ⅲ类	Ⅳ类	Ⅴ类
1	水温（℃）	人为造成的环境水温变化应限制在： 周平均最大温升≤1 周平均最大温降≤2				
2	pH（无量纲）	6～9				
3	溶解氧　≥	饱和率 90% （或 7.5）	6	5	3	2
4	高锰酸盐指数　≤	2	4	6	10	15
5	化学需氧量（COD）　≤	15	15	20	30	40
6	五日生化需氧量（BOD5）≤	3	3	4	6	10
7	氨氮（NH3-N）　≤	0.15	0.5	1.0	1.5	2.0
8	总磷（以 P 计）　≤	0.02 （湖、库 0.01）	0.1 （湖、库 0.025）	0.2 （湖、库 0.05）	0.3 （湖、库 0.1）	0.4 （湖、库 0.2）
9	总氮（湖、库、以 N 计）≤	0.2	0.5	1.0	1.5	2.0
10	铜　≤	0.01	1.0	1.0	1.0	1.0
11	锌　≤	0.05	1.0	1.0	2.0	2.0
12	氟化物（以 F^- 计）　≤	1.0	1.0	1.0	1.5	1.5
13	硒　≤	0.01	0.01	0.01	0.02	0.02
14	砷　≤	0.05	0.05	0.05	0.1	0.1
15	汞　≤	0.00005	0.00005	0.0001	0.001	0.001
16	镉　≤	0.001	0.005	0.005	0.005	0.01
17	铬（六价）　≤	0.01	0.05	0.05	0.05	0.1
18	铅　≤	0.01	0.01	0.05	0.05	0.1
19	氰化物　≤	0.005	0.05	0.2	0.2	0.2
20	挥发酚　≤	0.002	0.002	0.005	0.01	0.1
21	石油类　≤	0.05	0.05	0.05	0.5	1.0
22	阴离子表面活性剂　≤	0.2	0.2	0.2	0.3	0.3
23	硫化物　≤	0.05	0.1	0.05	0.5	1.0
24	粪大肠菌群（个/L）　≤	200	2000	10000	20000	40000

集中式生活饮用水地表水源地补充项目标准限值（单位：mg/L）　　附表 3-2

序　号	项　目	标 准 值
1	硫酸盐（以 SO_4^{2-} 计）	250
2	氯化物（以 Cl^- 计）	250
3	硝酸盐（以 N 计）	10
4	铁	0.3
5	锰	0.1

集中式生活饮用水地表水源地特定项目标准限值（单位：mg/L）　　附表 3-3

序 号	项　目	标 准 值	序 号	项　目	标 准 值
1	三氯甲烷	0.06	22	二甲苯①	0.5
2	四氯化碳	0.002	23	异丙苯	0.25
3	三溴甲烷	0.1	24	氯苯	0.3
4	二氯甲烷	0.02	25	1，2-二氯苯	1.0
5	1，2-二氯乙烷	0.03	26	1，4-二氯苯	0.3
6	环氧氯丙烷	0.02	27	三氯苯②	0.02
7	氯乙烯	0.005	28	四氯苯③	0.02
8	1，1-二氯乙烯	0.03	29	六氯苯	0.05
9	1，2-二氯乙烯	0.05	30	硝基苯	0.017
10	三氯乙烯	0.07	31	二硝基苯④	0.5
11	四氯乙烯	0.04	32	2，4-二硝基甲苯	0.0003
12	氯丁二烯	0.002	33	2，4，6-三硝基甲苯	0.5
13	六氯丁二烯	0.0006	34	硝基氯苯⑤	0.05
14	苯乙烯	0.02	35	2，4-二硝基氯苯	0.5
15	甲醛	0.9	36	2，4-二氯苯酚	0.093
16	乙醛	0.05	37	2，4，6-三氯苯酚	0.2
17	丙烯醛	0.1	38	五氯酚	0.009
18	三氯乙醛	0.01	39	苯胺	0.1
19	苯	0.01	40	联苯胺	0.0002
20	甲苯	0.7	41	丙烯酰胺	0.0005
21	乙苯	0.3	42	丙烯腈	0.1

续表

序号	项目	标准值	序号	项目	标准值
43	邻苯二甲酸二丁酯	0.003	62	百菌清	0.01
44	邻苯二甲酸二（2-乙基己基）酯	0.008	63	甲萘威	0.05
45	水合肼	0.01	64	溴清菊酯	0.02
46	四乙基铅	0.0001	65	阿特拉津	0.003
47	吡啶	0.2	66	苯并（a）芘	2.8×10^{-6}
48	松节油	0.2	67	甲基汞	1.0×10^{-6}
49	苦味酸	0.5	68	多氯联苯⑥	2.0×10^{-5}
50	丁基黄原酸	0.005	69	微囊藻毒素-LR	0.001
51	活性氯	0.01	70	黄磷	0.003
52	滴滴涕	0.001	71	钼	0.07
53	林丹	0.002	72	钴	1.0
54	环氧七氯	0.0002	73	铍	0.002
55	对流磷	0.003	74	硼	0.5
56	甲基对流磷	0.002	75	锑	0.005
57	马拉硫磷	0.05	76	镍	0.02
58	乐果	0.08	77	钡	0.7
59	敌敌畏	0.05	78	钒	0.05
60	敌百虫	0.05	79	钛	0.1
61	内吸磷	0.03	80	铊	0.0001

注：1. 二甲苯：指对-二甲苯、间-二甲苯、邻-二甲苯。

2. 三氯苯：指 1，2，3-三氯苯、1，2，4-三氯苯、1，3，5-三氯苯。

3. 四氯苯：指 1，2，3，4-四氯苯、1，2，3，5-四氯苯、1，2，4，5-四氯苯。

4. 二硝基苯：指对-二硝基苯、间-硝基氯苯、邻-硝基氯苯。

5. 多氯联苯：指 PCB-1016、PCB-1221、PCB-1232、PCB-1242、PCB-1248、PCB-1254、PCB-1260。

附录 4　城市杂用水水质标准 GB/T 18920—2002

序号	项　目		冲　厕	道路清扫、消防	城市绿化	车辆冲洗	建筑施工
1	pH		6.0～9.0				
2	色/度	≤	30				
3	嗅		无不快感				
4	浊度/NTU	≤	5	10	10	5	20
5	溶解性总固体/（mg/L）	≤	1500	1500	1000	1000	—
6	五日生化需氧量（BOD_5）/（mg/L）	≤	10	15	20	10	15
7	氨氮/（mg/L）	≤	10	10	20	10	20
8	阴离子表面活性剂/（mg/L）	≤	1.0	1.0	1.0	0.5	1.0
9	铁/（mg/L）	≤	0.3	—	—	0.3	—
10	锰/（mg/L）	≤	0.1	—	—	0.1	—
11	溶解氧/（mg/L）	≥	1.0				
12	总余氯（mg/L）		接触 30min 后≥1.0，管网末端≥0.2				
13	总大肠菌群/（个/L）	≤	3				

附录 5 污水综合排放标准 GB 8978—1996

第一类污染物最高允许排放浓度（单位：mg/L） **附表 5-1**

序 号	污 染 物	最高允许排放浓度
1	总汞	0.05
2	烷基汞	不得检出
3	总镉	0.1
4	总铬	1.5
5	六价铬	0.5
6	总砷	0.5
7	总铅	1.0
8	总镍	1.0
9	苯并（a）芘	0.00003
10	总铍	0.005
11	总银	0.5
12	总 α 放射性	1Bq/L
13	总 β 放射性	10Bq/L

第二类污染物最高允许排放浓度（单位：mg/L）
（1997 年 12 月 31 日之前建设的单位） **附表 5-2**

序 号	污 染 物	适 用 范 围	一 级 标 准	二 级 标 准	三 级 标 准
1	pH	一切排污单位	6～9	6～9	6～9
2	色度（稀释倍数）	染料工业	50	180	—
		其他排污单位	50	80	—
3	悬浮物（SS）	采矿、选矿、选煤工业	100	300	—
		脉金选矿	100	500	—
		边远地区砂金选矿	100	800	—
		城镇二级污水处理厂	20	30	—
		其他排污单位	70	200	400

续表

序号	污染物	适用范围	一级标准	二级标准	三级标准
4	五日生化需氧量（BOD_5）	甘蔗制糖、苎麻脱胶、湿法纤维板工业	30	100	600
		甜菜制糖、酒精、味精、皮革、化纤浆粕工业	30	150	600
		城镇二级污水处理厂	20	30	—
		其他排污单位	30	60	300
5	化学需氧量（COD）	甜菜制糖、焦化、合成脂肪酸、湿法纤维板、染料、洗毛、有机磷农药工业	100	200	1000
		味精、酒精、医药原料药、生物制药、苎麻脱胶、皮革、化纤浆粕工业	100	300	1000
		石油化工工业（包括石油炼制）	100	150	500
		城镇二级污水处理厂	60	120	—
		其他排污单位	100	150	500
6	石油类	一切排污单位	10	10	30
7	动植物油	一切排污单位	20	20	100
8	挥发酚	一切排污单位	0.5	0.5	2.0
9	总氰化合物	电影洗片（铁氰化合物）	0.5	5.0	5.0
		其他排污单位	0.5	0.5	1.0
10	硫化物	一切排污单位	1.0	1.0	2.0
11	氨氮	医药原料药、染料、石油化工工业	15	50	—
		其他排污单位	15	25	—
12	氟化物	低氟地区（水体含氟量<0.5mg/L）	10	20	30
		其他排污单位	10	10	20
13	磷酸盐（以P计）	一切排污单位	0.5	1.0	—
14	甲醛	一切排污单位	1.0	2.0	5.0
15	苯胺类	一切排污单位	1.0	2.0	5.0
16	硝基苯类	一切排污单位	2.0	3.0	5.0
17	阴离子表面活性剂（LAS）	合成洗涤剂工业	5.0	15	20
		其他排污单位	5.0	10	20

续表

序号	污染物	适用范围	一级标准	二级标准	三级标准
18	总铜	一切排污单位	5.0	1.0	2.0
19	总锌	一切排污单位	2.0	5.0	5.0
20	总锰	合成脂肪酸工业	2.0	5.0	5.0
		其他排污单位	2.0	2.0	5.0
21	彩色显影剂	电影洗片	2.0	3.0	5.0
22	显影剂及氧化物总量	电影洗片	3.0	6.0	6.0
23	元素磷	一切排污单位	0.1	0.3	0.3
24	有机磷农药（以P计）	一切排污单位	不得检出	0.5	0.5
25	粪大肠菌群数	医院*、兽医院及医疗机构含病原体污水	500个/L	1000个/L	5000个/L
		传染病、结核病医院污水	100个/L	500个/L	1000个/L
26	总余氯（采用氯化消毒的医院污水）	医院*、兽医院及医疗机构含病原体污水	<0.5**	>3（接触时间≥1h）	>2（接触时间≥1h）
		传染病、结核病医院污水	<0.5**	>6.5（接触时间≥1.5h）	>5（接触时间≥1.5h）

注：*指50个床位以上的医院。

**加氯消毒后须进行脱氯处理，达到本标准。

第二类污染物最高允许排放浓度（单位：mg/L）　　附表 5-3

（1998年1月1日后建设的单位）

序号	污染物	适用范围	一级标准	二级标准	三级标准
1	pH	一切排污单位	6~9	6~9	6~9
2	色度（稀释倍数）	一切排污单	50	80	—
3	悬浮物（SS）	采矿、选矿、选煤工业	70	300	—
		脉金选矿	70	400	—
		边远地区砂金选矿	70	800	—
		城镇二级污水处理厂	20	30	—
		其他排污单位	70	150	400

续表

序号	污染物	适用范围	一级标准	二级标准	三级标准
4	五日生化需氧量（BOD_5）	甘蔗制糖、苎麻脱胶、湿法纤维板、染料、洗毛工业	20	60	600
		甜菜制糖、酒精、味精、皮革、化纤浆粕工业	20	100	600
		城镇二级污水处理厂	20	30	—
		其他排污单位	20	30	300
5	化学需氧量（COD）	甜菜制糖、合成脂肪酸、湿法纤维板、染料、洗毛、有机磷农药工业	100	200	1000
		味精、酒精、医药原料药、生物制药、苎麻脱胶、皮革、化纤浆粕工业	100	300	1000
		石油化工工业（包括石油炼制）	60	120	—
		城镇二级污水处理厂	60	120	500
		其他排污单位	100	150	500
6	石油类	一切排污单位	5	10	20
7	动植物油	一切排污单位	10	15	100
8	挥发酚	一切排污单位	0.5	0.5	2.0
9	总氰化合物	一切排污单位	0.5	0.5	1.0
10	硫化物	一切排污单位	1.0	1.0	1.0
11	氨氮	医药原料药、染料、石油化工工业	15	50	—
		其他排污单位	15	25	—
12	氟化物	黄磷工业	10	15	20
		低氟地区（水体含氟量<0.5mg/L）	10	20	30
		其他排污单位	10	10	20
13	磷酸盐（以P计）	一切排污单位	0.5	1.0	—
14	甲醛	一切排污单位	1.0	2.0	5.0
15	苯胺类	一切排污单位	1.0	2.0	5.0
16	硝基苯类	一切排污单位	2.0	3.0	5.0
17	阴离子表面活性剂（LAS）	一切排污单位	5.0	10	20

续表

序 号	污 染 物	适 用 范 围	一 级 标 准	二 级 标 准	三 级 标 准
18	总铜	一切排污单位	0.5	1.0	2.0
19	总锌	一切排污单位	2.0	5.0	5.0
20	总锰	合成脂肪酸工业	2.0	5.0	5.0
		其他排污单位	2.0	2.0	5.0
21	彩色显影剂	电影洗片	1.0	2.0	3.0
22	显影剂及氧化物总量	电影洗片	3.0	3.0	6.0
23	元素磷	一切排污单位	0.1	0.1	0.3
24	有机磷农药（以P计）	一切排污单位	不得检出	0.5	0.5
25	乐果	一切排污单位	不得检出	1.0	2.0
26	对硫磷	一切排污单位	不得检出	1.0	2.0
27	甲基对硫磷	一切排污单位	不得检出	1.0	2.0
28	马拉硫磷	一切排污单位	不得检出	5.0	10
29	五氯酚及五氯酚钠（以五氯酚计）	一切排污单位	5.0	8.0	10
30	可吸附有机卤化物（AOX）（以Cl计）	一切排污单位	1.0	5.0	8.0
31	三氯甲烷	一切排污单位	0.3	0.6	1.0
32	四氯化碳	一切排污单位	0.03	0.06	0.5
33	三氯乙烯	一切排污单位	0.3	0.6	1.0
34	四氯乙烯	一切排污单位	0.1	0.2	0.5
35	苯	一切排污单位	0.1	0.2	0.5
36	甲苯	一切排污单位	0.1	0.2	0.5
37	乙苯	一切排污单位	0.4	0.6	1.0
38	邻-二甲苯	一切排污单位	0.4	0.6	1.0
39	对-二甲苯	一切排污单位	0.4	0.6	1.0
40	间-二甲苯	一切排污单位	0.4	0.6	1.0
41	氯苯	一切排污单位	0.2	0.4	1.0
42	邻-二氯苯	一切排污单位	0.4	0.6	1.0

续表

序号	污染物	适用范围	一级标准	二级标准	三级标准
43	对-二氯苯	一切排污单位	0.4	0.6	1.0
44	对-硝基氯苯	一切排污单位	0.5	1.0	5.0
45	2，4-二硝基氯苯	一切排污单位	0.5	1.0	5.0
46	苯酚	一切排污单位	0.3	0.4	1.0
47	间-甲酚	一切排污单位	0.1	0.2	0.5
48	2，4-二氯酚	一切排污单位	0.6	0.8	1.0
49	2，4，6-三氯酚	一切排污单位	0.6	0.8	1.0
50	邻苯二甲酸二丁酯	一切排污单位	0.2	0.4	2.0
51	邻苯二甲酸二辛酯	一切排污单位	0.3	0.6	2.0
52	丙烯腈	一切排污单位	2.0	5.0	5.0
53	总硒	一切排污单位	0.1	0.2	0.5
54	粪大肠菌群数	医院*、兽医院及医疗机构含病原体污水	500个/L	1000个/L	5000个/L
		传染病、结核病医院污水	100个/L	500个/L	1000个/L
		医院*、兽医院及医疗机构含病原体污水	＜0.5**	＞3（接触时间≥1h）	＞2（接触时间≥1h）
55	总余氯（采用氯化消毒的医院污水）	传染病、结核病医院污水	＜0.5**	＞6.5（接触时间≥1.5h）	＞5（接触时间≥1.5h）
56	总有机碳（TOC）	合成脂肪酸工业	20	40	—
		苎麻脱胶工业	20	60	—
		其他排污单位	20	30	—

注：其他排污单位：指除在该控制项目中所列行业以外的一切排污单位。

*指50个床位以上的医院。

**加氯消毒后须进行脱氯处理，达到本标准。

附录 6　弱酸弱碱在水中的离解常数（25℃）

弱酸、弱碱	分子式	K_a	pK_a
砷酸	H_3AsO_4	6.3×10^{-3} (K_{a1}) 1.0×10^{-7} (K_{a2}) 3.2×10^{-12} (K_{a3})	2.20 7.00 11.50
亚砷酸	$HAsO_2$	6.0×10^{-10}	9.22
硼酸	H_3BO_3	5.8×10^{-10}	9.24
焦硼酸	$H_2B_4O_7$	1.0×10^{-4} (K_{a1}) 1.0×10^{-9} (K_{a2})	4 9
碳酸	H_2CO_3 (CO_2+H_2O)	4.2×10^{-7} (K_{a1}) 5.6×10^{-11} (K_{a2})	6.38 10.25
氢氰酸	HCN	6.2×10^{-10}	9.21
铬酸	H_2CrO_4	1.8×10^{-1} (K_{a1}) 3.2×10^{-7} (K_{a2})	0.74 6.50
氢氟酸	HF	6.6×10^{-4}	3.18
亚硝酸	HNO_2	5.1×10^{-4}	3.29
过氧化氢	H_2O_2	1.8×10^{-12}	11.75
磷酸	H_3PO_4	7.6×10^{-3} ($>K_{a1}$) 6.3×10^{-3} (K_{a2}) 4.4×10^{-13} (K_{a3})	2.12 7.2 12.36
焦磷酸	$H_4P_2O_7$	3.0×10^{-2} (K_{a1}) 4.4×10^{-3} (K_{a2}) 2.5×10^{-7} (K_{a3}) 5.6×10^{-10} (K_{a4})	1.52 2.36 6.60 9.25
亚磷酸	H_3PO_3	5.0×10^{-2} (K_{a1}) 2.5×10^{-7} (K_{a2})	1.30 6.60
氢硫酸	H_2S	1.3×10^{-7} (K_{a1}) 7.1×10^{-15} (K_{a2})	6.88 14.15
硫酸	HSO_4^-	1.0×10^{-2} (K_{a1})	1.99
亚硫酸	H_3SO_3 (SO_2+H_2O)	1.3×10^{-2} (K_{a1}) 6.3×10^{-8} (K_{a2})	1.90 7.20

续表

弱酸、弱碱	分子式	K_a	pK_a
偏硅酸	H_2SiO_3	1.7×10^{-10} (K_{a1}) 1.6×10^{-12} (K_{a2})	9.77 11.8
甲酸	HCOOH	1.8×10^{-4}	3.74
乙酸	CH_3COOH	1.8×10^{-5}	4.74
氯乙酸	$CH_2ClCOOH$	1.4×10^{-3}	2.86
二氯乙酸	$CHCl_2COOH$	5.0×10^{-2}	1.30
三氯乙酸	CCl_3COOH	0.23	0.64
氨基乙酸盐	$^{+}NH_3CH_2COOH^{-}$ $^{+}NH_3CH_2COO^{-}$	4.5×10^{-3} (K_{a1}) 2.5×10^{-10} (K_{a2})	2.35 9.60
抗坏血酸	$-CHOH-CH_2OH$	5.0×10^{-5} (K_{a1}) 1.5×10^{-10} (K_{a2})	4.30 9.82
乳酸	$CH_3CHOHCOOH$	1.4×10^{-4}	3.86
苯甲酸	C_6H_5COOH	6.2×10^{-5}	4.21
草酸	$H_2C_2O_4$	5.9×10^{-2} (K_{a1}) 6.4×10^{-5} (K_{a2})	1.22 4.19
d-酒石酸	CH (OH) COOH CH (OH) COOH	9.1×10^{-4} (K_{a1}) 4.3×10^{-5} (K_{a2})	3.04 4.37
邻-苯二甲酸	COOH COOH	1.1×10^{-3} (K_{a1}>) 3.9×10^{-6} (K_{a2})	2.95 5.41
柠檬酸	CH_2COOH CH (OH) COOH CH_2COOH	7.4×10^{-4} (K_{a1}) 1.7×10^{-5} (K_{a2}) 4.0×10^{-7} (K_{a3})	3.13 4.76 6.40
苯酚	C_6H_5OH	1.1×10^{-10}	9.95
乙二胺四乙酸	H_6-EDTA^{2+} H_5-EDTA^{+} H_4-EDTA H_3-EDTA^{-} H_2-EDTA^{2-} $H-EDTA^{3-}$	0.1 (K_{a1}) 3×10^{-2} (K_{a2}) 1×10^{-2} (K_{a3}) 2.1×10^{-3} (K_{a4}) 6.9×10^{-7} (K_{a5}) 5.5×10^{-11} (K_{a6})	0.9 1.6 2.0 2.67 6.17 10.26
氨水	NH_3	1.8×10^{-5}	4.74

续表

弱酸、弱碱	分子式	K_a	pK_a
联氨	H_2NNH_2	3.0×10^{-6} (K_{b1}) 1.7×10^{-5} (K_{b2})	5.52 14.12
羟胺	NH_2OH	9.1×10^{-6}	8.04
甲胺	CH_3NH_2	4.2×10^{-4}	3.38
乙胺	$C_2H_5NH_2$	5.6×10^{-4}	3.25
二甲胺	$(CH_3)_2NH$	1.2×10^{-4}	3.93
二乙胺	$(C_2H_5)_2NH$	1.3×10^{-3}	2.89
乙醇胺	$HOCH_2CH_2NH_2$	3.2×10^{-5}	4.50
三乙醇胺	$(HOCH_2CH_2)_3N$	5.8×10^{-7}	6.24
六次甲基四胺	$(CH_2)_6N_4$	1.4×10^{-9}	8.85
乙二胺	$H_2NHC_2CH_2NH_2$	8.5×10^{-5} (K_{b1}) 7.1×10^{-8} (K_{b2})	4.07 7.15
吡啶	N	1.7×10^{-5}	8.77

附录 7　配合物的稳定常数（25℃）

金属-无机配位体配合物的稳定常数（25℃）　附表 7-1

序号	配位体	金属离子	配位体数目 n	$\lg\beta_n$
1	NH_3	Ag^+	1，2	3.24，7.05
		Au^{3+}	4	10.3
		Cd^{2+}	1，2，3，4，5，6	2.65，4.75，6.19，7.12，6.80，5.14
		Co^{2+}	1，2，3，4，5，6	2.11，3.74，4.79，5.55，5.73，5.11
		Co^{3+}	1，2，3，4，5，6	6.7，14.0，20.1，25.7，30.8，35.2
		Cu^+	1，2	5.93，10.86
		Cu^{2+}	1，2，3，4，5	4.31，7.98，11.02，13.32，12.86
		Fe^{2+}	1，2	1.4，2.2
		Hg^{2+}	1，2，3，4	8.8，17.5，18.5，19.28
		Mn^{2+}	1，2	0.8，1.3
		Ni^{2+}	1，2，3，4，5，6	2.80，5.04，6.77，7.96，8.71，8.74
		Pd^{2+}	1，2，3，4	9.6，18.5，26.0，32.8
		Pt^{2+}	6	35.3
		Zn^{2+}	1，2，3，4	2.37，4.81，7.31，9.46
2	Br^-	Ag^+	1，2，3，4	4.38，7.33，8.00，8.73
		Bi^{3+}	1，2，3，4，5，6	2.37，4.20，5.90，7.30，8.20，8.30
		Cd^{2+}	1，2，3，4	1.75，2.34，3.32，3.70，
		Ce^{3+}	1	0.42
		Cu^+	2	5.89
		Cu^{2+}	1	0.30
		Hg^{2+}	1，2，3，4	9.05，17.32，19.74，21.00
		In^{3+}	1，2	1.30，1.88
		Pb^{2+}	1，2，3，4	1.77，2.60，3.00，2.30
		Pd^{2+}	1，2，3，4	5.17，9.42，12.70，14.90
		Rh^{3+}	2，3，4，5，6	14.3，16.3，17.6，18.4，17.2
		Sc^{3+}	1，2	2.08，3.08
		Sn^{2+}	1，2，3	1.11，1.81，1.46
		Tl^{3+}	1，2，3，4，5，6	9.7，16.6，21.2，23.9，29.2，31.6
		U^{4+}	1	0.18
		Y^{3+}	1	1.32

续表

序　号	配 位 体	金 属 离 子	配位体数目 n	$\lg\beta_n$
3	Cl^-	Ag^+	1，2，4	3.04，5.04，5.30
		Bi^{3+}	1，2，3，4	2.44，4.7，5.0，5.6
		Cd^{2+}	1，2，3，4	1.95，2.50，2.60，2.80
		Co^{3+}	1	1.42
		Cu^+	2，3	5.5，5.7
		Cu^{2+}	1，2	0.1，−0.6
		Fe^{2+}	1	1.17
		Fe^{3+}	2	9.8
		Hg^{2+}	1，2，3，4	6.74，13.22，14.07，15.07
		In^{3+}	1，2，3，4	1.62，2.44，1.70，1.60
		Pb^{2+}	1，2，3	1.42，2.23，3.23
		Pd^{2+}	1，2，3，4	6.1，10.7，13.1，15.7
		Pt^{2+}	2，3，4	11.5，14.5，16.0
		Sb^{3+}	1，2，3，4	2.26，3.49，4.18，4.72
		Sn^{2+}	1，2，3，4	1.51，2.24，2.03，1.48
		Tl^{3+}	1，2，3，4	8.14，13.60，15.78，18.00
		Th^{4+}	1，2	1.38，0.38
		Zn^{2+}	1，2，3，4	0.43，0.61，0.53，0.20
		Zr^{4+}	1，2，3，4	0.9，1.3，1.5，1.2
4	CN^-	Ag^+	2，3，4	21.1，21.7，20.6
		Au^+	2	38.3
		Cd^{2+}	1，2，3，4	5.48，10.60，15.23，18.78
		Cu^+	2，3，4	24.0，28.59，30.30
		Fe^{2+}	6	35.0
		Fe^{3+}	6	42.0
		Hg^{2+}	4	41.4
		Ni^{2+}	4	31.3
		Zn^{2+}	1，2，3，4	5.3，11.70，16.70，21.60

续表

序　号	配 位 体	金属离子	配位体数目 n	$\lg\beta_n$
5	F^-	Al^{3+}	1，2，3，4，5，6	6.11，11.12，15.00，18.00，19.40，19.80
		Be^{2+}	1，2，3，4	4.99，8.80，11.60，13.10
		Bi^{3+}	1	1.42
		Co^{2+}	1	0.4
		Cr^{3+}	1，2，3	4.36，8.70，11.20
		Cu^{2+}	1	0.9
		Fe^{2+}	1	0.8
		Fe^{3+}	1，2，3，5	5.28，9.30，12.06，15.77
		Ga^{3+}	1，2，3	4.49，8.00，10.50
		Hf^{4+}	1，2，3，4，5，6	9.0，16.5，23.1，28.8，34.0，38.0
		Hg^{2+}	1	1.03
		In^{3+}	1，2，3，4	3.70，6.40，8.60，9.80
		Mg^{2+}	1	1.30
		Mn^{2+}	1	5.48
		Ni^{2+}	1	0.50
		Pb^{2+}	1，2	1.44，2.54
		Sb^{3+}	1，2，3，4	3.0，5.7，8.3，10.9
		Sn^{2+}	1，2，3	4.08，6.68，9.50
		Th^{4+}	1，2，3，4	8.44，15.08，19.80，23.20
		TiO^{2+}	1，2，3，4	5.4，9.8，13.7，18.0
		Zn^{2+}	1	0.78
		Zr^{4+}	1，2，3，4，5，6	9.4，17.2，23.7，29.5，33.5，38.3
6	I^-	Ag^+	1，2，3	6.58，11.74，13.68
		Bi^{3+}	1，4，5，6	3.63，14.95，16.80，18.80
		Cd^{2+}	1，2，3，4	2.10，3.43，4.49，5.41
		Cu^+	2	8.85
		Fe^{3+}	1	1.88
		Hg^{2+}	1，2，3，4	12.87，23.82，27.60，29.83
		Pb^{2+}	1，2，3，4	2.00，3.15，3.92，4.47
		Pd^{2+}	4	24.5
		Tl^+	1，2，3	0.72，0.90，1.08
		Tl^{3+}	1，2，3，4	11.41，20.88，27.60，31.82

续表

序　号	配 位 体	金属离子	配位体数目 n	$\lg\beta_n$
7	OH^-	Ag^+	1，2	2.0，3.99
		Al^{3+}	1，4	9.27，33.03
		As^{3+}	1，2，3，4	14.33，18.73，20.60，21.20
		Be^{2+}	1，2，3	9.7，14.0，15.2
		Bi^{3+}	1，2，4	12.7，15.8，35.2
		Ca^{2+}	1	1.3
		Cd^{2+}	1，2，3，4	4.17，8.33，9.02，8.62
		Ce^{3+}	1	4.6
		Ce^{4+}	1，2	13.28，26.46
		Co^{2+}	1，2，3，4	4.3，8.4，9.7，10.2
		Cr^{3+}	1，2，4	10.1，17.8，29.9
		Cu^{2+}	1，2，3，4	7.0，13.68，17.00，18.5
		Fe^{2+}	1，2，3，4	5.56，9.77，9.67，8.58
		Fe^{3+}	1，2，3	11.87，21.17，29.67
		Hg^{2+}	1，2，3	10.6，21.8，20.9
		In^{3+}	1，2，3，4	10.0，20.2，29.6，38.9
		Mg^{2+}	1	2.58
		Mn^{2+}	1，3	3.9，8.3
		Ni^{2+}	1，2，3	4.97，8.55，11.33
		Pa^{4+}	1，2，3，4	14.04，27.84，40.7，51.4
		Pb^{2+}	1，2，3	7.82，10.85，14.58
		Pd^{2+}	1，2	13.0，25.8
		Sb^{3+}	2，3，4	24.3，36.7，38.3
		Sc^{3+}	1	8.9
		Sn^{2+}	1	10.4
		Th^{3+}	1，2	12.86，25.37
		Ti^{3+}	1	12.71
		Zn^{2+}	1，2，3，4	4.40，11.30，14.14，17.66
		Zr^{4+}	1，2，3，4	14.3，28.3，41.9，55.3

续表

序　号	配　位　体	金属离子	配位体数目 n	$\lg\beta_n$
8	NO_3^-	Ba^{2+}	1	0.92
		Bi^{3+}	1	1.26
		Ca^{2+}	1	0.28
		Cd^{2+}	1	0.40
		Fe^{3+}	1	1.0
		Hg^{2+}	1	0.35
		Pb^{2+}	1	1.18
		Tl^{+}	1	0.33
		Tl^{3+}	1	0.92
9	$P_2O_7^{4-}$	Ba^{2+}	1	4.6
		Ca^{2+}	1	4.6
		Cd^{3+}	1	5.6
		Co^{2+}	1	6.1
		Cu^{2+}	1，2	6.7，9.0
		Hg^{2+}	2	12.38
		Mg^{2+}	1	5.7
		Ni^{2+}	1，2	5.8，7.4
		Pb^{2+}	1，2	7.3，10.15
		Zn^{2+}	1，2	8.7，11.0
10	SCN^-	Ag^{+}	1，2，3，4	4.6，7.57，9.08，10.08
		Bi^{3+}	1，2，3，4，5，6	1.67，3.00，4.00，4.80，5.50，6.10
		Cd^{2+}	1，2，3，4	1.39，1.98，2.58，3.6
		Cr^{3+}	1，2	1.87，2.98
		Cu^{+}	1，2	12.11，5.18
		Cu^{2+}	1，2	1.90，3.00
		Fe^{3+}	1，2，3，4，5，6	2.21，3.64，5.00，6.30，6.20，6.10
		Hg^{2+}	1，2，3，4	9.08，16.86，19.70，21.70
		Ni^{2+}	1，2，3	1.18，1.64，1.81
		Pb^{2+}	1，2，3	0.78，0.99，1.00
		Sn^{2+}	1，2，3	1.17，1.77，1.74
		Th^{4+}	1，2	1.08，1.78
		Zn^{2+}	1，2，3，4	1.33，1.91，2.00，1.60

续表

序　号	配 位 体	金 属 离 子	配位体数目 n	$\lg\beta_n$
11	$S_2O_3^{2-}$	Ag^+	1，2	8.82，13.46
		Cd^{2+}	1，2	3.92，6.44
		Cu^+	1，2，3	10.27，12.22，13.84
		Fe^{3+}	1	2.10
		Hg^{2+}	2，3，4	29.44，31.90，33.24
		Pb^{2+}	2，3	5.13，6.35
12	SO_4^{2-}	Ag^+	1	1.3
		Ba^{2+}	1	2.7
		Bi^{3+}	1，2，3，4，5	1.98，3.41，4.08，4.34，4.60
		Fe^{3+}	1，2	4.04，5.38
		Hg^{2+}	1，2	1.34，2.40
		In^{3+}	1，2，3	1.78，1.88，2.36
		Ni^{2+}	1	2.4
		Pb^{2+}	1	2.75
		Pr^{3+}	1，2	3.62，4.92
		Th^{4+}	1，2	3.32，5.50
		Zr^{4+}	1，2，3	3.79，6.64，7.77

金属——有机配位体配合物的稳定常数（25℃）

（表中离子强度都是在有限的范围内，$I\approx0$。）

金属-有机配位体配合物的稳定常数（25℃）　　附表 7-2

序　号	配 位 体	金 属 离 子	配位体数目 n	$\lg\beta_n$
1	乙二胺四乙酸（EDTA）[$(HOOCCH_2)_2NCH_2]_2$	Ag^+	1	7.32
		Al^{3+}	1	16.11
		Ba^{2+}	1	7.78
		Be^{2+}	1	9.3
		Bi^{3+}	1	22.8
		Ca^{2+}	1	11.0
		Cd^{2+}	1	16.4
		Co^{2+}	1	16.31

续表

序号	配位体	金属离子	配位体数目 n	$\lg\beta_n$
1	乙二胺四乙酸 (EDTA) [$(HOOCCH_2)_2NCH_2]_2$	Co^{3+}	1	36.0
		Cr^{3+}	1	23.0
		Cu^{2+}	1	18.7
		Fe^{2+}	1	14.83
		Fe^{3+}	1	24.23
		Ga^{3+}	1	20.25
		Hg^{2+}	1	21.80
		In^{3+}	1	24.95
		Li^{+}	1	2.79
		Mg^{2+}	1	8.64
		Mn^{2+}	1	13.8
		Mo (V)	1	6.36
		Na^{+}	1	1.66
		Ni^{2+}	1	18.56
		Pb^{2+}	1	18.3
		Pd^{2+}	1	18.5
		Sc^{2+}	1	23.1
		Sn^{2+}	1	22.1
		Sr^{2+}	1	8.80
		Th^{4+}	1	23.2
		TiO^{2+}	1	17.3
		Tl^{3+}	1	22.5
		U^{4+}	1	17.50
		VO^{2+}	1	18.0
		Y^{3+}	1	18.32
		Zn^{2+}	1	16.4
		Zr^{4+}	1	19.4

续表

序　号	配 位 体	金 属 离 子	配位体数目 n	$\lg\beta_n$
2	乙酸 CH_3COOH	Ag^+	1，2	0.73，0.64
		Ba^{2+}	1	0.41
		Ca^{2+}	1	0.6
		Cd^{2+}	1，2，3	1.5，2.3，2.4
		Ce^{3+}	1，2，3，4	1.68，2.69，3.13，3.18
		Co^{2+}	1，2	1.5，1.9
		Cr^{3+}	1，2，3	4.63，7.08，9.60
		Cu^{2+}（20℃）	1，2	2.16，3.20
		In^{3+}	1，2，3，4	3.50，5.95，7.90，9.08
		Mn^{2+}	1，2	9.84，2.06
		Ni^{2+}	1，2	1.12，1.81
		Pb^{2+}	1，2，3，4	2.52，4.0，6.4，8.5
		Sn^{2+}	1，2，3	3.3，6.0，7.3
		Tl^{3+}	1，2，3，4	6.17，11.28，15.10，18.3
		Zn^{2+}	1	1.5
3	乙酰丙酮 CH_3COCH_2 CH_3	Al^{3+}（30℃）	1，2	8.6，15.5
		Cd^{2+}	1，2	3.84，6.66
		Co^{2+}	1，2	5.40，9.54
		Cr^{2+}	1，2	5.96，11.7
		Cu^{2+}	1，2	8.27，16.34
		Fe^{2+}	1，2	5.07，8.67
		Fe^{3+}	1，2，3	11.4，22.1，26.7
		Hg^{2+}	2	21.5
		Mg^{2+}	1，2	3.65，6.27
		Mn^{2+}	1，2	4.24，7.35
		Mn^{3+}	3	3.86
		Ni^{2+}（20℃）	1，2，3	6.06，10.77，13.09
		Pb^{2+}	2	6.32
		Pd^{2+}（30℃）	1，2	16.2，27.1
		Th^{4+}	1，2，3，4	8.8，16.2，22.5，26.7
		Ti^{3+}	1，2，3	10.43，18.82，24.90
		V^{2+}	1，2，3	5.4，10.2，14.7
		Zn^{2+}（30℃）	1，2	4.98，8.81
		Zr^{4+}	1，2，3，4	8.4，16.0，23.2，30.1

续表

序　号	配 位 体	金属离子	配位体数目 n	$\lg\beta_n$
4	草酸 HOOCCOOH	Ag^+	1	2.41
		Al^{3+}	1，2，3	7.26，13.0，16.3
		Ba^{2+}	1	2.31
		Ca^{2+}	1	3.0
		Cd^{2+}	1，2	3.52，5.77
		Co^{2+}	1，2，3	4.79，6.7，9.7
		Cu^{2+}	1，2	6.23，10.27
		Fe^{2+}	1，2，3	2.9，4.52，5.22
		Fe^{3+}	1，2，3	9.4，16.2，20.2
		Hg^{2+}	1	9.66
		Hg_2^{2+}	2	6.98
		Mg^{2+}	1，2	3.43，4.38
		Mn^{2+}	1，2	3.97，5.80
		Mn^{3+}	1，2，3	9.98，16.57，19.42
		Ni^{2+}	1，2，3	5.3，7.64，～8.5
		Pb^{2+}	1，2	4.91，6.76
		Sc^{3+}	1，2，3，4	6.86，11.31，14.32，16.70
		Th^{4+}	4	24.48
		Zn^{2+}	1，2，3	4.89，7.60，8.15
		Zr^{4+}	1，2，3，4	9.80，17.14，20.86，21.15
5	乳酸 CH_3 CHOHCOOH	Ba^{2+}	1	0.64
		Ca^{2+}	1	1.42
		Cd^{2+}	1	1.70
		Co^{2+}	1	1.90
		Cu^{2+}	1，2	3.02，4.85
		Fe^{3+}	1	7.1
		Mg^{2+}	1	1.37
		Mn^{2+}	1	1.43
		Ni^{2+}	1	2.22
		Pb^{2+}	1，2	2.40，3.80
		Sc^{2+}	1	5.2
		Th^{4+}	1	5.5
		Zn^{2+}	1，2	2.20，3.75

续表

序号	配位体	金属离子	配位体数目 n	$\lg\beta_n$
6	水杨酸 $C_6H_4(OH)COOH$	Al^{3+}	1	14.11
		Cd^{2+}	1	5.55
		Co^{2+}	1，2	6.72，11.42
		Cr^{2+}	1，2	8.4，15.3
		Cu^{2+}	1，2	10.60，18.45
		Fe^{2+}	1，2	6.55，11.25
		Mn^{2+}	1，2	5.90，9.80
		Ni^{2+}	1，2	6.95，11.75
		Th^{4+}	1，2，3，4	4.25，7.60，10.05，11.60
		TiO^{2+}	1	6.09
		V^{2+}	1	6.3
		Zn^{2+}	1	6.85
7	磺基水杨酸 $HO_3SC_6H_3(OH)COOH$	Al^{3+} (0.1mol/L)	1，2，3	13.20，22.83，28.89
		Be^{2+} (0.1mol/L)	1，2	11.71，20.81
		Cd^{2+} (0.1mol/L)	1，2	16.68，29.08
		Co^{2+} (0.1mol/L)	1，2	6.13，9.82
		Cr^{3+} (0.1mol/L)	1	9.56
		Cu^{2+} (0.1mol/L)	1，2	9.52，16.45
		Fe^{2+} (0.1mol/L)	1，2	5.9，9.9
		Fe^{3+} (0.1mol/L)	1，2，3	14.64，25.18，32.12
		Mn^{2+} (0.1mol/L)	1，2	5.24，8.24
		Ni^{2+} (0.1mol/L)	1，2	6.42，10.24
		Zn^{2+} (0.1mol/L)	1，2	6.05，10.65

续表

序　号	配　位　体	金属离子	配位体数目 n	$\lg\beta_n$
8	酒石酸 $(HOOCCHOH)_2$	Ba^{2+}	2	1.62
		Bi^{3+}	3	8.30
		Ca^{2+}	1，2	2.98，9.01
		Cd^{2+}	1	2.8
		Co^{2+}	1	2.1
		Cu^{2+}	1，2，3，4	3.2，5.11，4.78，6.51
		Fe^{3+}	1	7.49
		Hg^{2+}	1	7.0
		Mg^{2+}	2	1.36
		Mn^{2+}	1	2.49
		Ni^{2+}	1	2.06
		Pb^{2+}	1，3	3.78，4.7
		Sn^{2+}	1	5.2
		Zn^{2+}	1，2	2.68，8.32
9	丁二酸 $HOOCCH_2CH_2COOH$	Ba^{2+}	1	2.08
		Be^{2+}	1	3.08
		Ca^{2+}	1	2.0
		Cd^{2+}	1	2.2
		Co^{2+}	1	2.22
		Cu^{2+}	1	3.33
		Fe^{3+}	1	7.49
		Hg^{2+}	2	7.28
		Mg^{2+}	1	1.20
		Mn^{2+}	1	2.26
		Ni^{2+}	1	2.36
		Pb^{2+}	1	2.8
		Zn^{2+}	1	1.6

续表

序　号	配　位　体	金属离子	配位体数目 n	$\lg\beta_n$
10	硫脲 $H_2NC(=S)NH_2$	Ag^{+}	1，2	7.4，13.1
		Bi^{3+}	6	11.9
		Cd^{2+}	1，2，3，4	0.6，1.6，2.6，4.6
		Cu^{+}	3，4	13.0，15.4
		Hg^{2+}	2，3，4	22.1，24.7，26.8
		Pb^{2+}	1，2，3，4	1.4，3.1，4.7，8.3
11	乙二胺 $H_2NCH_2CH_2NH_2$	Ag^{+}	1，2	4.70，7.70
		Cd^{2+}（20℃）	1，2，3	5.47，10.09，12.09
		Co^{2+}	1，2，3	5.91，10.64，13.94
		Co^{3+}	1，2，3	18.7，34.9，48.69
		Cr^{2+}	1，2	5.15，9.19
		Cu^{+}	2	10.8
		Cu^{2+}	1，2，3	10.67，20.0，21.0
		Fe^{2+}	1，2，3	4.34，7.65，9.70
		Hg^{2+}	1，2	14.3，23.3
		Mg^{2+}	1	0.37
		Mn^{2+}	1，2，3	2.73，4.79，5.67
		Ni^{2+}	1，2，3	7.52，13.84，18.33
		Pd^{2+}	2	26.90
		V^{2+}	1，2	4.6，7.5
		Zn^{2+}	1，2，3	5.77，10.83，14.11
12	吡啶 C_5H_5N	Ag^{+}	1，2	1.97，4.35
		Cd^{2+}	1，2，3，4	1.40，1.95，2.27，2.50
		Co^{2+}	1，2	1.14，1.54
		Cu^{2+}	1，2，3，4	2.59，4.33，5.93，6.54
		Fe^{2+}	1	0.71
		Hg^{2+}	1，2，3	5.1，10.0，10.4
		Mn^{2+}	1，2，3，4	1.92，2.77，3.37，3.50
		Zn^{2+}	1，2，3，4	1.41，1.11，1.61，1.93

续表

序　号	配 位 体	金属离子	配位体数目 n	$\lg\beta_n$
13	甘氨酸 H_2NCH_2COOH	Ag^+	1，2	3.41，6.89
		Ba^{2+}	1	0.77
		Ca^{2+}	1	1.38
		Cd^{2+}	1，2	4.74，8.60
		Co^{2+}	1，2，3	5.23，9.25，10.76
		Cu^{2+}	1，2，3	8.60，15.54，16.27
		Fe^{2+}（20℃）	1，2	4.3，7.8
		Hg^{2+}	1，2	10.3，19.2
		Mg^{2+}	1，2	3.44，6.46
		Mn^{2+}	1，2	3.6，6.6
		Ni^{2+}	1，2，3	6.18，11.14，15.0
		Pb^{2+}	1，2	5.47，8.92
		Pd^{2+}	1，2	9.12，17.55
		Zn^{2+}	1，2	5.52，9.96
14	2-甲基-8-羟基喹啉（50%二噁烷）（8-Hydroxy-2-methyl quinoline）	Cd^{2+}	1，2，3	9.00，9.00，16.60
		Ce^{3+}	1	7.71
		Co^{2+}	1，2	9.63，18.50
		Cu^{2+}	1，2	12.48，24.00
		Fe^{2+}	1，2	8.75，17.10
		Mg^{2+}	1，2	5.24，9.64
		Mn^{2+}	1，2	7.44，13.99
		Ni^{2+}	1，2	9.41，17.76
		Pb^{2+}	1，2	10.30，18.50
		$UO_2{}^{2+}$	1，2	9.4，17.0
		Zn^{2+}	1，2	9.82，18.72

附录 8　常用酸碱的密度和浓度

试剂名称	密度/g·cm^{-3}（20℃）	质量分数/%	物质的量浓度/mol·dm^{-3}
浓 H_2SO_4	1.84	98	18
稀 H_2SO_4	1.18	25	3
浓 HCl	1.19	38	12
稀 HCl	1.10	20	6
浓 HNO_3	1.42	69	16
稀 HNO_3	1.20	32	6
稀 HNO_3	1.07	12	2
浓 H_3PO_4	1.7	85	14.7
稀 H_3PO_4	1.05	9	1
浓 $HClO_4$	1.67	70	11.6
稀 $HClO_4$	1.12	19	2
浓 HF	1.13	40	23
HBr	1.38	40	7
HI	1.70	57	7.5
冰 HAc	1.05	99	17.5
稀 HAc	1.04	34	6
稀 HAc	1.02	12	2
浓 NaOH	1.44	41	14.4
稀 NaOH	1.09	8	2
浓 $NH_3 \cdot H_2O$	0.91	28	14.8
稀 $NH_3 \cdot H_2O$	0.99	3.5	2
$Ca(OH)_2$ 水溶液		0.15	
$Ba(OH)_2$ 水溶液		2	0.1

附录 9　酸碱指示剂（18～25℃）

指示剂名称	pH 变色范围	颜 色 变 化	溶液配制方法
百里酚蓝（第一变色范围）	1.2～2.8	红—黄	0.1g 指示剂溶于 $100cm^3$ 20%乙醇中
甲基黄	2.9～4.0	红—黄	0.1g 指示剂溶于 $100cm^3$ 20%乙醇中
甲基橙	3.1～4.4	红—黄	0.05%水溶液
溴酚蓝	3.1～4.6	黄—紫	0.1g 指示剂溶于 $100cm^3$ 20%乙醇中，或指示剂钠盐的水溶液
溴甲酚绿	3.8～5.4	黄—蓝	0.1%水溶液，每 100g 指示剂加 $0.05mol \cdot dm^{-3}$ NaOH2.9cm^3
甲基红	4.4～6.2	红—黄	0.1g 指示剂溶于 $100cm^3$ 60%乙醇中，或指示剂钠盐的水溶液
溴百里酚蓝	6.0～7.6	黄—蓝	0.1g 指示剂溶于 $100cm^3$ 20%乙醇中，或指示剂钠盐的水溶液
中性红	6.8～8.0	红—黄橙	0.1g 指示剂溶于 $100cm^3$ 60%乙醇中
酚红	6.7～8.4	黄—红	0.1g 指示剂溶于 $100cm^3$ 60%乙醇中，或指示剂钠盐的水溶液
酚酞	8.0～9.6	无—红	0.1g 指示剂溶于 $100cm^3$ 90%乙醇中
百里酚蓝（第二变色范围）	8.0～9.6	黄—蓝	0.1g 指示剂溶于 $100cm^3$ 20%乙醇中
百里酚酞	9.4～10.6	无—蓝	0.1g 指示剂溶于 $100cm^3$ 90%乙醇中

附录 10 用基准物质的干燥条件和应用

标定对象	基准物质		干燥后组成	干燥条件/℃
	名称	化学式		
酸	碳酸氢钠	$NaHCO_3$	Na_2CO_3	270～300
	十水合碳酸钠	$Na_2CO_3 \cdot 10H_2O$	Na_2CO_3	270～300
	无水碳酸钠	Na_2CO_3	Na_2CO_3	270～300
	碳酸氢钾	$KHCO_3$	K_2CO_3	270～300
	硼砂	$Na_2B_4O_7 \cdot 10H_2O$	$Na_2B_4O_7 \cdot 10H_2O$	放在装有 NaCl 和蔗糖饱和溶液的干燥器中
碱	邻苯二甲酸氢钾	$KHC_8H_4O_4$	$KHC_8H_4O_4$	110～120
	氨基磺酸钠	$HOSO_2NH_2$	$HOSO_2NH_2$	在真空 H_2SO_4 干燥器中保存 48h
碱或 $KMnO_4$	二水合草酸	$H_2C_2O_4 \cdot 2H_2O$	$H_2C_2O_4 \cdot 2H_2O$	室温空气干燥
还原剂	重铬酸钾	$K_2Cr_2O_7$	$K_2Cr_2O_7$	120
	溴酸钾	$KBrO_3$	$KBrO_3$	180
	碘酸钾	KIO_3	KIO_3	180
	铜	Cu	Cu	室温干燥器中保存
氧化剂	草酸钠	$Na_2C_2O_4$	$Na_2C_2O_4$	105
	三氧化二砷	As_2O_3	As_2O_3	硫酸干燥器中保存
EDTA	碳酸钙	$CaCO_3$	$CaCO_3$	110
	氧化锌	ZnO	ZnO	800
	锌	Zn	Zn	室温干燥器中保存
$AgNO_3$	氯化钠	NaCl	NaCl	500～550
	氯化钾	KCl	KCl	500～550
氯化物	硝酸银	$AgNO_3$	$AgNO_3$	硫酸干燥器中保存

附录 11　水样保存方法

序号	测定项目	容器材质	保存方法	保存期	最少采样量(mL)	备　注
1	浊度	G. P		12h	250	
2	色度	G. P		12h	250	尽量现场测定
3	气味	G	1～5℃冷藏	6h	500	大量测定可带离现场
4	pH 值	G. P		12h	250	尽量现场测定
5	电导率	G. P		12h	250	尽量现场测定
6	悬浮物	G. P	1～5℃暗处冷藏	14d	500	单独采样
7	碱度	G. P	1～5℃暗处冷藏	12h	500	
8	酸度	G. P	1～5℃暗处冷藏	30d	500	
9	化学需氧量	G	加 H_2SO_4，pH≤2，4℃冷藏	2d	500	
10	高锰酸盐指数	G	1～5℃暗处冷藏	2d	500	
11	溶解氧	溶解氧瓶	加入硫酸锰，碱性 KI 叠氮化钠溶液，现场固定	24h	250	尽量现场测定
12	生化需氧量	G. P	1～5℃暗处冷藏	12h	1000	
13	总磷	G. P	加 HCl 或 H_2SO_4，pH≤2	24h	500	单独采样
14	氨氮	G. P	加 H_2SO_4，pH≤2	24h	500	
15	总有机碳	G	加 H_2SO_4，pH≤2，1～5℃冷藏	7d	250	
16	氟化物	P	1～5℃暗处冷藏	14d	250	
17	氯化物	G. P	1～5℃暗处冷藏	30d	250	
18	溴化物	G. P	1～5℃暗处冷藏	14h	250	
19	碘化物	G. P	1～5℃暗处冷藏	14h	250	
20	硫酸盐	G. P	1～5℃暗处冷藏	30d	250	
21	磷酸盐	G. P	加 NaOH，H_2SO_4 调 pH = 7，$CHCl_3$ 0.5%	24h	250	单独采样
22	亚硝酸盐氮	G. P	1～5℃暗处冷藏	24h	500	
23	硝酸盐氮	G. P	加 HCl，pH=1～2	7d	500	

续表

序号	测定项目	容器材质	保存方法	保存期	最少采样量（mL）	备注
24	总氮	G.P	加 H_2SO_4，pH=1～2	7d	250	
25	凯氏氮	G	加 H_2SO_4，pH=1～2，1～5℃暗处冷藏	1m	250	
26	总硬度	G.P	加 HNO_3，1L 水样加浓 HNO_3 10mL	14d	250	
27	硫化物	G.P	水样充满容器，1L 水样加 NaOH 至 pH 为 9，加 5%抗坏血酸 5mL，饱和 EDTA3ml，滴加饱和 Zn（AC）$_2$ 至胶体产生，常温避光	24h	250	
28	铍	G.P	加 HNO_3，1L 水样加浓 HNO_3 10ml	14d	250	
29	硼	P	加 HNO_3，1L 水样加浓 HNO_3 10ml	14d	250	
30	钠	P	加 HNO_3，1L 水样加浓 HNO_3 10ml	14d	250	
31	镁	G.P	加 HNO_3，1L 水样加浓 HNO_3 10ml	14d	250	
32	钾	P	加 HNO_3，1L 水样加浓 HNO_3 10ml	14d	250	
33	钙	G.P	加 HNO_3，1L 水样加浓 HNO_3 10ml	14d	250	
34	六价铬	G.P	加 NaOH，pH=8～9	14d	250	
35	铬	G.P	加 HNO_3，1L 水样加浓 HNO_3 10ml	1m	250	
36	锰	G.P	加 HNO_3，1L 水样加浓 HNO_3 10ml	14d	250	
37	铁	G.P	加 HNO_3，1L 水样加浓 HNO_3 10ml	14d	250	
38	镍	G.P	加 HNO_3，1L 水样加浓 HNO_3 10ml	14d	250	
39	铜	P	加 HNO_3，1L 水样加浓 HNO_3 10ml	14d	250	
40	锌	P	加 HNO_3，1L 水样加浓 HNO_3 10ml	14d	250	
41	砷	G.P	加 HNO_3，1L 水样加浓 HNO_3 10ml DDTC 法，HCl 2ml	14d	250	
42	硒	G.P	1L 水样加浓 HCl 2 ml	14d	250	
43	银	G.P	加 HNO_3，1L 水样加浓 HNO_3 2 ml	14d	250	
44	镉	G.P	加 HNO_3，1L 水样加浓 HNO_3 10ml	14d	250	
45	锑	G.P	加 HCl，0.2%（氢化物法）	14d	250	

续表

序号	测定项目	容器材质	保存方法	保存期	最少采样量（mL）	备　注
46	汞	G. P	加 HCl，1%如水样为中性，1L 水样加浓 HCl 10ml	14d	250	
47	铅	G. P	加 HNO_3，1%如水样为中性，1L 水样加浓 HNO_3 10ml	14d	250	
48	油类	G	加 HCl，pH≤2	7d	500	
49	酚类	G	1～5℃暗处冷藏。用磷酸调至 pH≤2，加入抗坏血酸 0.01～0.02g 除去余氯或加 NaOH 使水样 pH>12	24h	500	单独采样
50	挥发性有机物	G	1～5℃暗处冷藏。用磷酸调至 pH≤2，加入抗坏血酸 0.01～0.02g 除去余氯	12h	1000	
51	阴离子表面活性剂	G. P	1～5℃冷藏，加 H_2SO_4，pH=1～2	2d	500	不能用溶剂清洗
52	甲醛	G	加入 0.2～0.5g/L 硫代硫酸钠除去余氯	24h	250	
53	微生物	灭菌 G	4℃冷藏	12h	500	单独采样

注：1. P 为聚乙烯瓶（桶）；G 为硬质玻璃瓶。

2. y 表示年，m 表示月，w 表示周，d 表水天，h 表示小时。

附录 12 EDTA 的 $\lg\alpha_{Y(H)}$ 值

$\lg\alpha_{Y(H)}$ Values of EDTA

pH	$\lg\alpha_{Y(H)}$	pH	$\lg\alpha_{Y(H)}$	pH	$\lg\alpha_{Y(H)}$	pH	$\lg\alpha_{Y(H)}$	pH	$\lg\alpha_{Y(H)}$
0.0	23.64	2.5	11.90	5.0	6.45	7.5	2.78	10.0	0.45
0.1	23.06	2.6	11.62	5.1	6.26	7.6	2.68	10.1	0.39
0.2	22.47	2.7	11.35	5.2	6.07	7.7	2.57	10.2	0.33
0.3	21.89	2.8	11.09	5.3	5.88	7.8	2.47	10.3	0.28
0.4	21.32	2.9	10.84	5.4	5.69	7.9	2.37	10.4	0.24
0.5	20.75	3.0	10.60	5.5	5.51	8.0	2.27	10.5	0.20
0.6	20.18	3.1	10.37	5.6	5.33	8.1	2.17	10.6	0.16
0.7	19.62	3.2	10.14	5.7	5.15	8.2	2.07	10.7	0.13
0.8	19.08	3.3	9.92	5.8	4.98	8.3	1.97	10.8	0.11
0.9	18.54	3.4	9.70	5.9	4.81	8.4	1.87	10.9	0.09
1.0	18.01	3.5	9.48	6.0	4.65	8.5	1.77	11.0	0.07
1.1	17.49	3.6	9.27	6.1	4.49	8.6	1.67	11.1	0.06
1.2	16.98	3.7	9.06	6.2	4.34	8.7	1.57	11.2	0.05
1.3	16.49	3.8	8.85	6.3	4.20	8.8	1.48	11.3	0.04
1.4	16.02	3.9	8.65	6.4	4.06	8.9	1.38	11.4	0.03
1.5	15.55	4.0	8.44	6.5	3.92	9.0	1.28	11.5	0.02
1.6	15.11	4.1	8.24	6.6	3.79	9.1	1.19	11.6	0.02
1.7	14.68	4.2	8.04	6.7	3.67	9.2	1.10	11.7	0.02
1.8	14.27	4.3	7.84	6.8	3.55	9.3	1.01	11.8	0.01
1.9	13.88	4.4	7.64	6.9	3.43	9.4	0.92	11.9	0.01
2.0	13.51	4.5	7.44	7.0	3.32	9.5	0.83	12.0	0.01
2.1	13.16	4.6	7.24	7.1	3.21	9.6	0.75	12.1	0.01
2.2	12.82	4.7	7.04	7.2	3.10	9.7	0.67	12.2	0.005
2.3	12.50	4.8	6.84	7.3	2.99	9.8	0.59	13.0	0.0008
2.4	12.19	4.9	6.65	7.4	2.88	9.9	0.52	13.9	0.0001

参 考 文 献

[1] 刘珍. 化验员读本（第四版）[M]. 北京：化学工业出版社，2003.

[2] 李穗芳. 水质检验技术 [M]. 北京：中国建筑工业出版社，2004.

[3] 谢炜平. 水质检验技术 [M]. 北京：中国建筑工业出版社，2015.

[4] 崔崇威. 水分析化学试题精选与答题技巧 [M]. 哈尔滨：哈尔滨工业大学出版社，2004.

[5] 黄君礼. 水分析化学（第四版）[M]. 北京：中国建筑工业出版社，2013.

[6] 国家环境保护总局. 水和废水检测分析方法（第四版）（增补版）[M]. 北京：中国环境科学出版社，2006.

[7] 徐昌华. 化验员必读 [M]. 南京：江苏科学技术出版社，2006.

[8] 国家环境保护局总局. 地表水和污水检测技术规范 [M]. 北京：中国环境科学出版社，2002.

[9] 王萍. 水分析化学 [M]. 北京：中国建筑工业出版社，2000.

[10] 奚旦立，孙裕生，刘秀英. 环境监测 [M]. 北京：高等教育出版社，2004.

参考文献